新时代大学计算机通识教育教材

吴宁 闫相国 主编

微型计算机原理与接口技术

第5版

清华大学出版社
北京

内容简介

本书在保持第4版教材案例引导、注重设计风格的基础上，增强了对现代处理器技术、串行通信技术等新技术的介绍，特别引入了以 ARM 为代表的嵌入式技术和两类基于 ARM 的国产处理器的描述。全书共9章。第1章介绍微型计算机的硬件组成和嵌入式系统的基本架构、计算机中数的表示与编码、逻辑运算与逻辑电路等基础知识。第2章介绍 Intel 处理器和 ARM 处理器，借助典型型号，讲述 Intel 的 16 位到 64 位微处理器的基本结构、工作原理及现代微处理器的新技术，用一定篇幅介绍 ARM 处理器架构及关键技术，并简要介绍国产鲲鹏处理器和飞腾处理器技术。第3章和第4章是软件设计内容，包括 Intel 基本指令集和 ARM 的 32 位指令集以及汇编语言程序设计方法。第5章介绍半导体存储器扩充技术以及 Cache 存储器的原理，并增加了 Flash 存储器接口设计方法。第6章至第8章主要介绍输入输出接口和基本输入输出技术，详细介绍数字接口和模拟接口的应用，特别增加了有关串行通信技术和最新的串行通信接口的介绍。在此基础上，通过第9章的计算机控制系统和基于 ARM 的可穿戴式健康监测系统设计示例，帮助读者建立系统设计的基本思路和方法。

本书可作为高等院校理工类专业本科生的"微机原理与接口技术"课程主教材，也可作为成人高等教育相关专业的学习教材及广大科技工作者的自学参考书。通过书中的二维码，可以看到作者在"中国大学MOOC"平台和"学堂在线"平台开设的国家级线上一流课程——微机原理与接口技术，实现线上线下的无缝衔接。

本书封面贴有清华大学出版社防伪标签，无标签者不得销售。
版权所有，侵权必究。举报：010-62782989，beiqinquan@tup.tsinghua.edu.cn。

图书在版编目(CIP)数据

微型计算机原理与接口技术/吴宁，闫相国主编. —5版. —北京：清华大学出版社，2022.6（2025.3重印）
新时代大学计算机通识教育教材
ISBN 978-7-302-60758-8

Ⅰ.①微… Ⅱ.①吴… ②闫… Ⅲ.①微型计算机—理论—高等学校—教材 ②微型计算机—接口技术—高等学校—教材 Ⅳ.①TP36

中国版本图书馆 CIP 数据核字(2022)第 074636 号

责任编辑：谢 琛　战晓雷
封面设计：常雪影
责任校对：李建庄
责任印制：沈 露

出版发行：清华大学出版社
　　　　网　　址：https://www.tup.com.cn, https://www.wqxuetang.com
　　　　地　　址：北京清华大学学研大厦A座　　邮　编：100084
　　　　社 总 机：010-83470000　　　　　　　　邮　购：010-62786544
　　　　投稿与读者服务：010-62776969, c-service@tup.tsinghua.edu.cn
　　　　质量反馈：010-62772015, zhiliang@tup.tsinghua.edu.cn
　　　　课件下载：https://www.tup.com.cn, 010-83470236
印 装 者：三河市天利华印刷装订有限公司
经　　销：全国新华书店
开　　本：185mm×260mm　　　印　张：27.25　　　字　数：663千字
版　　次：2002年2月第1版　2022年8月第5版　　印　次：2025年3月第9次印刷
定　　价：79.90元

产品编号：087632-01

第 5 版前言

在当下,多数读者对软件的了解远超过对硬件的了解,特别是随着各种语言处理程序在功能上的不断增强,程序设计和硬件的距离似乎越来越远。但所有的程序都运行在硬件上,如果能够理解计算机底层的原理,有助于读者成为高水平的程序员。

党的二十大报告指出,要加快建设网络强国、数字中国。数字中国建设是数字时代推进中国式现代化的重要引擎,是构筑国家竞争新优势的有力支撑。本书内容涉及计算机基础知识、微处理器原理、软件设计、接口技术及微机在自动控制和穿戴式健康监测系统中的应用等知识模块,对数字化、信息化建设具有直接的促进作用。

随着智能控制技术的发展,计算机在工业控制、智能监测等领域的应用越来越广。同时,随着集成电路技术的飞速发展,也使传统微型计算机的主要组成部件可以集成在一片芯片上并嵌入控制对象中,以实现对所嵌入对象体系的智能化控制和监测,能够满足计算机在自动控制领域、特别是各类穿戴式监测系统的应用发展需求。

我国自 50 年代开始计算机系统的研究。近年来,国产处理器技术更是得到了快速发展,逐步形成多个系列、面向不同应用领域的处理器产品。本次修订,用一定篇幅,借助典型处理器芯片,分别介绍了鲲鹏和飞腾两大系列处理器技术。在弘扬我国计算机技术发展、打造国产处理器生态的同时,也希望提示读者,虽然国产处理器内核是自主研发的,具有自主知识产权,但其依然是基于 ARM 架构的。处理器技术,乃至整个计算机硬件技术的完全自主研发和生产,还有很长的路要走。

本次修订的总体思路

本次修订注重以下几点:综合微型机和嵌入式系统在不同应用领域的优势;兼具经典原理和前沿技术;兼顾系统的完整性和现实应用性;尽量通俗易懂地描述晦涩、抽象的理论,通过实际案例设计实现赋能培养,既帮助读者掌握计算机的硬件原理,又为读者进一步从事嵌入式应用开发奠定基础。

计算机从诞生到现在,已分化出多种类型,如微控制器、PC、服务器、超算中心、各种嵌入式系统等。这些类型的计算机之间虽然存在一些差异,有的甚至是较大的差异,但也有很多共性的部分,如基本的硬件组成。

微型计算机是其中最为典型的代表,其最突出的优点是兼容性。从早期的 8088、80x86 到后来的 Pentium 系列以及现在的多核技术,虽然其技术和性能都有了极大提高,但从编程的角度看,仍然属于同一系列,且完全兼容,并无本质区别;微型计算机的另一个优点是体现了完整的知识结构,有利于帮助读者形成对计算机系统全面、完整的系统概念。

我们始终认为,建立对微型计算机系统整体概念的认知和经典理论的理解依然是一流设计者应有的基础。本书虽然以面向控制系统设计为主要目标,有很强的应用背景,但没有选择仅以单片机控制作为主线,主要原因正在于此。

对内容的重新组织和选材的说明

(1) 考虑到本书的绝大多数读者都已具有 C 语言或其他高级语言的基础,因此,第 1 章首先通过一段简单的 C 语言程序引出微型计算机的硬件组成和基本工作过程,即冯·诺依曼原理。使读者能够将程序执行与硬件的工作联系在一起。

(2) 在传统的二进制表示与运算等基础知识之外,在第 1 章中增加了嵌入式系统的概念和基本组成等内容,并介绍了现代计算机中的几个重要思想。

(3) 处理器技术是计算机的核心技术。考虑到 Intel 及其兼容处理器在个人计算机市场的重要性,以及 ARM 处理器在嵌入式系统中几乎一统天下并正在逐步进军高端服务器领域的现状,我们选择了这两大系列处理器中的一些典型芯片讲述处理器的相关技术。需要说明的是:鉴于目前最新型号的微处理器技术并未完全公开,在资料获取上存在一定困难,特别是 ARM 处理器是通过 IP 核授权模式生产的,有较严格的知识产权保护,故本书中的介绍仅限于目前已公开的技术,选择的案例芯片也不会是最新发布的型号。但这并不妨碍读者理解现代处理器的一些通用的新技术,如超标量与超流水线、分支预测、乱序执行等。

(4) 近年来,以华为公司和飞腾公司为代表的国产处理器厂商在技术上飞速发展。本书在第 2 章中分别介绍了华为公司的鲲鹏 920 处理器和 TaiShan 处理器内核架构,以及飞腾公司的 FTC663 处理器和 S2500 处理器片上系统,希望能够为打造国产处理器生态尽绵薄之力。

(5) Intel 指令集从 8086 到 Pentium 系列,除部分保护模式下增加的扩展指令外,80% 以上的指令完全相同;在应用程序中用到的绝大多数指令依然是基本指令集(即 8086 指令集)中的指令。因此,本书对 Intel 指令集的介绍依然以 8086 指令集为主,并简要介绍了 32 位及以上的扩展指令集。另外,考虑到当前绝大多数嵌入式开发都使用 C 语言,故对 ARM 指令集和 ARM 汇编语言程序设计仅作了宏观描述。

(6) 对于存储器技术,为了增加实际设计体验,本次修订保留了 SRAM 与 8088 的接口设计,但新增了 Flash 芯片的接口设计方法。同时,增加了作为现代微机中的主内存的 SDRAM 类存储器的介绍。

(7) 在数字接口方面,本次修订对串行通信接口作了全面修改和补充,详细描述了目前在可穿戴式智能监测系统中大量用到的短距离串行通信接口和在 PC 和其他嵌入式系统中常用的长距离串行通信接口,并讲述了非平衡式传输与平衡式传输的基本概念。

(8) 虽然微机连接的外设越来越丰富,但中断工作的原理和输入输出控制理念没有变化。对这部分,本书仅做了少量的修改。

(9) 为使读者对全书内容融会贯通,并能够更深入地理解书中知识在实际应用方面的作用,本次修订新增加了第 9 章,分别以微处理器、单片微控制器和基于 ARM 的片上系统为主控单元,通过具体案例讲述计算机在自动控制系统和可穿戴式健康监测系统中的应用。

通过书中的二维码,可以看到作者在"中国大学 MOOC"平台和"学堂在线"平台开设的国家级线上一流课程——微机原理与接口技术,实现线上线下无缝衔接。该线上课程的内容可作为本书的配套学习资源。

本书配套出版了《微型计算机原理与接口技术题解及实验指导(第 5 版)》(ISBN:9787302639527),书中包括本教材全部习题的详细分析和解释,对部分开放性综合设计题目,提供了解题思路和设计方法讲解视频,通过书中提供的链接,也可关联到覆盖本课程全部主体内容的练习题库;实验指导包含软硬件实验环境、指令集与基本汇编语言程序设计、综合程序设计、存储器与简单 I/O 接口设计、可编程数字接口电路设计以及模拟接口设计等 16 项实验。

本书第 1~5 章由吴宁编写,第 6~9 章由闫相国整理和编写,夏秦老师补充了有关飞腾处理器的介绍,全书由吴宁负责统稿。本书的编写得到了西安交通大学多位教师的帮助和支持,作者在此表示衷心感谢。

由于时间较紧,编者水平有限,书中难免有不妥之处,敬请同行和读者批评指正。

作　者

2022 年 6 月于西安交通大学

目 录

第 1 章 微型计算机基础 ·· 1
1.1 从一段程序认识计算机系统 ··· 3
　　1.1.1 程序在计算机中的表示与执行 ··· 3
　　1.1.2 硬件系统的组成 ··· 5
　　1.1.3 冯·诺依曼结构 ··· 8
　　1.1.4 微机中的总线 ··· 11
　　1.1.5 操作系统对硬件的管理 ·· 15
　　1.1.6 后 PC 时代——嵌入式技术的发展 ··· 17
　　1.1.7 计算机系统中的几个重要概念 ··· 20
1.2 计算机中的数制及编码 ·· 22
　　1.2.1 常用数制 ·· 22
　　1.2.2 不同数制之间的转换 ··· 23
　　1.2.3 十进制数编码与字符编码 ··· 26
1.3 计算机中数的表示与运算 ··· 29
　　1.3.1 无符号整数的表示与运算 ··· 29
　　1.3.2 有符号整数的表示 ··· 30
　　1.3.3 补码运算 ·· 33
　　1.3.4 从补码数中获取真值 ··· 35
　　1.3.5 数的表示范围与溢出问题 ··· 36
　　1.3.6 定点数与浮点数 ·· 38
1.4 计算机中的基本逻辑电路与加法电路 ·· 40
　　1.4.1 基本逻辑运算与逻辑门 ·· 40
　　1.4.2 复合逻辑运算及其逻辑电路 ··· 42
　　1.4.3 译码器 ·· 44
　　1.4.4 二进制的加法电路 ··· 44
　　1.4.5 实现减法运算转换为加法运算的电路 ··· 46
习题 ··· 47

第 2 章 微处理器技术 ··· 49
2.1 微处理器的结构与发展 ·· 50

- 2.1.1 从8位到32位微处理器时代 ... 50
- 2.1.2 现代微处理器 ... 51
- 2.1.3 多核技术 ... 53
- 2.1.4 微处理器的基本组成 ... 55
- 2.2 Intel x86-16 微处理器 ... 57
  - 2.2.1 8088 的引脚定义 ... 58
  - 2.2.2 8086/8088 的功能结构 ... 61
  - 2.2.3 8086/8088 的内部寄存器 ... 62
  - 2.2.4 实模式内存寻址 ... 65
  - 2.2.5 8086/8088 的总线时序 ... 70
  - 2.2.6 最大模式与最小模式下的 8088 系统 ... 72
- 2.3 32 位微处理器 ... 74
  - 2.3.1 80386 的主要特性 ... 74
  - 2.3.2 80386 的内部结构 ... 75
  - 2.3.3 80386 的主要引脚功能 ... 76
  - 2.3.4 特定的 80386 寄存器 ... 77
  - 2.3.5 80386 的工作模式 ... 79
- 2.4 Pentium 4 和 Core 2 微处理器 ... 81
  - 2.4.1 主要技术指标 ... 82
  - 2.4.2 Intel NetBurst 微体系结构 ... 82
  - 2.4.3 内部寄存器 ... 85
  - 2.4.4 内存管理 ... 86
- 2.5 ARM 处理器体系结构 ... 88
  - 2.5.1 ARM 技术概述 ... 88
  - 2.5.2 RISC 体系结构 ... 90
  - 2.5.3 ARM 的组织结构 ... 92
  - 2.5.4 ARM 的寄存器 ... 95
  - 2.5.5 基于 ARM 架构的鲲鹏处理器 ... 99
  - 2.5.6 基于 ARM 架构的飞腾处理器 ... 102
- 习题 ... 106

第 3 章 指令集 ... 108

- 3.1 计算机的语言——指令 ... 109
  - 3.1.1 常见指令集概述 ... 109
  - 3.1.2 计算机中的指令表示 ... 111
  - 3.1.3 指令中的操作数 ... 113
- 3.2 寻址方式 ... 114
  - 3.2.1 立即寻址 ... 115
  - 3.2.2 直接寻址 ... 115

3.2.3 寄存器寻址 ………………………………………………………… 117
　　　3.2.4 寄存器间接寻址 ……………………………………………………… 117
　　　3.2.5 寄存器相对寻址 ……………………………………………………… 118
　　　3.2.6 基址-变址寻址 ………………………………………………………… 119
　　　3.2.7 基址-变址-相对寻址 …………………………………………………… 120
　　　3.2.8 隐含寻址 ………………………………………………………………… 121
　3.3 Intel x86-16 指令集 ………………………………………………………………… 121
　　　3.3.1 数据传送指令 ……………………………………………………… 122
　　　3.3.2 算术运算指令 ……………………………………………………… 131
　　　3.3.3 逻辑运算和移位指令 ………………………………………………… 140
　　　3.3.4 串操作指令 …………………………………………………………… 148
　　　3.3.5 程序控制指令 ………………………………………………………… 154
　　　3.3.6 处理器控制指令 ……………………………………………………… 166
　3.4 x86-32 与 x86-64 指令集 …………………………………………………………… 166
　　　3.4.1 x86-32 指令集对指令功能的扩充 ……………………………………… 167
　　　3.4.2 x86-32 指令集新增指令简述 …………………………………………… 168
　　　3.4.3 从 IA32 到 x86-64 ……………………………………………………… 170
　3.5 ARM 指令集简介 …………………………………………………………………… 172
　　　3.5.1 ARM 指令概述 ………………………………………………………… 172
　　　3.5.2 ARM 指令的寻址方式 ………………………………………………… 173
　　　3.5.3 ARM 的 32 位指令集 …………………………………………………… 174
　习题 …………………………………………………………………………………………… 176

第 4 章 汇编语言程序设计 ……………………………………………………………… 178

　4.1 汇编语言基础 ……………………………………………………………………… 178
　　　4.1.1 低级语言与高级语言 ………………………………………………… 178
　　　4.1.2 汇编语言源程序 ……………………………………………………… 180
　　　4.1.3 汇编语言指令中的操作数 …………………………………………… 181
　4.2 伪指令 ……………………………………………………………………………… 185
　　　4.2.1 数据定义伪指令 ……………………………………………………… 185
　　　4.2.2 符号定义伪指令 ……………………………………………………… 187
　　　4.2.3 段定义伪指令 ………………………………………………………… 188
　　　4.2.4 设定段寄存器伪指令 ………………………………………………… 190
　　　4.2.5 源程序结束伪指令 …………………………………………………… 190
　　　4.2.6 过程定义伪指令 ……………………………………………………… 192
　　　4.2.7 宏命令伪指令 ………………………………………………………… 193
　　　4.2.8 ORG 伪指令 …………………………………………………………… 195
　4.3 系统功能调用 ……………………………………………………………………… 196
　　　4.3.1 键盘输入 ……………………………………………………………… 197

  4.3.2 显示输出 ······ 200
  4.3.3 返回 DOS 操作系统功能 ······ 202
 4.4 程序设计示例 ······ 202
  4.4.1 汇编语言程序设计概述 ······ 202
  4.4.2 汇编语言程序设计示例 ······ 205
 4.5 ARM 汇编语言概述 ······ 213
  4.5.1 ARM 汇编语言的宏指令、伪操作与伪指令 ······ 213
  4.5.2 ARM 汇编语言源程序格式 ······ 214
  4.5.3 嵌入式 C 语言 ······ 215
 习题 ······ 217

第 5 章 半导体存储器 ······ 220

 5.1 半导体存储器概述 ······ 220
  5.1.1 随机存取存储器 ······ 221
  5.1.2 只读存储器 ······ 223
  5.1.3 半导体存储器的主要技术指标 ······ 225
 5.2 RAM 设计 ······ 225
  5.2.1 Intel 6264 SRAM 简介 ······ 226
  5.2.2 Intel 2164A DRAM 简介 ······ 228
  5.2.3 RAM 接口的地址译码 ······ 231
  5.2.4 RAM 接口设计 ······ 233
 5.3 ROM 设计 ······ 235
  5.3.1 EPROM 接口设计 ······ 236
  5.3.2 EEPROM 接口设计 ······ 237
  5.3.3 Flash 接口设计 ······ 241
 5.4 存储器扩展技术 ······ 244
  5.4.1 位扩展 ······ 244
  5.4.2 字扩展 ······ 246
  5.4.3 字位扩展 ······ 246
 5.5 半导体存储器设计示例 ······ 248
 5.6 计算机中的内存管理 ······ 253
  5.6.1 Cache 的工作原理 ······ 253
  5.6.2 Cache 的读写操作 ······ 254
  5.6.3 Cache 系统的数据一致性与命中率 ······ 256
 习题 ······ 258

第 6 章 输入输出和中断技术 ······ 261

 6.1 输入输出系统概述 ······ 261
  6.1.1 输入输出系统的特点 ······ 262

6.1.2 输入输出接口 ··· 263
6.1.3 I/O端口寻址 ··· 264
6.2 基本输入输出接口 ··· 266
6.2.1 三态门接口 ··· 266
6.2.2 锁存器接口 ··· 269
6.2.3 简单接口应用举例 ··· 271
6.3 基本输入输出方式 ··· 272
6.3.1 无条件传送方式 ·· 273
6.3.2 查询方式 ·· 273
6.3.3 中断控制方式 ··· 275
6.3.4 直接存储器访问方式 ··· 276
6.4 中断技术 ··· 278
6.4.1 中断的基本概念 ·· 279
6.4.2 中断处理的一般过程 ··· 280
6.4.3 中断处理过程的流程图描述 ··· 283
6.4.4 中断向量表 ··· 283
6.4.5 现代微机中的中断技术 ·· 284
6.4.6 ARM处理器的异常中断 ··· 286
6.5 可编程中断控制器8259A ·· 289
6.5.1 8259A的引脚及内部结构 ··· 289
6.5.2 8259A的工作过程 ·· 290
6.5.3 8259A的工作方式 ·· 291
6.5.4 8259A的初始化 ·· 294
6.5.5 8259A编程示例 ·· 298
习题 ··· 302

第7章 串行与并行数字接口 ··· 304

7.1 串行通信与并行通信 ··· 305
7.1.1 串行通信 ·· 305
7.1.2 并行通信 ·· 309
7.2 常用串行通信技术 ··· 310
7.2.1 近距离串行通信接口 ··· 310
7.2.2 远距离串行通信接口 ··· 315
7.3 可编程定时/计数器8253 ·· 321
7.3.1 8253的引脚和结构 ··· 322
7.3.2 8253的工作方式 ·· 324
7.3.3 8253的控制字 ··· 328
7.3.4 8253的应用 ··· 329
7.4 可编程并行接口8255 ··· 335

　　　　7.4.1　8255的引脚及结构 ……………………………………………………………… 335
　　　　7.4.2　8255的工作方式 ………………………………………………………………… 338
　　　　7.4.3　8255的方式控制字及状态字 …………………………………………………… 341
　　　　7.4.4　8255的应用 ……………………………………………………………………… 343
　习题 …………………………………………………………………………………………………… 350

第8章　模拟量的输入输出 ………………………………………………………………………… 353

　8.1　模拟量输入输出通道 …………………………………………………………………………… 353
　　　8.1.1　模拟量输入通道 ……………………………………………………………………… 354
　　　8.1.2　模拟量输出通道 ……………………………………………………………………… 355
　8.2　D/A转换器 ……………………………………………………………………………………… 356
　　　8.2.1　D/A转换器的工作原理 ……………………………………………………………… 356
　　　8.2.2　D/A转换器的主要技术指标 ………………………………………………………… 358
　　　8.2.3　DAC0832 ……………………………………………………………………………… 359
　　　8.2.4　D/A转换器的应用 …………………………………………………………………… 363
　8.3　A/D转换器 ……………………………………………………………………………………… 365
　　　8.3.1　A/D转换器的工作原理 ……………………………………………………………… 366
　　　8.3.2　A/D转换器的主要技术指标 ………………………………………………………… 367
　　　8.3.3　ADC0809 ……………………………………………………………………………… 368
　　　8.3.4　A/D转换器的应用 …………………………………………………………………… 370
　习题 …………………………………………………………………………………………………… 376

第9章　计算机在自动控制与可穿戴式健康监测系统中的应用 ……………………………… 378

　9.1　计算机控制系统 ………………………………………………………………………………… 379
　　　9.1.1　计算机控制系统概述 ………………………………………………………………… 379
　　　9.1.2　计算机控制系统的基本组成 ………………………………………………………… 380
　9.2　计算机在开环控制系统中的应用 ……………………………………………………………… 381
　　　9.2.1　开环控制系统概述 …………………………………………………………………… 381
　　　9.2.2　计算机开环控制系统设计示例 ……………………………………………………… 382
　9.3　计算机在闭环控制系统中的应用 ……………………………………………………………… 386
　　　9.3.1　闭环控制系统概述 …………………………………………………………………… 386
　　　9.3.2　过程控制 ……………………………………………………………………………… 387
　　　9.3.3　计算机闭环控制系统设计示例 ……………………………………………………… 389
　　　9.3.4　单片机直流调速控制系统设计 ……………………………………………………… 390
　9.4　嵌入式技术在可穿戴式健康监测系统中的应用 ……………………………………………… 394
　　　9.4.1　可穿戴式健康监测系统概述 ………………………………………………………… 394
　　　9.4.2　微型可穿戴式多生理参数记录装置设计示例 ……………………………………… 398
　习题 …………………………………………………………………………………………………… 402

| 附录 A | 可显示字符的 ASCII 码 | 404 |

附录 B　8088 部分引脚信号功能 405

    B.1　$IO/\overline{M}$、$DT/\overline{R}$、$\overline{SS_0}$ 的组合对应的操作 405

    B.2　$\overline{S_2}$、$\overline{S_1}$、$\overline{S_0}$ 的组合对应的操作 405

    B.3　QS_1、QS_0 的组合对应的操作 406

附录 C　8086/8088 指令 407

附录 D　8086/8088 微机的中断 411

    D.1　中断类型分配 411

    D.2　DOS 软中断 412

    D.3　DOS 系统功能调用简表 413

    D.4　BIOS 软中断简表 418

参考文献 420

第1章

微型计算机基础

引言

在当下,多数读者对软件的了解远胜于对硬件的了解,特别是随着各种语言处理程序在功能上的不断增强,程序设计和硬件的距离似乎越来越远。但所有的程序都运行在硬件之上,如果能够理解计算机底层的原理,将有助于程序代码的优化,也会使程序设计水平走上新的台阶。

随着智能控制技术的发展,计算机在工业自动控制、可穿戴式智能监测等领域的应用越来越广。实现对被控对象的状态采集、传输、处理和控制,是计算机控制系统必要的功能。本书的目标是通过对计算机硬件组成和原理、微处理器、嵌入式处理器以及接口控制技术的介绍,帮助读者掌握计算机控制系统研发方法,为成为高水平的程序员奠定相关基础。

作为全书的第1章,本章从一段C语言程序开始,介绍计算机的硬件组成和软硬件的协同工作。同时,在嵌入式技术已广泛应用于工业控制领域的当下,为使读者在了解微机系统组成和基本原理的同时,也能对嵌入式技术有一定认知,本章也简要介绍嵌入式技术的特点和嵌入式系统的组成。

本章用较大篇幅讲述计算机中数的表示与运算、字符编码和计算机中的基本逻辑电路,目的是为后续内容的学习奠定基础。在这些基础内容中,对有符号整数的表示与运算,初学者可能会存在一些理解上的困难。没有关系,随着学习的深入,这些难点会逐渐被消除。

教学目的

- 能够描述微机系统的硬件组成,清楚操作系统在计算机系统中的作用。
- 能够描述嵌入式技术的特点和嵌入式系统的组成。
- 熟悉计算机中常用的3种数制、两种编码及其相互转换方法。
- 熟悉无符号整数和有符号整数的表示,清楚两种性质的整数的表示范围。
- 能够熟练完成二进制算术运算和逻辑运算,对计算机中的基本逻辑电路有深度认知。

计算机的主要应用方向之一是自动控制。自动控制的对象通常是温度、压力、流量等连续变化的物理量。由于计算机只能处理离散电信号,要对这类非离散的物理量进行控制,需要一个"长长的处理过程"。

以下是一个与人们日常生活相关的案例——家庭安全防盗系统设计需求。

> **案例**：随着社会进步和经济发展，人们的生活水平和生活环境都有了极大的改善，对家庭安全防盗措施也提出了新的要求。现有某住户需要设计一套家庭安全防盗系统。该住户的住宅包括4间卧室、2间客厅、1间厨房和2间卫生间。其中，除1间卫生间无窗外，其他所有房间都含一扇可开关的窗户，即共有8个窗户。系统的总体设计要求如下：
>
> （1）为每个窗户安装监测装置。当出现异常时，启动报警（警铃响，警灯闪烁）；当危险解除后关闭报警。
>
> （2）当住户外出或需要时使家庭安全防盗系统处于布防状态，在不需要时则可关闭系统。对异常的监测有两种方法：可以定时循环检测，也可以始终处于监测状态。

要完成这样一个系统设计，需要解决以下问题：
- 如何才能监测到异常以及异常信息如何才能被计算机感知？
- 异常或正常信息在计算机中如何表示和存储？
- 计算机如何确定接收到的来自监测设备的信息是正常还是异常？
- 计算机对接收到的信息如何处理？如何发出报警信息？

……

整个系统涉及硬连线路（硬件）设计和控制程序（软件）设计两大部分以及计算机的一些基础知识，而这些就是本书要介绍的内容。学习了本书以后，就可以完成这样一个过程控制系统核心部分的设计了。

在正式学习之前，有以下几点需要注意：

（1）关于软件设计。无论是基于嵌入式技术还是基于微型机技术，实现过程控制使用的程序语言多为C语言。本书介绍汇编语言的主要原因有两个。其一，学习汇编语言更有助于理解底层计算机系统是如何工作的。深入理解系统组件的工作原理，是成为高级程序员应有的基础。其二，汇编语言是面向芯片的语言，可以直接编译成处理器能够识别的机器语言。在一些要求运行效率、实时性高的场合，如操作系统内核、设备驱动程序、需要高速响应的自动控制系统等，依然需要使用汇编语言程序。本书在介绍汇编语言的同时，加入了在C语言中嵌入汇编语言程序的内容，以满足更多读者的需求。

（2）关于本书的内容。教材以公开的、经典的核心原理介绍为主。虽然本书中作为案例介绍的芯片型号都显得"古老"，但从应用的角度，其基本功能和使用方法与今天的新型芯片是类似的。掌握了基本知识，也就具备了从事相关系统设计的基础。当然，考虑到自动控制系统发展现状，本书也用一定篇幅介绍嵌入式技术，并通过原理图描述嵌入式控制系统设计方法。

人们日常接触的计算机大多数是微型计算机（简称微机），建立微机系统的整体概念，理解微机的构成、工作原理、输入输出控制方法等，无论对程序设计还是对接口控制系统设计都具有普适意义。本书在介绍接口电路的章节中给出了较多以微机实现接口控制的设计示例。但为了适应现代控制系统以嵌入式技术为主的现实，本书第9章中的自动控制系统设计示例多采用了嵌入式控制方法。以下如无特殊说明，本书所说的计算机特指微型计算机。

1.1 从一段程序认识计算机系统

所有的程序都运行在硬件系统之上。由于到目前为止的计算机硬件都由各种逻辑电路组成,只能够直接处理离散的数字信号,也就是我们常说的 0 和 1,可是今天编写的所有程序使用的语言都不是用 0 和 1 表示的,因此,了解程序在计算机中是如何表示的,就成为认识计算机系统的第一级台阶。

◇1.1.1 程序在计算机中的表示与执行

今天的程序员在绝大多数情况下都会使用各种高级语言表述自己的设计思想。由于自动控制系统的软件设计更广泛地使用 C 语言,同时也考虑到本书的大多数读者对 C 语言都有基本了解,本节就以一段 C 语言程序开始,描述计算机中的程序从编写到能够被执行要经历的过程,进而引出微机系统的硬件组成。这样的描述有助于读者从熟悉的地方入手,逐步建立对计算机系统的认知。

1. 计算机中的信息都是 0 和 1

图 1-1 是大多数 C 语言学习者编写的第一段程序:在屏幕上显示输出"Hello world!"。为描述上的简洁,这里省略了 return 语句。

```
#include <stdio.h>
int main()
{
    printf("Hello world!\n");
}
```

◆图 1-1　一段 C 语言程序

图 1-1 所示的程序段称为源程序。无论用哪种语言编写程序,程序员都需要利用编辑器(如 GCC)编写源程序并保存为源文件。为描述方便,将图 1-1 所示的这段源程序命名为 Hello.c。

由于计算机唯一能够直接识别和处理的只有二进制数,因此输入计算机的每一个字符或数值都用 0 和 1 组成的位(bit,b)序列表示,每 8 位组成一组,称为 1 字节(Byte,B)。

上述源程序文件就是一组位序列。由于现代计算机系统大都使用 ASCII 码[①]表示文本字符,即图 1-1 所示源程序中的每个字符都唯一对应一个 ASCII 码。于是,Hello.c 程序就以字节序列的方式存储在计算机中,每个字节都是一个整数值,每个整数值都对应一个字符。图 1-2 给出了 Hello.c 程序中每个符号或字母对应的 ASCII 码(<sp>表示空格,\n 表示换行)。考虑到各种高级语言通用十进制数,而汇编语言程序中常用到十六进制数[②]表示,因此图 1-2 中在每个符号或字母的下边分别给出了其对应的上述两种数制表示的

[①] ASCII 码是 American Standard Code for Information Interchange(美国国家标准信息交换码)的缩写,将在 1.2.3 节中介绍。

[②] 十六进制数用字母 H 标识。将在 1.2 节中描述计算机中的常用数制。

ASCII 码。例如，♯ 的 ASCII 码的十进制数是 35，对应的十六进制数为 23H。

♯	i	n	c	l	u	d	e	\<sp\>	\<	s	t	d	i	o	.
35	105	110	99	108	117	100	101	32	60	115	116	100	105	111	46
23	69	6E	63	6C	75	64	65	20	3C	73	74	64	69	6F	2E
h	\>	\n	i	n	t	\<sp\>	m	a	i	n	(	)	\n	{	
104	62	10	105	110	116	32	109	97	105	110	40	41	10	123	
68	3E	0A	69	6E	74	20	6D	61	69	6E	28	29	0A	7B	
\n	\<sp\>	\<sp\>	p	r	i	n	t	f	(	"	H	e	l	l	
10	32	32	112	114	105	110	116	102	40	34	72	101	108	108	
0A	20	20	70	72	69	6E	74	66	28	22	48	65	6C	6C	
o	,	\<sp\>	w	o	r	l	d	!	\	n	"	)	;	\n	}
111	44	32	119	111	114	108	100	33	92	110	34	41	59	10	125
6F	2C	20	77	6F	72	6C	64	21	5C	6E	22	29	3B	0A	7D

◆ 图 1-2　Hello.c 的 ASCII 码表示

Hello.c 的表示方法说明：系统中的所有信息，无论是程序还是程序运行的数据或磁盘文件等，都是用一串 0 和 1 表示的。区分不同位串对象的唯一方法是读取这些数据对象时的上下文。一个同样的字节序列在不同的上下文中可能表示一个整数、机器指令或字符串等。

计算机的工作就是执行程序。对程序员来讲，了解数字和字符在计算机中的表示方法非常必要。它们是对实际值的有限近似，可能与实际的整数和实数不同。随着本书内容的推进，读者将会逐步理解这些。

2. 从源程序到能够被计算机执行的程序

Hello.c 程序用高级语言编写，非常容易被人类理解，但计算机硬件无法识别。为了能使程序在计算机上运行，需要经过若干处理环节。下面以上述 C 语言程序为例说明从源程序到可执行程序的处理过程。

(1) 预处理。预处理程序根据以字符 ♯ 开头的命令（第 1 行的 ♯include \<stdio.h\> 命令），读取系统头文件 stdio.h 的内容[①]，并把它插入原始的 C 语言程序文本 (Hello.c) 中，从而得到一个新的 C 语言程序文本 (Hello.i)。

(2) 编译。计算机无法识别除了 0 和 1 之外的信息。程序中的每条 C 语言程序语句都需要被翻译成 0 和 1，编译器就负责完成这一工作。它将 C 语言程序文本 (Hello.i) 翻译成一个汇编语言程序 (Hello.s)。汇编语言程序中的每条语句都以一种标准的文本格式确切地描述一条汇编语言指令。汇编语言非常有用，它为各种高级语言的不同编译器提供了通用的输出语言。例如，C 语言编译器和 FORTRAN 编译器产生的输出文件用的是一样的汇编语言。本书将在第 3 章和第 4 章具体介绍汇编语言指令和汇编语言程序设计方法。

(3) 汇编。在编译器将源程序翻译成汇编语言程序 (Hello.s) 之后，汇编程序将汇编语言指令翻译成机器语言指令，把这些指令打包成一种称为可重定位目标程序（relocatable

---

① C 语言的头文件中包含的是需要调用的函数的有关信息。具体请参阅 C 语言相关书籍。

object program)的格式,并将结果保存为目标文件(Hello.o)①。目标文件是一个二进制文件,它是机器语言指令而不是字符(若在文本编辑器中打开,看到的将是乱码)。

(4)连接。为了简化编译器,C语言对一些标准库函数预先进行了编译。图 1-1 的 C 语言程序中调用的 printf( )函数是 C 语言的标准库函数,它已被编译好并存放在名为 printf.o 的目标文件中。由于 Hello.o 需要用这个函数,所以要将 printf.o 合并到 Hello.o 中。连接程序就负责完成这种合并。连接后,就得到了一个可以执行的、扩展名为 exe 的可执行文件。它可以被操作系统的装入程序装入内存,由 CPU 执行。

图 1-3 给出了 Hello.c 从源程序到可执行程序的处理过程。实现这一处理过程的也是程序,称为编译系统(compilation system)。

> 对本书介绍的汇编语言,计算机当然也无法直接识别,也需要如图 1-3 所示的处理过程。与 C 语言程序等高级语言程序不同的是,汇编语言程序少了编译环节,从源程序直接进入汇编环节。

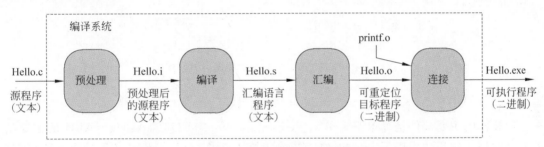

◆图 1-3 Hello.c 从源程序到可执行程序的处理过程

到此,Hello.c 程序就成为可在计算机上执行的 Hello.exe 程序,并存放在外存储器(硬盘等)上。

这个程序虽然只有一行关键语句(打印语句),但要执行它,系统的每个组成部件都需要协同工作。

◇1.1.2 硬件系统的组成

在一般用户看来,Hello.c 程序运行在操作系统上;而实际上最终执行程序的是以处理器为核心的硬件系统。为了能在正式开始介绍系统的硬件组成和原理之前先对 Hello.c 程序的运行平台有基本的了解,本节先给出硬件系统的概貌。

图 1-4 是 Intel Pentium 系列微机硬件系统组成。本节围绕这个系统简要介绍微机硬件系统的主要部件。这些部件的详细原理会在本书的后续章节中介绍。

1. CPU

CPU(Central Processing Unit,中央处理器),是执行(或解释)存储在内存中的指令的引擎,是整个系统的核心②。其内部包括运算器、控制器(controller)和一组寄存器

微型计算机系统01

---

① Hello.o 的扩展名 o 表示 object,即目标程序。
② 在个人计算机中,CPU 也称为微处理器(microprocessor)。

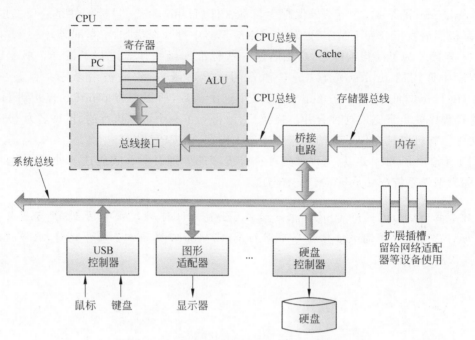

◆图 1-4 Intel Pentium 系列微机硬件系统组成

(register)。

运算器的主要部件是算术逻辑单元(Arithmetic Logical Unit,ALU)。ALU 的主要功能就是在控制信号的作用下完成加、减、乘、除等算术运算、移位操作及各种逻辑运算(也就是执行指令),现代新型 CPU 的运算器还可完成各种浮点运算。运算产生的中间结果可以存放在 CPU 的寄存器中。

寄存器组是 CPU 内部的存储设备,由若干 1 字长的寄存器组成,每个寄存器都有唯一的名字。寄存器主要承担中间运算结果的暂时存储和辅助控制的作用。有一个很关键的寄存器称为程序计数器(Program Counter,PC)。在任何时刻,PC 的内容都是内存中的某条机器语言指令的地址,或者说 PC 总是指向内存中某条机器语言指令。

虽然 Hello.c 程序从源程序到可执行程序都存放在外存中,但执行程序的是 CPU,程序在执行之前必须先进入内存。程序进入内存之后,程序的第一条指令在内存中的存放地址会被送入 PC 中,CPU 在执行的时候会根据 PC 的值到内存中读取指令。因此,PC 也被称为指令指针,是非常重要的寄存器。

从系统通电开始,直到系统断电,CPU 一直在不断地执行 PC 指向的指令。CPU 每取走一条指令,PC 就会自动更新,指向下一条指令。CPU 正是按照 PC 的指示逐条读取并执行指令,直到程序执行结束。

CPU 的工作基准是时钟信号。这是一组周期恒定的脉冲信号。不同的时刻 CPU 做不同的工作,它们在时间上有着严格的关系,这就是时序。时序信号由控制器产生,它控制 CPU 的各个部件按照一定的时间关系有条不紊地完成指令要求的操作。控制器是整个 CPU 的指挥控制中心。

本书将在第 2 章通过具体的型号详细介绍微处理器的结构和工作原理,其中包括多个寄存器的介绍。

2. 内存

内存也称主存(main memory)，是一个临时存储设备，在 CPU 执行程序时用来存放程序和程序处理的数据。从物理上说，内存由一组动态随机存取存储器(DRAM)芯片组成；从逻辑上说，内存是一个线性的字节数组，每字节存放在一个单元里(即内存的每个单元都存放一字节数据)，每个单元在内存中都有唯一的地址，并从 0 开始编址。图 1-5 给出了内存的逻辑结构。从中可以看出，内存为单元的线性结构，每个单元中的一字节数据称为单元内容，单元的数量取决于系统的寻址能力。

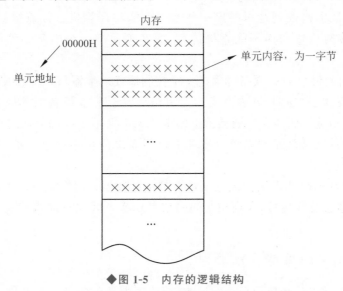

◆图 1-5　内存的逻辑结构

一般来说，组成程序的每条机器指令可以由不同数量的字节构成，即各条机器指令的字长不一定相等(Intel x86 系列指令的字长为 1～7 字节)。同时数据也可以有不同的字长。在 C 语言程序中，与变量相对应的数据项的大小会根据类型变化。例如，char 类型需要一字节，int 类型需要 4 字节，而 double 类型需要 8 字节(第 4 章将介绍汇编语言中类似的数据类型)。在 1.1.3 节将分析不同的指令字长对 PC 的更新的影响。当然，更具体的原理需要学习完本书的大部分内容后才能真正理解。

3. 总线

总线(bus)是贯穿整个系统的一组电子通道，是系统中各部件之间传输地址、数据和控制信息的公共通路。通常总线被设计成按字(word)传送，一字中的字节数(即字长)是一个基本的系统参数，不同的系统可能不一样。目前大多数计算机的字长是 8 字节(64 位)。对本书描述的 16 位处理器，一字为两字节。

从物理结构来看，总线由一组导线和相关的控制、驱动电路组成。它的特点在于其公用性，即它可同时挂接多个部件或设备(只连接两个部件或设备的信息通道不称为总线)。总线上任何一个部件或设备发送的信息都可以被连接到总线上的其他所有部件或设备接收到，但某一时刻只能有一个部件或设备进行信息传送，所以，当总线上挂接的部件或设备过多时，就容易引起总线争用，使部件或设备对信号响应的实时性降低。

目前在微机系统中常把总线作为一个独立部件。本书将在 1.1.4 节中进一步介绍微机系统中总线的类型和功能。

4. 输入输出设备和输入输出接口

输入输出(Input/Output,I/O)设备(以下简称 I/O 设备)是可以与计算机系统进行通信,但又必须通过输入输出接口(Input/Output Interface,以下简称 I/O 接口)才能进行通信的设备。在图 1-4 的示例系统中给出了 4 个输入输出设备:键盘、鼠标、显示器以及用于长期存储数据和程序的磁盘。这些只是微机系统的基本 I/O 设备。事实上,I/O 设备种类繁多,结构、原理各异,有机械式、电子式、电磁式等。与 CPU 相比,I/O 设备的工作速度较低,处理的信息从数据格式到逻辑时序一般都不可能与计算机直接兼容。因此,计算机与 I/O 设备间的连接与信息交换不能直接进行,而必须通过一个中间部件作为两者之间的桥梁。

图 1-4 中给出的每个 I/O 设备都通过一个控制器或适配器与系统总线相连。控制器和适配器的区别主要在于它们的封装方式。控制器是置于 I/O 设备内部或者系统主板上的芯片组,而适配器则是一块插在扩展插槽上的卡。无论采用哪种封装方式,它们都可以统称为 I/O 接口,它们的功能就是在系统总线和 I/O 设备之间传递信息。本书将在第 6~8 章介绍输入输出相关技术。

总体上讲,计算机硬件系统在概念结构上都由处理器、存储器、I/O 接口等主要部件组成。各部件之间通过总线连接,实现相互间的信息传递。因此总线也就成为硬件系统中的一个独立部件。

◇1.1.3 冯·诺依曼结构

计算机的工作过程就是执行程序的过程,而程序则是指令序列的集合。那么,什么是指令呢?其实,指令可以说就是人向计算机发出的、能够被计算机识别的命令。不同型号的计算机(准确地说应是处理器),识别命令的能力不同,即其能够执行的指令不同。计算机能够识别的所有指令的集合称为该计算机的指令系统。第 3 章将详细介绍 Intel x86 CPU 的指令系统。

当人们要利用计算机完成某项工作(例如解一道数学题)时,需要先把题的求解方法分解成计算机能够识别并能执行的基本操作命令,这些基本操作命令按一定顺序排列起来,就组成了程序,而其中每一条基本操作命令称为一条机器指令,指示计算机执行规定的操作。

因此,程序是实现既定任务的指令序列,计算机按照程序安排的顺序执行指令,就可完成指定任务。

为了使读者能够理解下面将要描述的冯·诺依曼计算机的基本原理,需要先说明执行一条指令应有的步骤。虽然这些内容都会在后续章节中详细描述,但先建立一些基本的概念,将有助于对后续内容的理解。

1. 指令的执行过程

程序是指令序列的集合,因此计算机的工作也就是逐条执行指令序列的过程。一条指令的执行通常包含以下步骤:

(1) 处理器从 PC 指向的内存地址读取指令,同时根据指令的字长更新 PC 的值。

微机的一般
工作过程01

(2) 处理器对读取的指令进行分析,解释指令的含义(做何种运算)。

(3) 如果需要,则处理器根据指令中给出的地址,从内存中获取执行的数据(操作数)。例如,把两个运算的数据(一字节或者一字)从内存复制到寄存器,把两个寄存器的内容复制到 ALU 中进行运算。

(4) 在 ALU 中执行该指令。

(5) 将执行结果送入指令指定的内存地址。

这里有两点需要特别说明:

微机的一般
工作过程 02

(1) 并非每一条指令的执行都需要经过这 5 个步骤。对部分针对处理器操作的指令,其执行的对象位于处理器内部(可以说是处理器本身),无法从内存中获取,运算结果当然也就不会再送入内存了。

(2) 在处理器中,PC 中的地址会通过一个内部地址寄存器指向内存。在读取指令的时序启动后,PC 中的地址就会送入这个内部地址寄存器(该寄存器对程序员不可见,它负责将内存地址保持到指令被读入内存为止)。然后 PC 会自动更新,指向下一条待读取的指令。

需要注意的是,PC 指向的下一条指令并不一定与存储器中刚读取的指令相邻。例如,对顺序结构程序,若指令字长为一字节,则 PC+1;若指令字长为 5 字节,则 PC+5。此时指令会指向相邻的下一条指令。对分支和循环结构,PC 会更新到指定的地方,此时下一条指令就不一定与当前指令相邻。但无论怎样,PC 都永远指向下一条待读取的指令。

图 1-6 给出了指令的执行过程。其中,PC 在指令被读取后会自动更新,但是更新后的 PC 不一定指向与刚读取的指令相邻的地方。

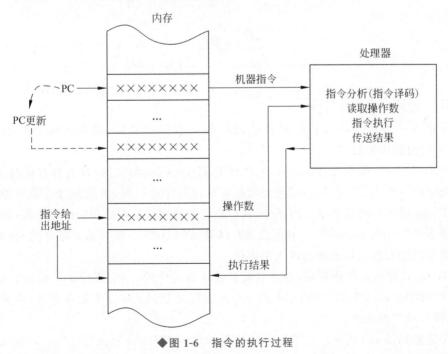

◆图 1-6 指令的执行过程

从以上的描述可以看出,指令的执行都围绕着内存、寄存器和 ALU 进行。这里的描述看上去很简单,但实际上,现代处理器内部具有非常复杂的机制,第2章会给出进一步介绍。

2. 冯·诺依曼计算机的基本原理

程序是实现既定任务的指令序列,计算机按照程序安排的顺序执行指令,完成设定的任务。冯·诺依曼结构的核心思想是:将指令序列按一定规则存放在存储器中,在控制器的统一控制下,按一定顺序依次取出并执行指令。这一原理称为存储程序原理。存储程序的概念是指把程序和数据送到具有记忆功能的存储器中保存起来,计算机工作时只要给出程序中第一条指令的地址,控制器就可依据存储程序中的指令周而复始地取出指令、分析指令、执行指令,直到执行完全部指令为止。

冯·诺依曼计算机的主要特点如下:
- 将计算过程描述为由许多条指令按一定顺序组成的程序,并放入存储器保存。
- 程序中的指令和数据必须采用二进制编码,且能够被执行该程序的计算机识别。
- 指令按其在存储器中存放的顺序执行,存储器的字长固定并按顺序线性编址。
- 由控制器控制整个程序和数据的存取以及程序的执行。
- 以运算器为核心,所有的执行都经过运算器。

冯·诺依曼将计算机设计为由5部分组成,图1-7是经典冯·诺依曼计算机结构。多年来,尽管计算机体系结构已有了重大改进,性能也在不断提高,但本质上依然采用冯·诺依曼结构,而存储程序原理仍然是现代计算机的基本工作原理。

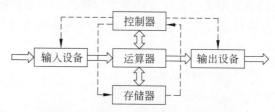

◆ 图1-7 经典冯·诺依曼计算机结构

3. Hello.c 程序的运行过程

在了解了一条指令的执行过程和处理器的基本组成之后,现在回来看看示例程序 Hello.c 运行时经历的过程。

在经历了图1-3所示的过程之后,可执行的 Hello.exe 程序已经被存储在硬盘上(程序编写者指定的某个地方),当通过键盘或鼠标启动该程序运行时,系统通过一系列指令将可执行的 Hello 程序从硬盘复制到内存(加载),复制的内容包括指令和运行的数据(即将输出显示的字符串"Hello world!")。利用直接存储器访问(DMA,将在第6章介绍)技术,数据可以不通过处理器而直接从硬盘进入主内存。

当 Hello 程序进入主内存后,处理器就开始执行其中的 main 程序的机器语言指令,这些指令将"Hello world! \n"字符串中的字节从内存复制到处理器中的寄存器,再送到显示设备,最终显示在屏幕上。

这个过程如图1-8所示。在图1-8中,实箭线表示将 Hello 可执行程序从磁盘加载到内存;虚箭线表示程序从内存送入处理器,最后输出字符串到显示器。图1-8略去了高速缓冲存储器(Cache)。

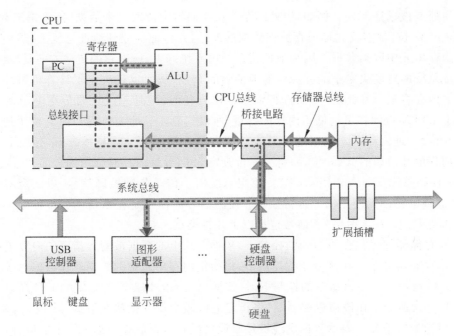

◆图 1-8　Hello 程序从硬盘到显示器的过程

◇1.1.4　微机中的总线

由 1.1.2 节已知,总线是一组信号线的集合,是计算机系统各部件之间传输地址、数据和控制信息的公共通路,由一组导线和相关的控制电路和驱动电路组成。

总线一般由多条通信线路组成,每一条信号线能够传送一位二进制 0 或 1,8 条信号线就能在同一时间并行传送一字节的信息。

1. 总线的分类

计算机系统中含有多种类型的总线,可以从不同的角度进行分类。从层次结构的角度,总线可以分为 CPU 总线、系统总线和存储器总线。从传送信息的类型的角度,总线可分为数据总线、地址总线及控制总线。

(1) 数据总线(Data Bus,DB)。数据总线是计算机系统内各部件之间进行数据传送的路径。数据总线的传送方向是双向的,可以由处理器传送给其他部件,也可以由其他部件传送给处理器。

数据总线一般由 8 条、16 条、32 条或更多条数据线组成,数据线的条数称为数据总线的宽度。由于每一条数据线一次只能传送一位二进制码,因此,数据线的条数(即数据总线的宽度)就决定了每一次能同时传送的二进制位数。如果数据总线宽度为 8 位,指令的长度为 16 位,则取一条指令需要访问两次存储器。由此可以看出,数据总线的宽度是决定系统整体性能的关键因素之一。8088 CPU 的外部数据总线宽度为 8 位;而 Pentium CPU 的数据总线宽度为 64 位,大大加快了对存储器的存取速度。

(2) 地址总线(Address Bus,AB)。地址总线用于传送地址信息,即这类总线上传送的一组二进制 0 或 1 表示的是某个内存单元地址或 I/O 端口地址,它规定了数据总线上的数据来自何处或被送往何处。例如,当处理器要从存储器中读取一个数据时,不论该数据是 8 位、16 位或 32 位,都需要先形成存放该数据的地址,并将地址放到地址总线上,然后才能从指定的内存单元中取出数据。因为地址信息均由系统产生,所以它的传送方向是单向的。

地址总线的宽度决定了能够产生的地址码的个数,从而也就决定了计算机系统能够管理的最大内存容量。除此之外,在进行输入输出操作时,地址总线还要传送 I/O 端口的地址。由于 I/O 端口的容量远低于内存的容量,所以一般在寻址 I/O 端口时只使用地址总线低端的几位,寻址内存时才使用地址总线的所有位。例如,在 8086 系统中,寻址 I/O 端口时需要用到地址总线的低 16 位,而将高 4 位设定为 0;寻址内存时则用到全部 20 位。

(3)控制总线(Control Bus,CB)。控制总线用于传送各种控制信号,以实现对数据总线、地址总线的访问及使用情况进行控制。控制信号的作用是在系统内各部件之间发送操作命令和请求、响应、定时信号,通常包括以下几种类型:

- 写存储器命令。在该命令的控制下,数据总线上的数据被写入指定的内存单元。
- 读存储器命令。在该命令的控制下,将指定内存单元中的数据放在数据总线上。
- I/O 写命令。在该命令的控制下,将数据总线上的数据写入指定的 I/O 端口。
- I/O 读命令。在该命令控制下,将指定 I/O 端口的数据放在数据总线上。
- 传送响应信号。表示数据已经被接收或已经将数据放在数据总线上的应答信号。
- 总线请求信号。表示系统内的某一部件要获得对总线的控制权的信号。
- 总线响应信号。表示允许系统内某一部件控制总线。
- 中断请求信号。表示系统内某一中断源发出的中断请求信号。
- 中断响应信号。表示系统内某一中断源发出的中断请求已获得响应的信号。
- 定时信号和复位命令。定时信号用于同步操作时的同步控制。在初始化操作时需要使用复位命令。

从总体上讲,控制信号的传送方向是双向的;但就某一具体信号而言,其信息的走向都是单向的。

2. 总线操作

微机系统中的各种操作,例如处理器内部寄存器操作、处理器对内存的读写操作、处理器对 I/O 端口的读写操作、中断操作、直接存储器访问操作等,都需要通过总线进行信息交换,它们在本质上都是总线操作。总线操作的特点是:在任意时刻,总线上只能允许一对设备(主控设备和从属设备)进行信息交换。当有多个设备要使用总线时,只能分时使用。即,将总线时间分为若干段,每一个时间段完成设备间的一次信息交换,包括从主控设备申请使用总线到数据传送完毕。这个时间段称为一个总线周期或数据传送周期。

一个总线周期分为 5 个步骤:

(1)总线请求。由使用总线的主控设备向总线仲裁机构提出使用总线的请求。

(2)总线仲裁。总线仲裁机构决定在下一个传送周期由哪个请求源使用总线。

(3)寻址。取得总线使用权的主控设备通过地址总线发出本次要传送的数据的地址及相关命令,通过译码使参与本次数据传送的从属设备被选中。

(4)数据传送。实现从主控设备到从属设备的数据传送。

(5)传送结束。主控设备、从属设备的相关信息均从总线上撤除,让出总线,以使其他设备能继续使用总线。

对于只有一个主控设备的单处理器系统,不存在总线请求、总线仲裁和传送结束(撤除)问题,总线始终归它所有,此时的总线周期只有寻址和数据传送两个步骤。在包括中断控制器、DMA 控制器及多处理器的计算机系统中,则需要专门的总线仲裁机构分配总线的控制和使用权。

3. 总线的基本功能

总线的基本功能包括数据传送、仲裁控制、总线驱动及出错处理。

1) 数据传送

数据在总线上传送时,为确保传送的可靠性,传送过程必须由定时信号控制,定时信号使主控设备和从属设备之间的操作同步。定时的实现方式有 3 种:同步定时方式、异步定时方式和半同步定时方式。

(1) 同步定时方式。在该方式下,发送和接收信号都在固定时刻发出,利用一个公共时钟同步双方的操作。该方式的特点是发送和接收信号都在固定时刻发出。图 1-9 是总线执行写操作时的同步定时方式。主控设备(源端)于某一时刻在 READY(数据准备好)信号的控制下将数据发出,从属设备(目的端)在 ACK(确认接收)信号的控制下接收数据。

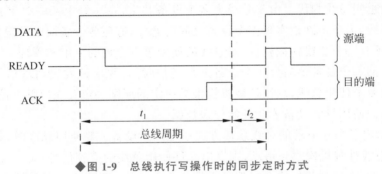

◆图 1-9 总线执行写操作时的同步定时方式

同步定时方式的优点是吞吐量大,源端发送,目的端接收,不需要有来往传送的"握手"信号。其主要缺点是源端无法知道目的端是否已收到数据,目的端也无法知道源端的数据是否已经全部送到总线上。

同步定时方式适用于总线长度较短、各功能模块存取时间比较接近的情况。

(2) 异步定时方式。在该方式下,没有统一的时钟,也没有固定的时间间隔,完全依靠双方相互制约的"握手"信号实现定时控制。当目的端接收到自源端发出的交换信息请求时,会发出应答信号,数据传送的每一步都要靠这些控制信号来实现。图 1-10 给出了非互锁异步定时方式。在该方式下,READY 信号(t_2)和 ACK 信号(t_4)的脉冲宽度设为固定时间。数据送到总线上,经过延迟时间 t_1 后,源端把 READY 信号升高。目的端收到 READY 信号后,接收总线上的数据,并经 t_3 时间后使 ACK 信号升高,作为应答信号。源端接收到 ACK 信号后,经 t_5 时间从总线上撤除数据,再用 t_6 时间使总线状态稳定,开始下一个总线周期。

异步定时方式的优点是任何速度的设备之间都能互相通信。其缺点是延迟较大。

(3) 半同步定时方式。该方式是上述两种方式的结合。它不像同步定时方式那样有固定的传输周期,其控制信号的间隔时间根据总线上挂接设备的存取速度而变化,但间隔时间必须是时钟周期的整数倍。

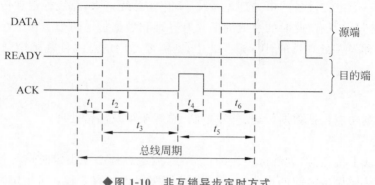

◆图 1-10 非互锁异步定时方式

半同步定时方式允许不同存取速度的设备协同工作,主控设备可以根据从属设备的状态自动延长总线的时钟周期,但改变后的总线周期一定是时钟周期的整数倍,这是该方式与异步定时方式的不同之处(异步定时方式的总线时钟周期是完全任意的)。

2) 仲裁控制

总线仲裁也叫总线判优。由于总线为多个设备共享,在总线上某一时刻只能有一个主控设备控制总线,为了正确地实现多个设备之间的通信,避免各设备同时发送信息到总线而产生冲突,必须有一个总线仲裁机构,对总线的使用进行合理的分配和管理。

当总线上的一个设备要与另一个设备进行通信时,首先应该发出请求信号。若此时有多个设备同时要求使用总线,总线仲裁机构根据一定的原则决定首先由哪个设备使用总线。只有获得了总线使用权的设备才能开始传送数据。

图 1-11 给出了独立请求的总线总裁方式原理。当设备 i 要使用总线时,先发出总线请求信号 BR_i,总线仲裁机构收到请求,则发出允许使用总线的应答信号 BG_i。当有多个设备同时发出请求时,总线仲裁机构会根据一定的优先级原则(可以通过程序灵活设定)决定首先响应哪个请求,并向相应的设备发出应答信号。

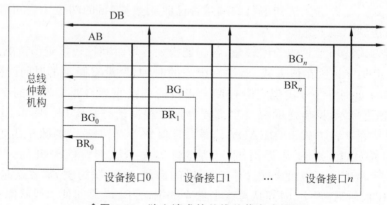

◆图 1-11 独立请求的总线总裁方式原理

3) 总线驱动及出错处理

在计算机系统中,总线上连接的设备接口很多,每个接口电路都要从总线上得到一定的电流,因此需要总线驱动功能。常用的总线驱动器是三态总线驱动器。但总线驱动器的驱动能力有限,在扩充设备接口时要加以注意,通常一个模块或部件限制为1~2个负载(必须是低功耗的负载)。同时,为了减小总线上的负载,在设备接口与总线之间通常要设置缓冲器,起隔离和驱动的作用。如果所有设备接口都直接连接到总线上,将会因总线负载过大而使系统无法正常工作。

数据传送过程中可能产生错误,解决的方法是在传送的数据中增加一些冗余位,使冗余位与传送的数据具有某种特殊的关系。例如,使数据中1的个数为偶数,这样接收设备中的错误校验电路就可以检查出接收的数据是否出错。若这种特殊关系存在,表示接收的数据正确;若这种特殊关系不存在,则表示接收的数据出错。发现错误后,错误处理通常有两种方法。当总线控制器和设备接口中的总线接口部件有自动纠错电路时,纠错电路可以根据错误的状态用某种算法自动纠正错误;若该部件中无自动纠错电路,则可在发现错误后发出"数据出错"信号,让处理器进行错误处理,通常是向处理器发出中断请求信号。处理器响应中断后,转入错误处理程序,处理异常情况。

◇ **1.1.5 操作系统对硬件的管理**

大多数程序员涉及的主要是各种应用程序。这些应用程序既可以很简单(如1.1.1节中讨论的Hello程序),也可以是由数百万行代码构成的复杂程序。但无论简单或复杂,大多数情况下,各种应用程序在执行时并不会直接访问键盘、显示器、硬盘或者内存,而是由操作系统提供相应的服务。

可以把操作系统看成应用程序和硬件之间插入的一层软件,如图1-12所示。今天,除了部分简单控制系统使用的单片机之外,计算机中所有应用程序对硬件的操作都需要通过操作系统完成。

操作系统主要有两个基本功能:

(1)实现对硬件的管理,防止硬件被失控的应用程序滥用。

(2)向应用程序提供服务,使应用程序不再关心底层硬件设备的具体细节。

操作系统通过进程、虚拟内存和文件等实现上述两个功能。

◆图1-12 简化的硬件和软件层次

1. 进程

在现代计算机系统中,一个应用程序在运行时,操作系统会提供这样的假象:处理器在不间断地一条一条地执行该应用程序中的指令,计算机系统中的处理器、内存、输入输出设备等各类资源都只有该应用程序在使用。这种假象就是通过进程机制实现的。

进程(process)是计算机科学中最重要和最成功的概念之一,是操作系统对一个正在运行程序的一种抽象,被定义为"可并发执行的程序在一个数据集合上的运行过程"。简单地说,进程就是执行中的程序。程序本身是静态的,而进程是动态的[①]。

进程在运行时,操作系统会跟踪进程运行时的所有状态信息,如PC的当前值、寄存器

---

① 实现进程这个抽象概念需要硬件和操作系统之间的紧密合作。有关进一步的理论请参阅操作系统相关书籍。

和内存的内容等。当操作系统决定要把控制权从当前进程转移到某个新进程时,会保存当前进程的状态信息,恢复新进程的状态信息,并将控制权传递给新进程。

假设系统中有两个并发的进程:A 进程和 B 进程。最初只有 A 进程在运行,若此时要运行 B 进程,操作系统会先保存 A 进程的所有状态信息,然后创建 B 进程及其状态信息,再将控制权传递给 B 进程。B 进程终止后,操作系统恢复 A 进程的状态信息,将控制权传回给它,并继续等待新的命令。

传统的单核处理器在一个时刻只能执行一个进程。

2. 虚拟内存

在现代计算机系统中,往往同时运行着多个进程,这些进程共享包括处理器、存储器等各种系统资源。虽然内存的容量随着技术的发展一直在不断地扩大,但当内存容量无法满足所有进程的使用需求时,部分进程就无法运行了。

为了更加有效地利用系统中的内存资源,现代计算机系统提供了一种对内存的抽象概念——虚拟内存(Virtual Memory,VM)。它将部分硬盘和内存联合在一起构成的一个虚拟内存地址空间,由操作系统管理。利用这种技术可以从逻辑上为用户进程提供一个比物理内存容量大得多、可寻址的虚拟内存,使每个用户进程在运行时不必再考虑内存空间是否足够大。

为了让读者有直观的认知,这里从程序员的视角给出虚拟内存地址空间,如图 1-13 所示。在图 1-13 中,高地址区域用于加载操作系统,称为系统区;低地址区域供用户程序使用,称为用户区[①]。

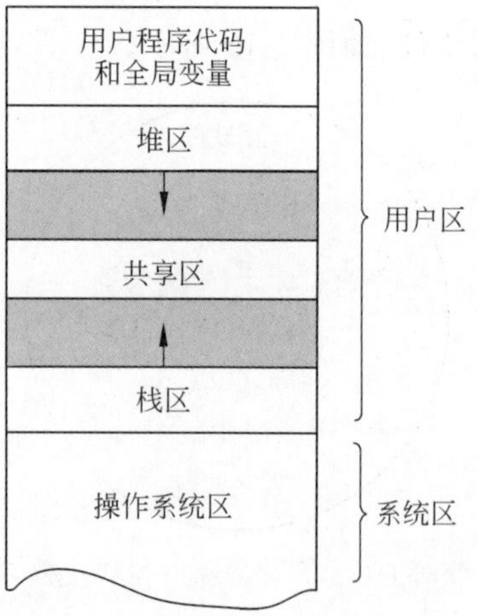

程序在运行时被复制到虚拟内存的用户区。用户区中首先是用户程序代码和全局变量。代码和数据按照可执行文件加载(如 Hello.exe)。紧接着是运行时堆区。

堆(heap)是根据需要临时申请的不连续的内存区域,在结构上向高地址方向扩展。堆在 C 语言中通过动态内存分配方式(malloc()函数等)创建,在运行时可以动态扩展和收缩。

共享区(shared area)在地址空间的中部,用来存放 C 标准库和数学库等共享库。

栈(stack)是一块连续的、向低地址方向扩展的内存区域,主要为函数调用服务,用于存放返回地址、参数和临时变量,是一个有明确的后进先出规则的内存区域。

◆ 图 1-13 虚拟内存地址空间示例

和堆一样,栈在执行期间也可以动态地扩展和收缩。当调用一个函数时,栈就会扩展;函数返回时,栈就会收缩。与堆不同的是,栈的分配和回收都是自动的。在 3.3.1 节中将结合堆栈操作指令进一步介绍有关栈的具体操作。

虚拟内存的运行需要硬件和操作系统之间精密、复杂的交互。对此,本书将在第 5 章结合 Cache 管理作简要介绍。

---

① 本书约定:所有与内存相关的图中,地址都自上而下增加。

3. 文件

文件是数据的一种组织形式,它可以是计算机处理的数据、图像、文本、程序等各类信息。由于内存的容量有限,而且在内存中保存的信息在断电后即丢失,因此现代计算机系统中大量的程序和数据都是以文件的形式存放在外存中,需要时再调入内存。

如果由用户自己管理外存上的文件,用户需要了解文件在磁盘中如何保存、如何提取、如何删除等的物理细节。在多用户环境下,还要保证各用户在外存上存放的程序和数据不发生冲突、用户文件不被其他用户窃取和破坏,以及允许一定条件下的多用户共享文件。显然,一般用户是很难胜任这些工作的。

操作系统的文件管理功能负责管理在外存上的文件,并把对文件的存取、共享和保护等手段提供给用户。这不仅方便了用户,保证了文件的安全性,而且可以有效地提高系统资源的利用率。

4. 硬件与软件协同工作

在 1.1.3 节中已经提到,计算机的工作是执行程序,而程序则是指令序列的集合。不同的指令可以完成不同的操作(详见第 3 章)。事实上,每条指令的执行都依靠一个物理电路的支持。指令和物理电路之间的对应是计算机硬件和软件之间最基本的连接关系,也是软硬件协同工作的基础。

除了指令和物理电路的对应之外,计算机系统中的硬件设备也有类似的对应关系。例如,每一种连接到处理器的设备都有对应的接口(硬件)和设备驱动程序(软件)。

计算机开机后最先执行的程序是操作系统,操作系统启动后再反过来开始管理 CPU 和各种硬件设备和文件,并响应各种应用程序发出的请求(借助 4.3 节中有关系统功能调用内容的学习,读者会对应用程序对操作系统的交互有进一步的了解)。

◇1.1.6 后 PC 时代——嵌入式技术的发展

技术的进步给计算机硬件带来了革命性的变化,如同 20 世纪 70 年代出现的个人计算机(PC)对产业带来的变化一样,包括平板电脑和智能手机在内的各种移动设备已越来越深入地影响着人们的工作和生活。伴随着 20 世纪计算机网络的成熟发展,人类进入了后 PC 时代。

在后 PC 时代,各种移动设备(mobile device)正在逐步取代传统的 PC,云计算[①]替代了传统的服务器。在这一阶段,人们开始考虑如何将用户的终端设备变得更加智能化、数字化,从而使得改进后的终端设备轻巧便利、易于控制或具有某些特定的功能。

为了实现后 PC 时代人们对终端设备提出的新要求,嵌入式技术得到广泛应用,成为后 PC 时代 IT 领域发展的主力军。

嵌入式技术的发展最初源于设备制造、机电控制等领域的智能化控制需求。例如,将微处理器应用于汽车发动机管理系统,使汽车排放物在过去的 20 多年间减少了 90%;如果没有机载计算机,F-16 战斗机不可能成为可靠的空中武器平台。

---

① 云计算是网络上提供服务的大型服务器集群。它将大量计算资源通过网络连接起来,构成一个计算资源池,根据用户的需要进行统一管理和调度,为用户随时提供满足需要的虚拟计算机。

处理器的应用不仅引发了控制领域的一场革命,而且引起了微处理器功能和存在形式的显著变化。为了满足控制领域对微处理器的需求,1976 年出现了微控制器(microcontroller),也称单片机。它将 CPU、存储器、I/O 接口集成到一个芯片上,具有一般计算机的数字处理等基本功能。

随着计算机技术对其他行业的广泛渗透及与各行业应用技术的相互结合,为了区别通用的个人计算机,将嵌入对象中、实现对象智能化控制的计算机称为嵌入式计算机。

1. 什么是嵌入式系统

简单地讲,嵌入式系统(embedded system)是嵌入对象中,用于控制、监视或辅助操作机器和设备的专用计算机系统,通常由嵌入式处理器、相关硬件设备和嵌入式软件 3 部分组成。

与通用计算机系统相比,嵌入式系统具有如下主要特点:

嵌入式技术简介

(1) 以应用为中心,是针对具体应用而设计的专用计算机系统。嵌入式处理器大多适合工作在为特定用户群设计的、完成少数几个特定任务的系统中,也称为专用微处理器。

(2) 能够适应各种运行环境。不同于通用计算机,嵌入式系统要求无论是运行在冰天雪地的两极、高温的汽车里还是温湿度恒定的科学实验室中,甚至是突然断电的情况,都要能正常工作。

(3) 软硬件可裁剪。由于嵌入式系统管理的资源很少,可根据需要设计,以简化结构,降低成本。

(4) 功耗低,容量小,集成度高。嵌入式系统嵌入对象的体系中,对功耗、体积等通常都有严格的要求。

(5) 具有固化在非易失性存储器(ROM 类存储器)中的代码,类似于通用计算机中的BIOS,负责完成开机检测、系统初始化等。

(6) 使用实时操作系统(Real-Time Operating System,RTOS)。嵌入式系统通常有较高的实时性要求(如飞行器控制系统),任务必须在某个时间范围内完成,否则控制功能可能会失效。

2. 嵌入式系统的组成

与通用计算机系统类似,嵌入式系统也包括硬件和软件两大部分。图 1-14 给出了典型嵌入式系统的组成。

嵌入式系统的硬件以嵌入式处理器为核心,配置必要的外围接口部件。嵌入式系统主要由嵌入式处理器、存储器、I/O 接口、通信模块和电源等组成。作为量身定制的专用计算机应用系统,嵌入式系统在实际应用时的硬件配置非常精简,除了嵌入式处理器和基本的外围电路以外,其余的电路都可根据需要和成本进行裁剪和定制(customize)。

嵌入式系统硬件的核心是嵌入式处理器,从功能上主要可分为 3 类:嵌入式微控制器(MicroController Unit,MCU)、嵌入式数字信号处理器(Digital Signal Processor,DSP)和嵌入式微处理器。

嵌入式 MCU 是将 CPU、存储器(少量的 RAM 和 ROM)和其他外设封装在同一片芯片上,也就是俗称的单片机,例如 Intel 公司的 8051 系列等。

嵌入式 DSP 是一种擅长于高速实现各种数字信号处理运算(如数字滤波、频谱分析等)

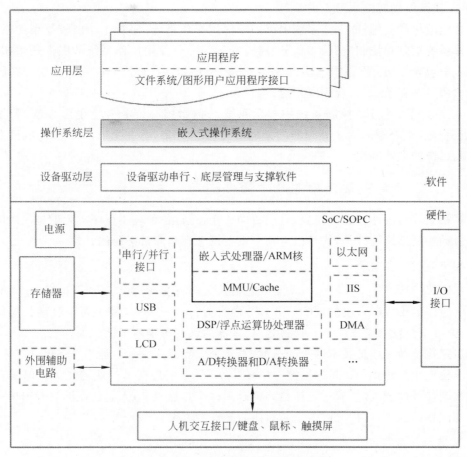

◆图 1-14 典型嵌入式系统的组成

的嵌入式处理器,通过对通用单片机硬件结构和指令进行特殊设计,使其能够高速完成各种数字信号处理算法,编译效率很高,指令执行速度也较高。

嵌入式微处理器的基础是通用计算机中的微处理器,目前应用最广泛的是 ARM 处理器。在第 2 章中,将以具体型号为例介绍 ARM 处理器的结构和特点。

随着计算机技术、微电子技术、应用技术的不断发展及集成电路技术的发展,以微处理器为核心的集成多种功能的 SoC(System on Chip,单片系统)芯片已成为嵌入式系统的核心。这些 SoC 集成了大量的外围辅助功能模块,如 USB、UART[①]、以太网、A/D 和 D/A 转换器[②]、IIS(Internet Information Services)等,为嵌入式系统设计带来极大便利。

可编程片上系统(System On Programmable Chip,SOPC)结合了 SoC 和 PLD、FPGA 等可编程器件的技术优点,使得系统具有可编程的功能,有效提高了系统的在线升级、换代能力。

以 SoC/SOPC 为核心,用最少的外围部件和连接部件构成一个满足功能需求的应用系

---

① UART(Universal Asynchronous Receiver/Transmitter,通用异步接收发送设备)是一种通用串行数据总线,用于异步通信。在嵌入式设计中,UART 用于主机与辅助设备通信,如汽车音响与外接 AP 之间的通信。

② A/D 和 D/A 表示模数转换和数模转换,即模拟量与数字量之间的转换,将在第 8 章具体介绍。

统，是嵌入式系统发展的主要方向。

对功能简单的应用，嵌入式系统中可以不使用操作系统；但对于功能较复杂的系统，就需要操作系统管理和控制内存、多任务、周边资源等。对使用操作系统的嵌入式系统，其软件结构一般包含4层：设备驱动层、操作系统层、应用程序接口层和应用程序层。在图1-14中将后边两层画在了一起，合称应用层。

嵌入式处理器是自动控制系统中非常重要的控制核心。本书将在第2章、第3章以ARM处理器为例介绍嵌入式处理器的架构和主要指令集，并在第9章中通过示例介绍嵌入式控制系统的设计方法。

◇ 1.1.7 计算机系统中的几个重要概念

计算机系统由硬件和软件组成，它们协同工作，运行各种应用程序。无论是一般的程序员还是自动控制系统设计师，清楚以下几个重要概念都是非常必要的。

1. 摩尔定律

摩尔定律（Moore's law）是 Intel 公司创始人之一戈登·摩尔（Gordon Moore）在 1965 年对集成电路的集成度做出的预测。其核心内容为：单一集成电路上可以容纳的晶体管数目大约每 18 个月便会增加一倍。换言之，处理器的性能每隔两年翻一番。

摩尔定律总结了信息技术进步的速度，对整个世界意义深远。近半个多世纪以来，半导体芯片的集成化趋势正如摩尔的预测一样，推动了整个信息技术产业的发展。但随着晶体管电路逐渐接近性能极限，摩尔定律也终将走到尽头。近年来，人们已逐渐放弃用单一芯片解决全部问题的想法，而代之以多个芯片协同工作的方案。

2. 并发与并行

在计算机的发展历史中，有两个需求是驱动技术不断进步的持续动力，一是希望计算机运行得更快，二是希望计算机做得更多。当处理器能够同时做更多事情的时候，就意味着这两个因素都会改进。引入进程的目的是希望系统中能够同时运行多道程序。当一个系统可以同时运行多个进程时，它们会交叉占用包括处理器在内的各种系统资源。这种交叉的速度非常快，看上去就像是某个应用程序在独占系统资源一样。这种机制称为并发（concurrency）。

并发的意思是：在某一时间点上只有一个应用程序在执行，但在一个时间段上则有多道程序在"同时"执行[①]。从 20 世纪 60 年代初，计算机就开始有了对并发执行的支持。它使计算机中的各个进程交错使用处理器并快速切换，以实现在一个时间段内各进程看上去在"同时"执行。

引入进程，实现了在单处理器系统中多道程序的并发执行。通常情况下，可以认为一个进程只是单一的控制流。实际上，在现代计算机系统中，一个进程中可以执行多个控制流。还可以由多个称为线程（thread）的执行单元组成。

另一个常见的术语是**并行**（parallelism），它是指在同一时间点上可以有多道程序同时运行。要实现这一点，需要有多个处理器。

---

① 例如，在单处理器系统中，可以同时打开多个窗口，但任意时刻只有一个窗口处于活动状态。

在现代计算机系统中,一个进程可以由多个称为线程的执行单元组成,它被包含在进程中,是进程中的实际执行单元。一个进程中可以并发多个线程,每个线程执行不同的任务。由于多个线程之间比多个进程之间更容易共享数据,同时线程一般比进程更高效,因此线程已成为越来越重要的编程模型。

3. 流水线技术

在计算机系统结构中,一个特别重要的并行场景是**流水线**(pipeline)。借鉴工业流水线制造的思想,现代处理器也采用了流水线设计。

流水线技术是指多条指令重叠操作的一种并行处理技术。它的基本原理是:根据执行一条指令所需的不同步骤,将硬件划分为不同的电路单元,每个电路单元执行一个步骤。由1.1.3节已知,一条指令的执行通常包含5个步骤,且至少包含取指令、指令译码、执行指令这3个基本步骤。图1-15给出了由3个不同的电路单元分别完成这3个基本步骤的原理[①]。假设每个电路单元的执行时间都是一个CPU时钟Δt,则从第2条指令起,每一个CPU时钟周期内就可以完成一条指令,从而实现多条指令的并行执行。

◆图1-15 由3个不同的电路单元分别完成指令执行的3个基本步骤的原理

在经典的Intel Pentium处理器中,整数流水线可以实现4级流水(取指令、指令译码、执行指令、写回结果),浮点数流水线可以实现8级流水。

4. 存储器的层次结构

由于存储器的工作速度会影响计算机系统的整体性能,存储器的容量限制了程序的规模,存储器的价格也是不可忽略的因素,因此,程序员都希望存储器速度更快、容量更大、价格更便宜。

现代计算机中的存储器是一个金字塔形的结构,如图1-16所示。顶层可以是一级高速缓冲存储器,底层是外存储器[②]。离处理器越远,存储器的速度越低,容量越大。以这种结构运行时,处理器对存储器的访问时间主要由第1层决定,而整个存储系统的容量则和第N层一样大。第5章中会提到,程序员看到的内存将同时具有顶层的高速度和底层的大容量。前面介绍的

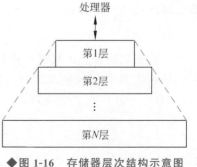

◆图1-16 存储器层次结构示意图

---

① 图1-15仅仅是一个流水线的概念示意。事实上,每个电路单元的执行时间不可能完全一致,因此实际的指令流水线技术更复杂。鉴于本书定位,对此不再详述,有兴趣的读者请参阅相关书籍。

② 虽然本地磁盘(联机外存)通常被认为是存储器层次结构的底层,但也可以将脱机外存(例如可移动硬盘等)作为更低一层。

虚拟内存就是利用软件(操作系统)的方式实现这一点的。

1.2 计算机中的数制及编码

数制及其转换

现代数字计算机由各种开关元件(逻辑器件)构成,只能识别由 0 和 1 构成的二进制数。由于任何一种用非机器语言编写的程序(如 Hello.c)都需要通过编译器进行编译(见 1.1.1 节),因此,为方便起见,实际编程中的数据表示通常并不常用二进制,而可以直接使用十进制。在图 1-17(a)给出的 C 语言程序中,变量值 x、y 和 z 都用十进制表示。但编写过 C 语言程序的读者可能会发现,编译系统对变量在内存中的地址并不使用十进制表示,而使用十六进制。例如,图 1-17(b)中的 0x001CF844 就是数组 a 第一个元素的地址[①]。

```
#include<stdio.h>
int main()
{
    int x=122,y=100,z;
    int a[5]={1,2,3,4,5};
    printf("z=%d\n",x+y);
    return 0;
}
```

(a) 代码

```
x        122
y        100
a        0x001cf844 {1, 2, 3, 4, 5}
```

(b) 变量地址

◆图 1-17 C 语言程序示例

为此,在学习计算机原理之前,需要首先清楚计算机中最常用的数制及其相互转换。

◇1.2.1 常用数制

人最习惯的数制是十进制(Decimal,用符号 D 表示)。但表示一个十进制数至少需要 10 个符号,这意味着需要有 10 种稳定状态与之对应。如果计算机采用十进制,则需要设计实现 10 种稳定状态的电子器件,这比较困难;相反,实现两种稳定状态的电子器件却非常容易。例如,开关有"断开"和"闭合"两种状态,晶体管有"导通"和"截止"两种状态。所以,计算机最终选择了二进制。

1. 二进制数

二进制数的每一位只取 0 和 1 两个数字符号,用符号 B 标识,遵循逢二进一的法则。一个二进制数 B 可用权展开式表示为

$$(B)_2 = B_{n-1} \times 2^{n-1} + B_{n-2} \times 2^{n-2} + \cdots + B_0 \times 2^0 + B_{-1} \times 2^{-1} + \cdots + B_{-m} \times 2^{-m}$$
$$= \sum_{i=-m}^{n-1} B_i \times 2^i \tag{1-1}$$

其中,B_i 只能取 1 或 0,2 为基数,2^i 为二进制数第 i 位的权,m、n 的含意与十进制数的表达式相同。为与其他进位计数制相区别,二进制数通常用下标 2 标识。

[①] C 语言中用 0x 表示十六进制数,属于程序语言的语法。1.2.1 节中介绍的各种数制的标识方法是通用的。

例如,二进制数 1010.11 可表示为
$$(1010.11)_2 = 1\times 2^3 + 0\times 2^2 + 1\times 2^1 + 0\times 2^0 + 1\times 2^{-1} + 1\times 2^{-2}$$

2. 十六进制数

虽然计算机只能直接识别二进制数,但在表示一个较大的数时,二进制显得既冗长又难以记忆,为此又引入了十六进制。

十六进制数共有 16 个数字符号,包括 0~9 及 A~F,用符号 H 标识,其计数规律为逢十六进一。一个十六进制数 H 也可以用权展开式表示为

$$(H)_{16} = H_{n-1}\times 16^{n-1} + H_{n-2}\times 16^{n-2} + \cdots + H_0\times 16^0 + H_{-1}\times 16^{-1} + \cdots + H_{-m}\times 16^{-m}$$
$$= \sum_{i=-m}^{n-1} H_i \times 16^i \tag{1-2}$$

这里,H_i 的取值为 0~9 及 A~F,16 为基数,16^i 为十六进制数第 i 位的权,m、n 的含意与式(1-1)相同。十六进制数也可以用下标 16 标识。

例如,十六进制数 2AE.4H 可表示为
$$(2AE.4)_{16} = 2\times 16^2 + 10\times 16^1 + 14\times 16^0 + 4\times 16^{-1}$$

二进制数与十六进制数之间有一种特殊关系,即 $2^4 = 16$,也就是说一位十六进制数恰好可用 4 位二进制数表示,且它们之间的关系是唯一的。

3. 其他数制

除以上介绍的二进制、十进制和十六进制 3 种常用的数制外,在计算机中还可能用到八进制,有兴趣的读者可自行对其记数及表达方法进行归纳,这里就不再详细介绍了。下面给出任意数制的权展开式的一般形式。

一般地,对任意一个 K 进制数 S,都可用权展开式表示为
$$(S)_k = S_{n-1}\times K^{n-1} + S_{n-2}\times K^{n-2} + \cdots + S_0\times K^0 + S_{-1}\times K^{-1} + \cdots + S_{-m}\times K^{-m}$$
$$= \sum_{i=-m}^{n-1} S_i \times K^i \tag{1-3}$$

这里,S_i 是 S 的第 i 位的数码,可以是选定的 K 个符号中的任何一个;n 和 m 的含义同式(1-1);K 为基数,K^i 称为 K 进制数第 i 位的权。

除了用基数作为下标表示数的数制外,通常在不同数制的数后面加上相应的标识字母 B、H、D 等,分别表示二进制数、十六进制数和十进制数,如 11000101B、2C0FH、1300D 等。在不至于混淆时,十进制数后面的 D 可以省略。

◇1.2.2 不同数制之间的转换

人类习惯使用的是十进制数,计算机采用的是二进制数,编写程序时为方便起见又多采用十六进制数,因此必然会产生在不同数制之间进行转换的问题。

1. 非十进制数转换为十进制数

非十进制数转换为十进制数的方法比较简单,只要将其按相应的权表达式展开,再按十进制运算规则求和,即可得到对应的十进制数。

【例 1-1】 将二进制数 1101.101 转换为十进制数。

题目解析:将二进制数转换为十进制数,可以利用二进制数的权展开式实现。

解：
$$1101.101B = 1\times 2^3 + 1\times 2^2 + 0\times 2^1 + 1\times 2^0 + 1\times 2^{-1} + 0\times 2^{-2} + 1\times 2^{-3}$$
$$= 13.625$$

十进制数的标识 D 通常省略，因此，当任何一个数末尾没有标识字母时，则默认为十进制数。

【例 1-2】 将十六进制数 64.CH 转换为十进制数。

题目解析：与例 1-1 相似，可以利用十六进制数的权展开式，将各项求和，就可以得到对应的十进制数。

解：
$$64.CH = 6\times 16^1 + 4\times 16^0 + 12\times 16^{-1} = 100.75$$

2. 十进制数转换为非十进制数

将十进制数转换为非十进制数要复杂一些。整数部分和小数部分有不同的转换原理。这里仅介绍十进制数到二进制数和十六进制数的转换。

1) 十进制数转换为二进制数

十进制数的整数和小数部分应分别进行转换。整数部分转换为二进制数时采用除 2 取余的方法。即连续除以 2 并取余数作为结果中的一位，直至商为 0，将得到的余数从低位到高位依次排列，即得到转换后的二进制数的整数部分；对小数部分，则用乘 2 取整的方法，即对小数部分连续用 2 乘，以得到的乘积的整数部分为最高位，再对乘积的小数部分继续进行上述计算，直至达到要求的精度或小数部分为 0 为止（可以看出，转换结果的整数和小数部分从小数点开始分别向高位和向低位逐步扩展）。

例如，十进制数 112.25 转换为二进制数的过程如下：

整数部分		小数部分	
$112/2=56$	余数为 0（最低位）	$0.25\times 2=0.5$	整数部分为 0（最高位）
$56/2=28$	余数为 0	$0.5\times 2=1.0$	整数部分为 1
$28/2=14$	余数为 0		
$14/2=7$	余数为 0		
$7/2=3$	余数为 1		
$3/2=1$	余数为 1		
$1/2=0$	余数为 1		

转换结果：112.25=1110000.01B。

2) 十进制数转换为十六进制数

十进制数转换为十六进制数与十进制数转换为二进制数的方法类似，整数部分按除 16 取余的方法进行，小数部分则按乘 16 取整的方法进行。

例如，十进制数 301.6875 转换为十六进制数的过程如下：

整数部分		小数部分	
$301/16=18$	余数为 D	$0.6875\times 16=11.0000$	整数部分为 $(11)_{10}=(B)_{16}$
$18/16=1$	余数为 2		
$1/16=0$	余数为 1		

转换结果：301.6875＝12D.BH。

也可将十进制数先转换为二进制数，再转换为十六进制数。在下面将会看到，后者的转换是非常方便的。

3. 二进制数与十六进制数之间的转换

二进制数与十六进制数之间有一种特殊关系，一位十六进制数恰好可用 4 位二进制数表示。

表 1-1 给出了计算机中常用的十进制数、二进制数和十六进制数之间的关系。

表 1-1　3 种数制之间的关系

十进制数	二进制数	十六进制数	十进制数	二进制数	十六进制数
0	0000	0	8	1000	8
1	0001	1	9	1001	9
2	0010	2	10	1010	A
3	0011	3	11	1011	B
4	0100	4	12	1100	C
5	0101	5	13	1101	D
6	0110	6	14	1110	E
7	0111	7	15	1111	F

由于一位十六进制数直接对应 4 位二进制数，这就使十六进制数与二进制数之间的转换变得非常容易。

将二进制数转换为十六进制数的方法是：从小数点开始分别向左和向右把整数和小数部分每 4 位分为一组。若整数最高位的一组不足 4 位，则在其左边补 0；若小数最低位的一组不足 4 位，则在其右边补 0。然后将每组二进制数用对应的一位十六进制数代替，则得到转换结果。

【例 1-3】　将二进制数 1010100110.101011B 转换为十六进制数。

题目解析：该数的整数部分有 10 位，按照从右向左每 4 位一组，可以分为 3 组，最高位的一组不足 4 位，在左侧补 0；小数部分从左向右每 4 位一组，可以分为两组，最低位的一组不足 4 位，在右侧补 0。

解：

```
二进制数      0010  1010  0110 . 1010  1100
                ↓     ↓     ↓      ↓     ↓
十六进制数      2     A     6  .   A     C
```

即 1010100110.101011B＝2A6.ACH。

十六进制数转换为二进制数的方法与上述过程相反，即用 4 位二进制代码代替对应的一位十六进制数。

【例 1-4】　将十六进制数 4B8F.6AH 转换为二进制数。

题目解析：采用例 1-3 的逆向过程，将每位十六进制数用 4 位二进制数表示。

解：

十六进制数	4	B	8	F	.	6	A
	↓	↓	↓	↓		↓	↓
二进制数	0100	1011	1000	1111	.	0110	1010

即 4B8F.6AH=100101110001111.01101010B。

> 对较大数值的数进行数制转换时，由计算机完成显然是最佳的选择。读者可以尝试用 C 语言或其他高级语言实现不同数制的数之间的转换。

计算机中的编码

◇1.2.3 十进制数编码与字符编码

计算机能够直接识别和处理的只有二进制数，但人们在生活、学习和工作中则更习惯于用十进制数，所以在某些情况下也希望计算机能直接处理用十进制数表示的数据。此外，现代计算机不仅要处理数值数据，还需要处理大量非数值数据，如文字处理、信息发布、数据库系统操作等，这就要求计算机还能够识别和处理各种字符，例如：

- 数字：0,1,…,9。
- 字母：52 个大小写英文字母——A,B,…,Z,a,b,…,z。
- 专用符号：+、-、*、/、↑、$、%等。
- 控制字符：CR(回车)、LF(换行)、BEL(响铃)等。

所有字符以及十进制数最终都必须转换为二进制码，才能由计算机处理，即字符和十进制数都必须用若干位二进制码来表示，这就是信息的二进制编码①。

1. 十进制数的 BCD 码

用二进制编码表示的十进制数称为二-十进制数，简称 BCD(Binary Coded Decimal，二进制编码的十进制)码。它的特点是保留了十进制的权，而数字则用 0 和 1 的组合编码表示。用二进制编码表示十进制数，至少需要的二进制码位数为 $\log_2 10$，取整为 4，即至少需要 4 位二进制码才能表示一位十进制数。4 位二进制码有 16 种组合，而十进制数只有 10 个符号，选择哪 10 个 4 位二进制码的组合表示十进制的 0~9，有多种可行方案，下面只介绍最常用的一种 BCD 码，即 8421BCD 码。

1) 8421BCD 码

8421 BCD 码用 4 位二进制码表示一位十进制数，其 4 位二进制码的每一位都有特定的权值，从左至右分别为：$2^3=8, 2^2=4, 2^1=2, 2^0=1$，故称其为 8421BCD 码(以下简称其为 BCD 码)。

需要注意的是，BCD 码表示的是十进制数，只有 0~9 这 10 个有效数字；4 位二进制码的其余 6 种组合(1010~1111)是有效的十六进制数，但对 BCD 码是非法的。表 1-2 给出了 BCD 码与十进制数的对应关系。

BCD 码的记数规律与十进制数相同，即逢十进一。在书写上，每一组 4 位二进制码写在一起，以表示十进制数的一位，结尾处加标记符 BCD。例如，(0011 0100)$_{BCD}$ 表示十进制数 34。

---

① 除了字符和数字外，所有需要由计算机处理的信号，如音频、视频、图像等，都要编码为二进制数。

表 1-2 BCD 码与十进制数的对应关系

BCD 码	十 进 制 数	BCD 码	十 进 制 数
0000	0	0101	5
0001	1	0110	6
0010	2	0111	7
0011	3	1000	8
0100	4	1001	9

2) BCD 码与十进制数、二进制数的转换

一个十进制数用 BCD 码表示是非常简单的，只要对十进制数的每一位按表 1-2 的对应关系单独进行转换即可。例如，对十进制数 234.15，可以很方便地将其写成如下 BCD 码：

$$(0010\ 0011\ 0100.0001\ 0101)_{BCD}$$

同样，也能够很容易地由 BCD 码得出其对应的十进制数。例如，BCD 码(0110 0011 1001 1000.0101 0010)$_{BCD}$对应的十进制数为 6398.52。

注意，BCD 码虽然是二进制数形式，但它是十进制数。所以在书写上要每 4 位一组，各组之间用空格隔开。

BCD 码是十进制数的一种编码方式。若要将 8421 码转换为二进制数，需要先将其转换为十进制数。

【例 1-5】 将 BCD 码(0001 0001.0010 0101)$_{BCD}$转换为二进制数。

题目解析：BCD 码是十进制数的一种编码方式，要将其转换为二进制数，通常需要先将 BCD 码转换为十进制数，再按照十进制数转换为二进制数的方法完成转换。

解：

$$(0001\ 0001.0010\ 0101)_{BCD} = 11.25$$

对整数部分除 2 取余，对小数部分乘 2 取整，则得到 11.25＝1011.01B。

【例 1-6】 将二进制数 01000111B 转换为 BCD 码。

题目解析：基于同样的理由，将二进制数转换为 BCD 码，要是先将二进制数通过权展开式转换为十进制数，再转换成 BCD 码。

解：去除该二进制数中最高位的 0，该二进制数到十进制数的转换过程为

$$1000111B = 1\times2^6 + 1\times2^2 + 1\times2^1 + 1\times2^0 = 71$$

将 71 转换为 BCD 码：

$$71 = (0111\ 0001)_{BCD}$$

3) 计算机中 BCD 码的存储方式

计算机的内存单元通常按字节组织。在一字节中存放 BCD 码有两种方式，即压缩的 BCD 码和非压缩的 BCD 码。在一字节中存放两个 4 位的 BCD 码，这种方式称为压缩的 BCD 码表示法。在采用压缩的 BCD 码表示十进制数时，一字节就表示两位十进制数。例如，10010010 表示十进制数 92。

非压缩的 BCD 码（又称扩展 BCD 码）表示法是每字节只存放一个 BCD 码，即低 4 位为有效 BCD 码，高 4 位全为 0。例如，同样是十进制数 92，用非压缩 BCD 码就表示为

00001001 00000010。

2. 字符的 ASCII 码

各种字符也必须按特定的规则用二进制编码,才能在计算机中表示。微机系统中对西文字符的编码普遍采用 ASCII 码。在 1.1.1 节中已给出了 Hello.c 源程序文本在计算机中的 ASCII 码形式,它们以字节序列形式将文本文件存储在计算机中。

标准 ASCII 码的有效位只有 7 位,但微型计算机均按字节组织,故一般规定 ASCII 码的最高位恒为 0,这样就可以用一字节表示一个 ASCII 码。附录 A 给出了可显示字符的 ASCII 码,从中可以很方便地查出数字(0~9)、英文字母(大写和小写字母)以及部分控制符对应的 ASCII 码,包括它们的二进制、十六进制和十进制数。

例如,数字 9 的 ASCII 码为 39H(57),大写字母 A 的 ASCII 码为 41H(65)。

> 所有从键盘输入的数字均以字符形式存储,所有在屏幕上显示的数字也应先转换为其对应的字符。
>
> 例如,从键盘输入数字 9,计算机接收到的是 9 的字符的 ASCII 码 39H(或 57);若希望在控制台显示数字 9,同样应输出其 ASCII 码 39H(或 57),否则将出错。
>
> 对此请读者在学习第 4 章的汇编语言程序设计时进一步体会。

数据在计算机内形成、存取和传送的过程中可能产生错误。为尽量减少和避免这类错误,除了提高软硬件系统的可靠性外,也常在数据的编码上想办法,即采用带有一定特征的编码方法,在硬件电路的配合下,能够发现错误,确定错误的性质和位置,甚至实现自动改正错误。校验码就是这样一种能发现错误并具有自动改错能力的编码方法。

在 ASCII 码的传送中,最常用到的校验码是开销小、能发现一位数据出错的奇偶校验码。带有奇偶校验码的 ASCII 码将最高位用作奇偶校验位,以校验数据传送中是否有一位出现错误。

偶校验的含义是包括校验位在内的 8 位二进制码中 1 的个数应为偶数,奇校验的含义是包括校验位在内的 8 位二进制码中 1 的个数应为奇数。

例如,大写字母 A 的 7 位 ASCII 码为 1000001B。若采用偶校验,A 的 ASCII 码是 01000001B;若采用奇校验,则 A 的 ASCII 码是 11000001B。

3. 计算机中的字长

每台计算机都有固定的字长(word size)。它表示该计算机能够并行处理的二进制位数,字长越长,表明系统的处理能力和效率越高。同时,由于虚拟内存地址都是按字编码的,因此字长也决定了虚拟内存地址空间的最大容量。对于一个字长为 N 的计算机,其虚拟内存地址的寻址范围为 $0 \sim 2^{N}-1$,即程序最多可以访问 2^N 字节的虚拟内存空间。

今天,大多数计算机的字长都是 64 位,这使得虚拟内存地址空间理论上可以达到 2^{64} 字节这样用户几乎可以不必再担心内存容量的程度。考虑到 64 位处理器在最基本的构成和原理上与 8 位或 16 位处理器类似,为了描述上的简便,本书的大多数示例均使用 8 位二进制数表述。

1.3 计算机中数的表示与运算

计算机和编译器支持整数、浮点数等不同的数据格式,同时,通过类型说明符(例如 int、unsigned int 等)可以将数的性质定义为无符号数或有符号数。本节首先以整数为例,说明无符号数和有符号数的表示方法与运算规则,最后再结合浮点数讨论有关小数的表示。

◇ 1.3.1 无符号整数的表示与运算

计算机中数的表示 01

二进制整数有两种不同的表示方法:一种只能表示非负整数,称为无符号整数;另一种还能够表示负整数,称为有符号整数。

所谓无符号数,就是不考虑数的符号,数中的每一位 0 或 1 都是有效的或有意义的数位[①]。由于二进制数中只有 0 和 1 两个数,故其运算规则比十进制数简单得多。表 1-3 给出了二进制数的算术运算法则。

表 1-3 二进制数的算术运算法则

运算类型	运 算 法 则			
加法	0+0=0	0+1=1	1+0=1	1+1=0(有进位)
减法	0−0=0	1−0=1	1−1=0	0−1=1(有借位)
乘法	0×0=0	0×1=0	1×0=0	1×1=1
除法	0÷1(商为 0,余数为 1)		1÷1=1	除数为 0 非法

【例 1-7】 已知两个 8 位二进制数:10110110B 和 00001111B。分别计算这两个数的和、差、积。

题目解析:参照十进制数的计算方法,分别列竖式进行加、减、乘运算。

解:

(1) 两数相加运算:

```
    10110110
+   00001111
    --------
    11000101
```

即 10110110B+00001111B=11000101B。

(2) 两数相减运算:

```
    10110110
−   00001111
    --------
    10100111
```

即 10110110B−00001111B=10100111B。

(3) 两数相乘运算:

由于任意一个数与 0 相乘结果恒为 0,与 1 相乘结果不变,故两数相乘的计算过程为

---

① 在 C 语言中,无符号整数可以用 unsigned int 表示。

```
        10110110
    ×   00001111
        10110110
       10110110
      10110110
     10110110
    101010101010
```

即 10110110B×00001111B=101010101010B。

可以看出,二进制数的乘法是非常简单的。若乘数位为 1,就将被乘数照抄下来作为中间结果;若乘数位为 0,则中间结果为 0。需要注意的是,在相加时要将每个中间结果的最后一位与相应的乘数位对齐。

> 读者可参照二进制数除法运算法则,尝试计算上述两个数的商和余数。

【例 1-8】 对比两个二进制数 00101101B 与 00000100B 的乘积、商和余数,并分析结果的特点。

题目解析:设两个已知二进制数的字长均为 8 位,且结果也用 8 位二进制数表示。这里略去竖式运算过程,直接给出运算结果。

解:
(1) 两数相乘:

$$00101101B \times 00000100B = 10110100B$$

从结果可以看出,在乘数等于 4 的情况下,乘积相当于将被乘数向左移动两位。

(2) 两数相除:

$$00101101B \div 00000100B = 00001011B,余数为 00000001B$$

同样观察一下结果:在除数等于 4 的情况下,商相当于将被除数向右移动两位,被除数的低两位为余数。

由上面两个示例可以看出,二进制数的乘法运算可以转换为加法和左移位的运算(这正是计算机中乘法器的原理);除法是乘法的逆运算,所以二进制数的除法运算可以转换为减法和右移位运算。

如果乘数或除数是 2^n,则对乘法运算,相当于将被乘数左移 n 位;对除法运算,相当于将被除数右移 n 位。即,左移 n 位相当于乘以 2^n,右移 n 位相当于除以 2^n。

需要说明的是,在计算机中,乘积的位数是被乘数和乘数位数的两倍。例如,两个 8 位数相乘,结果一定是 16 位;两个 16 位数相乘,结果则为 32 位。

◇1.3.2 有符号整数的表示

前面讨论了不涉及数据符号的无符号整数。但在数值运算中,常常需要考虑有符号整数。由于计算机硬件系统不能直接识别 + 和 − 这样的符号,故整数必须由 0 和 1 表示正负。规定一个有符号整数的最高位为符号位,0 表示正,1 表示负。

以 8 位字长为例,D_7 位为符号位,$D_6 \sim D_0$ 为数值位;若字长为 16 位,则 D_{15} 为符号位,$D_{14} \sim D_0$ 为数值位。这样,有符号整数中的有效数值就比相同字长的无符号整数要小,因为其最高位代表符号,而不再是有效的数位。

例如,+0010101B 在计算机中可表示为 00010101B,相当于十进制数+21;−0010101B 在计算机中可表示为 10010101B,相当于十进制数−21。

将符号数值化的数称为机器数,例如 00010101B 和 10010101B 就是机器数;而原来的数值称为机器数的真值,例如+0010101B 和−0010101B。

计算机中的符号数有 3 种表示方法,即原码、反码和补码。它们均由符号位和数值部分组成。符号位的表示方法相同,都是用 1 表示负,用 0 表示正。

1. 原码

真值 X 的原码(sign-magnitude)记为$[X]_\text{原}$。在原码表示法中,不论数的正负,数值部分均保持原真值不变。

符号数的表示与运算 02

【例 1-9】 已知真值 $X=+42, Y=-42$,求$[X]_\text{原}$和$[Y]_\text{原}$。

题目解析:首先将十进制数转换为二进制数,再按照原码的定义表示。

解:$+42=+0101010B$,$-42=-0101010B$,根据原码表示法,有

$$[X]_\text{原}= \underset{\underset{\text{符号位}}{\uparrow}}{0} \underset{\underset{\text{数值部分}}{\uparrow}}{0101010B} \qquad [Y]_\text{原}= \underset{\underset{\text{符号位}}{\uparrow}}{1} \underset{\underset{\text{数值部分}}{\uparrow}}{0101010B}$$

原码有以下性质:

(1) 在原码表示法中,机器数的最高位是符号位,0 表示正,1 表示负,其余部分是数的绝对值,即$[X]_\text{原}=$符号位$+|X|$。

(2) 原码表示法中的 0 有两种不同的表示形式,即+0 和−0。

$$[+0]_\text{原}=00000000B$$
$$[-0]_\text{原}=10000000B$$

(3) 原码表示法的优点是简单、易于理解,与真值间的转换较为方便,用原码实现乘除运算的规则比较简单;其缺点是进行加减运算时比较麻烦,要比较进行加减运算的两个数的符号、两个数的绝对值的大小,还要确定运算结果的符号等。

若二进制数 $X=X_{n-1}X_{n-2}\cdots X_1 X_0$,则原码表示的严格定义是

$$[X]_\text{原}=\begin{cases} X & 2^{n-1}>X\geqslant 0 \\ 2^{n-1}-X=2^{n-1}+|X| & 0\geqslant X>-2^{n-1} \end{cases} \qquad (1-4)$$

2. 反码

真值 X 的反码(ones' complement)记为$[X]_\text{反}$。若二进制数 $X=X_{n-1}X_{n-2}\cdots X_1 X_0$,则反码表示的严格定义是

$$[X]_\text{反}=\begin{cases} X & 2^{n-1}>X\geqslant 0 \\ (2^n-1)+X & 0>X>-2^{n-1} \end{cases} \qquad (1-5)$$

反码的定义可以简单描述为:正数的反码与原码相同;负数的反码是在原码的基础上保持符号位不变,数值部分各位按位取反(或者说负数的反码等于其对应正数的原码按位取反)。

【例 1-10】 对例 1-9 中的$[X]_\text{原}$和$[Y]_\text{原}$,求$[X]_\text{反}$和$[Y]_\text{反}$。

题目解析:按照反码的定义,正数的反码等于其原码,负数的反码则是原码数值部分按位取反。

解：
$$X = +42 = +0101010B, [X]_\text{原} = 00101010B, [X]_\text{反} = [X]_\text{原} = 00101010B$$
$$Y = -42 = -0101010B, [Y]_\text{原} = 10101010B, [Y]_\text{反} = 11010101B$$

反码有以下性质：

(1) 在反码表示法中，机器数的最高位是符号位，0 表示正，1 表示负。

(2) 同原码表示法一样，反码表示法中的 0 也有两种表示形式：
$$[+0]_\text{反} = 00000000B$$
$$[-0]_\text{反} = 11111111B$$

(3) 反码运算很不方便，数值 0 的表示也不唯一，目前在微处理器中已很少使用。

3. 补码

真值 X 的补码（two's-complement）记为 $[X]_\text{补}$。补码是根据同余的概念得出的。由同余的概念可知，对于数 X，有

$$X + nK \equiv X \pmod{K} \tag{1-6}$$

其中，K 为模数，n 为任意整数。即在模的意义下，数 X 就等于其本身加上它的模的任意整数倍之和。若设 n 为 1，$K = 2^n$，则有

$$X \equiv X + 2^n \pmod{2^n}$$

即

$$X = \begin{cases} X, & 2^{n-1} > X \geqslant 0 \\ 2^n + X = 2^n - |X|, & 0 > X \geqslant -2^{n-1} \end{cases} \quad (\text{模数为 } 2^n) \tag{1-7}$$

式(1-7)就是补码的定义。若设机器字长 $n = 8$，则

$$[+1]_\text{补} = 00000001B, [-1]_\text{补} = 2^8 - |-1| = 11111111B$$
$$[+127]_\text{补} = 01111111B, [-127]_\text{补} = 2^8 - |-127| = 10000001B$$

补码有以下性质：

(1) 与原码表示法和反码表示法相同，在补码表示法中，机器数的最高位是符号位，0 表示正，1 表示负。

(2) 正数的补码与它的原码和反码相同，即当 $X \geqslant 0$ 时，$[X]_\text{补} = [X]_\text{反} = [X]_\text{原}$；而负数的补码等于其符号位不变，数值部分按位取反再加 1，即当 $X < 0$ 时，$[X]_\text{补} = [X]_\text{反} + 1$（也可以说，负数的补码等于其对应正数的补码包括符号位一起按位取反再加 1）。例如：

$$[-127]_\text{补} = \overline{[+127]_\text{补}} + 1 = \overline{01111111} + 1 = 10000001B$$

(3) 数 0 的补码表示是唯一的。这一点可由补码的定义得出：

$$[+0]_\text{补} = [+0]_\text{反} = [+0]_\text{原} = 00000000B$$
$$[-0]_\text{补} = [-0]_\text{反} + 1 = 11111111 + 1 = 00000000B（\text{模数为 } 2^8）$$

即，对 8 位字长来讲，最高位的进位（2^8）按模 256 运算被舍掉，所以 $[+0]_\text{补} = [-0]_\text{补} = 00000000B$。

(4) 对 8 位二进制数 10000000B（16 位二进制数为 1000000000000000B，以此类推），在补码中它表示 -128（16 位二进制数 1000000000000000B 表示 $-32\,768$），在原码中它表示 -0，在反码中它表示 -127。

【例1-11】 已知真值 $X=+0110100B, Y=-0110100B$，求$[X]_{补}$和$[Y]_{补}$。

题目解析：用8位字长表示，先写出 X 和 Y 的原码，再根据补码的定义求$[X]_{补}$和$[Y]_{补}$。

解：由原码的定义可以很方便地得出

$$[X]_{原}=00110100B, [Y]_{原}=10110100B$$

因为 $X>0$，所以

$$[X]_{补}=[X]_{原}=00110100B$$

因为 $Y<0$，所以

$$[Y]_{补}=[Y]_{反}+1=11001011+1=11001100B$$

◇1.3.3 补码运算

补码运算有如下规则：

(1) 补码的加法规则：$[X+Y]_{补}=[X]_{补}+[Y]_{补}$。

(2) 补码的减法规则：$[X-Y]_{补}=[X]_{补}-[Y]_{补}=[X]_{补}+[-Y]_{补}$。

这里，$[-Y]_{补}$称为对补码数$[Y]_{补}$求变补。变补的规则为：对$[Y]_{补}$的每一位(包括符号位)按位取反再加1，则结果就是$[-Y]_{补}$。当然，也可以直接对−Y求补码，结果是一样的。

下面通过两个示例简单地验证补码运算规则的正确性。

【例1-12】 设 $X=+66, Y=-45$，验证$[X+Y]_{补}=[X]_{补}+[Y]_{补}$。

题目解析：按8位字长，先写出 X 和 Y 的原码和补码，再进行计算。

解：先分别求出 X 和 Y 的补码。

$$X=+66=(+1000010)_2, [X]_{补}=01000010B$$
$$Y=-51=(-0110011)_2, [Y]_{补}=11001101B$$

再求$[X]_{补}+[Y]_{补}$：

```
    01000010
 +  11001101
 ─────────────
  1 00001111
    ↑
   自然丢失
```

加法运算的结果与用补码相加的结果相同。由于假设机器字长为8位，受字长限制，第8位向上的进位会自然丢失，不会影响运算结果。

可以看出：

$$[X+Y]_{补}=00001111B=[+15]_{补}=[X]_{补}+[Y]_{补}$$

> 这里的最高位进位"自然丢失"并非被丢弃，而是被保存在标志位中(详见第2章)，在有限字长内"看不见"了。
>
> 计算机的字长都是有限的，此原则适用于所有字长的计算机。例如，对64位字长的计算机，则当最高位有进位时，这个进位会自然丢失。

【例1-13】 设 $X=+51, Y=+66$，验证$[X-Y]_{补}=[X]_{补}-[Y]_{补}=[X]_{补}+[-Y]_{补}$。

题目解析：与例1-12相同，先写出 X 和 Y 的原码和补码，再进行计算。

解：
$$X = +51 = (+0110011)_2, [X]_{补} = 00110011B$$
$$-Y = -66 = (-1000010)_2, [-Y]_{补} = 10111110B$$

可以列出竖式：

$$\begin{array}{r} 00110011 \\ +\ 10111110 \\ \hline 11110001 \end{array}$$

可以看出：

$$[X-Y]_{补} = 11110001B = [-15]_{补} = [X]_{补} + [-Y]_{补}$$

由此说明，利用补码可以将有符号数的减法运算转换为加法运算。

> 结果的符号位为1，表示和为负数。由补码定义知，负数的补码是原码的变换，其数值部分不是真值。按照负数补码转换真值的原则，将符号位用一表示，数值部分按位取反再加1，即 $X-Y = [[X-Y]_{补}]_{补} = -0001111 = -15$。

还可通过时钟说明补码的概念。假如有一个时钟的时针指在9:00，若要拨到4:00，有两种拨法：

(1) 逆时针拨，倒拨5h，即 $9-5=4$。
(2) 顺时针拨，正拨7h，即 $9+7=12+4\equiv 4 \pmod{12}$。

此处的12就是时钟系统中的模（记数系统最大的数），它是自然丢失的，故顺时针拨7h相当于逆时针拨5h，结果都是4。

对模12而言，$9-5\equiv 9+7 \pmod{12}$，这时就称7为-5的以12为模的补数，即

$$[-5]_{补} = 12 - 5 = 7$$

这与上面的表达式是一致的。这样就有

$$9-5 = 9+(-5) \equiv 9+(12-5) \pmod{12} = 9+7 = \underline{12}+4 = 4$$
$$\downarrow$$
$$\text{模自然丢失}$$

在二进制记数系统中，模为 2^n（n 为字长）。若字长为8位，则模为 $2^8 = (256)_{10}$。

当一个负数用补码表示时，就可以将减法运算转换为加法运算。例如，在例1-13中，$66-51$ 可写成

$$66-51 = 66+(-51) \equiv 66+(256-51) \pmod{12} = 66+205 = 256+15 \equiv 15 \pmod{256}$$

可见，在模为 2^8 的情况下，$66-51$ 与 $66+205$ 的结果是相同的。也就是说，对模256来说，-51与205互为补数。这里，-51的二进制数补码为11001101B，即，十进制数205（把11001101B看成无符号数时为205，若看成有符号数时为-51）。

由上述分析可以看出，计算机中对有符号数用补码表示具有诸多优点：

(1) 可以将减法运算转换为加法运算。由1.3.1节可知，计算机中的乘法运算转换为加法和左移运算，而除法则可转换为减法和右移运算，故加、减、乘、除运算最终可归结为加、减和移位3种操作来完成。通过将减法运算转化为加法运算，可使计算机中的二进制四则运算最终变成加法和移位两种操作，从而在处理器中省去了减法器。

(2) 无符号数和有符号数的加法运算可以用同样的电路实现，从而使硬件电路得到简

化。例如,计算 11010010B+00011011B,两个数无论是无符号数还是有符号数,都用同样的求和电路实现①,结果都是正确的。

$$
\begin{array}{r}
11010010 \\
+\ 00011011 \\
\hline
11101101
\end{array}
\quad\rightarrow\quad
\begin{array}{r}
210 \\
+\ 27 \\
\hline
237
\end{array}
\quad
\begin{array}{r}
[-46]_补 \\
+\ [+27]_补 \\
\hline
[-19]_补
\end{array}
$$

无符号数　　　有符号数

> 虽然有人研制过基于反码表示的计算机,但现代几乎所有的计算机都使用补码表示有符号数。原码通常用于浮点数中的阶码表示。

◇1.3.4 从补码数中获取真值

从 1.3.2 节的描述可得出如下规律:
(1) 原码是符号位+真值。
(2) 反码和补码不是符号位+真值。即反码和补码的数值部分不是真值。但是,因为正数的反码、补码和原码相同,所以,正数的补码和反码是符号位+真值。而对负数,该关系不成立。即,对一个负数,补码和反码的数值部分不是真值。

因此,要从补码中获取十进制真值,首先应求出它对应的二进制真值,然后再转换为十进制真值。

1. 正数补码的真值

由于正数的补码等于它的原码,而原码是符号位+真值,因此正数的补码的数值部分就是真值。

【例 1-14】 已知 $[X]_补 = 00101110$,求 X 的真值。

题目解析:由于 $[X]_补$ 的最高位是 0,为正数,所以 $[X]_补 = [X]_原$。

解:$[X]_补$ 的数值部分就是它的真值,可以直接写出。

$$X = +0101110 = 46$$

2. 负数补码的真值

负数的补码与其对应的正数补码之间存在如下关系:

$$[X]_补 \xrightarrow{\text{按位取反加 1}} [-X]_补 \xrightarrow{\text{按位取反加 1}} [X]_补$$

例如,若设 $X=+1$,则有 $-X=-1$。那么,$[X]_补 = [+1]_补 = 00000001$,对其按位取反加 1,有

$$\overline{00000001} + 1 = 11111111 = [-1]_补$$

反之,对 $[-1]_补$ 按位取反也有

$$\overline{[-1]_补} + 1 = \overline{11111111} + 1 = 00000001 = [+1]_补$$

由此可得:当 X 为正数时,对其补码按位取反,结果是 $-X$ 的补码;当 X 为负数时,对其补码按位取反,结果就是 $+X$ 的补码。

---

① 对二进制加法电路将在 1.4.4 节中简要介绍。

所以,对负数补码再求补的结果就是该负数的绝对值。这样,负数补码转换为真值的方法就是:将该负数的补码数再求一次补码(即将该负数补码的数值部分按位取反加1),所得结果即是它的真值。对一个补码数再求补码,也称为求变补。

【例 1-15】 已知$[X]_{补}=11010010$,求 X 的十进制真值。

题目解析:由于$[X]_{补}$的最高位是1,为负数,故$[X]_{补}\ne[X]_{原}$,需要对它求变补,才能得到十进制真值。

解:
$$X=[[X]_{补}]_{补}=[11010010]_{补}=-0101110=-46$$

3. 无符号数和有符号数之间的转换

在高级语言程序中,对数值数据的表示通常不会使用二进制,而是直接用十进制。数据的类型可以用类型说明符定义。用类型说明符定义的数据默认为有符号数,编译器在编译时会将其转换为二进制补码。但高级语言通常允许在不同的数字数据类型之间进行强制类型转换。在输出时,可以选择直接输出十进制负数(例如-45),也可以选择输出用十六进制表示的补码。

例如,在 C 语言中,利用 unsigned 可以将一个有符号数强制转换为无符号数。来看以下 C 语言程序:

```
1   short int x = -45;
2   unsigned short int ux = (short int)x;
3   printf("x=%x, ux=%u\n", x, ux);
```

该程序的第 2 行将定义的有符号短整型变量 x 强制转换为无符号短整型变量 ux 并赋值。第 3 行将 x 以十六进制形式输出,将 ux 按无符号数输出。在 32 位字长的计算机中,该程序段执行后会输出

```
x=ffffffd3,ux=65491
```

这里输出的 x 值是-45 的补码。

计算机中数的表示与运算 03

◇1.3.5　数的表示范围与溢出问题

在计算机中,讨论数值数据时常涉及两个概念,即表数范围和表数精度。

表数范围是指一种类型的数据能表示的最大值和最小值,受到计算机的字长的限制。例如,在不考虑符号的情况下,8 位二进制数的表数范围为 0~255。

表数精度也称为表数误差,通常用实数值能给出的有效数字的位数表示。

在计算机中,表数范围和表数精度与计算机的字长及数据的编码方式有关。

1. 数的表示范围

在相同字长的情况下,由于将有符号数的最高位作为符号位,故使得无符号数和有符号数的表数范围不同,从而也使计算机对这两种性质的数的溢出判断方式也不同。

1) 无符号数的表数范围

一个 n 位[①]无符号数 X,其表数范围为

---

① 若无特殊说明,本书中的"位"均指二进制位。

$$0 \leqslant X \leqslant 2^n - 1 \tag{1-8}$$

例如,对于一个 8 位的二进制数,即 $n=8$,其表数范围为 $0 \sim 2^8-1$,即 00H~FFH(0~255)。

2) 有符号数的表数范围

有符号数的原码和反码存在 $+0$ 和 -0,而补码中 0 的表示唯一,故原码、反码与补码的表数范围不同。

一个 n 位有符号数的补码 X,其表数范围为

$$-2^{n-1} \leqslant X \leqslant 2^{n-1} - 1 \tag{1-9}$$

而 n 位原码和反码的表数范围为

$$-(2^{n-1}-1) \leqslant X \leqslant +(2^{n-1}-1) \tag{1-10}$$

例如,对 8 位二进制数,原码、反码和补码的表数范围如下:

- 原码:11111111B~01111111B($-127 \sim +127$)。
- 反码:10000000B~01111111B($-127 \sim +127$)。
- 补码:10000000B~01111111B($-128 \sim +127$)。

2. 运算中的溢出问题

当运算结果超出数的可表示范围时会产生溢出,得到不正确的结果。对溢出的判断,计算机有相应的规则,并通过标志位体现(对此将在第 2 章中介绍)。

对乘法运算,乘积的位数是两个乘数的位数的两倍,故乘法运算无溢出问题。对除法运算,当除数过小时会产生溢出,此时将使系统产生一次溢出中断[①]。因此,以下讨论的溢出判断仅针对加、减运算。

1) 无符号数运算时的溢出判断

对两个无符号二进制数的加减运算,若最高有效位向更高位有进位(或有借位),则产生溢出。例如,两个 8 位二进制数 10110111B 和 01001101B 求和:

```
   10110111
 + 01001101
 ─────────
 1 00000100
```

最高有效位(即 D_7 位)向更高位有进位,变成 9 位,超出了 8 位数的可表示范围,结果就溢出了。事实上,10110111B=183,01001101B=77,183+77=260,超出了 8 位二进制数能表示的最大值 255,所以最高位的进位(代表 256)就丢失了。如果仅保留有效的 8 位数,则结果变成了 260-256=4,即 00000100B。

> 无符号加减运算的溢出并非一定意味着错误。如何区分错误溢出还是正常进位,以及如何获取向更高位的进位,在低级语言程序设计中是需要程序员考虑的。

2) 有符号数运算时的溢出判断

判断有符号数运算是否溢出的规则如下:

(1) 如果次高位向最高位有进位(或借位),而最高位向上无进位(或借位),则结果产生

---

① 有关中断的理论,将在第 6 章详细介绍。

溢出。

(2) 反过来,如果次高位向最高位无进位(或借位),而最高位向上有进位(或借位),则结果也产生溢出。

对于 8 位二进制数,若 D_6 位产生的进位(或借位)记为 C_6,D_7 位产生的进位(或借位)记为 C_7,那么上述两种情况也可表述为:在两个有符号二进制数相加或相减时,若 $C_7 \oplus C_6 = 1$,则结果产生溢出。

例如,两个二进制数求和:

$$\begin{array}{r} 01001000 \\ +\ 01100010 \\ \hline 10101010 \end{array}$$

应分以下两种情况讨论:

- 如果这两个数是无符号数,因为最高位(D_7 位)向更高位没有进位,说明没有溢出(两数之和小于 256)。
- 如果这两个数是有符号数,则运算结果溢出。因为次高位(D_6 位)向最高位(D_7 位)有进位,而最高位(D_7 位)向更高位无进位,两个进位状态不同。所以,这两个有符号数运算时产生溢出。

事实上,如果这两个数是有符号数,则两个正数相加,结果(补码)变成了负值,显然是错误的。

由上面的讨论可知,无符号数与有符号数产生溢出的条件因各自可表示数的范围不同而不同。无符号数的溢出判断仅看最高位向上是否有进位(或借位),而有符号数的溢出判断需要看次高位与最高位两位的进位(或借位)情况。两位都产生进位(或借位)或都没有产生进位(或借位),则结果无溢出;否则结果产生溢出。运算时产生溢出,其结果肯定不正确。计算机对溢出的处理一般是产生一个自陷中断,通知用户采取某种措施。

◇ **1.3.6 定点数与浮点数**

在计算机中,数值数据的表示方法有两种:定点数和浮点数。

1. 定点数的表示

定点数又可以分为定点整数和定点小数。

定点小数是指小数点固定在数据某个位置上的小数。为方便起见,通常都把小数点固定在最高数据位的左边,称为纯小数。如果考虑数的符号,小数点的左边可以再设符号位。

由此,任意一个小数都可写成

$$N = N_s N_{-1} N_{-2} \cdots N_{-(m-1)} N_{-m} \tag{1-11}$$

若用 $m+1$ 个二进制位表示上述小数,则可以用最高位表示该数的符号(假设用 0 表示正,用 1 表示负),如式(1-11)中的 N_s,后边的 m 位表示小数的数值部分。由于规定了小数点放在数值部分的最左边,所以小数点不需明确表示出来。

定点小数的表数范围很小,对于用 $m+1$ 个二进制位表示的小数,其表数范围为

$$|N| \leqslant 1 - 2^{-m} \tag{1-12}$$

采用这种表示法,用户在算题时,需要先将参加运算的数通过一个合适的"比例因子"转化为绝对值小于 1 的纯小数,并保证运算的中间结果和最终结果的绝对值也都小于 1。在输出

真正的结果时,再按相应比例将结果扩大。

对整数的表示在前边已有详细的讨论。整数表示的数据的最小单位为1,可以认为它是小数点定在数据的最低位右边的一种数据。与定点小数类似,如果要考虑整数的符号,则整数的符号位也在最高位,任意一个带符号的整数都可表示为

$$N = N_s N_{n-1} \cdots N_1 N_0 \tag{1-13}$$

定点数表示法主要用在早期计算机中,它比较节省硬件。随着硬件成本的大幅降低,现代通用计算机中都能够处理包括定点小数在内的多种类型的数值了。

2. 浮点数的表示

所谓浮点数,是指小数点的位置可以左右移动的数据,可用下式表示:

$$N = \pm R^E \times M \tag{1-14}$$

式中各符号的含义如下:
- M(mantissa):浮点数的尾数,或称有效数字,通常是纯小数。
- R(radix):阶码的基数,表示阶码采用的数制。计算机中一般规定 R 为2、8或16,是一个常数。与尾数的基数相同。例如,尾数为二进制,则 R 也为2。同一种计算机的 R 值是固定不变的,所以不需要在浮点数中明确表示出来,而是隐含约定的。因此,计算机中的浮点数只需表示出阶码和尾数部分。
- E(exponent):阶码,即指数值,为带符号整数。

除此之外,浮点数的表示中还有 E_s 和 M_s 两个符号:
- E_s:阶符,是阶码的符号位,即指数的符号位,决定浮点数范围的大小。
- M_s:尾符,是尾数的符号位,安排在最高位。它也是整个浮点数的符号位,表示该浮点数的正负。

在计算机系统中,典型的浮点数格式如图 1-18 所示。

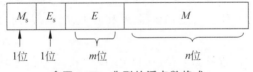

◆ 图 1-18 典型的浮点数格式

从浮点数的定义可知,如果不作明确规定,同一个浮点数的表示将不是唯一的。例如,0.5 可以表示为 0.05×10^1,50×10^{-2} 等。为了便于浮点数之间的运算和比较,也为了提高数据的表示精度,规定计算机内浮点数的尾数部分用纯小数表示,即小数点右边第 1 位不为 0,称为规格化浮点数。对不满足要求的数,可通过修改阶码并同时左右移动小数点位置的方法使其变为规格化浮点数,这个过程也称为浮点数的规格化。

浮点数的表数范围主要由阶码决定,精度则主要由尾数决定。

> 浮点数也就是常说的实数。在 Intel 处理器中有 4 字节单精度实数和 8 字节双精度实数,并有专门的浮点处理部件。
>
> C 语言中用 float、double 分别定义单精度实数和双精度实数,对整型数则用 int、short int 等定义。

1.4 计算机中的基本逻辑电路与加法电路

◇ 1.4.1 基本逻辑运算与逻辑门

算术运算是将数据作为整体考虑的,而逻辑运算则是对数据的每一位进行操作,这意味着逻辑运算没有进位和借位。基本逻辑运算包括与、或、非、异或 4 种运算。

1. 基本逻辑运算

1) 与运算

与运算的操作是实现两个数按位相与,用符号 ∧ 表示。其规则为

$$1 \wedge 1 = 1 \quad 1 \wedge 0 = 0 \quad 0 \wedge 1 = 0 \quad 0 \wedge 0 = 0 \tag{1-15}$$

式(1-15)的含义是:参加与操作的两位中只要有一位为 0,则相与的结果就为 0;仅当两位均为 1 时,其结果才为 1。

与运算相当于按位相乘(但不进位),所以又叫作逻辑乘,可以表示为

$$Y = A \wedge B \quad 或者 \quad Y = A \cdot B \tag{1-16}$$

2) 或运算

或运算的操作是实现两个数按位相或,用符号 ∨ 表示。其规则为

$$0 \vee 0 = 0 \quad 0 \vee 1 = 1 \quad 1 \vee 0 = 1 \quad 1 \vee 1 = 1 \tag{1-17}$$

式(1-17)的含义:参加或运算的两位二进制数中,仅当两位均为 0 时,其结果才为 0;只要有一位为 1,则或的结果就为 1。该规则还可以表述为:当且仅当输入全部为假时,输出结果才为假。

或运算执行两个数按位相或的运算,又叫作逻辑加,可以表示为

$$Y = A \vee B \quad 或者 \quad Y = A + B \tag{1-18}$$

式(1-18)的含义是:当且仅当逻辑变量 A 和 B 均为 0(假)时,Y 为 0;A 和 B 任意一个为 1(真),则 Y 为真。

【例 1-16】 设有两个二进制数:10110110B 和 11110000B,分别进行按位相与和按位相或运算,并分析运算后的结果。

解:这两个二进制数按位相与和按位相或的运算过程分别为

```
        10110110              10110110
   ∧    11110000         ∨    11110000
        ────────              ────────
        10110000              11110110
```

对比与运算和或运算的结果可以发现:对二进制数 10110110B,由于另一个数的高 4 位全为 1,低 4 位全为 0,故与运算后,二进制数 10110110B 的高 4 位保持不变,低 4 位变 0;而或运算后,二进制数 10110110B 的高 4 位全部变 1,低 4 位保持不变。

与、或运算的这一特征使其在工业控制系统设计中发挥了独特的作用。

3) 非运算

非运算的含义是:当决定事件结果的条件满足时,事件不发生。非运算是按位取反的运算,属于单边运算,即只有一个运算对象,其运算符为一条上画线。非运算的逻辑代数表达式是

$$\overline{\overline{A}} = A \tag{1-19}$$

即输出是对输入的取反。若输入为1,则输出为0;若输入为1,则输出为0。

【例 1-17】 对例 1-16 中的两个二进制数按位相与后的结果再进行非运算。

题目解析:由例 1-16 知,两个二进制数 10110110B 和 11110000B 按位相与后的结果为 10110000B。再对其进行非运算,即对该数进行按位取反运算。

解:
$$\overline{10110000} = 01001111$$

2. 基本逻辑门

实现上述 3 种基本逻辑运算的电路称为逻辑门。

1) 与门

与门(AND gate)是对多个逻辑变量进行与运算的门电路,即多输入单输出逻辑门。

表 1-4 给出了与门的逻辑真值表。当输入 A 和 B 均为 1 时,输出 Y 才为 1;A 和 B 中只要一个为 0,则 Y 就为 0。从电路的角度说,若采用正逻辑,则仅当与门的输入 A 和 B 都是高电平时,输出 Y 才是高电平;否则 Y 就输出低电平。与门常用图 1-19 所示的逻辑符号表示。

表 1-4 与门的逻辑真值表

A	B	Y
0	0	0
0	1	0
1	0	0
1	1	1

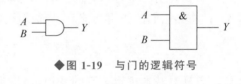

◆图 1-19 与门的逻辑符号

需要说明的是:

- 图 1-19 中仅画出了两位输入(A 和 B),实际的与门电路可以有多位输入(或门与之类似)。
- 图 1-19 中,左侧为 IEEE 推荐符号,右侧为中国国家标准规定使用的符号,这两种符号目前均可以使用(以下逻辑门与之相同)。

为描述方便,本书后续内容的描述以中国国家标准规定符号为主。

2) 或门

或门(OR gate)是对多个逻辑变量进行或运算的门电路,和与门一样,或门也是多输入单输出逻辑门。

表 1-5 给出了或门的逻辑真值表。由表 1-5 可以看出,当输入变量 A 和 B 中任意一个为 1 时,输出 Y 就为 1;仅当 A 和 B 都为 0 时,Y 才为 0。从电路的角度说,当或门的输入 A 和 B 只要有一个是高电平时,输出 Y 就为高电平;否则 Y 就输出低电平。或门的逻辑符号如图 1-20 所示。

3) 非门

非门(NOT gate)又称为反相器,是对单一逻辑变量进行非运算的门电路。若设输入变

量为 A，输出变量为 Y，则 A 和 Y 之间的关系可用下式表示：
$$Y=\overline{A}$$

表 1-5　或门的逻辑真值表

A	B	Y
0	0	0
0	1	1
1	0	1
1	1	1

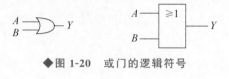

◆图 1-20　或门的逻辑符号

非运算也称求反运算，变量 A 上的上画线在数字电路中表示反相之意。非门的逻辑真值表见表 1-6，其逻辑符号如图 1-21 所示。

表 1-6　非门的逻辑真值表

A	Y
0	1
1	0

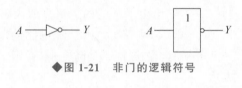

◆图 1-21　非门的逻辑符号

需要说明的是，对基本逻辑门以及 1.4.2 节介绍的复合逻辑电路，本书从应用的角度出发，只关心它们的逻辑功能和外部引脚连接，而不关心其内部的电路构成。

◇1.4.2　复合逻辑运算及其逻辑电路

通过对基本逻辑运算的变换，可以生成其他一些逻辑运算。常见的有与非、或非、异或和同或等运算。

其他逻辑运算及其门电路

1. 与非运算和与非门

与非运算是与运算和非运算的组合，是对与运算结果再求非，可以用下式表示：
$$Y=\overline{A \wedge B} \tag{1-20}$$

事实上，例 1-17 对两数按位相与的结果再进行非运算，实现的就是与非逻辑运算。

因与非门是与门和非门的结合，故也为多输入单输出的逻辑门电路。与非门的逻辑真值表见表 1-7。其逻辑符号见图 1-22，逻辑符号中的小圆圈表示非。

表 1-7　与非门的逻辑真值表

A	B	Y
0	0	1
0	1	1
1	0	1
1	1	0

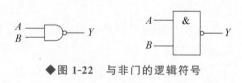

◆图 1-22　与非门的逻辑符号

2. 或非运算和或非门

和与非运算类似，或非运算是或运算和非 运算的组合。可用下式表示：
$$Y=\overline{A \vee B} \tag{1-21}$$

和与非门类似,或非门是或门和非门的结合,同样为多输入单输出逻辑门电路。表 1-8 给出了或非门的逻辑真值表。其逻辑符号如图 1-23 所示。

表 1-8 或非门的逻辑真值表

A	B	Y
0	0	1
0	1	0
1	0	0
1	1	0

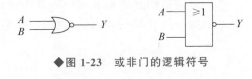

◆图 1-23 或非门的逻辑符号

【例 1-18】 设 $A=11011001B, B=10010110B$,求 $Y=\overline{A \vee B}$。

题目解析:根据式(1-21)给出的逻辑运算式,可先对两个数按位相或,再对结果按位取反。

先计算 $A \vee B$:

$$
\begin{array}{r}
11011001 \\
\vee \ 10010110 \\
\hline
11011111
\end{array}
$$

再对结果求非:

$$Y=\overline{A \vee B}=\overline{11011111}=00100000$$

3. 异或运算和异或门

异或运算是在与、或、非 3 种基本逻辑运算基础上的变换。其逻辑代数表达式为

$$Y=\overline{A} \cdot B+A \cdot \overline{B} \tag{1-22}$$

异或运算是对两个变量的逻辑运算,用符号 $\oplus$ 表示:

$$Y=A \oplus B \tag{1-23}$$

异或门是对两个逻辑变量进行异或运算的门电路。表 1-9 给出了异或门的逻辑真值表。其逻辑符号如图 1-24 所示。

表 1-9 异或门的逻辑真值表

A	B	Y
0	0	0
0	1	1
1	0	1
1	1	0

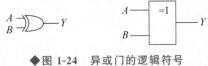

◆图 1-24 异或门的逻辑符号

【例 1-19】 对 10110110B 和 11110000B 进行异或运算。

题目解析:按照表 1-19 给出的输入与输出的逻辑关系,可以很方便地得出这两个数按位相"异或"的结果。

解:

$$
\begin{array}{r}
10110110 \\
\oplus \ 11110000 \\
\hline
01000110
\end{array}
$$

即 10110110B⊕11110000B=01000110B。

> 从例 1-19 的运算结果可以发现异或运算的特点：输入相同则为 0，输入相异则为 1。

二进制数的异或运算可以看作不进位的按位加或者不借位的按位减。读者可比较二进制数的异或运算规则和减法运算规则，思考一下二者的异同。

◇1.4.3 译码器

在计算机系统中，常常需要将不同的地址信号通过一定的控制电路转换为对某一芯片的选片信号，这个控制电路称为译码电路，它对应的逻辑部件就称为译码器。也可以说，译码器的作用就是将一组输入信号转换为在某一时刻有一个确定的输出信号。

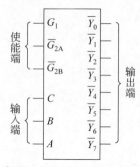

◆图 1-25　74LS138 的引脚

译码器的种类有很多，这里仅介绍一种常用的 3-8 线译码器 74LS138。它属于 TTL 电路，其引脚如图 1-25 所示。其中，G_1、$\overline{G_{2A}}$、$\overline{G_{2B}}$ 为译码器的 3 个使能端，它们共同决定了译码器当前是否被允许工作：当 $G_1=1$，$\overline{G_{2A}}=\overline{G_{2B}}=0$ 时，译码器处于使能状态（enable）；否则它就被禁止（disable）。C、B、A 为译码器的 3 条输入线（输入的 3 位二进制代码可表示 8 种不同的状态），它们的不同的状态组合决定了 8 个输出端 $Y_0 \sim Y_7$ 的状态。

74LS138 的功能表（也叫真值表）见表 1-10，其中电平为正逻辑，即高电平表示逻辑 1，低电平表示逻辑 0，×表示不定。

表 1-10　74LS138 的功能表

使能端			输入端			输出端							
G_1	$\overline{G_{2A}}$	$\overline{G_{2B}}$	C	B	A	$\overline{Y_0}$	$\overline{Y_1}$	$\overline{Y_2}$	$\overline{Y_3}$	$\overline{Y_4}$	$\overline{Y_5}$	$\overline{Y_6}$	$\overline{Y_7}$
×	1	1	×	×	×	1	1	1	1	1	1	1	1
0	×	×	×	×	×	1	1	1	1	1	1	1	1
1	0	0	0	0	0	0	1	1	1	1	1	1	1
1	0	0	0	0	1	1	0	1	1	1	1	1	1
1	0	0	0	1	0	1	1	0	1	1	1	1	1
1	0	0	0	1	1	1	1	1	0	1	1	1	1
1	0	0	1	0	0	1	1	1	1	0	1	1	1
1	0	0	1	0	1	1	1	1	1	1	0	1	1
1	0	0	1	1	0	1	1	1	1	1	1	0	1
1	0	0	1	1	1	1	1	1	1	1	1	1	0

◇1.4.4　二进制的加法电路

由于加、减、乘、除运算都可以转化为加法和移位运算，故在微型计算机中常常只有加法电路。加法器（adder）是一种用于执行加法运算的数字电路，是构成处理器中的算术逻辑部件（ALU）的基础。加法器又分为半加器和全加器。下面以一位加法器为例，介绍一位半加器电路和一位全加器电路。

1. 一位半加器电路

一位半加器的功能是实现两个一位二进制数相加。它具有被加数与加数两个输入以及和与进位两个输出。输出的进位信号代表输入两个数相加后向高位的进位值。半加器是不考虑来自低位进位的加法器，图 1-26 给出了一位半加器的逻辑电路和真值表。它由一个异或门和一个与门组成，A、B 为输入，S 为输出的两数之和（sum），C 是进位（carry）。由图 1-26 可知：

$$S = A \oplus B, C = A \wedge B$$

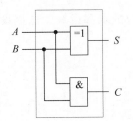

输	入	输	出
A	B	S	C
0	0	0	0
0	1	1	0
1	0	1	0
1	1	0	1

◆图 1-26　一位半加器的逻辑电路和真值表

2. 一位全加器电路

如果在一位半加器中添加一个或门用于接收低位的进位输出信号，则两个一位半加器就构成了一个一位全加器，如图 1-27 所示。

一位全加器是要考虑进位的加法器。它将两个一位二进制数相加，并根据接收到的低位进位信号输出两数相加的和以及向高位的进位。按照分层抽象的方法，图 1-27 所示的逻辑电路可以用图 1-28 所示的逻辑符号表示。其中，A 和 B 是分别加数、被加数，C_{in} 是来自低位的进位信号，C_{out} 是向高位输出的进位信号，S 是两数相加的和。

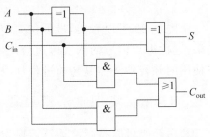

◆图 1-27　一位全加器的逻辑电路

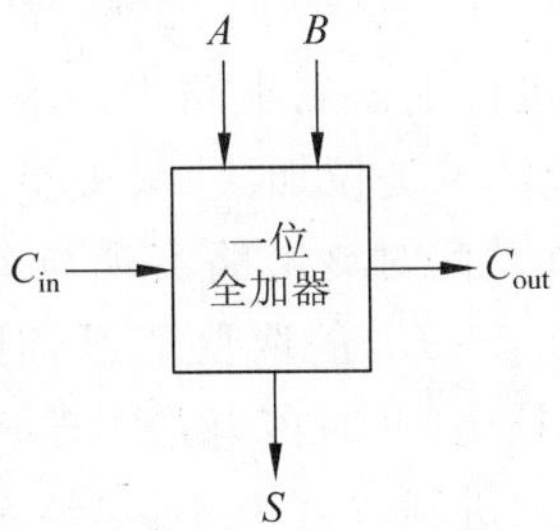

输	入		输	出
A	B	C_{in}	S	C_{out}
0	0	0	0	0
0	0	1	1	0
0	1	0	1	0
0	1	1	0	1
1	0	0	1	0
1	0	1	0	1
1	1	0	0	1
1	1	1	1	1

◆图 1-28　一位全加器的逻辑符号及真值表

3. 多位加法电路

一位全加器只能实现一位二进制的加法，而 CPU 的字长从早期的 8 位、16 位到现在的

32位或64位，都不是只完成一位二进制运算。因此，需要在一位全加器的基础上构造多位加法器，以实现同时进行多位二进制数的运算。

多位加法器主要有涟波进位加法器（ripple-carry adder）和超前进位加法器（carry-lookahead adder）两种。

涟波进位加法器的实现方法比较简单，它用 N 个一位全加器构成。在相邻的两个一位全加器中，低位的一位全加器将其进位输出信号 C_{out} 连接到高位的一位全加器的进位输入端 C_{in}，并依次像涟波一样将进位信号向前传递。图1-29所示为4个一位全加器构成的四位涟波进位加法器。该电路实现了两个4位二进制数的求和运算。这里设 $A=1010, B=1101$。相加结果 $S=C_4S_3S_2S_1S_0=10111$。

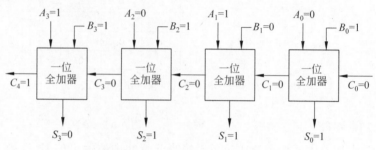

◆图1-29 四位涟波进位加法器

由图1-29可以看出，最低位向前的进位需要依次通过所有一位全加器才能产生最终的结果，这种进位信号的依次传递会产生传递延迟，这是涟波进位加法器的主要缺点。目前普遍使用的并行加法器是超前进位加法器。限于篇幅，不再做进一步描述了。

◇1.4.5 实现减法运算转换为加法运算的电路

利用补码可以将减法运算转换为加法运算，要实现这一功能需要相应的电路来完成。

补码来自反码加1，所以首先需要设计将原码转换为反码的电路，这一功能可以用异或门实现。例如，在图1-30中，当SUB端为低电平时，输出 Y 的状态就和 B 端状态完全相同。例如，按照异或逻辑规则，当SUB=0时，若 $B=0$，则 $Y=0$；若 $B=1$，则 $Y=1$。故异或门也称为可控反相器。

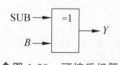

◆图1-30 可控反相器

在图1-29所示的四位涟波进位加法器电路中加上4个可控反相器，就得到图1-31所示的4位涟波进位加法/减法器。在图1-31中，当SUB=0时，4个可控反相器的输出为 $B_3 \sim B_0$ 的值，此时该电路实现与图1-29相同的加法运算；当SUB=1时，4个可控反相器的输出为 $B_3 \sim B_0$ 的取反值，同时，由于此时 $C_0=$ SUB$=1$，通过一位全加器使 B_0+1，相当于求 B 的补码，此时该电路实现减法运算。

【例1-20】 假设某计算机字长为4位，给定两个4位二进制数 A 和 B：$A=A_3A_2A_1A_0=1101$，$B=B_3B_2B_1B_0=1010$。利用图1-31所示的电路，实现 $S=A+B$ 和 $S=A-B$。

题目解析：为方便对比，先分别给出两个二进制数 A 和 B 对应的十进制形式：$A=13$，$B=10$。按照图1-31所示的电路，分别使SUB=0和SUB=1，则可求出 $A+B$ 和 $A-B$。

当SUB=0时，$C_0=$ SUB$=0$，$B_{x3} \sim B_{x0}$ 与 $B_3 \sim B_0$ 相同，则

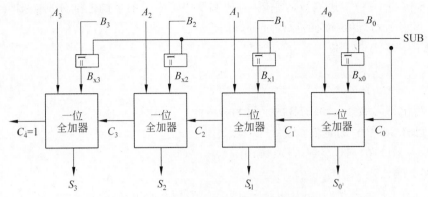

例 1-31 4 位涟波进位加法/减法器

$$S_0 = A_0 + B_0 + C_0 = 1 + 0 + 0 = 1, C_1 = 0$$
$$S_1 = A_1 + B_1 + C_1 = 0 + 1 + 0 = 1, C_2 = 0$$
$$S_2 = A_2 + B_2 + C_2 = 1 + 0 + 0 = 1, C_3 = 0$$
$$S_3 = A_3 + B_3 + C_3 = 1 + 1 + 0 = 0, C_4 = 1$$
$$C_4 S = C_4 S_3 S_2 S_1 S_0 = 10111 = A + B$$

当 SUB=1 时,C_0=SUB=1,此时 4 个可控反相器输出 $B_{x3} \sim B_{x0}$ 分别为 $B_3 \sim B_0$ 各位的取反,即

$$B_{x3}=0, B_{x2}=1, B_{x1}=0, B_{x0}=1$$

此时:

$$S_0 = A_0 + B_{x0} + C_0 = 1 + 1 + 1 = 1, C_1 = 1$$
$$S_1 = A_1 + B_1 + C_1 = 0 + 0 + 1 = 1, C_2 = 0$$
$$S_2 = A_2 + B_2 + C_2 = 1 + 1 + 0 = 0, C_3 = 1$$
$$S_3 = A_3 + B_3 + C_3 = 1 + 0 + 1 = 0, C_4 = 1$$
$$C_4 S = C_4 S_3 S_2 S_1 S_0 = 10011$$

在 4 位字长的情况下,$C_4 S$ 的最高位被自然丢失,从而使 $C_4 S = 0011 = 3 = A - B$。

习 题

1.1 计算机中常用的数制有哪些?
1.2 简述计算机硬件主要由哪些部件构成。
1.3 说明并行执行与并发执行的区别。
1.4 说明总线的主要功能。从传送信息类型上,总线可分为哪几类?
1.5 完成下列数制的转换。
(1) 10100110B=(　　)D=(　　)H。
(2) 0.11B=(　　)D。
(3) 253.25=(　　)B=(　　)H。
(4) 1011011.101B=(　　)H=(　　)$_{BCD}$。

1.6　8位和16位二进制数的原码、补码和反码可表示的数的范围分别是多少？

1.7　写出下列真值对应的原码和补码的形式。

(1) $X=-1110011B$。

(2) $X=-71D$。

(3) $X=+1001001B$。

1.8　写出符号数10110101B的反码和补码。

1.9　已知 X 和 Y 的真值，求$[X+Y]_\text{补}$。

(1) $X=-1110111B,Y=+1011010B$。

(2) $X=56,Y=-21$。

1.10　已知 $X=-1101001B,Y=-1010110B$，用补码方法求 $X-Y$。

1.11　若给字符4和9的ASCII码加奇校验，应是多少？若加偶校验呢？

1.12　若与门的输入端 A、B、C 的状态分别为1、0、1，则该与门的输出端是什么状态？若将这3位信号连接到或门，那么或门的输出又是什么状态？

1.13　要使与非门输出0，则与非门输入端各位的状态应该是什么？如果要使与非门输出1，其输入端各位的状态又应该是什么？

1.14　如果74LS138译码器的 C、B、A 3个输入端的状态为011，此时该译码器的8个输出端中哪一个会输出0？

1.15　图1-32中，Y_1、Y_2、Y_3 的状态分别是什么？74LS138译码器的哪一个输出端会输出低电平？

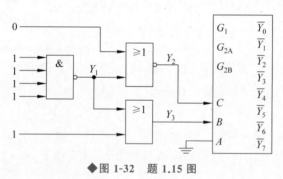

◆图1-32　题1.15图

第 2 章

微处理器技术

引言

基于计算机控制的家庭安全防盗系统的控制中心是微处理器。在研究指令和编写程序之前，需要首先了解微处理器的内部结构。考虑到 Intel 及其兼容微处理器在个人计算机市场的重要性，以及 ARM 处理器在嵌入式系统中几乎一统天下并正在逐步进军高端服务器领域的现状，本章选择了这两大系列处理器中的一些典型代表讲述微处理器的相关技术，包括它们的内部功能结构、内存管理、工作模式等。

近年来，国内处理器研发领域取得了显著进展，华为公司基于 ARM 架构研发的片上系统已形成系列产品，飞腾公司也研发了基于 ARM 架构的飞腾处理器。本章在介绍 ARM 技术的同时，也用一定篇幅分别介绍了鲲鹏处理器和飞腾处理器片上系统及其内核架构。

本章对各类微处理器的介绍几乎都略去了它们的技术参数，这些参数和指标可以在需要时通过查阅相关技术手册获得。作为教材的内容，本章将重心放在对微处理器体系结构和原理的描述上。现代微处理器涉及大量理论和复杂技术，本章在描述中提及的部分知识会在后续章节中逐步讲述，如高速缓存、中断技术等。但限于篇幅，还是有一些知识只能通过脚注或简短说明加以解释，如流水线技术、分支预测等，有兴趣的读者可以参阅其他相关专业书籍。

最后，需要特别说明的是，由于最新的微处理器技术并未完全公开，本章对微处理器的介绍仅限于目前已公开的技术，选择的案例芯片也不会是最新发布的型号。

教学目的

- 清楚微处理器的一般结构和功能以及不同时代微处理器的技术特点。
- 清楚多核技术的概念。
- 对 Intel 16 位处理器典型代表（8088）有深度认知，包括主要的外部引线及其功能、内部结构、内部寄存器、工作时序等。
- 深度理解对实模式和保护虚地址模式下的内存管理。
- 清楚 32 位和 64 位处理器的体系结构和主要技术，如流水线、分支预测、乱序执行等。对 80386、Pentium 4 和 Core 2 这几种典型处理器的结构、工作模式等有基本认知。
- 清楚 ARM 的主要技术特点和应用模式。
- 清楚 RISC 和 CISC 的区别，并能够说明 RISC 体系结构的特点。

- 能够说明 ARMv4 的组织结构,并清楚哈佛结构的特点。
- 对华为鲲鹏 920 处理器片上系统和 FTC663 处理器内核架构的基本组成有基本认知。

2.1 微处理器的结构与发展

微处理器是微型计算机的核心部件,控制和协调着整个计算机系统的工作。根据不同的应用领域,微处理器大致可以分为通用微处理器、嵌入式微处理器和各种微控制器。微型计算机中的微处理器就属于通用微处理器。本节主要以 Intel 微处理器为例,介绍微处理器的发展历程。

◇2.1.1 从 8 位到 32 位微处理器时代

通用微处理器从诞生到现在,已走过了 50 多年。随着集成电路技术的发展,现在一片微处理器芯片的功能已远非早期处理器可比。虽然微处理器芯片的性能、功能都已有质的提升,但其核心组成和基本功能是类似的。在正式开启微处理器原理学习之前,有必要回顾它的发展历程,也便于理解 2.2 节中为什么要选择一个早期的 16 位芯片作为学习模型。

1. 8 位微处理器时代

8088 微处理器 01

世界上的第一块微处理器是 Intel 4004,诞生于 1971 年。4004 是一个 4 位微处理器(可以进行 4 位二进制的并行运算),拥有 45 条指令,允许以 0.05MIPS(Million Instructions Per Second,百万条指令每秒)的速度执行指令,它只能寻址 4096 个 4 位(4b)的存储单元。主要用于早期的视频游戏和小型控制系统中。很快,这种 4 位微处理器的时代就结束了。

1971 年底,Intel 公司推出了 8 位微处理器 8008,它是世界上第一种 8 位微处理器。与 4004 相比,8008 可一次处理 8 位二进制数据,其寻址空间①扩大为 16KB,并扩充了指令系统(共 48 条)。

随着应用需求越来越高,8008 的可寻址内存容量、运算速度、指令集功能等都难以满足要求。于是 Intel 公司在 1973 年推出了 8080 微处理器,这是第一个现代的 8 位微处理器。几个月后,Motorola 公司和 Zilog 公司也先后推出了 MC6800 和 Z8 微处理器。从此正式进入了微处理器时代②。

8080 扩充了可寻址的内存容量和指令系统。其指令执行速度是 8008 的 10 倍,可达每秒 50 万条指令;可寻址的地址范围是 64KB,是 8008 的 16 倍。由此进入了 8080 时代。以 8080 作为微处理器的第一台 PC——MITS Altair 8800,于 1974 年问世,比尔·盖茨(Bill Gates)为该机编写了 BASIC 语言解释程序。与 8080 同时代的微处理器还有 Zilog 公司的 Z80。

1977 年,Intel 公司推出了 8080 的更新版本——8085。这是 Intel 公司开发的最后一个

---

① 寻址空间是指微处理器能够管理的地址数,这里特指微处理器可以管理的内存单元个数。
② 如今,Zilog 公司主要研制微控制器和嵌入式控制器,基本退出了通用微处理器市场。Motorola 公司已出售了它的半导体研发部门。只有 Intel 公司一直坚持在通用微处理器领域,并在台式计算机和笔记本计算机市场占有绝大部分份额。

8位通用微处理器。与8080相比,它执行程序的速度更快,每秒可执行769 230条指令。其主要优点是有了内部时钟发生器、内部系统控制器和更高的时钟频率。作为8位处理器,8085在一些电气设备中依然在使用。

2. 从16位到32位微处理器

1978年,Intel公司推出了8086微处理器,并在一年多以后推出了8088微处理器。这两种都是16位微处理器。执行速度可达2.5MIPS,可以寻址1MB内存。8086/8088的另一个显著特点是使用了小型的4字节或6字节的指令高速缓冲存储器或者说指令队列,在指令执行前就可预先取出几条指令排队,为现代微处理器中更大的指令高速缓冲存储器、指令流水技术奠定了基础。8086/8088因为有比较完整的技术资料、与现代处理器有诸多类似的结构和功能等原因而成为本章介绍微处理器的主要样本。

8086和8088属于同时代的16位微处理器,有着基本相同的内部结构和外部引脚功能。两者主要的区别是:8086的数据出口为16位,而8088的数据出口为8位。作为以基本原理介绍为宗旨的教材,本书在半导体存储器、I/O接口介绍时均选择了8位芯片作为样本,因此,为便于读者理解,将在2.2节详细介绍8088的结构和原理,并说明8088和8086的主要不同点。

1983年,Intel公司推出了8086的更新换代产品——80286微处理器。80286除了寻址内存的能力提高到16MB之外,其他与8086/8088几乎没有区别。这种情况一直保持到1986年80386微处理器的诞生。

80386是一种向上兼容8086/8088的32位超级微处理器,具有32位数据线和32位地址线。内存直接寻址能力可达4GB,其执行速率达到3~4MIPS。同一时期推出的32位微处理器中,还有Motorola公司的MC68020、贝尔实验室的Bellmac-32A、National Semiconductor公司的16032和NEC公司的V70等。32位微处理器的出现,使微处理器开始进入一个崭新的时代。32位微处理器从结构、功能、应用范围等方面看,可以说是小型机的微型化。这时32位微处理器组成的微型机已接近20世纪80年代小型机的水平。

随着集成电路工艺水平的进一步提高,1989年,Intel公司又推出性能更高的32位微处理器80486,它在芯片上集成了约120万个晶体管,是80386的4倍。80486由以下部件组成:一个80386体系结构的主处理器、64位的内部数据总线、一个与80387兼容的数字协处理器和一个8KB容量的高速缓冲存储器,并采用了RISC(reduction instruction set computer,精简指令集计算机)技术、与RAM进行高速数据交换的突发总线等先进技术。这些新技术的采用使80486在同等时钟频率下的处理速度要比80386快2~4倍。同期推出的产品还有Motorola公司的MC68030的后继换代产品MC68040和NEC公司的V70的后继换代产品V80。这是3种典型的CISC体系结构的32位高档微处理器。

◇2.1.2 现代微处理器

1. Pentium微处理器

1993年,Intel公司推出了32位微处理器Pentium(以P5代称,中文名称为奔腾)。它集成了330万个晶体管,数据总线从80486的32位扩展到64位,处理速率达110MIPS,支持双精度浮点数运算。Pentium最有创意的特性是内部设置了两个执行部件,在不发生冲突时能并行执行两条指令。

1996年，Intel公司将它的第六代微处理器正式命名为Pentium Pro，该处理器的运算速度达200MIPS，其内部不仅集成了16KB的一级（L1）高速缓冲存储器（8KB用于存储数据，8KB用于存储指令）以外，还有256KB的二级（L2）高速缓冲存储器。另一个显著变化是处理器使用3个执行部件，可同时执行3条指令，即使它们有冲突也可并行执行。

随后，Intel公司又推出了Pentium Pro的改进型微处理器——Pentium Ⅱ、Pentium Ⅲ。1997年推出的Pentium Ⅱ代表了Intel公司的新方向。它被安装在一块小型电路板上，而不是以前的微处理器那样的集成电路。如此改变的主要原因是把L2高速缓冲存储器放在Pentium的主电路板上满足不了这种新型微处理器的速度要求。在这种Pentium系统中，二级高速缓冲存储器以60MHz或66MHz系统总线速度操作。二级高速缓冲存储器和微处理器都放在称为Pentium Ⅱ Module的电路板上。Pentium Ⅲ微处理器采用了比Pentium Ⅱ微处理器更快的内核，仍属于Pentium Pro范畴。

2000年底，Intel公司推出了Pentium 4处理器。Pentium 4采用Intel公司的P-6体系结构，集成度达到2500万个晶体管，工作频率达到3.2GHz以上。2.4节将介绍Pentium 4处理器的体系结构和工作模式。

2. 微处理器的现在及未来

2006年，Intel公司在占领市场长达12年之久的Pentium系列微处理器之后，推出了Core（酷睿）系列微处理器。从Core 2开始，进入了64位多运算核时代。64位微处理器可以并行处理64位数据，允许通过64位地址寻址比4GB更大的内存空间。但Core系列最大的技术进步是多核（详见2.1.3节）。

2019年5月，Intel公司正式宣布了第十代Core处理器，即采用10nm工艺的Ice Lake处理器，它使用全新的CPU、GPU（Graphics Processing Unit，图形处理单元）及AI（Artificial Intelligence，人工智能）架构。相对于上一代Core处理器，Ice Lake处理器的IPC（Instruction Per Clock，每个时钟周期的指令数）性能提高了18%[①]。

> Intel微处理器的AI功能主要表现在3个层面：一是通过DL Boost深度学习加速技术专用指令集，在微处理器上加速神经网络，为自动图像增强、照片索引、逼真声效等各种场景提供最大的响应速度；二是利用GPU为需要持续负载的应用（如视频创作等）提供支持；三是提供专用引擎，以极低的功耗运行语音处理、噪声抑制等后台工作负载，从而最大限度地延长电池续航时间。

没有人能真正准确地预见微处理器未来的发展。但无论怎样发展，对Intel微处理器来讲，都会内嵌80x86系列微处理器的CISC（Complex Instruction Set Computer，复杂指令集计算机）指令集，以便继续支持运行在这种系统上的软件。图2-1给出了80486、Pentium、Pentium Pro、Pentium 4/Core 2这4种不同时代的Intel微处理器的概念结构，从概念上展示了这些微处理器的内部结构包括微处理器、算术协处理器和高速缓冲存储器。这在一定程度上也说明了每种微处理器的复杂性和集成度。

---

① IPC表示微处理器在每一时钟周期内执行的指令条数。是影响微处理器性能的主要指标之一。

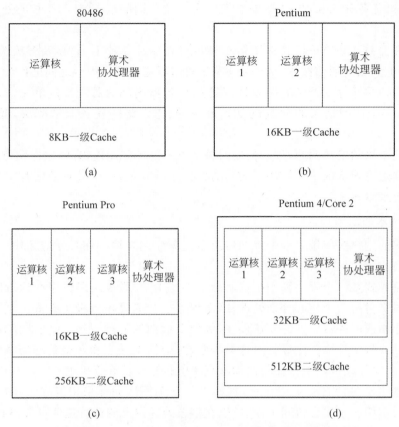

◆图 2-1　4 种不同时代的 Intel 微处理器的概念结构

◇ 2.1.3　多核技术

根据测算,微处理器主频每增加 1GHz,功耗将上升 25W。而当芯片功耗超过 150W 后,现有的风冷散热系统将无法满足散热的需要。当芯片上晶体管数量的增加导致功耗增长速度超过性能增长速度后,微处理器的可靠性就会受到致命的影响。由此,"主频为王"的道路走到了尽头。1996 年,美国斯坦福大学(Stanford University)首次提出了片上多处理器(Chip Multi-Processors,CMP)思想和多核结构原型。经历了二十几年发展以后,如今多核处理器已全面应用于微型计算机、嵌入式设备等几乎所有计算机领域。

1. 多核技术的概念

多核处理器是指在一个处理器上集成两个或多个完整的计算引擎(运算核),每个运算核执行程序中一个单独的任务,从而使整个处理器可同时执行的任务数是单个处理器的数倍,极大地提升了处理器的并行性能。如果程序利用多核设计技术,就可以提高执行速度。这样的程序称为多线程程序。

目前多核处理器的核心结构主要有同构和异构两种。同构多核处理器是指处理器芯片内部的所有核心的结构是完全相同的,各个核心的地位也是等同的。目前的同构多核处理器大多数由通用处理器核心组成,每个处理器核心可以独立地执行任务,与通用单核处理器结构相近。异构多核处理器则是将结构、功能、功耗、运算性能各不相同的多个核心集成在芯片上，并通过任务分工和划分将不同的任务分配给不同的核心，让每个核心处理自己擅长的任务。

多核处理器并不是简单地将多个运算核集成在一片芯片上，它涉及多项关键技术，例如，多核芯片上的核间通信技术，为解决 CMP 架构下处理器和内存之间的巨大速度差异而设计的多级高速缓冲存储器及其一致性问题[①]，处理器内部的总线接口单元（Bus Interface Unit, BIU）对多个访问请求的仲裁机制和效率，操作系统的任务调动算法，低功耗设计，等等。

由于功耗带来的发热问题，处理器的时钟速度不能无限制地提高，这样就使多核成为目前提高处理器运算速度的主要解决方法。随着技术的发展，一个处理器芯片上集成的核的数目可能会越来越多。

2. 多核技术的应用场景

越来越多的用户在使用过程中都会涉及多任务应用环境。在日常应用中，有两种非常典型的应用模式。

一种应用模式是一个程序采用了线程级并行编程[②]，那么这个程序在运行时可以把并行的线程同时交付给两个核心分别处理，因而程序运行速度得到极大提高。这类程序有的是为多路工作站或服务器设计的专业程序，例如专业图像处理程序、非线性视频编辑程序、动画制作程序或科学计算程序等。对这类程序，两个物理核心和两个处理器基本上是等价的，因此这类程序往往可以不作任何改动就直接运行在双核计算机上。

还有一些更常见的日常应用程序，例如 Office、IE 等，同样采用线程级并行编程，可以在运行时同时调用多个线程协同工作，所以在多核处理器上的运行速度也会得到较大提升。例如，打开 IE 浏览器上网看似简单，实际上 IE 浏览器进程会调用代码解析、Flash 播放、多媒体播放、Java、脚本解析等一系列线程，这些线程可以并行地被多核处理器处理，因而运行速度大大加快。由此可见，对于已经采用并行编程的软件，不管是专业软件还是日常应用软件，在多核处理器上的运行速度都会大大提高。

另一种应用模式是同时运行多个程序。许多程序没有采用并行编程，例如一些文件压缩软件、部分游戏软件等。对于这些单线程程序，单独运行在多核处理器上与单独运行在同样参数的单核处理器上没有明显的差别。但由于日常开机就要用到的操作系统支持并行处理，所以，当在多核处理器上同时运行多个单线程程序的时候，操作系统会把多个程序的指令分别发送给多个核心，从而使得同时运行多个程序的速度大大加快。

3. 多核与多处理器的主要区别

多核技术能够使计算机在只有一个处理器的情况下实现任务的并行处理。而在多核技术蓬勃发展以前，并行计算任务必须使用多个独立的处理器进行协同计算。

多核与多处理器的主要区别有如下 3 方面：

（1）核心间通信速度方面。多核是指一个处理器芯片有多个处理器核心，它们之间通过处理器内部总线进行通信；而多处理器架构是由多个相同或者不同的独立、完整的处理器

---

① 有关高速缓冲存储器将在第 5 章介绍。
② 线程（thread）是操作系统进行调度的最小单位，是进程中一个单一顺序的控制流。一个进程中可以并发多个线程，每个线程并行执行不同的任务。

通过通信通道连接，既可共享也可独立拥有内存、外设，多个处理器之间的通信是通过主板上的总线甚至百兆、千兆网线或光纤进行的。两者核心间的通信速度有着数量级的差别。

(2) 开发难度方面。多核处理器采用与单处理器相同的硬件架构，用户在提升计算能力的同时无须进行任何硬件上的改变；而多处理器系统目前常见于分布式系统中，必然要面临大量的数据一致性、主从关系控制、可靠性保障问题，开发难度较大。

(3) 使用场合方面。多处理器架构一般不用于普通的消费级市场，多用于服务器集群、云计算平台等场合。这些场合一般计算量需求很大，对速度不过于敏感。而且多处理器架构更简单、清晰，可以用消费级产品简单地进行数量堆叠，处理器数量动辄以万计，单位成本较低。而多核处理器则比较适合普通桌面应用，单位成本较高，核心数目较少，为了控制成本，目前普通消费级产品多为 16 核。

◇ **2.1.4 微处理器的基本组成**

微处理器是计算机系统的核心部件，控制和协调着整个计算机系统的工作。所有程序的执行都在微处理器中进行。其完成的 3 项主要任务是：①实现微处理器和内存或 I/O 接口之间的数据传送；②实现算术和逻辑运算；③判定控制程序的走向。正是通过这些看上去似乎很简单的工作，微处理器才能完成任何复杂的任务。

无论哪种型号的微处理器，其内部总体上都包含运算器、控制器和寄存器组 3 部分。图 2-2 是微处理器典型结构。

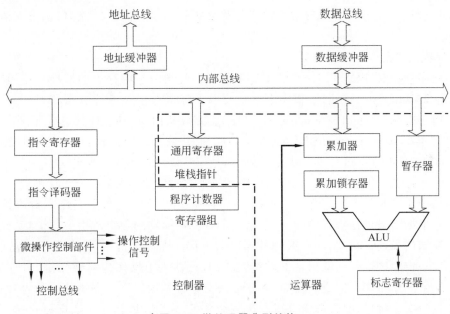

◆ 图 2-2 微处理器典型结构

1. 运算器

运算器由算术逻辑单元(ALU)、通用或专用寄存器及内部总线 3 部分组成。其核心功能是实现数据的算术运算和逻辑运算，所以有时也将运算器称为算术逻辑单元。

ALU 的内部包括负责加、减、乘、除运算的加法器和乘法器，以及实现与、或、非、异或等逻辑运算的逻辑运算功能部件。

除了作为核心部件的 ALU 外,运算器中还有暂存中间运算结果的暂存器、存放运算结果特征的标志寄存器(Flag Register,FR)以及数据传送通道。在 CPU 内部用于传送数据和指令的传送通道称为 CPU 内部总线。

2. 控制器

控制器的作用是控制程序的执行,是整个系统的指挥中心,必须具备以下几项基本功能:

(1) 指令控制。计算机的工作过程就是连续执行指令的过程。指令在内存中是连续存放的,一般情况下,指令被按照顺序一条条地取出并执行,只有在执行到转移类指令时才会改变顺序。控制器要能根据指令所在的地址按顺序或在遇到转移指令时按照转移地址取出指令,分析指令(指令译码),传送必要的操作数,并在指令执行结束后保存运算结果。总之,控制器要保证计算机中的指令流的正常工作。

(2) 时序控制。指令的执行是在时钟信号的严格控制下进行的,一条指令的执行时间称为指令周期,不同指令的指令周期中包含的机器周期数是不相同的,而一个机器周期中包含多少节拍(时钟周期)也不一定一样。时序信号是计算机的工作基准,它们由控制器产生,使系统按一定的时序关系进行工作。

(3) 操作控制。根据指令流程,确定在指令周期的各个节拍中要产生的微操作控制信号,以有效完成各条指令的操作过程。

除此之外,控制器还要具有对异常情况及某些外部请求的处理能力,如出现运算溢出、中断请求等。

控制器主要由以下几部分组成:

- 程序计数器(PC)。用来存放下一条要执行的指令在内存中的地址。在程序执行之前,应将程序的首地址(程序中第一条指令的地址)置入程序计数器。
- 指令寄存器(Instruction Register,IR)。存放从内存中取出的待执行的指令。
- 指令译码器(Instruction Decoder,ID)。指令寄存器中待执行的指令须经过"翻译"才能执行,这个过程就是指令译码,这是指令译码器的主要功能。
- 时序控制部件。产生计算机工作中所需的各种时序信号。
- 微操作控制部件。这部分是控制器的主体,用于产生与各条指令相对应的微操作。它根据当前正在执行的指令,在指令的各机器周期的各个节拍内产生相应的微操作控制信号,从而控制整个系统各部件的工作。在计算机中,一条指令的功能是通过按一定顺序执行一系列基本操作完成的,这些基本操作称为微操作,同时执行的一组微操作叫作微指令。例如,一条加法指令就是由以下 4 条微指令解释执行的:取指微指令(包括的微操作有指令送地址总线、从内存取指令送数据总线、指令送指令寄存器和程序计数器加 1)、计算地址微指令、取操作数微指令及加法运算并送结果微指令。

控制器的一般结构如图 2-3 所示。从中可以看出,控制器的核心部件是微操作控制部件。

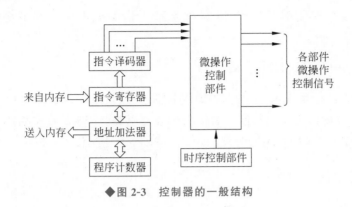

◆图 2-3 控制器的一般结构

2.2　Intel x86-16 微处理器

8088 的内部结构

　　Intel 公司的 16 位微处理器包括最先推出的 8086、随后推出的 80286 以及数据总线为 8 位的 8088[①]。考虑到本书介绍的绝大多数芯片都以 8 位芯片为例，为便于读者理解微处理器的基本原理和设计方法，本节以 8088 为例介绍 16 位微处理器结构。在硬件结构上，8088 的外部数据总线宽度为 8 位，而 8086 的数据总线宽度为 16 位。因此，数据总线宽度就是二者最主要的区别。在没有特别说明时，本节介绍的内容对两者均适用。

　　在开始具体介绍 8088 微处理器之前，先总结一下 x86 微处理器的主要特点[②]：

　　(1) 实现了指令预取。x86 的 16 位微处理器内部使用了 4 字节或 6 字节的指令预取队列(指令高速缓冲存储器)，在指令执行前就可预先取出几条指令排队，从而减少了微处理器读取指令的时间。2.2.2 节中将对此做进一步介绍。

　　(2) 实现了内存的分段管理。作为 16 位体系结构的微处理器，其内部寄存器只能存放 16 位二进制数，内部的总线同时也只能传送 16 位二进制数。16 位二进制数最多只有 $2^{16}=$ 64K[③] 种组合。如果用二进制码表示地址，只能产生 64K 个地址，即最多能够管理 64K 个内存单元。

　　内存容量对计算机性能有非常重要的影响，为了尽可能提高微处理器寻址内存的能力，从 8086/8088 开始，对内存采用了分段管理的方法，通过逻辑地址到物理地址的变化，实现对远大于 64K 个内存单元的管理。有关内容将在 2.2.4 节详细介绍。

　　(3) 支持多处理器。8086/8088 具有最小和最大两种工作模式，可通过模式选择引脚 (MN/$\overline{\text{MX}}$) 进行选择。最小模式是开销较小的工作方式，所有控制信号由微处理器直接产生，且构成的系统不能进行 DMA 传送。最大模式用于系统中有协处理器的情况，由总线控制器提供所有总线控制信号和命令信号。

---

　　① Intel 公司在 8086/8088 之后还推出了 80186/80188 微处理器，它们分别对应 8086 和 8088，内部结构基本一致。但这两种型号的微处理器主要用于嵌入式控制器，而不用于基于微处理器的计算机。

　　② 除不再有最大模式之外，80286 等其他型号的 16 位微处理器具有与 8086/8088 基本相同的特点。

　　③ 为叙述简洁，用 K 表示 1024(2^{10})。64K 即 65 536。

2.2.6 节将进一步介绍有关 8088 微处理器工作于最大模式和最小模式时的系统结构。

◇2.2.1 8088 的引脚定义

8088 的主要引线

8088 和 8086 都是具有 40 个引脚的集成电路芯片,采用双列直插式封装。图 2-4 给出了 8088 的引脚,8086 与之基本相同。为了减少芯片引脚,8088 的许多引脚具有双重功能,采用分时复用方式工作,即在不同时刻,这些引脚上的信号含义并不相同。

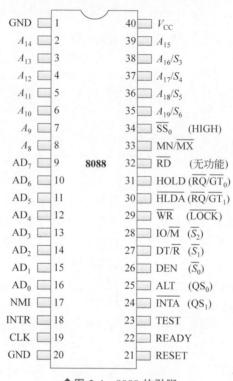

◆图 2-4 8088 的引脚

8088 的最大和最小两种工作模式可以通过在 $MN/\overline{MX}$ 输入引脚加上不同的电平进行选择。当 $MN/\overline{MX}$ 引脚加 +5V 电平(=1)时,8088 工作在最小模式;当 $MN/\overline{MX}=0$ 时,8088 工作在最大模式。在最大模式下,系统中除了 8088 之外,还可以接入另外的处理器(如 8087 数学协处理器)。在图 2-4 中,括号内的引脚信号用于最大模式。

> 以下对引脚信号的解释中,可能会涉及一些需要在后续章节才会介绍的知识,如中断等。对这些概念,如果目前难以理解,可以先略过。随着后续内容的展开,它们会逐步变得清晰。
>
> 为了书写上的便利,习惯上可以用左侧加 # 代替上画线表示信号为低电平有效。例如,#WR 相当于 $\overline{WR}$,表示 WR 信号低电平有效。本书对所有芯片中低电平有效的信号统一采用上画线表示。

1. 最小模式下的主要引脚

在最小模式下,8088 的引脚定义如下[①]:

- $A_{16} \sim A_{19}/S_3 \sim S_6$:地址/状态复用引脚,三态输出。在 8088 执行指令过程中,某一时刻从这 4 个引脚上送出地址的最高 4 位 $A_{16} \sim A_{19}$。而在另外的时刻,这 4 个引脚送出状态信号 $S_3 \sim S_6$。这些状态信息里,S_6 恒等于 0,S_5 指示中断允许标志位(IF)的状态,S_4、S_3 的组合指示微处理器当前正在使用的段寄存器,其编码参见表 2-1。

表 2-1 段寄存器状态线 S_4、S_3 的组合

S_4	S_3	当前正在使用的段寄存器
0	0	ES
0	1	SS
1	0	CS 或未使用任何段寄存器
1	1	DS

- $A_8 \sim A_{15}$:中间 8 位地址引脚,三态输出。微处理器寻址内存或接口时,从这些引脚送出地址 $A_8 \sim A_{15}$。
- $AD_0 \sim AD_7$:地址/数据分时复用的双向引脚。三态。当 ALE=1 时,这些引脚上传输的是地址信号;当 $\overline{DEN}=0$ 时,这些引脚上传输的是数据信号。
- $IO/\overline{M}$:输入输出/存储器控制引脚,三态。用来区分当前操作是访问内存还是访问 I/O 端口。若此引脚输出为低电平,是访问内存;若输出为高电平,则是访问 I/O 端口。
- $\overline{WR}$:写允许引脚,三态输出。此引脚输出为低电平时,表示微处理器正在对内存或 I/O 端口进行写操作。
- $DT/\overline{R}$:数据传送方向控制引脚,三态。用于确定数据传送的方向。高电平时,微处理器向内存或 I/O 端口发送数据;低电平时,微处理器从内存或 I/O 端口接收数据。此引脚用于控制总线收发器 8286/8287 的传送方向。
- $\overline{DEN}$:数据允许引脚,三态。该引脚信号有效时,表示数据总线上具有有效数据。它在每次访问内存或 I/O 端口以及在中断响应期间有效,常用作数据总线驱动器的片选信号。
- ALE:地址锁存引脚,三态输出,高电平有效。当它为高电平时,表明微处理器地址线上有有效地址。因此,它常作为锁存控制信号将 $A_0 \sim A_{19}$ 锁存到地址锁存器。
- $\overline{RD}$:读选通引脚,三态输出。低电平有效。当其有效时,表示微处理器正在对内存或 I/O 端口进行读操作。
- READY:外部同步控制输入引脚,高电平有效。它是由被访问的内存或 I/O 设备发出的响应信号,当其有效时,表示内存或 I/O 设备已准备好,微处理器可以进行数

[①] 8088 和 8086 都具有 20 位地址信号,但数据信号宽度不同。8088 数据信号宽度只有 8 位,8086 为 16 位($AD_0 \sim AD_{15}$),均与地址信号分时复用。这也是 8086 和 8088 在引脚上最主要的区别。

据传送。若内存或 I/O 设备没有准备好,则 READY 信号为低电平。微处理器在 T_3 周期采样 READY 信号,若其为低,微处理器自动插入等待周期 T_w(一个或多个),直到 READY 变为高电平后,微处理器才脱离等待状态,完成数据传送过程。

- INTR:可屏蔽中断请求输入引脚,高电平有效。微处理器在每条指令的最后一个周期采样该信号,以决定是否进入中断响应周期。此引脚上的中断请求信号可用软件屏蔽。
- TEST:测试信号输入引脚,低电平有效。当微处理器执行 WAIT 指令时,每隔 5 个时钟周期对此引脚进行一次测试。若为高电平,微处理器处于空转状态进行等待;当该引脚变为低电平时,微处理器结束等待状态,继续执行下一条指令。
- NMI:非屏蔽中断请求输入引脚,上升沿触发。此引脚上的中断请求信号不能用软件屏蔽,微处理器在当前指令执行结束后就进入中断过程。
- RESET:系统复位输入引脚,高电平有效。为使微处理器完成内部复位过程,该信号至少要在 4 个时钟周期内保持有效。复位后微处理器内部寄存器状态如表 2-2 所示。当 RESET 返回低电平时,微处理器将重新启动。

表 2-2 复位后微处理器内部寄存器状态

内部寄存器	状 态	内部寄存器	状 态
CS	FFFFH	IP	0000H
DS	0000H	FLAGS	0000H
SS	0000H	其余寄存器	0000H
ES	0000H	指令队列	空

- $\overline{INTA}$:中断响应信号输出引脚,低电平有效。中断响应信号是微处理器对中断请求信号 INTR 的响应。在响应过程中,微处理器在 $\overline{INTA}$ 引脚连续送出两个负脉冲,用作外部中断源的中断向量码读选通信号。
- HOLD:总线保持请求信号输入引脚,高电平有效。当某一总线主控设备要占用系统总线时,通过此引脚向微处理器提出请求。
- HLDA:总线保持响应信号输出引脚,高电平有效。这是微处理器对 HOLD 请求的响应信号,当微处理器收到有效的 HOLD 信号后,就会对其做出响应:一方面使微处理器的所有三态输出的地址信号、数据信号和相应的控制信号变为高阻状态(浮动状态);同时输出一个有效的 HLDA 信号,表示微处理器现在已放弃对总线的控制。当微处理器检测到 HOLD 信号变低后,就立即使 HLDA 变低,同时恢复对总线的控制。
- SS_0:系统状态信号输出引脚。它与 $IO/\overline{M}$ 和 $DT/\overline{R}$ 信号决定了最小模式下当前总线周期的状态。三者组合表示的微处理器操作见附录 B。
- CLK:时钟信号输入引脚。8088 的标准时钟频率为 4.77MHz。
- V_{CC}:5V 电源输入引脚。
- GND:地线。

2. 最大模式下的主要引脚

当 MN/MX 引脚加上低电平时,8088 工作在最大模式下。此时,除引脚 24~34 外,其他引脚与最小模式完全相同。下面仅说明图 2-4 中括号内的引脚:

- $\overline{S_2}$、$\overline{S_1}$、$\overline{S_0}$:总线周期状态引脚,低电平有效,三态输出。它们连接到总线控制器 8288 的输入端,8288 对它们译码后可以产生系统总线所需的各种控制信号。$\overline{S_2}$、$\overline{S_1}$、$\overline{S_0}$ 的代码组合以及对应的操作见附录 C。
- $\overline{RQ/GT_1}$、$\overline{RQ/GT_0}$:总线请求/总线响应信号引脚。每一个引脚都具有双向功能,既是总线请求输入引脚也是总线响应输出引脚。但是 $\overline{RQ/GT_0}$ 比 $\overline{RQ/GT_1}$ 优先级高。这两个引脚内部都有上拉电阻,所以在不使用时可以悬空。这两个引脚的功能及工作时序与最小模式下的 HOLD 和 HLDA 类似。
- $\overline{LOCK}$:总线封锁信号输出引脚,低电平有效。该信号有效时,微处理器锁定总线,不允许其他的总线控制设备申请使用系统总线。$\overline{LOCK}$ 信号由前缀指令 LOCK 产生,LOCK 指令后面的一条指令执行完后,该信号失效。
- QS_1、QS_0:指令队列状态输出引脚。根据该信号,从外部可以跟踪微处理器内部的指令队列。QS_1、QS_0 的编码见附录 B。
- HIGH:在最大模式下始终为高电平输出。

此外,在最大模式下,$\overline{RD}$ 引脚不再使用。

◇ 2.2.2 8086/8088 的功能结构

8086 与 8088 结构极为相似,都由执行单元(Execution Unit, EU)和总线接口单元(Bus Interface Unit, BIU)两大部分构成。图 2-5 给出了 8088 微处理器的内部结构框图。

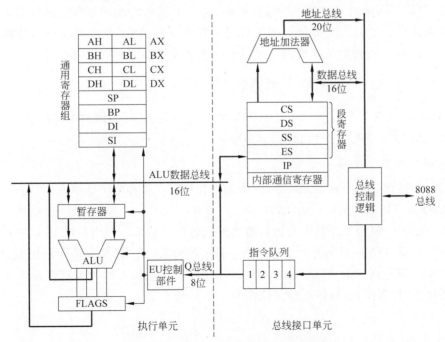

◆ 图 2-5 8088 微处理器内部结构框图

EU 的主要功能是：执行指令，指令译码，暂存中间运算结果并保留结果的特征。它由 ALU、暂存器（通用寄存器）、标志寄存器（FLAGS）和 EU 控制部件组成。EU 在工作时不断地从指令队列取出指令代码，对其译码后产生完成指令所需的控制信息。数据在 ALU 中进行运算，运算结果的特征保留在标志寄存器中。

顾名思义，BIU 的主要功能就是负责通过总线与内存、I/O 端口进行信息传送。它由段寄存器、指令指针寄存器（IP）、指令队列、地址加法器以及总线控制逻辑组成。指令队列的主要功能是实现指令预取。8086 的指令队列长度为 6 字节，8088 的指令队列长度为 4 字节。

当 EU 从指令队列中取走指令，指令队列出现空字节时，BIU 就自动执行一次取指令操作，从内存中取出后续的指令代码放入指令队列中。当 EU 需要数据时，BIU 根据 EU 给出的地址，从指定的内存单元或外设中取出数据供 EU 使用。在运算结束时，BIU 将运算结果送入指定的内存单元或外设。如果指令队列为空，EU 就等待，直到有指令为止。若 BIU 正在取指令，EU 发出访问总线的请求，则必须等 BIU 取指令完毕后，该请求才能得到响应。一般情况下，程序顺序执行，当遇到跳转指令时，BIU 就使指令队列复位，从新地址取出指令，并立即传给 EU 执行。

BIU 读取指令、读取数据、存放结果时都需要首先确定要访问的内存地址。由 2.2.1 节可知，8086/8088 微处理器具有 20 位地址总线，即能够直接产生 $2^{20}=1\text{M}$① 个地址码，意味着能直接寻址 1MB 内存。要使 1MB 内存的每个单元都有唯一地址，地址码的长度需要 20 位。作为 16 位体系结构的微处理器，8086/8088 内部寄存器均为 16 位，无法装载 20 位地址，将 16 位地址变换为 20 位地址的任务就由地址加法器完成，它的作用就是构成寻址内存或 I/O 端口的 20 位地址。其具体工作原理将在 2.2.4 节中描述。

指令队列的存在使 8086/8088 的 EU 和 BIU 能够并行工作，从而减少了微处理器为取指令而等待的时间，提高了微处理器的利用率，加快了整机的运行速度。另外，它也降低了对内存存取速度的要求。但指令队列仅实现了对指令的预取，并没有实现对数据的预取。因此，8086/8088 微处理器与现代微处理器中的流水线技术完全不能同日而语。

8088 内部寄存器

◇2.2.3　8086/8088 的内部寄存器

8086/8088 内部共有 14 个 16 位寄存器，按功能可分为 3 类，即通用寄存器（8 个）、段寄存器（4 个）、控制寄存器（2 个），如图 2-6 所示。

1. 通用寄存器

通用寄存器包括 4 个数据寄存器、两个地址指针寄存器和两个变址寄存器。

1）数据寄存器 AX、BX、CX、DX

数据寄存器一般用于存放参与运算的数据或运算的结果。它们都是 16 位寄存器，但又可将高 8 位和低 8 位分别作为两个独立的 8 位寄存器使用。其高 8 位分别记做 AH、BH、CH、DH，低 8 位分别记做 AL、BL、CL、DL。这种灵活的使用方法给编程带来极大的方便，既可以处理 16 位数据，也可以处理 8 位数据。

---

① 为叙述简洁，用 M 表示 1 048 576（2^{20}）。

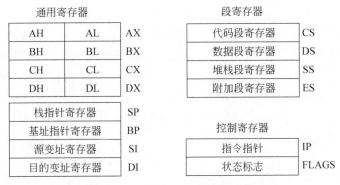

◆图 2-6　8086/8088 内部寄存器

各数据寄存器除了作为通用寄存器使用外,还有各自的习惯用法。
- AX(accumulator):累加器,常用于存放算术逻辑运算中的操作数,另外所有的 I/O 指令都使用累加器与外设接口传送信息。
- BX(base):基址寄存器,常用来存放访问内存时的基地址。
- CX(count):计数寄存器,在循环和串操作指令中用作计数器。
- DX(data):数据寄存器,在寄存器间接寻址的 I/O 指令中存 I/O 端口的地址。

另外,在做双字长乘除法运算时,DX 与 AX 合起来存放一个双字长数(32 位),其中 DX 存放高 16 位,AX 存放低 16 位。

> x86 的 16 位寄存器中,只有数据寄存器 AX、BX、CX、DX 可以分别被分为两个 8 位寄存器,其他 16 位寄存器不能被拆分。拆分后的 8 位寄存器是独立的 8 位寄存器,但在组合成 16 位寄存器时,则成为高 8 位和低 8 位。例如,AH 和 AL 组合成 AX 时,AH 是 AX 的高 8 位,AL 是 AX 的低 8 位。

2) 地址指针寄存器 SP、BP

SP(Stack Pointer)是堆栈指针寄存器。它在堆栈操作中存放栈顶偏移地址,永远指向栈顶。

BP(Base Pointer)是基址指针寄存器。它一般也常用来存放访问内存时的基地址。但与 BX 不同,作为指针的 BP 通常也指向堆栈区域。

作为通用寄存器,SP 和 BP 也可以存放数据。但实际上,它们更常用、更重要的功能是存放内存单元的偏移地址。特别是 SP,在访问堆栈时作为指向栈顶的指针。

> 在 1.1.5 节中曾提及堆和栈的概念。它们既是一种数据结构,也具有动态内存分配的意义。这里所说的堆栈是从内存管理的角度,是内存的中临时划分出的存储区。本书将在第 3 章中结合堆栈操作指令介绍堆栈的结构。

3) 变址寄存器 SI、DI

SI(Source Index)称为源变址寄存器,DI(Destination Index)称为目的变址寄存器,它们常常在变址寻址方式中作为索引指针。

2. 段寄存器

8086/8088 内部设置了 4 个段寄存器：CS、DS、SS 和 ES。它们都是 16 位寄存器，用于在实模式下存储逻辑段的段（基）地址[①]，它们的内容表示内存中某个特定的区域。

- CS(Code Segment)：代码段寄存器。它指向的区域用于存储程序指令代码。
- DS(Data Segment)：数据段寄存器。它指向的区域存放程序操作的数据，属于动态分配的数据区。
- SS(Stack Segment)：堆栈段寄存器。它指向的区域为栈区，属于静态存储区。
- ES(Extra Segment)：附加段寄存器。它指向的内存区域的性质与数据段类似。附件段通常在有串操作时需要使用。

3. 控制寄存器 IP、FLAGS

IP(Instruction Pointer)称为指令指针，用于存放预取指令的偏移地址（其作用等同于程序计数器）。微处理器取指令时总是以 CS 为段基址，以 IP 为段内偏移地址，即微处理器从内存何处读取指令完全依据 CS 和 IP 的值。由冯·诺依曼结构原理（见 1.1.3 节）可知，微处理器每从 IP 指向的单元中读取一条指令，IP 就会自动更新，指向下一条指令。用户程序不能直接访问 IP。对 CS 和 IP 作用的理解，需要结合后续内容的学习。

FLAGS 称为标志寄存器或程序状态字（Program State Word，PSW），也称为硬件现场。用于存储程序运算结果的特征（状态标志）和微处理器状态（控制标志）。虽然 FLAGS 是 16 位寄存器，但只用了其中的 9 位，包括 6 个状态标志位和 3 个控制标志位，如图 2-7 所示。

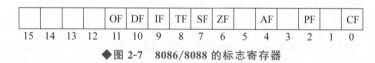

◆图 2-7　8086/8088 的标志寄存器

1) 状态标志位

状态标志位记录了算术和逻辑运算结果的一些特征，如结果是否为 0、是否有进位或借位、结果是否溢出等。不同指令对状态标志位具有不同的影响。

- CF(进位标志位)。当进行加（减）法运算时，若最高位向前有进（借）位，则 CF=1；否则 CF=0。
- PF(奇偶标志位)。当运算结果的低 8 位中 1 的个数为偶数时 PF=1，为奇数时 PF=0。
- AF(辅助进位位)。在加（减）法操作中，B_3 向 B_4 有进（借）位时，AF=1；否则 AF=0。DAA 和 DAS 指令测试这个标志位，以便在 BCD 加法或减法之后调整 AL 中的值。
- ZF(零标志位)。当运算结果为 0 时 ZF=1，否则 ZF=0。
- SF(符号标志位)。当运算结果的最高位为 1 时 SF=1，否则 SF=0。
- OF(溢出标志位)。当算术运算的结果超出了带符号数的范围（即溢出）时 OF=1，否则 OF=0。

[①] 有关实模式下的内存寻址将在 2.2.4 节中详细介绍。

2) 控制标志位

控制标志位用于设置控制条件。控制标志位被设置后，便对其后的操作产生控制作用。

- TF(陷阱标志位)。当 TF＝1 时，激活处理器的调试特性，使微处理器处于单步执行指令的工作方式。每执行一条指令后，自动产生一次单步中断，从而使用户能逐条指令地检查程序。
- IF(中断允许标志位)。IF＝1 使微处理器可以响应可屏蔽中断请求，IF＝0 使微处理器禁止响应可屏蔽中断请求。IF 的状态对不可屏蔽中断及内部中断没有影响。
- DF(方向标志位)。在执行串操作指令时控制操作的方向。DF＝1 时按减地址方式进行，即从高地址开始，每进行一次操作，地址指针自动减 1(或减 2)；DF＝0 时则按增地址方式进行。

◇ **2.2.4 实模式内存寻址**

实模式下的存储器寻址 01

80286 及更高型号的微处理器可以工作于实模式或者保护模式[①]，但 8086/8088 只能工作于实模式。本节将介绍实模式下的内存寻址方式。有关保护模式下的内存管理模式将分别在 2.3 和 2.4 节介绍。

实模式操作方式只允许微处理器寻址内存起始的 1MB 存储空间，即使 Pentium 4、Core 2 这样的现代微处理器，在 32 位操作模式下也是如此。因此，这 1MB 内存称为实模式内存、常规内存或 DOS[②] 内存。实模式操作时允许在 8086/8088 上设计的程序可以不经修改就在 Intel 更高型号的微处理器上运行，这种软件的向上兼容性也是 Intel 系列微处理器不断成功的重要原因之一。

1. 段和偏移

实模式下的存储器寻址 02

在实模式下，内存中每个单元的地址都由**段地址**(segment address)和**偏移地址**(offset address)组成。段地址存放在段寄存器中，用于确定任何一个 64KB 存储段在内存中的位置；偏移地址则由程序指令给出，用于在 64KB 存储段中选择一个单元。

由于 8086/8088 微处理器有 20 位地址线，可以寻址 $1M(2^{20})$ 个内存单元，即 1MB 内存。为确保每个内存单元都能有唯一地址，地址码的长度必须为 20 位。这个 20 位的地址称为内存单元的**物理地址**(physical address)。

在 16 位体系结构的微处理器中，内部寄存器均为 16 位，只能直接产生 $2^{16}=64K$ 个地址编码，即只能直接寻址 64KB 内存[③]。为了达到寻址 1MB 内存的目标，8086/8088 采用了将地址空间分段的方法，即将 1MB 的地址空间分为若干个 64KB 的段，然后用段地址和偏移地址的组合来访问存储单元。组合的过程称为实模式下的内存地址变换，由 BIU 的地址加法器完成。

每个段的第一个单元称为段首，段首的物理地址就称为段首地址。8086/8088 规定，分

---

① 在 Pentium 4 之后的 64 位操作模式中，不存在实模式操作。

② DOS(Disk Operating System，磁盘操作系统)是微软公司开发的在个人计算机上运行的早期操作系统，它要求微处理器工作于实模式。Windows 系统不能用于实模式。由于现代 64 位计算机不存在实模式操作方式，故 8086/8088 设计的应用程序可以在 32 位系统中运行，但不能直接工作于 64 位系统中，只能在虚拟 DOS 环境下运行。

③ 这里的 B 表示字节(Byte)。由于内存按字节组织，每个存储单元都存储一字节数据，故 64K 个存储单元可以表示为 64K 字节，即 64KB。

段总是从 16 字节的边界处开始,因此段首地址的最低 4 位总是 0。如果用十六进制表示,则段首地址均为 xxxx0H[①]。可以看出,这个地址的高 16 位(xxxxH)就是段地址,即段地址是段首地址的高 16 位。这样,每个段的段地址只需用 16 位便可表示,正好符合段寄存器是 16 位寄存器的现实。

由于每个段的长度为 64KB,因此段内每个存储单元与段首之间的距离都不会超过 64KB。将一个段内某存储单元到段首的距离称为偏移地址,也用 16 位二进制数表示。

根据上述特点,BIU 生成内存物理地址的方法就是将段地址左移 4 位(相当于段地址乘以 16),以形成 xxxx0H 的 20 位段首地址,然后与偏移地址相加,如图 2-8 所示。

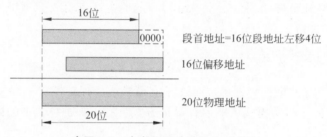

◆图 2-8 内存物理地址的生成方法

可以看出,段首地址是 20 位的地址,即段首的物理地址,其特点是最低 4 位为 0。

偏移地址的含义是段内某个存储单元到段首之间的距离,因此内存中任意存储单元的物理地址就可以由式(2-1)得到:

$$物理地址 = 段首地址 + 偏移地址 = 段地址 \times 16 + 偏移地址 \tag{2-1}$$

段地址和偏移地址又称为**逻辑地址**(logical address),若用十六进制表示,通常写成 xxxxH:yyyyH 的形式,其中 xxxxH 是段地址,yyyyH 是偏移地址(也称为相对地址)。

实模式下的存储器寻址 03

【例 2-1】 已知内存某存储单元的逻辑地址为 1000H:F0B0H。计算该存储单元的物理地址。

题目解析:由已知逻辑地址可知,该存储单元所在内存段的段地址为 1000H,该存储单元的偏移地址为 F0B0H。根据式(2-1),可以由逻辑地址直接得出对应的物理地址。

解:该存储单元的物理地址为

$$1000H \times 16 + F0B0H = 10000H + F0B0H = 1F0B0H$$

2. 段寄存器的使用

Intel 的 16 位微处理器有 4 个段寄存器,用于存放相应内存段的段地址。内存中的信息按照特征类型可分为指令代码、数据、堆栈等。为程序访问和操作方便,内存可以相应地划分为以下几段:

- 代码段。用来存放程序的指令代码。代码段的段地址存放在 CS 寄存器中。
- 数据段及附加段。用来存放数据和运算结果。多数情况下数据存放在数据段,某些指令则要求必须存放在附加段。数据段和附加段的段地址分别存放在 DS 和 ES 寄存器中。

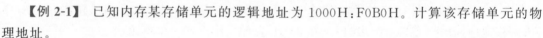

① 这里的每个 x 都表示任意一个 0~F 的十六进制数。本书中的"位"专指二进制位,即一位是一个 0 或 1。

- 堆栈段。用来传递参数以及保存数据和状态信息。堆栈段的段地址由 SS 寄存器给出。

段寄存器给出逻辑段的段地址,而偏移地址则由程序指令以各种不同的方式给出(具体的给出方式将在 3.2 节中介绍)。多数情况下,偏移地址会存放在某个通用寄存器中。Intel 微处理器制订了一套用于访问存储器段的规则,它定义了各种寻址方式中段寄存器和存放偏移地址的寄存器的组合方式。例如,代码段寄存器 CS 总是和指令指针 IP 组合在一起,以确定程序中下一条要读取的指令的地址,这种组合可以表示为 CS:IP。其中,CS 给出代码段的段地址,也就相当于给出了代码段的段首地址;IP 则给出代码段中下一条要读取的指令的偏移地址。

段寄存器和偏移地址寄存器的组合规则如表 2-3 所示。这套规则也适用于保护模式(此时寄存器需扩充为 32 位)。

表 2-3 段寄存器和偏移地址寄存器的组合规则

序号	内存访问类型	默认段寄存器	指定的段寄存器	偏移地址寄存器
1	取指令	CS	无	IP
2	堆栈操作	SS	无	SP
3	串操作中的源串	DS	ES、SS	SI
4	串操作中的目标串	ES	无	DI
5	BP 用作基址寻址	SS	ES、DS	BP
6	一般数据存取	DS	ES、SS	BX/SI/DI(或 16 位常数地址)

根据表 2-3,访问内存时,其段地址可以由默认段寄存器提供,也可以由指定的段寄存器提供。当指令中没有显式地指定使用某个段寄存器时,就由默认段寄存器提供访问内存的段地址。表 2-3 中第 1、2、4 这 3 种内存访问类型只能用默认段寄存器。即,取指令一定要使用 CS,堆栈操作一定要使用 SS,串操作指令的目标串的段地址一定要使用 ES。第 3、5、6 这 3 种内存访问类型则允许在指令中指定其他的段寄存器,这样可很灵活地访问不同的内存段。指定其他的段寄存器通常是以在指令码中增加一字节的前缀来实现,称为段重设(segment reset)或段超越。在实际进行程序设计时,大多数情况下都用默认段寄存器寻址内存。

在用户程序中,DS、ES 和 SS 需要用传送指令进行设置;但 CS 一般由操作系统设置,不允许用户程序随意更改(继续学习就会发现,JMP、CALL、RET、INT 和 IRET 等指令可以改变和影响 CS 的内容)。更改段寄存器的内容意味着内存段的移动,这说明无论代码段、数据段、附加段还是堆栈段都可以用重设段寄存器内容的方法改变内存段在内存中的位置。

上述约定涉及不同的指令,需要在学习完第 3 章的指令系统后才能真正理解,这里暂不讨论。

有时也把一个内存段用指向它的段寄存器的名字表示。例如,如果一个数据段的段地址是由 DS 指明的,这个段就可称为 DS 段;同理,若段地址既在 DS 中又在 ES 中,则该段既可以称为 DS 段又可以称为 ES 段。

段寄存器的设立可以使 16 位微处理器将寻址内存的能力扩大到 1MB,也为信息按特征分段存储带来了方便。

3. 实模式下的内存管理

现代计算机对内存的管理由操作系统负责,内存的存储单元的物理地址由逻辑地址变换得到。程序员使用符号地址,编译器将符号地址转换为逻辑地址,但在程序装入内存时必须将逻辑地址转换为物理地址。这个过程称为内存地址变换。

基于上述示例和描述,以下给出实模式下的内存地址变换(内存寻址)的几点说明,请读者关注:

(1) 已知段地址,就知道了该段的段首地址。因此,段地址就指向了内存中确定的区域。图 2-9 表示了 1MB 实模式内存使用段地址和偏移地址组合成物理地址的寻址机制。

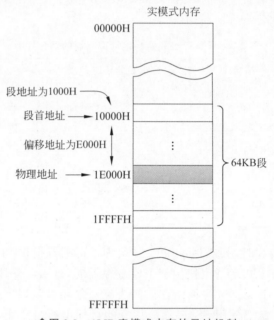

◆图 2-9　1MB 实模式内存的寻址机制

(2) 段地址存放在段寄存器中。程序载入内存时由操作系统负责指定段寄存器的内容,以实现程序的重定位。每个段的段地址都由操作系统将程序装入内存时动态(临时)确定。每个段在程序执行时占用相应的空间,当程序执行结束后,该空间可以被释放。

(3) 每个逻辑地址都唯一对应一个物理地址。源程序中使用的所有地址都是符号地址,例如变量、数组、函数等均用一个字符串名表示。在编译器将源程序编译成目标程序后,符号地址被转换为逻辑地址。操作系统在将程序装入内存时根据重定位原则生成物理地址,因此逻辑地址会唯一对应一个物理地址。反之,同样的内存区域会在不同的时刻被不同的程序使用,因此一个物理地址会对应多个逻辑地址。

例如,在图 2-9 中,物理地址为 1E000H 的存储单元的逻辑地址可以是图 2-9 中所示的 1000H:E000H,此时它属于段地址为 1000H 的段;这个物理地址也可以对应 1E00H:0000H 的逻辑地址,此时它是段地址为 1E00H 的段。以此类推。形成此现象就是因为内存区域有复用性。

(4) 8086/8088 到 80286 微处理器允许一个程序访问 4 个内存段,80386 及以上型号的 32

位微处理器允许访问 6 个内存段[①]。对 16 位处理器，一个内存段的默认空间是 64KB。如果不需要 64KB 空间，则可以减少。减少的方法是使该段与其他段重叠(参见例 2-2 中的图 2-10)。

(5) 因程序在装入内存时只是临时重定位物理地址，因此内存段之间可以重合(复用)、重叠、紧密连接或有间隔。可以把内存段想象为一个窗口，它可以移动，覆盖任何内存区域，以便访问数据或代码。因此也将内存段称为**逻辑段**(logical segment)，它是大小、位置都可以改变的段。一个程序可以有多个逻辑段，但每次最多只能访问 4 个逻辑段(16 位微处理器)或 6 个逻辑段(32 位微处理器)。

分段(段加偏移)寻址带来的好处是允许程序在内存中重定位(浮动)，允许实模式下编写的程序在保护模式下运行。可重定位程序是一个不加修改就可以在任何内存区域中运行的程序。只要在程序中不使用绝对地址访问内存，就可以把程序作为一个整体移到一个新的内存区域。程序载入内存时由操作系统指定段寄存器的内容，以实现程序的重定位。

【例 2-2】 假设某应用程序代码需要 1000HB 的存储空间，数据和堆栈分别需要 200HB 和 190HB 存储空间，不需要附加段。已知：CS = 190FH，DS = 1A0FH，SS = 1A28H。试画出操作系统将该应用程序装入内存时的存储空间分布情况。

题目解析：由段地址就可以得出段首地址，题目已给出各个逻辑段的长度，因此可以给出该应用程序各逻辑段在内存中的空间分布。

解：由题目可得各逻辑段的段首地址：代码段的段首地址为 190F0H，数据段的段首地址为 1A0F0H，堆栈段的段首地址为 1A280H。各段在内存中的存储空间分布示意图如图 2-10 所示。图 2-10 右侧为每个逻辑段的起始地址和实际占用的存储空间。因每个逻辑

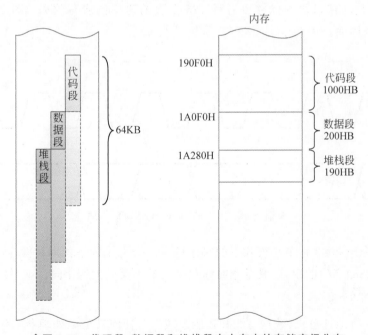

◆ 图 2-10 代码段、数据段和堆栈段在内存中的存储空间分布

[①] Intel 的 32 位微处理器有 6 个段寄存器。

段默认空间为 64KB,而这 3 个逻辑段都不需要 64KB 空间,故这 3 个逻辑段相互重叠。对此从图 2-10 左侧的"侧"视图可以很清楚地看出。其中,用实线框表示各逻辑段实际占用的内存空间,和下面的虚线框一起表示默认的 64KB。

8088 系统总线

◇2.2.5 8086/8088 的总线时序

总线时序表征微处理器各引脚在时间上的工作关系。在选择内存或 I/O 设备与 8086/8088 处理器接口之前,必须了解系统的总线时序。本节主要讨论 8086/8088 基本读写时序。

1. 时钟周期和总线周期

时序可分为两种不同的粒度:时钟周期和总线周期。

微处理器在运行过程中会按照统一的时钟一步步地执行每一个操作,每个时钟脉冲的持续时间就称为一个**时钟周期**(clock cycle)。显然,时钟周期越短,微处理器执行的速度就越快。

在计算机系统中,微处理器与内存或 I/O 接口之间通过总线进行通信,例如将一字节写入内存单元中或者从内存某单元读一字节到微处理器。这种通过总线完成一次读(或写)需要的时间称为一个**总线周期**(bus cycle)。一条指令的执行需要若干个总线周期,一个典型的总线周期包含了 4 个时钟周期($T_1 \sim T_4$)。若处理器以 5MHz 时钟频率工作(8086/8088 微处理器的基本工作频率),则完成一个总线周期需要 800ns,这意味着微处理器在它自己和内存或 I/O 接口之间能够以每秒 125 万次的速率读或写数据。图 2-11 为典型的 8086/8088 总线周期。

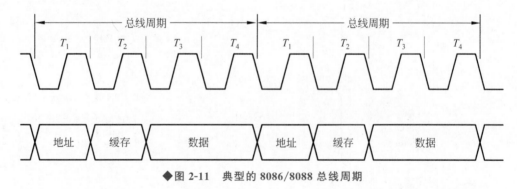

◆图 2-11 典型的 8086/8088 总线周期

下面简要介绍 8088 在最小模式下的时序信号。最大模式下的时序除了有些信号是由总线控制器(8288)产生的以外,其基本时间关系与最小模式大致相同。

2. 基本读写时序

8086/8088 有地址总线、数据总线和控制总线。与任何其他微处理器工作方式相同,若要将数据写入内存,则微处理器首先要将访问的内存地址输出到地址总线上,将待写入的数据输出到数据总线上,然后发出写允许信号。若要将数据从内存中读入微处理器,则同样需要先将内存的地址送到地址总线上,然后发出读允许信号,再将数据输入微处理器。如果微处理器要访问的不是内存而是 I/O 设备,只要设置好 IO/$\overline{\text{M}}$(对 8086 是 $\overline{\text{IO/M}}$)的状态,其余的过程是一样的。

图 2-12 和图 2-13 分别给出 8088 读总线周期和写总线周期的时序。在 T_1 期间,地址信号线 $A_{15} \sim A_8$、地址/状态复用信号线 $A_{19}/S_6 \sim A_{16}/S_3$ 和地址/数据复用信号线 $AD_7 \sim AD_0$ 分别送出地址 $A_{15} \sim A_8$、$A_{19} \sim A_{16}$ 和 $A_7 \sim A_0$,同时送出地址锁存允许信号 ALE。外部电路利用 ALE 将地址信号锁存到地址锁存器,即在锁存器输出端得到完整的 20 位地址信号。在 T_1 期间还会输出 $IO/\overline{M}$、$DT/\overline{R}$ 信号。对 8088,若 $IO/\overline{M}=0$,表示访问内存;$IO/\overline{M}=1$,则访问 I/O 端口。然后,在 T_2 时刻,8088 发出 $\overline{RD}$ 或 $\overline{WR}$ 及 $\overline{DEN}$ 信号,在写操作时,将要写入的数据输出到数据总线上并维持到 T_4。在读总线周期中,微处理器在 T_4 开始时刻读入总线上的数据。

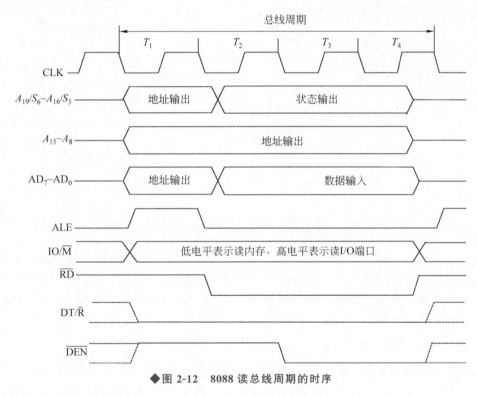

◆图 2-12　8088 读总线周期的时序

在 T_2 结束时,系统会自动采样 READY 信号,若此时 READY 为低电平,说明要访问的部件(内存或 I/O 端口)未准备好,则在 T_3 之后会出现一个等待周期 T_w,以等待内存或 I/O 端口完成读写操作。在 T_w 的开始时刻,CPU 还要检查 READY 状态,若仍为低电平,则再插入一个 T_w。此过程一直进行到某个 T_w 开始时 READY 已经变为高电平,这时下一个时钟周期就是总线周期的最后一个时钟周期 T_4。由此可见,利用 READY 信号,微处理器可以插入若干个 T_w,使总线周期延长,达到可靠访问内存和 I/O 设备的目的。

微处理器的读或写需要在 T_4 开始时刻(或 $\overline{RD}$、$\overline{WR}$ 信号的后沿)进行,这时数据线上的数据已经到达稳定状态,只有这样,利用 READY 插入 T_w 周期才有意义。

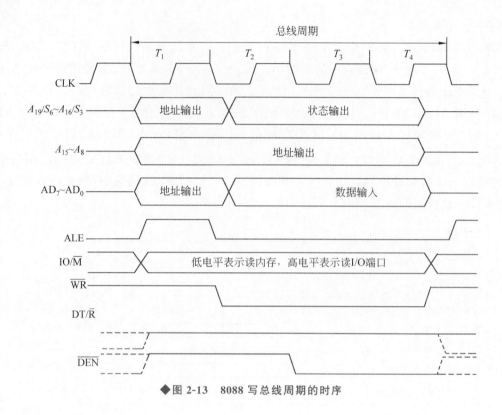

◆图 2-13　8088 写总线周期的时序

◇2.2.6　最大模式与最小模式下的 8088 系统

在 2.2 节中已介绍了 8086/8088 微处理器最大模式与最小模式的特点。当模式选择引脚 MN/$\overline{\text{M}}$ 连接到 +5V 时，选择最小模式；当该引脚接地时，选择最大模式。以这两种工作模式运行的 8086/8088 有不同的控制结构[①]。本节以 8088 微处理器为例，介绍这两种模式下不同的控制结构。

1. 最小模式下的系统结构

在最小模式下，微处理器仅支持由少量设备组成的单处理器系统而不支持多处理器结构。这种模式下的 8088 系统结构如图 2-14 所示。其中，20 位地址信号通过 3 片 8282（或 74LS373）锁存器连接到外部地址总线，8 条双向的数据总线通过一片 8286（或 74LS245）双向总线驱动器连接到外部数据总线。微处理器本身产生全部总线控制信号（ALE、IO/$\overline{\text{M}}$、DT/$\overline{\text{R}}$、$\overline{\text{DEN}}$）和命令输出信号（$\overline{\text{WR}}$、$\overline{\text{RD}}$ 或 $\overline{\text{INTA}}$），并提供请求访问总线的控制信号（HOLD/HLDA），该信号与总线主设备控制器（例如 Intel 8237 和 8257 DMA 控制器）兼容，这样就实现了最小模式下的系统总线。在实际系统中，还应考虑以下两个问题：

（1）系统总线的控制信号是 8088 直接产生的。若 8088 驱动能力不够，可以加上总线驱动器 74LS244 进行驱动。

（2）按此构成的系统总线尚不能进行 DMA[②] 传送，因为未对系统总线形成器件（8282、

---

① 从 80286 开始，Intel 系列微处理器不再采用最大模式。
② DMA 是 Direct Memory Access（直接存储器访问）的缩写，将在 6.3.4 节中介绍。

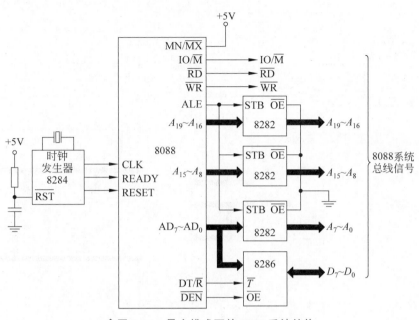

◆图 2-14 最小模式下的 8088 系统结构

8286)做进一步控制。

2. 最大模式下的系统结构

最大模式是多处理器工作模式,用于系统保护外部协处理器的情况。与最小模式不同,最大模式操作时的某些控制信号必须由外部产生,因此就需要增添一个总线控制器(8288 总线控制器)。

图 2-15 为最大模式下的 8088 系统结构。在最大模式下,由总线控制器提供所有总线控制信号和命令信号。微处理器的部分引脚进行了重新定义以支持多处理器工作方式。8288 总线控制器利用微处理器输出的 $\overline{S_2}$、$\overline{S_1}$、$\overline{S_0}$ 状态信号产生总线周期所需的全部控制信号和命令信号。$\overline{S_2}$、$\overline{S_1}$、$\overline{S_0}$ 状态信号的定义可参见附录 B。

在图 2-15 中,8282 和 8286 也可以分别用三态锁存器 74LS373 和三态总线转换器 74LS245 代替。在图 2-15 中同样没有考虑在系统总线上实现 DMA 传送的问题。在进行 DMA 传送时,一定要保证总线形成电路所有输出信号都呈现高阻状态,即放弃对系统总线的控制。

当系统总线形成之后,内存及各种接口就可以直接与系统总线相连接,从而构成所需的微型机系统。鉴于在后面章节中要经常用到 8088 最大模式下的总线信号,希望读者能够掌握以下系统总线信号的作用及它们之间的定时关系:

- 地址信号线:$A_0 \sim A_{19}$。
- 数据信号线:$D_0 \sim D_7$。
- 控制信号线:$\overline{MEMR}$、$\overline{MEMW}$(访问内存储器时的读控制信号和写控制信号); $\overline{IOR}$、$\overline{IOW}$(访问 I/O 端口时的读控制信号和写控制信号)。

在后面的章节中将直接采用系统总线信号叙述问题,不再对信号进行说明。

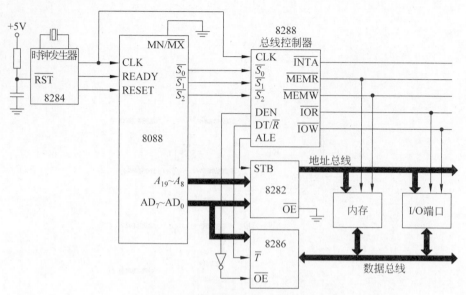

◆图 2-15　最大模式下的 8088 系统结构

2.3　32 位微处理器

1985 年 10 月，Intel 公司推出了与 8086/8088/80286 兼容的 32 位微处理器 80386，标志着微处理器从 16 位时代迈入 32 位时代。

32 位微处理器的典型代表有 80386、80486 以及 Pentium 系列。本节以 80386 为例，描述 32 位微处理器相对于 16 位微处理器的主要技术特点。

◇2.3.1　80386 的主要特性

与上一代 16 位微处理器相比，80386 主要具有以下几个特性：

（1）采用全 32 位结构，其内部寄存器、ALU 和操作是 32 位，数据线和地址线均为 32 位。故能寻址的物理空间为 $2^{32}=4GB$。

（2）提供 32 位外部总线接口，最大数据传输率为 32MB/s，具有自动切换数据总线宽度的功能。微处理器读写数据的宽度可以在 32 位到 16 位之间自由切换。

（3）具有片内集成的内存管理部件（Memory Management Unit，MMU），可支持虚拟内存和特权保护，虚拟内存空间可达 64TB（2^{46} B）。内存按段组织，每段最长 4000MB，因此 64TB 虚拟内存空间允许每个任务可拥有多达 16 384 个段。存储保护机构采用 4 级特权层，可选择片内分页单元。内部具有多任务机构，能快速完成任务的切换。

（4）具有 3 种工作模式：实地址模式、保护虚地址模式和虚拟 8086 模式。实地址模式和虚拟 8086 模式与 8086 相同，已有的 8086/8088 软件不加修改就能在 80386 的这两种模式下运行；保护方式可支持虚拟内存、存储保护和多任务，包括了 80286 的保护虚地址模式功能。

（5）采用了比 8086 更先进的流水线结构，使其能高效、并行地完成取指、译码、执行和内存管理功能。它具有增强的指令预取队列，能预取指令并进行内部指令排队。取指和译码操作均由流水线承担，微处理器执行指令无须等待。其指令队列长度从 8086 的 6 字节增加到 16 字节。

◇2.3.2　80386 的内部结构

80386 内部由 3 部分组成：总线接口部件、中央处理部件和内存管理部件，其内部结构如图 2-16 所示。

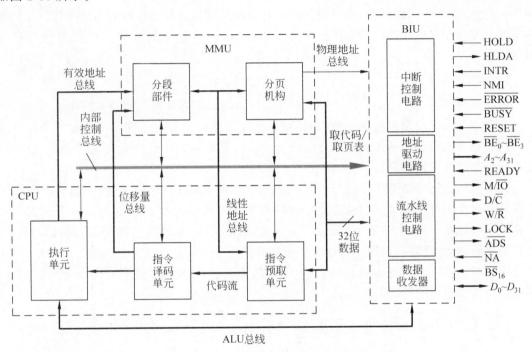

◆图 2-16　80386 微处理器内部结构

1. 总线接口部件

与 8086/8088 中的总线接口部件（BIU）作用相当，80386 的 BIU 同样负责与内存和 I/O 端口的信息交换，主要功能是产生访问内存和 I/O 端口所需的地址、数据和命令信号。由于总线数据传送与总线地址形成可同时进行，所以 80386 的总线周期只用两个时钟周期。平常没有其他总线请求时，BIU 将下一条指令自动送到指令预取队列。

2. 中央处理部件

这里的中央处理部件（CPU）不代表处理器，而是 80386 中的功能模块，包括指令预取单元、指令译码单元和执行单元。

指令预取单元（Instruction Prefetch Unit，IPU）负责从内存中取出指令，放入 16B 的指令预取队列中。它管理一个线性地址指针和一个段预取界限，负责段预取界限的检验，并将预取总线周期通过分页部件发给总线接口。每当指令预取队列不满或发生控制转移时，就向 BIU 发一个取指请求。指令预取的优先级别低于数据传送等总线操作，因此绝大部分情况下是利用总线空闲时间预取指令。指令预取队列存放着从内存中取出的未经译码的指令。

指令译码单元(Instruction Decode Unit, IDU)负责从 IPU 中取出指令,进行译码,形成可执行指令,然后放入已译码指令队列,以备执行单元执行。每当已译码指令队列中有空间时,就从指令预取队列中取出指令并译码。

执行单元(Execution Unit, EU)包括由 8 个 32 位寄存器组成的寄存器组、一个 32 位的算术逻辑单元(ALU)、一个 64 位桶形移位寄存器和一个乘法除法器。桶形移位寄存器用来有效地实现移位、循环移位和位操作,被广泛地用于乘法及其他操作中。它可以在一个时钟周期内实现 64 位同时移位,也可对任何一种数据类型执行任意位数的移位操作。桶形移位寄存器与 ALU 并行操作,可加速乘法操作、除法操作、位操作、移位操作和循环移位操作。

3. 内存管理部件

内存管理部件(Memory Management Unit, MMU)由分段部件和分页机构组成。

分段部件的作用是根据执行单元的请求,把逻辑地址转换成线性地址。在完成地址转换的同时还要执行总线周期的分段合法性检验。该部件可以实现任务之间的隔离,也可以实现指令和数据区的再定位。

分页机构是把分段部件或指令预取单元产生的线性地址转换成物理地址,并检验访问是否与页属性相符。为了加快线性地址到物理地址的转换速度,80386 内设一个页描述符高速缓冲存储器——TLB(Translation Look-ahead Buffer,变换先行缓冲器),可以存储 32 项页描述符,使地址转换期间多数情况下不需要到内存中查页目录表和页表。经检验,TLB 的命中率可达 98%。对于在 TLB 内没有命中的地址转换,80386 设有硬件查表功能,从而缓解了因查表引起的速度下降问题。

◇2.3.3 80386 的主要引脚功能

80386 共有 132 个引脚,使用 PGA(Pin Grid Array,引脚阵列)封装技术。它对外直接提供了独立的 32 位地址总线和 32 位数据总线,能在两个时钟周期内完成 32 位数据传送,在 33MHz 工作频率下,其传送速率为 66MB/s。其主要引脚信号如下:

- CLK_2:两倍时钟输入信号。该信号与 80384 时钟信号同步输入,在 80386 内部二分频后产生指令执行时钟 CLK。每个 CLK 由两个 CLK_2 时钟周期组成,分别称为相 1 和相 2。
- $D_0 \sim D_{31}$:数据总线信号,双向三态。一次可传送 8、16、32 位数据。
- $A_2 \sim A_{31}$:地址总线输出信号,三态。与 $\overline{BE_0} \sim \overline{BE_3}$ 结合可起到 32 位地址作用。
- $\overline{BE_0} \sim \overline{BE_3}$:字节选通输出信号,每条线控制选通一字节,其状态根据内部地址信号 A_0、A_1 产生。$\overline{BE_0} \sim \overline{BE_3}$ 分别对应选通 $D_0 \sim D_7$、$D_8 \sim D_{15}$、$D_{16} \sim D_{23}$ 与 $D_{24} \sim D_{31}$,相当于内存分为 4 个存储体,与 $A_2 \sim A_{31}$ 结合可寻址 $2^{30} \times 2^2 = 4G$ 个内存单元。
- $W/\overline{R}$:读/写控制输出信号。
- $D/\overline{C}$:数据/控制输出信号。表示是数据传送周期还是控制周期。
- $M/\overline{IO}$:内存与 I/O 端口选择输出信号。
- $\overline{LOCK}$:总线锁定输出信号。

- $\overline{\text{ADS}}$：地址状态输出信号，三态。表示总线周期中地址信号有效。
- $\overline{\text{NA}}$：下一地址请求输入信号。允许地址流水线操作，即当前周期发下一总线周期地址的状态信号。
- $\overline{\text{BS}_{16}}$：总线宽度为 16 位的输入信号。
- $\overline{\text{READY}}$：准备就绪输入信号。表示当前总线周期已完成。
- HOLD：总线请求保持输入信号。
- HLDA：总线响应保持输出信号。
- $\overline{\text{BUSY}}$：协处理器忙输入信号。
- $\overline{\text{ERROR}}$：协处理器出错输入信号。
- NMI：不可屏蔽中断请求信号，输入信号。
- INTR：可屏蔽中断请求信号，输入信号。
- RESET：复位信号。

◇ 2.3.4　特定的 80386 寄存器

80386 共有 34 个寄存器，可分为七类，分别是通用寄存器、指令指针、标志寄存器、段寄存器、控制寄存器、系统地址寄存器、调试和测试寄存器。

其中，8 个 32 位的通用寄存器 EAX、EBX、ECX、EDX、ESI、EDI、EBP、ESP 是从 8086/8088 相应的 16 位通用寄存器扩充而来的，每个寄存器的低 16 位可单独使用，与 8086/8088 的通用寄存器作用相同。同时，AX、BX、CX、DX 寄存器的高 8 位和低 8 位也可分别当作 8 位寄存器使用。

以下简要描述后 4 类寄存器，它们是 80386 相对于 16 位微处理器新增的寄存器。

1. 段寄存器

80386 有 6 个 16 位的段寄存器，分别是 CS、DS、SS、ES、FS 和 GS。前 4 个段寄存器在实模式下的使用方式与 8086/8088 相同，增加 FS 与 GS 主要是为了减轻 DS 段和 ES 段的压力。在实模式下，段寄存器中存放逻辑段的段地址，与 8086/8088 相同。当 80386 工作在保护模式下时，段地址和偏移地址均为 32 位，此时的段地址存放在描述符表中，16 位段寄存器的值指向描述符表，用于选择表中的某个描述符（descriptor），该描述符则包含了段地址。因此，保护模式下的段寄存器内容也称为选择子（selector）。

为了描述每个段的性质，80386 内部的每一个段寄存器都对应着一个与之相联系的段描述符寄存器，其格式如图 2-17 所示，它用来描述一个段的段地址、段界限和段的其他属性。每个段描述符寄存器为 64 位，其中，32 位是段地址，另外 32 位为段界限（本段的实际长度）和必要的属性。段描述符寄存器对程序员不可见。程序员通过 6 个段寄存器间接地对段描述符寄存器进行控制。在保护模式（多任务方式）下，6 个 16 位的段寄存器也称为段选择符。

◆ 图 2-17　段描述符寄存器格式

关于 80386 及以上型号的 32 位微处理器的内存寻址方式，将在 2.3.4 节中介绍。

2. 控制寄存器

控制寄存器包括32位的指令指针（EIP）、标志寄存器（EFLAGS）以及4个32位控制寄存器 CR_0、CR_1、CR_2 和 CR_3。其中，EIP 由 8086 的 IP 扩充而来，功能与 IP 相同。

EFLAGS 是一个32位寄存器，但只使用了15位，如图 2-18 所示。在 EFLAGS 中，除保留 8086/8088 的9个标志外，新增加了4个标志，其含义分别如下

- IOPL：I/O 特权级（I/O Privilege Level，位 13、12）。用于指定 I/O 操作处于 0～3 特权级中的哪一级。
- NT：嵌套任务（Nested Task，位 14）。若 NT=1，表示当前执行的任务嵌套于另一任务中，执行完该任务后，要返回原来的任务中；若 NT=0，则表示当前任务不是嵌套任务。
- VM：虚拟 8086 方式（Virtual 8086 Mode，位 17）。若 VM=1，处理器工作于虚拟 8086 方式；若 VM=0，处理器工作于一般的保护方式。
- RF：恢复标志（Resume Flag，位 16）。该标志用于调试。若 RF=0，调试故障被接受；若 RF=1，则遇到断点或调试故障时不产生异常中断。每执行完一条指令，RF 自动置 0。

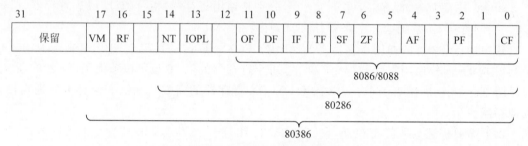

◆图 2-18　80386 的标志寄存器 EFLAGS

除了与 8086/8088 对应的指令指针和标志寄存器外，80386 还有4个控制寄存器 CR_0、CR_1、CR_2 和 CR_3，它们也都是32位寄存器，其作用是保存全局性的机器状态。其中，CR_0 的格式如图 2-19 所示。

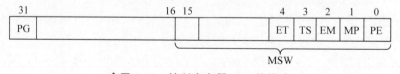

◆图 2-19　控制寄存器 CR_0 的格式

CR_0 的低16位称为机器状态字（Machine Status Word，MSW），其中：

- PE：保护允许位。进入保护虚地址模式时 PE=1。除复位外，该位不能被清除。进入实地址模式时 PE=0。
- MP：监视协处理器位[①]。当协处理器工作时 MP=1，否则 MP=0。

---

① Intel 系列的算术协处理器（coprocessor）80x87 用于和相应型号的微处理器共同工作（例如 80386 对应的协处理器是 80387），主要完成各种整数和浮点数的算术运算。使用 80x87 执行的操作通常比用相应型号的微处理器常用指令集写出的最高效的程序执行同样的操作快许多倍。从 Pentium 系列起，算术协处理器集成到微处理器中。

- EM：仿真协处理器位。当 MP＝0 且 EM＝1 时，表示要用软件仿真协处理器功能。
- TS：任务转换位。当两个任务切换时，使 TS＝1，此时不允许协处理器工作；当两个任务切换完成后，TS＝0。
- ET：协处理器类型位。系统配接 80387 时 ET＝1，配接 80287 时 ET＝0。
- PG：页式管理允许位。PG＝1 表示启用芯片内部的页式管理系统，否则 PG＝0。

CR_1 由 Intel 公司保留。

CR_2 存放引起页故障的线性地址。只有当 CR_0 的 PG＝1 时，才使用 CR_2。

CR_3 存放当前任务的页目录基地址。同样，仅当 CR_0 的 PG＝1 时，才使用 CR_3。

3. 系统地址寄存器

系统地址寄存器有 4 个，用来存储操作系统需要的保护信息和地址转换表信息，定义目前正在执行任务的环境、地址空间和中断向量空间。

（1）GDTR：48 位全局描述符表寄存器，用于保存全局描述符表的 32 位基地址和 16 位界限（全局描述符表最大为 2^{16} B，共 2^{16} B/8B＝8K 个全局描述符）。

（2）IDTR：48 位中断描述符表寄存器，用于保存中断描述符表的 32 位基地址和 16 位界限（中断描述符表最大为 2^{16} B，共 2^{16} B/8B＝8K 个中断描述符）。

（3）LDTR：16 位局部描述符表寄存器，用于保存局部描述符表的选择符。一旦将 16 位的选择符放入 LDTR，CPU 会自动将该选择符指定的局部描述符装入 64 位的局部描述符寄存器中。

（4）TR：16 位任务状态寄存器，用于保存任务状态段（TSS）的 16 位选择符。与 LDTR 相同，一旦将 16 位的选择符放入 TR，CPU 会自动将该选择符指定的任务描述符装入 64 位的任务描述符寄存器中。

LDTR 与 TR 只能在保护虚地址模式下使用，程序只能访问 16 位选择符寄存器。

4. 调试和测试寄存器

80386 设有 8 个 32 位的调试寄存器 $DR_0 \sim DR_7$ 和 8 个 32 位的测试寄存器 $TR_0 \sim TR_7$。调试寄存器为调试提供硬件支持。其中，$DR_0 \sim DR_3$ 是 4 个保存线性断点地址的寄存器；DR_4、DR_5 为备用寄存器；DR_6 为调试状态寄存器，通过该寄存器的内容可以检测异常，并允许或禁止进入异常处理程序；DR_7 为调试控制寄存器，用来规定断点字段的长度、断点访问类型、"允许"状态断点和"允许"状态选择的调试条件。

测试寄存器中的 $TR_0 \sim TR_5$ 由 Intel 公司保留。用户只能访问 TR_6、TR_7，它们用于控制对 TLB 中的 RAM 和 CAM 相联存储器的测试。TR_6 是测试控制寄存器；TR_7 是测试状态寄存器，保存测试结果的状态。

◇2.3.5　80386 的工作模式

80386 可工作于实地址模式或保护虚地址模式。

1. 实地址模式

当 80386 工作于实地址模式时，80386 的所有指令都是有效的，不过操作数默认长度是 16 位。物理地址的形成与 8086/8088 一样，将段寄存器内容左移 4 位与偏移地址相加而得到。寻址空间为 1MB，只有地址线 $A_2 \sim A_{19}$、$\overline{BE_0} \sim \overline{BE_3}$ 为有效状态，$A_{20} \sim A_{31}$ 总是低电平。

唯一的例外是：在复位后，在执行第一条段间转移或调用指令前，所有访问代码段的总线周期的地址线 $A_{20} \sim A_{31}$ 的输出总是高电平，以执行高端内存中的 ROM 引导程序指令。

在实地址模式下，段的大小为 64KB，故此时 32 位有效地址必须小于 0000FFFFH。内存中保留了两个专用的存储区：

- 中断向量表区：00000H～003FFH，在 1KB 存储空间中保留 256 个中断服务程序的入口地址，每个入口地址占用 4 字节，与 8086/8088 一样。
- 系统初始化区：FFFFFFF0H～FFFFFFFFH，存放 ROM 引导程序。

实地址模式下的地址变换如图 2-20 所示。

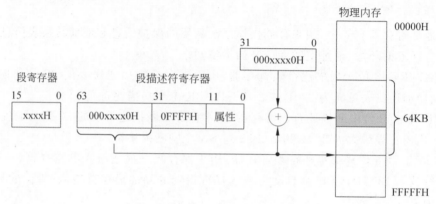

◆图 2-20 实地址模式下的地址变换

2. 保护虚地址模式

在保护虚地址模式下的内存寻址允许访问起始 1MB 及以上的存储空间。当 80386 工作在保护模式下时，能够访问的线性地址空间可达 4GB(2^{32}B)；而在操作系统支持下，该模式允许用户程序访问的虚地址空间可达 64TB(2^{46}B)。虚地址空间由物理内存和磁盘存储器构成。程序可以存放在磁盘存储器上，在执行时由操作系统负责加载到物理内存中。

为了实现加载时将 46 位虚地址变换成 32 位物理地址，80386 提供了复杂的存储管理和硬件辅助的保护机构。另外，在指令集上还增加了支持多任务操作系统的特别优化指令，并确保可直接运行 8086/8088/80286 的所有软件。

在保护虚地址模式下，寻址内存中的数据和程序依然使用段地址和偏移地址。80386 与 8086/8088/80286 主要的区别是：段地址不再由段寄存器直接给出，而是存放在段描述符表中。段寄存器的内容作为段描述符表的索引，用于从表中取出相应的段描述符，包括 32 位的段地址、段界限和属性等。因此，此时段寄存器的内容也被称为选择子，用于选择段描述符表中的一个段描述符。

保护虚地址模式下的地址变换如图 2-21 所示。在保护虚地址模式下，由段寄存器的高 13 位作为选择子，以 CPU 内部预先初始化好的 GDTR 的内容作为段描述符表的基地址，从表中获得相应的段描述符，再将该描述符存入段描述符寄存器。段描述符中的段地址（32 位）同指令给出的 32 位偏移地址相加得到线性地址，再通过分页机构进行变换，最后得到物理地址。如果不分页，线性地址就等于物理地址。

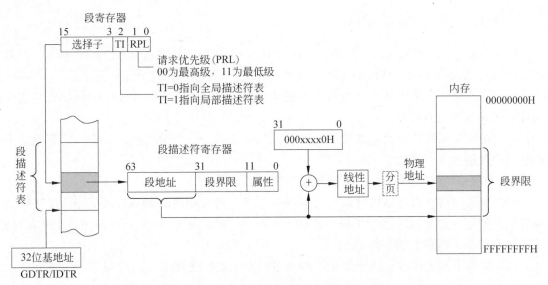

◆图 2-21 保护虚地址模式下的地址变换

　　段寄存器可以指向两个描述符表,即全局描述符表和局部描述符表。全局描述符适用于所有程序的段定义,为系统描述符;局部描述符常用于唯一的应用程序。每个描述符表包含 8192 个描述符,故应用程序最多可以有 16 384 个描述符。因为每个描述符都说明一个逻辑段,这就使每个应用程序最多可以有 16 384 个逻辑段。对 32 位微处理器,一个逻辑段最大可以是 4GB,从而在逻辑上就相当于可以访问 4GB×16 384=64TB 的存储空间。

　　80286 到 Core 2 微处理器的每个描述符均为 8B(即描述符表最大是 64KB)。其中,段地址为 32 位;段界限为 20 位(包含该段的最大偏移地址);还有 12 位定义了段的属性信息,如段的性质、访问权限等。

　　关于 80386 及以上 Intel 微处理器的详细描述,有兴趣的读者可以参阅相关书籍,这里不再详述。

2.4　Pentium 4 和 Core 2 微处理器

　　随着 Intel 公司的 64 位体系结构的 Itanium 系列微处理器的出现,Pentium 系列(包括 Pentium Ⅱ、Pentium Ⅲ、Pentium 4 和 Core 2)微处理器开始从 32 位进入 64 位。
　　Pentium 系列微处理器对 80386 和 80486 微处理器的体系结构进行了改进,例如,增加了多媒体处理部件,优化了高速缓存结构,有了更宽的数据总线和更快的算术协处理器,采用了多级、多流水线的超标量结构,等等,并将内部高速缓存分为数据缓存和指令缓存,数据总线宽度从 32 位增加到 64 位。在主要的程序特性方面,如支持多用户、支持多任务、具有硬件保护功能、支持分段分页虚拟存储等,Pentium 系列微处理器均与 80386 类似。限于篇幅及目前相关资料的公开程度,本节仅简单介绍 Pentium 4 和 Core 2 微处理器的技术特点,其详细原理及相关理论请参阅其他有关书籍。

◇2.4.1 主要技术指标

Pentium 4 的外部有 423 个引脚，采用 0.18μm 工艺制造。它采用的 Intel NetBurst 微体系结构与之前的 IA-32 结构相比具有更高的性能，主要体现在以下几方面：

（1）快速执行引擎使微处理器的算术逻辑单元执行速度达到了内核频率的两倍，从而实现了更高的执行吞吐量。

（2）超长流水线技术使流水线深度比 Pentium Ⅲ 增加了一倍，达到 20 级，显著提高了微处理器性能和执行速度。

（3）创新的新型高速缓存子系统使指令执行更加有效。

（4）增强的动态执行结构可以对更多的指令进行转移预测处理（比 Pentium Ⅲ 处理器多 3 倍），能够有效地避免因发生程序转移使流水线停顿的现象（因为一旦预测不正确，微处理器将不得不重新填充指令队列）。

（5）扩展了多媒体增强指令集和单指令多数据流式扩展技术。新增加了 144 条多媒体处理指令。

（6）提供了 3.2GB/s 的吞吐率，比 Pentium Ⅲ 快 3 倍；4 倍速的 100MHz 可升级的总线时钟频率使有效时钟频率达到 400MHz。实现了深度流水线操作，每次可存取 64B。

> 流水线技术是将一条指令分解为多个步骤，并使各步操作重叠，从而实现多条指令并行处理的技术。从对 8088 微处理器结构的详细描述可知，流水线技术通过预取若干条指令，并在当前指令尚未执行完时提前启动后续指令的另一些操作步骤，实现加速一段程序的运行。在本质上，程序中的指令仍是一条条顺序执行。超流水线技术就是增加流水线级数，以达到在相同时间内执行了更多的机器指令。
>
> 超标量（superscalar）是指在微处理器中有一条以上的流水线，并且每个时钟周期内可以完成一条以上的指令。

◇2.4.2 Intel NetBurst 微体系结构

Intel NetBurst 微体系结构如图 2-22 所示。它包括 3 个主要组成部分：一是有序执行的前端（front end）流水线，二是乱序执行[①]的内核，三是有序执行的指令流卸出部件。

1. 分支预测

分支预测（branch prediction）是解决处理分支指令（if-then-else）导致流水线失败问题的数据处理方法。程序中一般都包含分支指令，据统计，平均每 7 条指令中就有一条是分支指令。在指令流水线结构中，对分支指令相当敏感。假设在 80386 的指令流水线中，第一条指令已进入译码阶段，第二条指令已进入取指阶段（准备进入译码器），如果此时发现第一条指令是分支指令（如跳转到某个地址），则指令预取队列中下一条及下下条等指令预取无效。这时（确切地说，等到第一条指令执行期间形成了分支的目标地址时）需要从目标地址

---

① 乱序执行（out-of-order execution）是指微处理器采用了允许将多条指令不按程序规定的顺序发送给各相应电路单元处理的技术，执行顺序由输入数据的可用性决定，以避免因为获取下一条程序指令而引起的微处理器等待。

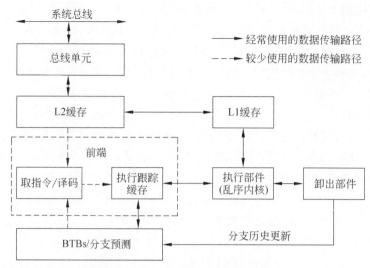

◆ 图 2-22　Intel NetBurst 微体系结构

中现取指令,并交付执行,同时应立即清除指令预取队列,再将目标地址后面的指令预取过来,填到队列中。这会带来很大的时间消耗。为此,在 Pentium 微处理器中使用了分支目标缓冲器(Branch Target Buffer,BTB)来预测分支指令。

BTB 是一个能存若干(通常为 256 或 512)条目的地址的存储部件。当一条分支指令导致程序分支时,BTB 就记下这条指令转向的目标地址,并用这条信息预测这条指令再次引起分支时的路径,从该处预取指令。由于已根据分支转移的地址对指令进行了预取并装入指令缓存中,因此,当出现分支时,转移的目前指令(即下一条要执行的指令)已存在,可以直接读取并执行,这样就可以减少时间消耗。

2. 前端流水线

前端的作用是按照程序原来的顺序为具有极高运行速度并能以 1/2 个时钟周期的延迟执行基本整型运算的乱序执行的内核提供指令。前端执行取指操作并对指令译码,然后把它们分解为简单的微操作。前端能在一个时钟周期内以程序原来的顺序向乱序执行的内核发出多个微操作。

前端完成以下几个基本的功能:
- 预取可能要被执行的指令。
- 取出未被预取的指令。
- 对指令译码,分解成微操作。
- 为复杂指令和特殊指令生成微码。
- 从执行跟踪缓存送出译码后的指令。
- 使用先进的预测算法预测可能的程序分支。

Intel NetBurst 微体系结构的前端在设计时就考虑了一些在高速流水线微处理器中常见的问题。其中对延迟影响最大的问题有两个:一是指令译码时间问题,二是由于分支或分支目标位于缓存流水线的中间而造成的译码时间浪费问题。

为了解决这两个问题,Pentium 4 中取消了 L1 指令缓存[①],而代之以执行跟踪缓存,把已译码的指令保存在执行跟踪缓存中。Intel 公司的设计人员认为,L1 指令缓存中的指令如果要像以前的 P6 结构那样在指令要被执行时才取出进行译码,对某些复杂的 x86 指令会耗费太多的时间,以至拖延整个流水线执行。另外,在循环程序中,一段 x86 指令会被循环地多次执行,这样就使得每当这些指令进入执行路径一次就不得不再进行一次译码。此外,对程序中的分支跳转预测错误时,L1 指令缓存也必须重新填充,这是 L1 指令缓存难以处理的问题。使用了执行跟踪缓存后,当重复执行某些指令时,就可从执行跟踪缓存中取出译码后的指令直接执行,从而节省了这些指令的译码时间,避免了流水线的延迟。最重要的是,当超长流水线执行中出现分支预测错误时,流水线能及时从执行跟踪缓存中快速地重新取得发生错误前已经过译码的指令,从而加速流水线填充过程。执行跟踪缓存每两个时钟周期为流水线提供 6 个微指令,也就是每个时钟周期提供 3 个微指令。执行跟踪缓存的大小为 96KB,Pentium 4 的一条微指令长度约为 64b,所以执行跟踪缓存可容纳约 12 000 条微指令。

前端的执行过程是:首先由译码引擎取出指令并将其译码,然后由微指令序列器(micro instruction sequencer)将其序列化成一系列微操作,称之为轨迹(trace)。这些微操作轨迹被存放在执行跟踪缓存中。一条分支指令要转移到的可能性最大的目标轨迹紧跟在分支指令的轨迹后面,而不管实际的分支指令下面的一条指令是什么。一旦轨迹被建立,就在执行跟踪缓存中查找跟在这个轨迹后面的那条指令。如果该指令是已存在的轨迹中的第一条指令,从内存中取指令并进行译码的操作就会停止,执行跟踪缓存就成为下一条指令的来源。

Intel NetBurst 微体系结构中关键的执行循环见图 2-22。

3. 乱序执行内核

乱序执行能力是并行处理的关键所在。乱序执行使得微处理器能够重新对指令排序,这样,当一个微操作由于等待数据或竞争执行资源而被延迟时,后面的其他微操作仍然可以绕过它继续执行。微处理器拥有若干个缓冲区,用于平滑微操作流。这意味着当流水线的一个部分产生了延迟时,该延迟能够通过其他并行的操作予以弥补,或通过执行已进入缓冲区中的微操作来弥补。

乱序执行内核按并行执行的要求设计。它能在一个周期中发出 6 个微操作,这大大超过执行跟踪缓存和卸出部件执行微操作的速率。大多数流水线能够在每一个周期启动执行一个新的微操作,所以每条流水线能够允许一次通过多条指令。

4. 指令卸出

卸出部件接收乱序执行内核的微操作执行结果并处理它们,以便根据原始的程序顺序更新相应的程序执行状态。为了保证指令的执行在语义上正确,指令的执行结果在卸出前必须按照原始程序的顺序进行提交。

当一个微操作执行完成,并把结果写入目标后,它就被卸出。每一周期被卸出的微操作多达 3 个。微处理器中的重排序缓冲器(Reorder Buffer,ROB)就是实现此功能的部件。它缓冲执行结束的微操作,按原始顺序更新执行状态,管理异常的排序。

---

① L1 缓存也称为 L1 Cache。Cache 是高速缓冲存储器的缩写。L1 Cache 也称为一级缓存。

卸出部件还跟踪分支的执行并把更新后的转移目标送到 BTB 以更新分支历史信息。这样，不再需要的轨迹被清除出执行跟踪缓存，并根据更新后的分支历史信息取出新的分支路径。

◇2.4.3 内部寄存器

Pentium 系列微处理器在 80386 的基础上增加了包括多媒体扩展（MultiMedia eXtension，MMX）寄存器、浮点寄存器等内部寄存器。以下简要介绍 Intel 64 位微处理器中的主要内部寄存器。

1. 基本寄存器

基本寄存器包括 16 个通用寄存器、6 个段寄存器、一个标志寄存器和一个指令指针寄存器。这些寄存器能够以字节、字和双字执行基本的整型算术逻辑运算、控制程序流、进行位和字符串的操作以及访问内存等。

在 64 位模式下，通用寄存器中的 8 个由 32 位模式下的 8 个通用寄存器扩展而来，分别是 RAX、RBX、RCX、RDX、RSI、RDI、RBP 和 RSP。另外，在此基础上又新增了 8 个通用寄存器 $R_8 \sim R_{15}$，它们可以分别按 8 位、16 位、32 位或 64 位寻址。

段寄存器（CS、DS、ES、FS、GS、SS）在 32 位和 64 位模式下没有太大区别，都是 16 位寄存器，用于保存 16 位的段选择子。

指令指针寄存器在 64 位模式下扩展为 64 位的 RIP 寄存器，用于标志当前进程要执行的指令在内存中的地址。

标志寄存器 EFLAGS 在 64 位模式下，其高 32 位并未使用，低 32 位中各位的含义如图 2-23 所示。可以看出，它比 80386 的 EFLAGS 仅增加了 4 位：

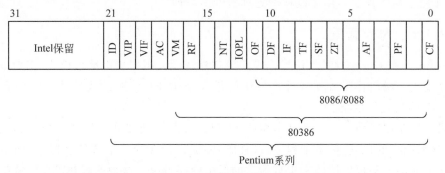

◆图 2-23 Pentium 系列的标志寄存器 EFLAGS

- AC：对齐检查标志。当 AC=1 并且 CR_0 寄存器的 AM=1 时，允许内存对齐检查。
- VIF：虚拟中断标志。它是 IF 标志位的虚拟映像，与 VIP 联合使用。
- VIP：未决虚拟中断标志。VIP=1 时表示有未决的中断，VIP=0 时表示没有未决的中断。
- ID：鉴别标志。如果程序能设置或清除这一位，表示可以使用 CPUID 指令。

2. 64 位模式下的其他寄存器

以下是 64 位模式下的其他寄存器：

- x87 FPU 寄存器。包括 x87 FPU（Float Point Unit，浮点单元）数据寄存器、x87 FPU 控制寄存器、x87 FPU 状态寄存器、x87 FPU 指令指针寄存器、x87 FPU 操作数指针寄存器、x87 FPU 标签寄存器和 x87 FPU 操作码寄存器。这些寄存器用于单精度浮点数、双精度浮点数、扩充的双精度浮点数、字/双字/四字整型数、BCD 数的运算。
- MMX 寄存器。8 个 MMX 寄存器，用于执行单指令流多数据流（SIMD）操作，支持 64 位紧缩的字节、字和双字整数类型。
- XMM 寄存器。8 个 XMM 寄存器和一个 MXCSR 寄存器，支持 128 位紧缩的单精度浮点数、双精度浮点数以及 128 位紧缩的字节、字/双字/四字整型数的 SIMD 操作。
- 堆栈。用于支持过程（子程序）调用和向过程传递参数。
- I/O 端口。
- 控制寄存器。5 个控制寄存器（$CR_0 \sim CR_4$），决定微处理器的操作模式和当前任务的特征。
- 存储管理寄存器。GDTR、IDTR、任务寄存器和 LDTR，指出保护虚地址模式下存储器管理使用的数据结构在内存中的位置。
- 调试寄存器。8 个调试寄存器（$DR_0 \sim DR_7$），用来控制和监视微处理器的调试操作。
- 机器检测寄存器。用于检测和报告硬件错误。
- 存储器类型范围寄存器（MTRR）。用于为物理存储器的范围指定存储器类型。
- 机器相关寄存器（MSR）。这些寄存器用来控制和报告微处理器的性能。它们不能被应用程序所访问（除了时间戳计数器外）。
- 性能监视寄存器。用于监视微处理器性能事件。

◇ **2.4.4 内存管理**

Pentium 4 和 Core 2 在 32 位操作模式下仍然继续支持保护虚地址模式、实地址模式和系统管理模式。任何程序或任务都可以访问最大为 4GB（2^{32} B）的线性地址空间和最大为 64GB（2^{36} B）的物理地址空间。

它们的存储器管理与 80386 基本相同，也包括分段管理和分页管理。分段提供了隔离代码、数据和堆栈的机制，使多个程序（或任务）能够运行在同一个微处理器上，而不会互相干扰。分页提供了实现传统的基于页请求的虚拟内存系统。这种系统在需要时能把程序执行环境的片段映射到物理内存中。分页也能用于多个任务的隔离。当运行在保护虚地址模式时，必须使用某种形式的分段机制。分段机制不能通过状态位被禁止，而分页机制则是可选的。

由图 2-24 可以看出，分段把微处理器的可寻址存储空间（线性地址空间）分成较小的、受保护的地址空间（称为段）。段可用来存放代码和数据、用作堆栈或存放系统数据结构。当多个程序运行在同一个微处理器上时，每一个程序都能够指定自己的段集合。微处理器将限制这些段的界限，以保证一个程序不会把数据写到其他程序的段中，干扰其他程序的运行。分段机制也允许指定段类型，以限制对某些特殊段的操作。

所有段都包含在微处理器的线性地址空间中。为了定位某个段中的一字节，则必须提

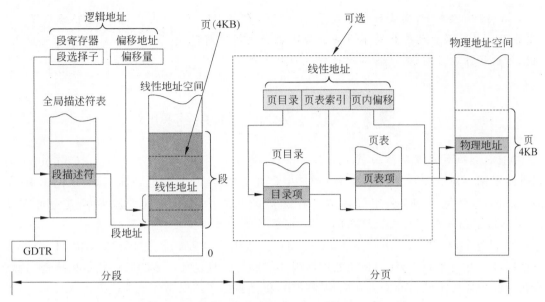

◆ 图 2-24　保护虚地址模式下内存管理中的分段和分页

供该字节的逻辑地址（又称远指针）。正如前面所述，逻辑地址是由段选择子和偏移量两部分构成的。段选择子是段的唯一标识。它提供了访问段描述符表（如 GDT）的偏移地址（或索引）。段描述符表中存放的是称为段描述符的数据结构。每一个段都有一个段描述符，段描述符定义了段的大小、访问权限和特权级、段的类型以及该段第一字节在线性地址空间中的位置（称为段地址）。逻辑地址中的偏移量与段地址相加，就可以定位段中的任意字节。段地址加偏移量得到的值称为线性地址。若未使用分页机制，微处理器的线性地址空间直接映射为物理地址空间。物理地址空间定义为微处理器在它的地址总线上能产生的地址范围。

由于多任务系统通常定义了一个比其拥有的物理内存大得多的地址空间，这就需要有一个将线性地址空间虚拟化的方法。线性地址空间虚拟化通过分页机制实现。

分页支持虚拟内存环境，在这种环境中，用一个小容量的物理内存（RAM 和 ROM）和一些磁盘空间模拟一个非常大的线性地址空间。当使用分页机制时，每一个段都分为多个页（页面大小通常为 4KB），页可以被存储在内存中或磁盘中。操作系统负责维护页目录和一个页表集合，以跟踪页的使用。当一个程序（或任务）要访问线性地址空间中的一个地址位置时，微处理器使用页目录和页表把线性地址转换为内存的物理地址，然后即可执行请求的动作（读或写）。如果要访问的页不在物理内存中，微处理器就会暂时中断该程序的执行（通过产生一个页错误异常），由操作系统把所需的页从磁盘读入物理内存中，然后接着执行由于页错误而被中断的程序。在物理内存和磁盘之间的页交换对应用程序来说是透明的。当微处理器运行在虚拟 8086 模式时，为 16 位微处理器编写的程序也可以被分页。

由于采用了 $0.13\mu m$ 和 45nm 工艺技术，Pentium 4 和 Core 2 微处理器相对于 Pentium Ⅲ 有更高的工作时钟频率。事实上，随着集成电路技术的发展，微处理器在不断更新换代，但其内核结构和基本原理并没有太大的变化。

> 在 64 位模式下,描述符表寄存器(GDTR、LDTR、IDTR)中用 64 位段地址替代了 32 位的段地址。最大的变化是不再关注段地址和段描述符限制。分页也作了修改,包括支持 64 位线性地址到 52 位物理地址转换的分页单元。

2.5 ARM 处理器体系结构

ARM 系列处理器是英国 Acorn Computer 公司的产品。1985 年,Acorn Computer 公司研发了第一片 32 位、工作频率为 6MHz、采用 RISC 指令集的处理器,称为 Acorn RISC Machines,这就是 ARM 名字的由来。在随后的几年中,ARM 处理器发展成为可支持 Acorn Computer 公司台式计算机的产品,形成英国的计算机教育基础。

20 世纪 90 年代,Acorn Computer 公司正式改组为 ARM 计算机公司。由于优秀的体系结构设计和技术特点,使 ARM 处理器很快能够与一些复杂得多的微处理器相抗衡,特别是在对低功耗要求较高的嵌入式应用领域中,更是占据了绝对领先的地位。

与一般公司不同,ARM 公司只采用 IP(Intellectual Property,知识产权)授权的方式允许半导体公司生产基于 ARM 处理器的产品,即提供基于 ARM 处理器内核的系统芯片解决方案和技术授权,但它并不提供具体的芯片。也就是说,ARM 公司只提供包括运算单元、控制单元等在内的处理器内核,被授权方则在此基础上增加存储器、I/O 端口等外围部件,形成完整的处理器片上系统。

ARM 在嵌入式领域获得了极大成功,目前为止还没有任何商业化的 IP 核交易和使用能与其比肩。世界上几乎所有主要的半导体厂商都购买了 ARM 的 ISA(Instruction Set Architecture,指令集架构)许可。

◇2.5.1 ARM 技术概述

ARM 简介

ARM 处理器最早的架构称为 V1 架构,但它只在原型机中出现过,没有用于商业产品。ARM 在成为独立公司后设计的第一款微处理器是采用 V3 架构的 ARM6。它作为 IP 核和独立的微处理器,具有片上高速缓存、MMU、高速缓冲和处理器内核。目前已废弃的 V3 架构对 ARM 体系结构做了较大的改动。将寻址空间从以前的 26 位增至 32 位(4GB),增加了保存程序状态寄存器(Saved Program Status Register,SPSR)[①],在指令功能上也得到增强。

V4 架构得到较为广泛的使用,ARM7、ARM8、ARM9 和 StrongARM 都采用了该架构。事实上,在 ARM 技术的发展历程中,从 ARM7 开始,ARM 才真正被普遍认可和广泛使用。

ARM7 处理器采用冯·诺依曼体系结构。由 1.1.3 节已知,冯·诺依曼结构的特点之一是将指令和数据合并存储在一起,即程序和数据共用一个存储空间,采用单一的地址及数

---

① SPSR 用于保存当前程序状态寄存器(Current Program Status Register,CPSR)的状态,以便从异常处理返回后恢复异常发生时的工作状态。它的主要功能包括:保存 ALU 中的当前操作信息,控制中断允许和禁止,设置微处理器的运行模式。

据总线。微处理器在执行指令时，必须先从存储器中取出指令进行译码，再从存储器中取出操作数执行运算。

总体上，ARM7 具有 3 级流水、空间统一的指令与数据高速缓存、平均功耗为 0.6mW/MHz、时钟速度为 66MHz、每条指令平均执行 1.9 个时钟周期等特性。其中的 ARM710、ARM720 和 ARM740 为内带高速缓存的 ARM 核。该产品的典型用途是数字蜂窝电话和硬盘驱动器等。

ARM9 处理器采用哈佛结构。这是一种将程序指令和数据分开存储的体系结构，其主要特点是程序和数据存储在不同的存储空间中，形成两个相互独立的存储器，每个存储器独立编址、独立访问。这是一种并行体系结构，设置了 4 个总线，即分别为程序存储器和数据存储器设置了相应的数据总线和地址总线。这种分离的总线结构可允许在一个机器周期内同时获取指令码和操作数，从而提高了执行速度。同时，由于程序和数据存储在两个分开的物理空间中，使取指令和执行指令能完全重叠。

ARM9 采用 5 级流水处理及分离的高速缓存结构，平均功耗为 0.7mW/MHz，时钟频率为 120～200MHz，每条指令平均执行 1.5 个时钟周期。

采用 V5 架构的典型型号是 ARM10 和 Xscale。ARM10E 处理器采用指令与数据分离的高速缓存结构，有 6 级流水线，在单一处理器内核中提供了微控制器、DSP 和 Java 应用系统的解决方案，极大减小了芯片的面积，降低了系统的复杂程度。ARM10E 处理器能够支持多种商用操作系统，适用于高性能移动网络设备和数字式消费类应用。

ARM 公司在 2001 年发布了 V6 架构，并在 2002 年春季发布的 ARM11 处理器中首先使用了这种架构。V6 架构在降低耗电量的同时，还增强了图形处理性能。通过追加有效进行多媒体处理的 SIMD 功能，将语音及图像的处理功能提高到了原型机的 4 倍。

ARM 公司在经典处理器 ARM11 以后的产品改用 Cortex 命名，并分成 A、R 和 M 3 类。ARM Cortex 系列提供了非常广泛的具有可扩展性的性能选项，设计人员有机会在多种选项中选择最适合自身应用的内核，而非千篇一律地采用同一方案。

Cortex-A 系列适用于面向性能密集型系统的应用处理器内核，它为利用操作系统（例如 Linux 或者 Android）的设备提供了一系列解决方案，这些设备被用于各类应用，从低成本手持设备到智能手机、平板电脑、机顶盒以及企业网络设备等。早期的 Cortex-A 系列处理器基于 ARMv7-A 架构，每种内核都共享相同的功能集，例如 NEON 媒体处理引擎[1]、单精度和双精度浮点支持以及对多种指令集（ARM、Thumb-2、Thumb、Jazelle 和 DSP）的支持等。2012 年，ARM 公司推出了新款的 ARMv8 架构的 ARM Cortex-A50 处理器系列产品，进一步扩大了 ARM 公司在高性能与低功耗领域的领先地位。该系列率先推出的 Cortex-A53、Cortex-A57 处理器以及最新的节能型 64 位处理技术是已有的 32 位处理技术的扩展升级。该处理器系列的可扩展性使 ARM 公司的合作伙伴能够针对智能手机、高性能服务器等各类不同市场需求开发系统级芯片。

Cortex-R 系列是 ARM 公司产品中体积最小的处理器，它主要针对高性能实时应用，例如硬盘控制器（或固态硬盘驱动控制器）、企业中的网络设备和打印机、消费电子设备（如

---

[1] ARM NEON 技术是一种适用于 ARM Cortex-A 系列处理器的 128 位 SIMD 架构扩展，旨在为消费型多媒体应用程序提供灵活、强大的加速功能。

蓝光播放器和媒体播放器等）以及汽车应用（如安全气囊、制动系统和发动机管理系统）。Cortex-R系列在某些方面与高端微控制器类似，但是，它针对的是比通常使用标准微控制器的系统还要大的系统。例如，Cortex-R4非常适合汽车应用，其主频可以高达600MHz，配有8级流水线，具有双发送、预取和分支预测功能以及低延迟中断系统，可以中断多周期操作而快速进入中断服务程序。两个Cortex-R4处理器还可以构成双内核配置，组成带有失效检测逻辑的冗余锁步（lock-step）配置，从而非常适合安全攸关系统（safety-critical system）。

Cortex-M是面向各类嵌入式应用的微控制器内核，是特别针对竞争激烈的微控制器市场设计的。Cortex-M系列基于ARMv7-M架构（用于Cortex-M3和Cortex-M4）构建。首款Cortex-M处理器于2004年发布，可以肯定地说，Cortex-M之于32位微控制器就如同Intel 8051之于8位微控制器，是受到众多供应商支持的工业标准内核。例如，Cortex-M系列能够在FPGA中作为软核使用，更常见的用法是作为集成了存储器、时钟和外设的微控制器。

2011年，ARM公司发布了新一代ARMv8处理器架构，并从2013年起陆续发布了一系列ARMv8架构的标准文档，详尽定义了新一代ARM处理器的架构。这是ARM公司的首款支持64位指令集的处理器架构，同时向下兼容ARMv7架构的32位指令集，并保留了包括TrustZone技术[①]、虚拟化技术、增强的SIMD技术等ARMv7的所有特征。国产的鲲鹏处理器、飞腾处理器均基于ARMv8架构。

ARMv8处理器运行模式包括64位和32位执行状态，可分别支持64位和32位指令集，并支持多级执行权限[②]。

> ARM处理器是通过IP核授权模型生产的，各代ARM处理器并不具有良好的继承性和兼容性。为此，本书对各代ARM处理器的特性和性能参数不再详述。在实际应用时，读者可根据使用的具体型号处理器，参阅相关技术书籍。

◇2.5.2 RISC体系结构

ARM处理器是基于精简指令集计算机（RISC）体系结构的计算机系统。RISC的概念对ARM处理器的设计有着重大影响，最成功的，也是第一个商业化的RISC体系结构的处理器实例就是ARM，它是当前使用最广、最为成功的基于RISC体系结构的处理器。学习ARM，首先需要了解RISC。

在1980年以前，计算机设计的主要趋势是增加指令集的复杂度，许多典型计算机的指令系统都非常庞大，指令功能也相当复杂。采用这种指令集的微处理器称为CISC体系结构处理器，例如x86系列微处理器。

1. CISC体系结构

CISC指令集的主要设计目标是增强指令的功能，将一些原来用软件实现的常用功能改

---

① TrustZone是ARM公司提出的一种安全架构，以使设备能够抵御一些特定的危险。

② 不同的程序具有不同的系统资源访问权限。操作系统内核比应用程序具有更高的系统资源访问权限，应用程序修改系统配置常受到一定限制。ARMv8的执行权限等级标识为$EL_0 \sim EL_3$，EL_0为最低等级。

用硬件的指令系统实现。例如,对科学计算中经常需要处理的各种函数,通过设置一些函数运算指令,可以用一条指令代替软件子程序完成函数计算。

长期以来,计算机性能的提高往往是通过增加硬件的复杂性实现的。随着超大规模集成电路(Very Large Scale Integration circuit,VLSI)技术的发展,计算机硬件成本不断下降,而软件成本不断上升。为了方便软件编程和提高程序的运行速度,硬件工程师采用的办法是不断增加可实现复杂功能的指令和多种灵活的编址方式,使整个指令集在功能上有了以下改进:

(1) 在指令集中增加更多的指令和功能更强的复杂指令。将使用频度高的指令串用一条新的指令取代,利用硬件加快高频度使用指令的执行速度,由此缩短程序长度和执行时间。

(2) 增强对高级语言和编译程序提供支持的指令的功能。这样可以减少编译时间,缩短目标程序的长度,进一步降低软件成本。

(3) 尽可能缩小机器语言与高级语言的差距。众所周知,编译程序的作用是将高级语言语句翻译成机器指令序列。若能使机器指令与高级语言语句相似,编译程序的任务就会简单得多[①]。这样走到极端,就是将高级语言与机器语言合二为一,构成所谓的高级语言计算机。

(4) 增加对操作系统支持的指令,实现对操作系统的优化。部分支持操作系统的指令属于特权指令,对一般用户不公开。在这类指令中,有些指令的使用频度并不高,但如果没有它们的支持,操作系统将很难实现。这类指令的例子是处理机转换、进程切换等方面使用的指令。

CISC处理的是不等长指令集,必须对不等长指令进行分割,因此在执行单一指令的时候需要进行较多的处理工作,致使执行速度无法提高。同时,随着存储器技术的发展,在CISC处理器中大量使用的微程序技术优势不再明显,用简单指令组成的子程序并不比用微程序实现的一条复杂指令需要的运行时间长。

CISC体系结构通过增强指令系统功能简化了目标程序设计,增加了硬件的复杂度。但由于指令复杂了,执行的时间就会变长,从而增加整个程序的执行时间。因此,CISC处理器降低了编程的复杂性,但不意味着一定能缩短程序的执行时间。

当然,CISC也有许多优点,如指令经编译后生成的程序较小、存取指令的次数少、占用较少存储空间等。目前在个人计算机领域占主导地位的Intel微处理器使用的是CISC指令集。因此,从软件角度看,CISC依然拥有大量的应用程序,包括人们熟识的Windows操作系统。

2. RISC体系结构

1979年,美国加州大学伯克利分校开始了对CISC指令系统合理性问题的研究,归纳出CISC指令系统存在的以下3个问题:

(1) "80/20规律"。通过对CISC体系结构计算机上运行的程序的大量跟踪统计发现,CISC指令系统虽然指令集庞大,但仅有20%的简单指令(如数据读取、运算、转移等)占处

---

① 第4章介绍的汇编语言语句与机器语言语句一一对应,所以汇编语言的编译程序相对于各种高级语言的编译程序简单很多。

理器动态执行时间的 80%，而 80% 付出较大硬件代价的复杂指令仅占处理器动态执行时间的 20%。

（2）CISC 指令集中有大量复杂指令，控制逻辑极不规整，给 VLSIC 工艺造成很大困难。

（3）CISC 指令集中增加了许多复杂指令，这些指令虽然简化了目标程序，缩小了高级语言与机器语言之间的差距，但是使程序总的执行时间变长，硬件的复杂度增加。

基于这些研究结论，人们又提出了精简指令集计算机(RISC)。它的核心思想是通过简化指令使计算机的结构更加简单、合理，从而提高 CPU 的运算速度。卡内基梅隆大学的研究人员对 RISC 的特点给出了一个较为明确的描述：

（1）大多数指令在一个计算机周期内完成。计算机周期是指由寄存器取两个操作数，完成一次算术逻辑运算操作，再将运算结果写入寄存器所需的时间。

（2）指令格式和长度固定，且指令种类很少，功能简单，寻址方式少而简单[①]。指令集中的大多数指令只执行一个简单而且基本的功能。对复杂的功能，可通过软件编程的方法解决。指令译码控制器采用硬布线逻辑，这样便于流水线的实现，进而获得较高的性能。

（3）RISC 指令系统强调对称、均匀、简单，使程序的编译效率更高，从而也加快了程序的处理速度。

（4）尽量利用寄存器实现操作。因访问内存需要的时间比较长，故应尽量减少访问内存的指令。只有 Load/Store 结构的存取指令访问内存，数据处理指令只访问寄存器。

RISC 体系结构的这些特点简化了处理器设计，在体系结构的 VLSI 实现时更有利于性能增强。一个 RISC 指令系统可以只有一条或两条加法指令，而 CISC 体系结构的 Pentium 微处理器仅加法指令就有 4 条。

虽然 RISC 指令功能简单，复杂功能需要用软件编程实现，但经过技术测试比较，处于同样工艺水平的芯片，RISC 的运算速度要比 CISC 快 3～5 倍。

RISC 的出现，证明了使用相对较少的晶体管可以设计出极快的处理器。1980 年以来，所有新的处理器体系结构都或多或少地采用了 RISC 的概念。1986 年，IBM 公司正式推出了采用 RISC 体系结构的工作站——IBM RT PC，并采用了新的虚拟内存技术，主要用于完成 CAE、CAD、CAM 等方面的任务。除此之外，IBM 公司的 PowerPC、Intel 公司的 80860 和 SUN 公司的部分产品等也都采用了 RISC 体系结构。另外，典型 CISC 体系结构的 Pentium 系列微处理器中也部分采用了 RISC 的设计思想。而 RISC 在嵌入式领域最成功的应用实例就是 ARM。

◇**2.5.3　ARM 的组织结构**

在 ARM 的发展历程中，其内部组织结构主要有两次大的变化。1990—1995 年开发的 ARM6、ARM7 处理器核采用的是 3 级流水线的冯·诺依曼结构。从 1995 年发布的 ARM9 开始，采用了 5 级流水线的哈佛结构，将指令和数据分别存储，获得了优越的性能。近年来，随着技术的发展，ARM 处理器核的流水线级数和各种性能在不断提升，但总的组织结构没有大的改变。

---

① 有关寻址方式，将在 3.2 节详细介绍。

图 2-25 是 V4 版架构的 StrongARM 的内部组织结构。主要包括微处理器核、指令高速缓存(I-Cache)和数据高速缓存(D-Cache)、指令和数据的存储管理部件(I-MMU, D-MMU)、写缓冲器、时钟及控制电路以及 JTAG 测试接口[①]。

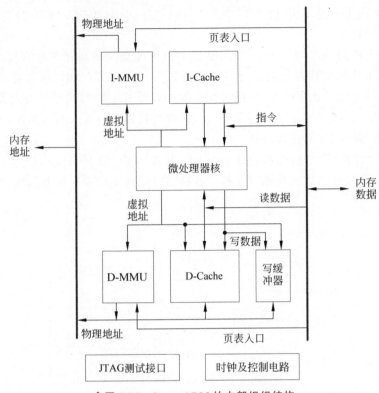

◆图 2-25　StrongARM 的内部组织结构

1. 微处理器核

微处理器核采用典型的 5 级流水线。ARM 指令集要求在寄存器读操作前进行指令译码,并要求移位操作和 ALU 串行工作。所有这些功能都嵌入 5 级流水中。这 5 级流水如下:

- 取指令。从 I-Cache 中读取指令,放入指令流水线。
- 译码。指令译码,从寄存器堆中读取寄存器操作数,计算与执行。
- 执行。移位及 ALU 操作,包括计算数据传送的内存地址。
- 数据获取。如果需要,访问 D-Cache。
- 写回结果。将结果写入寄存器。

这种 5 级流水线在许多 RISC 处理器中使用,它使任意时刻都可以有 5 条指令同时执行。

StrongARM 内部有专门的乘法器,不论微处理器的时钟频率有多高,乘法器均是每周

---

① JTAG(Joint Test Action Group,联合测试行动小组)是一个国际标准测试协议,主要用于芯片内部测试。它通过监控芯片引脚信号实现对芯片进行测试的目的。

期计算12位,用1～3个时钟周期完成两个32位操作数的乘法运算。对于数字信号处理性能要求很高的应用,StrongARM 的高速乘法器有非常重要的应用价值。

2. 分开的数据缓存和指令缓存

V4 架构采用了哈佛结构,图 2-25 中的 I-Cache 为 16KB 的指令缓存,D-Cache 为 16KB 的写回式数据缓存。

基于 ARM 核的 SoC 芯片通过使用容量小但速度很高的高速缓存和写缓冲器(write buffer)技术来缩小微处理器与内存之间的速度差异。高速缓存和写缓冲器都是内置于微处理器内部的一小段高速存储器,高速缓存中保存着最近一段时间被微处理器使用过的内存数据,而写缓冲器技术则用来将原本要写入内存的数据暂时写入写缓冲器,等到微处理器空闲的时候,再将数据慢慢送入内存。

图 2-26 是采用哈佛结构的高速缓存结构。根据哈佛结构的特点,指令和数据分别存储,而且指令高速缓存和数据高速缓存都有各自独立的地址总线和数据总线。

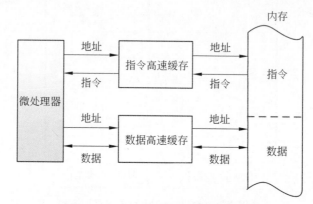

◆图 2-26 采用哈佛结构的高速缓存

3. MMU

I-MMU 和 D-MMU 分别是指令和数据存储管理部件。

1.1.7 节中曾给出了现代微机中存储器的层次结构。在微机系统中除了寄存器和高速缓存之外,还有内存和硬磁盘或固态硬盘构成的外存。但在嵌入式系统中通常没有硬盘,并用高速缓存作为内存,故 ARM 中的存储器主要是寄存器组、片上 RAM 和片上高速缓存。

寄存器组是微处理器内部用于存储信息的部件,可以看作最顶层的存储器件。典型的 RISC 处理器大约有 32 个 32 位寄存器。

片上 RAM 与寄存器具有同级的读写速度。与片外存储器相比,它有较低的功耗和电磁干扰。相比于高速缓存,片上 RAM 更加便宜、简单、功耗低,但实现成本较高,一般容量不会太大。

从制作材料和工艺上,基于 ARM 核的嵌入式系统中可能包含 SRAM、Flash、ROM、SDRAM 等[①]多种类型的存储器件,不同类型的存储器件在工作速度、数据宽度、作用等方面都不尽相同。

---

① 这些都属于半导体存储器,它们的具体特性和应用将在第 5 章中介绍。

与中低档单片机不同的是,ARM 处理器中一般都包含一个存储管理部件(MMU),用于对存储器进行管理。

MMU 使用内存映射技术实现虚拟空间到物理空间的映射。嵌入式系统中的程序通常存放在 ROM/Flash 中,这类存储器中的信息在断电后不会丢失,但其读写速度要比 RAM 类存储器慢很多,利用内存映射机制就可以解决这个问题。在内存加电时,将 ROM/Flash 映射为地址 0,进行初始化处理。然后再将片上 RAM 映射为地址 0,并把系统程序加载到片上 RAM 中,以加快运行速度。

MMU 的主要工作是虚拟空间到物理空间的映射。ARM 采用页式虚拟存储管理。它将虚拟地址空间划分为若干固定大小的块,每一块称为一页(page),相应的物理地址空间也被划分为同样大小的若干页。MMU 用来实现从虚拟地址到物理地址的转换。

为帮助读者理解,以下通过一个示例说明虚拟地址到物理地址的映射过程。

【例 2-3】 假设某计算机的地址总线宽度为 16 位,其虚拟地址空间为 64KB,地址范围为 0000H~FFFFH,物理地址的容量为 32KB。一页的容量是 4KB。用图说明虚拟地址空间和物理地址空间的映射关系。

题目说明:由于有 64KB 的虚拟地址空间,因此可以运行 64KB 的程序。但因物理地址空间只有 32KB,使 64KB 的程序不能一次性调入内存运行,必须有一个可存放 64KB 程序的外存(例如 Flash),以保证程序片段在需要时可以被调用。本例中给出一页大小为 4KB,则 64KB 的虚拟地址空间包含 16 页,32KB 的物理存储空间包含 8 页。

解:为表述清楚,这里将虚拟地址空间的页称为块,它们和物理地址空间的页的映射关系如图 2-27 所示。图中,每一格表示一块或一页,每个块和每个页都具有同样的 4KB 容量。虚拟地址空间共有 16 个块,每个块中的数字是物理地址空间中的页索引(page index),它指出本块映射到哪个物理页。当某个块并没有被映射(或映射无效)时,页索引部分用 X 表示。

假设执行指令 MOVE REG,0[①],该指令的功能是将 0 号地址的值传递到寄存器 REG 中。指令执行时,虚拟地址 0 将被送往 MMU。MMU 看到该虚拟地址落在块 0 范围内(即地址为 0~4095),从图 2-27 可以看出,块 0 对应(映射)的页为 2(页 2 的地址范围是 8192~12287,在图 2-27 中表示为 8K~12K-1),因此 MMU 将该虚拟地址转换为物理地址 8192,并把地址 8192 送到地址总线上。

内存对 MMU 的映射一无所知,它只看到一个对地址 8192 的读请求并执行它。MMU 从而把 0~4095 的虚拟地址(块 0 对应的地址)映射到 8192~12287 的物理地址。

从以上描述中可以看出,MMU 的实现过程就是查表映射的过程。建立页表是实现 MMU 功能不可缺少的一步。页表位于系统的内存中,页表的每一项包含一个虚拟地址到物理地址的映射关系。页表项除完成虚拟地址到物理地址的映射功能之外,还定义了访问权限和缓冲特性等。

◇**2.5.4 ARM 的寄存器**

ARM 处理器有 37 个寄存器,可分为两大类,即通用寄存器和状态寄存器。在不同的

---

① 该指令只是一条示意性指令,不针对任何具体的微处理器。

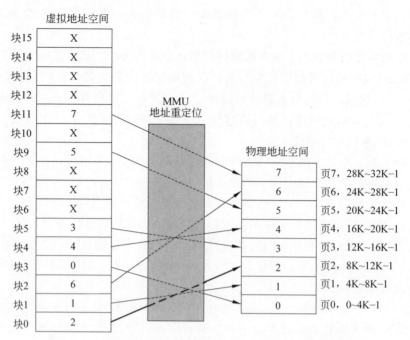

◆图 2-27　虚拟地址空间的块与物理地址空间的页的映射关系

ARM 处理器模式下会使用不同的寄存器组,但部分模式会使用部分相同的寄存器组。

1. ARM 处理器模式

ARM 处理器共有 7 种模式,多数用户程序运行在用户模式下,此时应用程序不能访问受操作系统保护的系统资源,也不能直接进行 ARM 处理器模式的切换,除非有异常发生。

除用户模式外的其他 6 种模式统称为特权模式。特权模式主要处理异常和软件中断(也称监控调用),它们可以自由地访问系统资源,改变工作模式。特权模式中除系统模式外的其他 5 种模式又称为异常模式,即快速中断请求(Fast Interrupt reQuest,FIQ)模式、中断请求(Interrupt ReQuest,IRQ)模式、管理(Supervisor,SVC)模式、终止(abort)模式和未定义(undefined)模式。

在特权模式中,异常模式主要用于处理中断和异常[①]。系统模式仅在 ARMv4 及以上版本中存在,当系统自身发生异常时会进入该模式。它与用户模式有完全相同的寄存器,可以访问需要的所有系统资源。

每种 ARM 处理器模式都有一组相应的寄存器。任意时刻(即在任意模式下)可访问的寄存器包括 15 个通用寄存器(R0~R14)、一个或两个状态寄存器及程序计数器(PC)。在所有的寄存器中,有一些是各模式共用的物理寄存器(重叠),有一些是各模式自己拥有的独立的物理寄存器。不同的 ARM 处理器模式可以访问不同的寄存器。表 2-4 列出了 7 种 ARM 处理器模式及其可访问的寄存器。

---

① 中断是因某种随机或异常使微处理器暂时停止当前任务的执行,转而处理特定事件,并在处理结束后返回中断处继续完成当前任务的一种过程,中断本身也属于一种异常。本书将在第 6 章详解介绍中断的工作原理。

表 2-4 7 种 ARM 处理器模式及其可访问的寄存器

模式	用途	可访问的寄存器
用户	用户模式,正常执行模式	PC,R0~R14,CPSR
FIQ	处理快速中断,支持高速数据传送或通道处理	PC,R8_fiq~R14_fiq,R0~R7,CPSR,SPSR_fiq
IRQ	处理普通中断	PC,R13_irq,R14_irq,R0~R12,CPSR,SPSR_irq
SVC	操作系统保护模式,处理软中断	PC,R13_svc,R14_svc,R0~R12,CPSR,SPSR_svc
终止	微处理器存储器故障,实现虚拟内存和存储器保护	PC,R13_abt,R14_abt,R0~R12,CPSR,SPSR_abt
未定义	处理未定义的指令陷阱,支持硬件协处理器的软件仿真	PC,R13_und,R14_und,R0~R12,CPSR,SPSR_und
系统	运行特权操作系统任务	PC,R0~R14,CPSR

2. 通用寄存器

ARM 的通用寄存器都是 32 位或 64 位寄存器[①]。与 Intel 处理器不同,ARM 处理器中的通用寄存器用 Rx 表示,这里的 x 是数字序号,为 0~15。部分序号会对应若干个物理寄存器,为了便于区分,采用 Rx_<mode> 的形式表示不同的物理寄存器。例如,表 2-4 中的 R13、R13_abt、R13_svc 等,虽然它们都是 R13,但是后边的 <mode> 不同。

ARM 的通用寄存器可分为未分组寄存器、分组寄存器和程序计数器。

1) 未分组寄存器 R0~R7

这类寄存器在所有的 ARM 处理器模式下都指向同一个物理寄存器。在异常中断造成 ARM 处理器模式切换时,由于不同的 ARM 处理器模式使用相同的物理寄存器,可能造成寄存器中的数据被破坏。未分组寄存器没有被系统用于特别的用途,任何需要使用通用寄存器的场合都可以使用这类寄存器。

2) 分组寄存器 R8~R14

对于分组寄存器 R8~R12,每个寄存器对应两个不同的物理寄存器。例如,当使用快速中断请求模式(FIQ)下的寄存器时,寄存器 R8 和寄存器 R9 分别记作 R8_fiq、R9_fiq;当使用用户模式下的寄存器时,寄存器 R8 和寄存器 R9 分别记作 R8_usr、R9_usr 等。当中断处理非常简单,仅仅使用 R8~R14 寄存器时,FIQ 处理程序可以不必执行保存和恢复中断现场的指令,从而可以使中断处理过程非常迅速。

由表 2-4 可以看出,对分组寄存器 R13 和 R14,每个寄存器对应 6 个不同的物理寄存器,其中一个是用户模式和系统模式共用,另外 5 个对应其他 5 种 ARM 处理器模式。

寄存器 R13 常用作栈指针 SP。在 ARM 指令集中,这只是一种习惯的用法,并不是强制要求,用户也可以使用其他寄存器作为栈指针。

R14 寄存器又被称为连接寄存器(Link Register,LR)。R14 在 ARM 体系中具有两种特殊的作用:一是每种 ARM 处理器模式自己的物理寄存器 R14 中都存放着当前子程序的

[①] 在 ARMv7 之前,ARM 采用 32 位结构,寄存器都是 32 位。ARMv8 有 AArch32 和 AArch64 两种执行状态,在后一状态下,寄存器是 64 位。

返回地址。当通过调用指令调用子程序时，R14 被设置成该子程序的返回地址，即在子程序中把 R14 的值复制到程序计数器中。

R14 寄存器也可以作为通用寄存器使用。

3）程序计数器 R15

在 ARM 处理器中，寄存器 R15 被用做程序计数器。与 Intel 处理器不同的是，ARM 处理器中的程序计数器可以作为通用寄存器使用，但由于 R15 的特殊性，即其值的改变会影响程序执行顺序的变化，可能导致一些不可预料的结果，故在使用时会存在一些特殊限制。本书对此不再详述，有兴趣的读者可参阅讨论具体型号的 ARM 技术书籍。

需要注意的是，由于 ARM 处理器采用多级流水线机制，因此保存在 R15 中的程序地址并非当前指令的地址。对于 3 级流水线，它总是指向下两条指令的地址；对于 5 级流水线，它保存的是当前指令地址加 12。

3. 状态寄存器

ARM 体系结构包含一个当前程序状态寄存器（CPSR）和一个保存程序状态寄存器（SPSR）。SPSR 用于在出现异常时保存 CPSR 的状态，以便异常返回后恢复异常发生时的工作状态。

图 2-28 给出了当前程序状态寄存器的格式。其中，高 4 位（N、Z、C、V）为条件码标志位，ARM 的大多数指令是条件执行指令，即通过检测这些条件码标志位决定指令的执行[①]。这 4 个条件码标志位的含义如下：

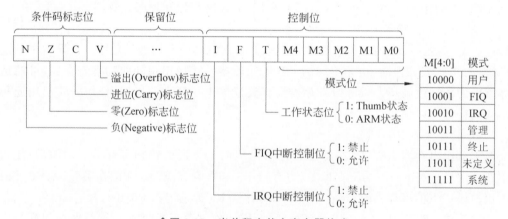

◆图 2-28　当前程序状态寄存器格式

(1) N：在结果是有符号二进制补码的情况下，若结果为负，则 N=1；若结果非负，则 N=0。

(2) Z：若结果为 0，则 Z=1；若结果非 0，则 Z=0。

(3) C：对不同的指令，其含义不同。

- 对加法指令，若有进位，则 C=1；否则 C=0。
- 对减法指令，若有借位，则 C=0；否则 C=1。
- 对有移位操作的非加减运算指令，C 为移位操作中最后移出位的值。

---

① 详见 3.5 节。

- 对其他运算指令，C 的值通常保持不变。

（4）V：对加减运算指令，当操作数和结果均为有符号整数时，若发生溢出，则 V=1；若无溢出，V=0。对其他指令，V 通常保持不变。

当前程序状态寄存器的低 8 位用作控制位。当发生异常时这些位可以被改变。如果 ARM 处理器运行在特权模式下，那么这些位也可以由程序修改。其中，T 位用于工作状态选择。当 T=1 时，ARM 处理器工作于 16 位的 Thumb 状态；当 T=0 时，ARM 处理器工作于 32 位/64 位的 ARM 状态。M4～M0(M[4:0])是模式位，它们的组合决定了 ARM 处理器的工作模式。

除了条件码标志位和控制位之外，剩余的 20 位是当前程序状态寄存器的保留位，用作以后的扩展。

◇ 2.5.5 基于 ARM 架构的鲲鹏处理器

华为公司从 2004 年开始基于 ARM 技术开展处理器研发，截至 2019 年底，华为自主研发的处理器系列已覆盖计算、存储、传输、管理和人工智能等多个领域。

鲲鹏处理器是基于 ARMv8 架构的企业级处理器。2014 年，华为公司发布了第一个基于 ARM 的 64 位鲲鹏 912 处理器，2016 年发布了支持多路互连的鲲鹏 916 处理器，2019 年 1 月发布的鲲鹏 920 处理器是第三代鲲鹏处理器。华为公司在 2019 年之前发布的通用处理器中集成的都是 ARM 公司设计的 Cortex 系列处理器内核，而鲲鹏 920 处理器片上系统集成的 TaiShan V110 处理器内核是华为公司自主研发的基于 ARMv8 架构的高性能、低功耗处理器内核。

1. TaiShan V110 处理器内核微架构

鲲鹏处理器（对应 2.5.5 节）

处理器内核是鲲鹏处理器的基本计算单元，是由运算器和控制器组成的可以执行指令的处理器核心组件①。TaiShan V110 处理器内核包括取指令(instruction fetch)、指令译码 (instruction decode)、指令分发(instruction dispatch)、整数执行(integer execute)、加载/存储单元(load/store unit)、第二级存储系统(L2 memory system)、增强 SIMD 与浮点运算单元(advanced SIMD and floating-point unit)、通用中断控制器 CPU 接口(GIC CPU interface)、通用定时器(generic timer)、电源管理单元(PMU)及调试(debug)与跟踪(trace)等多个部件。图 2-29 为 TaiShan V110 处理器内核的顶层功能结构。

取指令部件负责从 L1 I-Cache 取出指令并发送到指令译码部件，每个周期最多发送 4 条指令。该部件中集成了 64KB 的 4 路相联的 L1 I-Cache、指令队列、一个包含 32 个表项的全相联 L1 I-TLB②和两级动态预测器(支持动态分支预测和静态分支预测)。

指令译码部件负责 64 位指令集的译码，也负责完成寄存器重命名操作。通过消除写后写 (Write-After-Write，WAW)和写后读(Write-After-Read，WAR)冒险支持指令的乱序执行。

指令分发部件控制译码后的指令被分发至整数执行部件的指令流水线的时间以及返回结果被放弃的时间。指令分发部件包含了 ARM 处理器内核的众多寄存器，如通用寄存器、增强 SIMD 与浮点寄存器和 AArch64(ARMv8 的 64 位架构)状态下的系统寄存器等。

---

① 这里的处理器内核基本相当于微机系统中的 CPU。
② TLB 是 Translation Lookaside Buffer 的缩写，用于缓存虚拟地址和其映射的物理地址，有助于 MMU 提升虚拟地址到物理地址的转换速度。

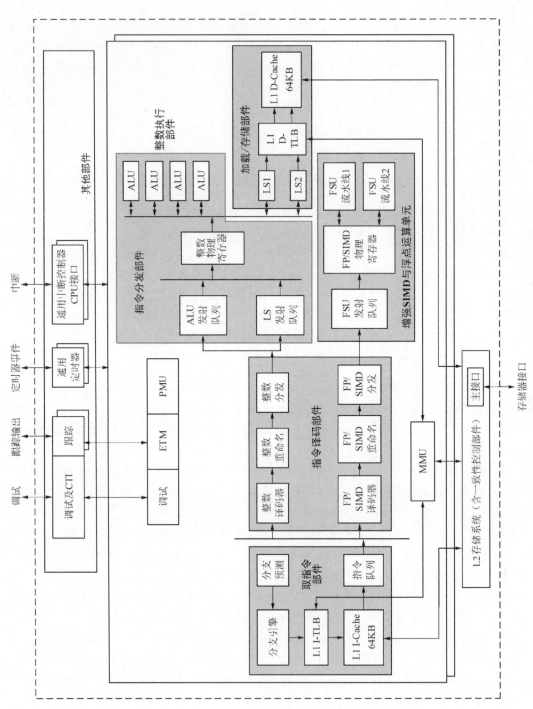

◆ 图 2-29 TaiShan V110 处理器内核的顶层功能结构

整数执行部件包含 3 条算术逻辑运算单元流水线和一条整数乘除运算单元流水线,支持整数乘加运算,也包含交互式整数除法硬件电路、分支与指令条件码解析逻辑及结果转发与比较器逻辑电路等。

加载/存储单元负责执行加载和存储指令,也包含了 L1 D-Cache 的相关部件,并为来自 L2 存储系统的存储一致性请求提供服务。该部件支持通过自动硬件预取器生成针对 L1 D-Cache 和 L2 Cache 的数据预取请求。

TaiShan V110 处理器内核包括两级片内高速缓存。64KB 的 L1 I-Cache 和 64KB 的 L1 D-Cache 分别在取指令部件和加载/存储部件中。L2 存储系统包含 8 路 512KB 高速缓存,负责在 L1 I-Cache 和 L1 D-Cache 缺失时为处理器内核提供服务,并管理主接口上的服务请求。主接口是先进微控制器总线架构规范协议族中的一致性集线器接口(Coherent Hub Interface,CHI)。

2. 鲲鹏 920 处理器片上系统

前文已提到,ARM 公司通过 IP 授权方式允许其他半导体厂商研发基于 ARM 核的处理器产品。各厂商在获得授权后,基于 ARM 核设计自己的片上系统产品,不同的片上系统产品可以有不同的架构。鲲鹏 920 系列就是华为公司自主设计的高性能服务处理器片上系统产品,拥有自主知识产权。

图 2-30 是鲲鹏 920 处理器片上系统的组织结构。可以看出,该片上系统集成了多个 TaiShan 处理器内核(不同版本的鲲鹏处理器内置了 24~64 个 TaiShan V100 处理器内核),TaiShan 处理器内核的指令集兼容 ARMv8.2 的 64 位指令集。

鲲鹏 920 处理器片上系统采用三级高速缓存结构,每个 TaiShan 处理器内核集成了 64KB 的 L1 指令缓存(L1 I-Cache)和 64KB 的 L1 数据缓存(L1 D-Cache),每个内核独享 512KB 的 L2 Cache。另外,鲲鹏 920 处理器还配置了 L3 Cache,平均每核容量为 1MB。

该片上系统内置了 8 个 DDR4(Double Data Rate 4)SDRAM(Synchronous Dynamic Random-Access Memory)控制器,即双倍数据速率同步动态随机存取存储器控制器,这是一个通用的存储控制器接口,最高数据传输速率可达 2933MT/s(百万次传输每秒)。

SAS 是串行连接 SCSI(Serial Attached SCSI)的缩写。SCSI 是小型计算机系统接口(Small Computer System Interface)的缩写。鲲鹏处理器片上系统中集成了 16 个 SAS/SATA 接口[①]以及两个聚合以太网上的远程直接内存访问(RoCE)v2 引擎[②],支持 25GE/50GE/100GE 标准网络接口。

CCIX(Cache Coherent Interconnect for Accelerators,适用于加速器的缓存一致性互联标准)是由 ARM、AMD、华为、高通等 7 家公司组成的 CCIX 联盟制定的接口标准。随着应用需要处理的数据量越来越大,仅以中央处理器为中心的服务器架构在性能上已越来越难以满足应用需求,因而需要高效的异构计算架构,如图形处理单元(GPU)、可编程逻辑阵列(FPGA)、智能网卡(NIC)及领域特定的各种可编程器件等加速器。对多数计算任务,加速

---

① SCSI 和 SATA(Serial Advanced Technology Attachment)都是接口标准。SATA 是目前计算机中的主要硬盘接口标准。

② RoCE(RDMA over Converged Ethernet)是一种网络技术,可以实现从一台主机或服务器的内存直接访问另一台主机或服务器的内存,无须占用 CPU。RoCE 可以提高网络带宽,减少传输延迟、抖动和 CPU 消耗。

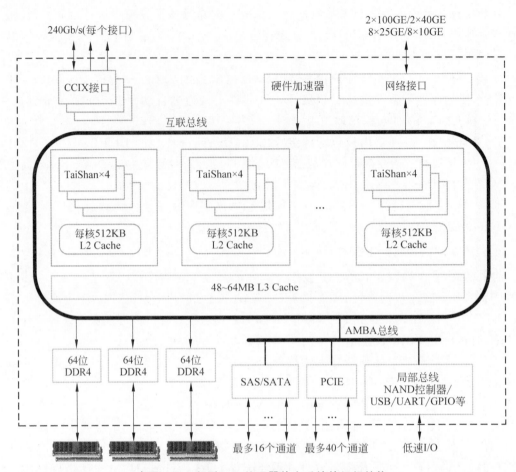

◆图 2-30 鲲鹏 920 处理器片上系统的组织结构

器能够比单独的处理器完成任务的速度更快、功耗更低。但是，不受管控的异构计算架构会带来软件复杂性。

CCIX 采用缓存一致性自动保持处理器和加速器的缓存一致，并且提高了 CCIX 链接的原始带宽。CCIX 通过这两种机制提高性能、降低延时，实现加速器芯片的互联，在异构多处理器系统中更快地访问内存。

相比于 Intel 公司的 64 位处理器，鲲鹏 920 处理器片上系统不仅包含了通用计算资源，还集成了南桥、RoCE 网卡、SAS 存储控制器等，构成了功能完善的片上系统。

◇2.5.6　基于 ARM 架构的飞腾处理器

飞腾处理器
(对应2.5.6节)

飞腾公司从 2012 年开始基于 ARM 指令集开展处理器研发，截至 2021 年底，飞腾处理器已覆盖应用于服务器、桌面计算机、便携式计算机、嵌入式设备等多个领域的处理器产品。

所有飞腾处理器都是国内自主研发的，目前以兼容 ARMv8 指令集的产品为主。2015 年，飞腾公司发布了第一个兼容 ARMv8 指令集的 64 位 FT-1500A/16 处理器，它集成了 16 个高能效处理器内核 FTC660，适用于构建较高计算能力和较高吞吐率的服务器产品（如办公业务系统应用/事务处理器、数据库服务器、存储服务器、物联网/云计算服务器等）。2016

年发布的 FT-2000＋/64 处理器集成了 64 个高能效处理器内核 FTC662,适用于高性能、高吞吐率的服务器领域,如对处理能力和吞吐率要求很高的行业大型业务主机、高性能服务器系统和大型互联网数据中心等。2020 年发布的飞腾腾云 S2500 处理器是第三代飞腾 ARM 处理器,集成了 64 个高效能处理器内核 FTC663,主要应用于高性能、高吞吐率服务器领域,如对处理能力和吞吐率要求很高的行业大型业务主机、高性能服务器系统和大型互联网数据中心等。

1. FTC663 处理器内核微架构

FTC663 处理器内核针对 ARMv8 指令集的特点进行了多项设计创新,该处理器内核支持 ARMv8 的 AArch64 和 AArch32 两种执行模式,能够兼容运行 A64 和 A32 应用程序,支持 EL0～EL3 特权级[①]。

FTC663 处理器内核的取值宽度、译码宽度、分派宽度均是 4 条指令,共有 9 个执行部件(或者称为 9 条功能流水线),分别是 4 个整数部件、两个浮点部件、两个加载/存储部件和一个系统管理指令执行部件,如图 2-31 所示。

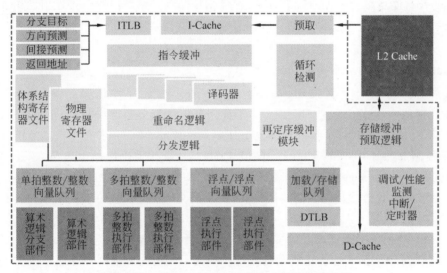

◆图 2-31　FTC663 处理器内核流水线微体系结构

一条经典的超标量流水线分为取指令(4 级)、译码(4 级)、分发(2 级)、执行(2～7 级)和写回(1 级)5 个阶段,整数流水线长度是 13 级,浮点流水线最长是 18 级。

取指令阶段采用当前高速缓存的下一个高速缓存块的数据预取策略,主要由 32KB 的一级指令高速缓存、混合策略分支预测器(包括具有 2048 项的分支目标缓冲器、分支方向预测器、具有 512 项的间接分支预测器和具有 48 项的返回地址预测器)、指令转译后备缓冲器(Instruction Translation Lookaside Buffer,ITLB)、具有 32 项的指令缓冲器以及能够旁路读取指令高速缓存的循环检测模块实现,每拍(时钟周期)可取 4 条指令。

除译码器外,译码阶段还用体系结构寄存器文件和物理寄存器文件分别管理程序员使

---

① ARMv8-A 有 4 个异常级别,为 EL0～EL3。对于异常级别 ELn,整数 n 增加表示软件执行的特权权限变大了。EL0 级别下的执行叫非特权执行(unprivileged execution)。EL1 主要用于运行操作系统内核。EL2 可以支持非安全操作的虚拟化。EL3 支持安全状态和非安全状态之间的转换。

用的寄存器以及 192 个物理寄存器,每拍最多译码 4 条指令,最多可以完成 4 条指令的重命名。

分发阶段使用的再定序缓冲模块由 160 条指令构成,整条流水线可有 210 多条指令处于运行状态。每拍最多分发 4 条指令到指令队列中,采用顺序取指、乱序执行、顺序提交的多发射执行机制。

执行阶段采用下一高速缓存块预取和跨步预取两种数据预取策略以及能够降低高速缓存污染的自动检测流访问模式,主要由两个整数指令队列、一个浮点指令队列、一个加载/存储指令队列、32KB 的一级数据高速缓存和数据转译后备缓冲器(Data Translation Lookaside Buffer,DTLB)构成。每个整数指令队列具有 16 项,对应 4 个整数执行部件,其中两个整数执行部件处理单拍整数指令,其中一个还能处理分支指令,另外两个整数执行部件处理多拍整数指令(整数乘法/除法等)。浮点指令队列具有 16 项,对应两个浮点执行部件,均可作为一个 SIMD 部件执行一条两路的 SIMD 指令,实现每拍执行 4 条双精度浮点操作的峰值性能,两个浮点执行部件和 SIMD 部件都支持融合浮点乘加,其中浮点乘法 3 拍,浮点加法 3 拍,浮点融合乘加 6 拍。加载/存储指令队列共享 24 项,每拍发射两个加载或两个存储或一个加载和一个存储指令。数据高速缓存支持最多 6 条加载指令并行执行,Load to use 的延迟为 4 拍。

2. S2500 处理器片上系统

S2500 处理器采用数据亲和(data affinity)的多核处理器体系结构,集成了 64 个 FTC663 处理器内核,如图 2-32 所示。64 个处理器内核划分为 8 个板块(panel),每个板块中有两个集群(cluster)(每个集群包含 4 个处理器内核及共享的 2MB 二级高速缓存)、两个本地目录控制部件(Directory Control Unit,DCU)、一个片上网络路由器节点(cell)和一个紧密耦合的访存控制部件(Memory Control Unit,MCU)。板块之间通过片上网络接口连接,一致性维护报文、数据报文、调测试报文、中断报文等统一从同一套网络接口进行路由和通信。

腾云 S2500 采用的数据亲和的多核处理器体系结构具有两大优势:

(1)提供对数据局部性优化机制的支持。根据不同板块和集群对存储空间的亲和度不同,将整个存储空间分成 8 个大空间,每个大空间对应一个距离最近的板块。每个大空间又分成两个子空间,每个集群对应一个子空间。任务部署和调度可以充分利用这些特性进行优化,与目前应用于 Petascale 系统的高性能多核微处理器相比,该结构支持将亲和度较高的多个线程映射到同一个板块中,能够减少线程之间的全局通信,结合片上数据移动和迁移机制,能够进一步优化全局通信延迟和能效。

(2)实现局部与全局的协调和平衡。为了满足多核处理器对访存带宽和延迟的要求,芯片实现了层次式片上存储架构和层次式网络结构,支持高速片内高速缓存和大容量存储。亲和度高的任务通信频度高,数据同步量大,采用延迟低、带宽高的互连网络和本地私有高速缓存;亲和度低的任务通信频度低,采用扩展性好但延迟较高的互连网络和分布共享的 Cache,对于需要跨板块访存的应用尽量放置在较近的板块中。该结构采用分布式目录控制和存储,目录控制和存储分布于各个板块,最大化并行处理一致性协议维护和访存。同时,通过灵活的地址映射模式,支持系统配置不同的访存能力。在亲和模式下,板块内部的 DCU 只访问本地的访存 MCU,各个板块之间的访存通道互不影响,具有最低的延迟和最大

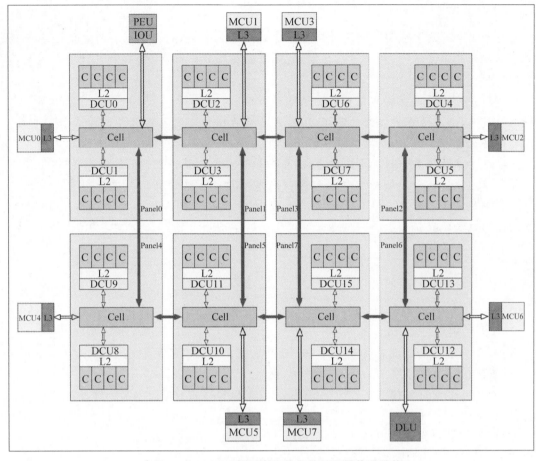

◆ 图 2-32 S2500 数据亲和的多核处理器体系结构

的带宽；在部分模式下，DCU 根据配置可以访问任意的 MCU，支持系统配置不同规模的 DDR 通道数目。

直连部件（Direct Link Unit，DLU）提供了 4 个直连接口，支持构成 2 路、4 路和 8 路直连的单一操作系统镜像系统，如图 2-33 所示。

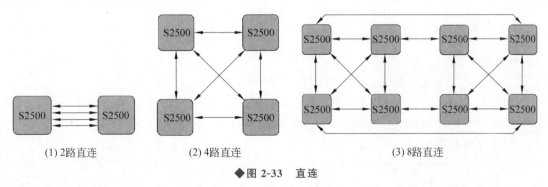

(1) 2路直连　　　　(2) 4路直连　　　　　　(3) 8路直连

◆ 图 2-33 直连

总之，片上系统除了处理器内核（CPU）之外，还集成了各类存储器和各种控制接口，相当于一个微机系统。但是，片上系统中的存储器通常都是高速缓存，而通用微机系统中的内存更多的是 RAM。

> 大数据和人工智能的应用带动了云计算,使计算资源的需求大幅提升。随着各个计算中心规模的不断增大,功耗越来越高,这使以低功耗著称的 ARM 架构处理器体现出明显的优势。
>
> 不同型号的处理器有其自身的技术特征和指标。本节对 ARM 的介绍基本上集中在概述的层面,没有涉及具体的性能指标,目的是为希望从事嵌入式开发的读者奠定基础;同时也使读者在了解 Intel 微处理器的同时,能对架构完全不同的 ARM 处理器有初步认知。描述中涉及了若干新技术和概念,其中一部分在 2.3 节和 2.4 节中有简单介绍,还有一部分通过脚注的形式给出解释。但这些尚不足以让初涉该领域的读者对其有深度了解。有兴趣的读者可进一步参阅相关的专业书籍,或根据研究需求查阅具体型号 ARM 处理器的技术参数。

习 题

一、填空题

1. 某微处理器的地址总线宽度为 36 位,则它能直接访问的物理地址空间为(　　)B。
2. 在 8086/8088 系统中,一个逻辑分段最大为(　　)字节。
3. 在 80x86 实地址模式下,若已知 DS=8200H,则当前数据段的最小地址是(　　)H,最大地址是(　　)H。
4. 已知存储单元的逻辑地址为 1FB0H:1200H,其对应的物理地址是(　　)H。
5. 若 CS=8000H,则当前代码段可寻址的存储空间的范围是(　　)。
6. 在 8086/8088 系统中,一个基本的总线周期包含(　　)个时钟周期。
7. 在保护模式下,段地址存放于(　　)中。
8. 多任务系统通常定义了一个比其拥有的物理内存大得多的地址空间,因此需要通过(　　)将线性地址空间虚拟化。
9. ARM 中的存储管理采用页式虚拟存储管理。它是将虚拟地址和物理地址都划分为若干页,要求虚拟地址空间中的页和物理地址空间中的页大小要(　　)。
10. 鲲鹏 920 处理器片上系统采用(　　)级高速缓存结构。

二、简答题

1. 什么是多核技术?多核和多处理器的主要区别是什么?
2. 说明 8088 CPU 中 EU 和 BIU 的主要功能。在执行指令时,EU 能直接访问内存吗?
3. 在总线周期中,何时需要插入等待周期 T_w?插入 T_w 的个数取决于什么因素?
4. 若已知物理地址,其逻辑地址唯一吗?
5. 8086/8088 CPU 在最小模式下的系统构成至少应包括哪些基本部分(器件)?
6. 什么是实地址模式?什么是保护虚地址模式?它们的特点是什么?
7. 80386 访问内存有哪两种方式?各提供多大的地址空间?
8. 页转换产生的线性地址的 3 部分各是什么?

9. 对比 8088、80386 和 Pentium 4 微处理器的主要特点。
10. 说明处理器内核与片上系统的关系。
11. RISC 的主要特点有哪些？
12. TaiShan V110 处理器内核有哪些主要部件？它们的作用是什么？
13. 比较 ARM 中的当前程序状态寄存器和 Intel 微处理器中的标志寄存器的功能。
14. 说明 ARM 中的程序计数器 R15 与 Intel 微处理器中的 IP 寄存器的异同。

第 3 章

指 令 集

引言

指令集是计算机软件硬件的主要分界面之一,也是软件与硬件设计人员相互沟通的桥梁。无论使用哪一种程序设计语言编写的程序,无论程序的功能有多么强大、复杂,只要在计算机上运行,都需要被"翻译"和组织成一条条由 0 和 1 构成的机器语言指令。计算机的硬件设计人员利用各种手段实现指令系统;软件设计人员则用指令编制各种程序,以消除硬件指令集与人类习惯的使用方式之间的语义差异。

指令是面向芯片的语言,因此不同的计算机有不同的指令集。虽然不同指令集在表现形式、丰富性等方面存在一定差异,但它们在功能上,特别是在基本指令集的功能上都比较相似,更多的只是表现形式上的区别,就如同人类语言中的方言,虽然发音不同,但是意思是一样的。本章首先概述目前主流的 MIPS、ARM 和 x86 这 3 种指令集。然后,重点介绍 Intel x86 指令集,主要以 16 位指令集(x86-16)为例,介绍指令的基本格式、寻址方式以及不同类型指令的功能。最后,简要介绍 ARM 指令集的特点、格式以及主要指令的功能。虽然当前自动控制系统中大量采用了基于 ARM 的嵌入式技术作为控制核心,但控制程序大多会使用 C 语言等高级语言编写。因此,本章对 ARM 指令集的介绍更多地是以帮助读者对 ARM 指令集有基本认知为目标的,同时也为读者学习高级语言和汇编语言混合编程的嵌入式应用开发提供一些基础。

教学目的

- 能够描述 3 种常见指令集的特点。
- 清楚指令的一般概念、Intel 指令集和 ARM 指令集中指令的基本格式以及指令中的操作数。
- 熟悉 x86-16 指令的各种寻址方式。
- 深入理解 x86-16 指令集中常用指令的功能,包括指令操作码的含义、指令对操作数的要求、指令对标志位的影响和指令的执行结果,并在此基础上清楚 x86-32 新增指令集中主要指令的功能。
- 能够初步描述 x86-64 和 IA32 指令集的主要区别。
- 清楚 ARM 指令集的基本格式和寻址方式。
- 初步认识 ARM 的 32 位常用指令集。

3.1 计算机的语言——指令

为了帮助初次接触计算机硬件系统的读者能够更好地理解本章内容,在正式开始讲述指令之前,需要再次声明:本章描述的指令本质上是指与高低电平对应的、用0和1表示的机器语言指令,尽管这些指令都会用便于人类记忆的字母符号(称为助记符)表示,但它们绝非各种高级语言中的语句。例如,如下C语言中的一条简单算术运算语句:

```
sum=x*y-z;
```

可以对应4条用助记符表示的指令[①]:

```
mov ax,x
mul y                    ;相当于x*y运算
sub ax,z
mov sum,ax
```

指令系统基本概念

要使计算机能够按照人的指挥完成操作,就必须使用计算机语言。计算机语言中的基本单词称为**指令**(instruction),它是指控制计算机完成指定操作、并能够被计算机识别的命令。这句话中隐含着两层含意。"控制计算机完成指定操作"的主体是人。所以,指令的第一层含意是能够被人识别。由于执行指令的工作是由计算机中的处理器(CPU)实现的,"能够被计算机识别"就是能够被处理器识别。所以,指令的第二层含意是不同的处理器能够识别的指令可能不同。

一个处理器能够识别的全部指令称为该处理器的**指令集**(instruction set),它支持的指令集和指令的字节级编码被称为它的指令集体系结构(Instruction Set Architecture,ISA)。不同的处理器"家族",如本章要介绍的Intel x86-系列处理器和ARM处理器,有各自不同的ISA。指令集定义了计算机硬件能完成的基本操作,其功能的强弱在一定程度上决定了硬件系统性能的高低。

◇3.1.1 常见指令集概述

无论是早期的计算机还是现代计算机,都是基于基本原理相似的硬件技术构建的。同时,所有的计算机都必须能够提供算术运算等一些基本的操作。这使得不同计算机的机器语言非常类似。因此,只要理解了一种机器语言,其他类似的机器语言也就很容易理解了。

自20世纪70年代以来,比较流行的指令集主要有3种。

1. MIPS 指令集

MIPS(Million Instructions Per Second)是微处理器每秒执行的百万条机器语言指令数的缩写,也是衡量微处理器速度的一个重要指标。MIPS 架构最早由斯坦福大学研制,采用精简指令集计算机(RISC)设计,其核心思想是通过简化指令使计算机的结构更加简单、合

[①] 一条助记符指令对应一条用0和1表示的机器语言指令。

理,从而提高 CPU 的运算速度。MIPS 指令集的主要特点是所有指令的格式和周期一致,并且采用流水线技术。这类指令集主要应用于中高端服务器和各类嵌入式系统开发。2018年,MIPS 技术公司宣布将 MIPS 指令集开源。

2. ARM 指令集

ARM(Advanced RISC Machines)既是对一类微处理器的通称,也是一种技术的名字。ARM 体系结构目前被公认为业界最领先的 32 位和 64 位嵌入式微处理器结构,2011 年有超过 90 亿个各类设备使用 ARM 处理器,并以每年 20 亿的数量在增长。ARM 指令集也成为嵌入式领域中最流行的指令集。本章将在 3.5 节对 ARM 指令集做进一步介绍。

无论是 MIPS 指令集还是 ARM 指令集,都是基于精简指令原理设计的,其设计理念以简化单条指令功能、提高单条指令执行速度为主要目标。还有的设计者趋向于设计单条指令功能更强大的指令集,目的是减少程序需要执行的指令条数,尽管这有可能会增加程序执行的时间[①]。Intel x86 指令集就属于这种指令集。

3. Intel x86 指令集

一个指令系统在设计时通常要考虑的主要问题有指令种类的丰富性(只有加法指令的计算机不会有多大意义)、指令的执行速度(指令执行需要的时钟周期数和每个时钟周期的时间)、指令的兼容性(这是计算机系统的生命力所在)以及指令格式上的规整性等。

与 MIPS 指令集和 ARM 指令集不同的是,x86 指令集属于复杂指令集计算机(CISC),其设计目标是尽可能增强每一条指令的功能,将一些原来用软件实现的、常用的功能变成用硬件指令实现。Intel x86 指令集历经 40 余年的不断发展和完善,成为今天在个人计算机领域和云计算领域占有统治地位的指令系统。以下是 x86 指令集发展的主要里程碑:

- 1978 年,Intel 公司在上一代 8 位微处理器(如 8080)的基础上,发布了 16 位微处理器 8086/8088。
- 1980 年,Intel 8087 浮点协处理器发布。这个体系结构在 8086/8088 的基础上增加了 60 条浮点指令。
- 1982 年,Intel 公司在 8086 的基础上把地址空间扩展到 24 位,并设计了内存映射和内存保护模式。
- 1985 年,80386 微处理器在 80286 体系结构基础上将地址空间扩展到 32 位。除了 32 位的寄存器和 32 位的地址空间、加强了 8086 部分指令的功能之外,80386 还增加了对 32 位数的操作及一些新的寻址模式。
- 1989—1995 年,Intel 公司先后发布了 80486、Pentium 微处理器和 Pentium Pro 微处理器。这些微处理器均以获得更高性能为目的,在用户可见的指令集中增加了 4 条指令,分别用于支持多处理技术和条件传送。
- 1997 年,Intel 公司推出了多媒体指令增强技术(MMX),新增了 57 条指令,使用浮点栈加速多媒体和通信应用程序,通过传统的单指令流多数据流(SIMD)的方式一次处理多个短数据元素。

---

① 以增强指令功能为主要设计目标的指令系统称为复杂指令集计算机(CISC),以简化指令功能为主要目的称为精简指令集计算机(RISC)。CISC 和 RISC 是指令系统设计的两个不同方向。

- 1999年，Intel公司增加了70条指令，将SSE（Streaming SIMD Extension，流式SIMD扩展）作为Pentium的一部分。主要的变化是添加了8个独立的寄存器，把它们的长度增加到128位，并且增加了一个单精度浮点数据类型。这样，就可以并行进行4个32位浮点操作。为了改进内存性能，SSE还增加了包括高速缓存的预取指令以及可以绕过缓冲器直接写内存的流存储指令。
- 2001年，Intel公司增加了144条指令，命名为SSE2，可实现64位双精度浮点型数据的并行运算。这种改进不仅允许更多的多媒体操作，而且大大增强了Pentium 4微处理器的浮点性能。
- 2003年，AMD公司[①]对x86体系结构进行了改进，把地址空间从32位增加到64位。即将所有寄存器都拓宽到64位，而且寄存器的数目增加到了16个。指令集体系结构(ISA)的主要变化是用64位的地址和数据重新定义所有x86指令的执行（长模式）。
- 2004年，Intel公司增加了128位的原子比较和交换指令，同时发布了新一代谜题扩展指令，添加了13条支持复杂算术运算的指令。
- 2006—2007年，Intel公司先后发布了总计224条新指令，用于支持绝对差求和、数组结构点积计算、序列中非零数目统计以及虚拟机。在新指令中，还为46条基本指令集中的指令增加了MIPS指令等3操作数指令。
- 2011年，Intel公司发布了高级向量扩展，重新定义了250条指令并新增了128条指令。

上述发展历程说明了"兼容"的重要性，微处理器的发展、体系结构的改变都不允许对已有软件产生危害，这样才能保证在低版本上编写的程序在更高级的版本上依然能够正常运行。

虽然目前x86芯片的年产量相对于ARM芯片要少很多，但x86指令集在个人计算机系统中占据着绝对垄断的地位，也一直对个人计算机的更新换代起着很大的推动作用。3.3节讨论的指令集是x86的16位指令子集，而不是整个16位、32位和64位指令集。以下如无特殊说明，本章所述Intel指令集均特指x86的16位指令子集，简称x86-16指令集或8086指令集[②]。

◇ **3.1.2 计算机中的指令表示**

计算机中的指令通常由两部分组成：一部分是操作码（OPeration Code，OPC），用便于记忆的助记符（英文单词缩写）表示；另一部分是指令操作的对象，称为操作数（operand）或地址码（address code）。指令的基本格式如图3-1所示。

操作码	操作数/地址码

◆ 图3-1 指令的基本格式

[①] AMD公司即美国超威半导体公司，主要生产各种芯片，如CPU、GPU、APU、控制芯片组、电视卡芯片等。
[②] Intel x86的16位指令子集主要指8086、8088、80286指令集。其中，8086与8088微处理器有完全一样的指令集。为简单起见，以下统称为x86-16指令集或8086指令集。

操作码也称为指令码,表示指令要进行的操作类别,如加法、乘法等,是指令中必须给出的内容。指令中的**操作数**是指令执行操作所需要的数据的来源,其本质的含义就是指令执行对象的实际存放地址,所以也称为地址码。但在形式上,操作数有时能够以常数的形式出现(见 3.1.3 节),这也是本书没有使用地址码而是使用操作数这个名词的原因。

在 x86 的 16 位指令集中,指令的操作数通常有两个,分别称为源操作数和目标操作数,如图 3-2 所示。

◆ 图 3-2 双操作数指令格式

(1) **源操作数**(OPs)表示指令执行对象中某个对象的存放地址或执行对象本身(直接给出运算的数据)。简单地说,源操作数表示指令运算数据的来源(数据本身或存放数据的地址)。源操作数的一大特点是指令执行后不会对源操作数造成破坏。

(2) **目标操作数**(OPd)总体上可以有两层含义。在不同的指令中,目标操作数可以是指令执行的另一个对象的存放地址(即另一个运算数据);但在所有指令中,目标操作数都一定表示指令执行结果的存放处。所以,目标操作数一定是以地址的形式出现的,并且指令执行后会对目标操作数产生影响,即用运算结果覆盖其原来的值。

指令是计算机的语言,不同系统的指令集在格式上有一定的差异。在 x86 指令集中,一条指令可以有 3 个操作数、2 个操作数、1 个操作数以及没有操作数[①]。而 ARM 指令集则允许多个操作数。由此,指令在形式上有以下 4 种:

- **零操作数指令**。指令在形式上只有操作码,操作数为隐含存在。这类指令操作的对象通常为微处理器本身。
- **单操作数指令**。指令中仅给出一个操作数。事实上,这类指令常常隐含存在另一个操作数。
- **双操作数指令**。x86 指令集中多数指令为图 3-2 所示的双操作数指令,即指令的两个操作数都显式给出。
- **三操作数指令**。从 2007 年起,Intel 公司的基本指令集中开始支持具有 3 个操作数的指令,3 个操作数中包括两个源操作数和一个目标操作数,如图 3-3 所示。由于这里的目标操作数仅用于存放执行的结果,所以称为目标地址。两个源操作数则表示运算的对象。这种指令的执行不会破坏任何一个操作数。ARM 处理器的指令集就沿用了这种指令格式(详见 3.5 节)。

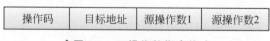

◆ 图 3-3 三操作数指令格式

鉴于本章主要讨论 x86 处理器的 16 位指令子集,因此,以下介绍的 x86 指令仅有零操作数、单操作数和双操作数 3 种,不涉及三操作数指令。

[①] 事实上,每一条指令都一定有操作对象。所谓没有操作数,只是表示没有将操作对象显式给出,而是隐含给出的。

◇3.1.3 指令中的操作数

X86-16 指令中的操作数主要有 3 种类型：立即数操作数、寄存器操作数和内存操作数。以下利用将在 3.3.1 节中介绍的数据传输指令 MOV，说明这 3 种主要操作数的表现方式。对它们更深入的理解需要在学习完 3.2 节的寻址方式后才能实现。

1. 立即数操作数

立即数是指令中直接给出的运算数据，具有固定的数值（常数），它不因指令的执行而发生变化。在 x86-16 指令集中，立即数的字长可以是 8 位或 16 位无符号数或有符号数。如果数的取值超出了字长规定的范围，就会发生错误。

特别需要注意的是：由于目标操作数是指令执行结果的存放处，而立即数是一个常数，因此立即数操作数在指令中只能作为源操作数，而不能作为目标操作数。

例如：

```
MOV AX,100
```

在这条指令中，源操作数是常数 100。这条指令的执行结果是将常数（立即数）100 写入累加器 AX。

2. 寄存器操作数

寄存器操作数主要指放在通用寄存器中的操作数。寄存器操作数既可以作为源操作数，也可以作为目标操作数。有时候，段寄存器也可以作为指令中的寄存器操作数。但由于段寄存器中存放的是逻辑段的段地址，随意修改段地址容易引起执行错误，特别是代码段的段地址更不允许指令随意修改，因此段寄存器在指令中出现的频率通常比较低。

指令指针指向的是 CPU 下一条要读取的指令在内存中的地址，因此其与段寄存器一样不允许随意修改。FLAGS 寄存器中保存着当前程序执行的现场，除个别指令外，一般也不作为操作数出现在指令中。

例如：

```
MOV AX, BX
```

在这条指令中，源操作数和目标操作数都是通用寄存器。这条指令的执行结果是将 BX 的值写入累加器 AX，执行后 AX 中原来的值将被修改，而 BX 的值不变，即该指令执行后 AX＝BX。

3. 内存操作数

内存操作数的含义是指参加运算的数据存放在内存中，用[ ]表示。其基本格式为

段寄存器：[偏移地址]

其中，"段寄存器："表示数据所在逻辑段的段地址，在默认情况下（详见 3.2 节）可以省略，即可以不显式给出。[ ]中给出的是操作数所在内存单元的偏移地址。不同的寻找方式，其偏移地址的表现形式不同。但无论怎样的形式，[ ]内都一定是存放操作数的内存单元的偏移地址。这是理解 3.2 节中各种针对内存操作数的寻址方式的关键点。

由于这里仅讨论 16 位指令集，因此，指令操作数一般为 8 位或 16 为字长。虽然内存空

间很大,但作为指令中的操作数,8086 指令集中的内存操作数的字长原则上也只能是 8 位或 16 位,只有在极个别的指令中会出现 32 位字长的操作数(具体参见 3.3 节)。如何确定内存操作数在不同指令中的字长,也是学习具体指令时需要注意的一点。

例如:

MOV AH, [100]

在这条指令中,目标操作数是通用寄存器,源操作数是内存操作数(请关注内存操作数的表现形式)。这条指令的执行结果是将偏移地址为 100 的内存单元中的值写入累加器 AH,执行后 AH 中原来的值将被修改,而偏移地址为 100 的内存单元中的值不改变。

读者看到这里可能会问:偏移地址为 100 的内存单元在哪个逻辑段?段地址是多少?对于这些疑问,将在 3.2 节中找到答案。

内存操作数的偏移地址也称有效地址(Efficient Address,EA)。存储器操作数可以通过不同的寻址方式由指令给出。事实上,3.2 节中介绍的几种较复杂的寻址方式都针对的是内存操作数。

一条指令的执行通常包括取指令、指令译码、读取操作数、执行、传送结果 5 个步骤,它们需要的时间共同构成了指令执行的时间开销。读取寄存器操作数的时间最短,而读取内存操作数的时间与采用的寻址方式有关,不同的寻址方式,计算偏移地址需要的时间不同,其指令执行时间可能会相差很大。

以通用数据传送指令(MOV)为例,若 CPU 的时钟频率为 5MHz,即一个时钟周期为 $0.2\mu s$,则从寄存器到寄存器之间的传送指令的执行时间为

$$t = 2 \times 0.2\mu s = 0.4\mu s$$

立即数传送到寄存器的指令执行时间为

$$t = 4 \times 0.2\mu s = 0.8\mu s$$

而对于存储器到寄存器的字节传送,设存储器采用基址-变址寻址方式,则指令执行时间为

$$t = (8+8) \times 0.2\mu s = 3.2\mu s$$

3.2 寻址方式

指令的寻址方式

要高效率地开发微处理器软件,需要清楚每条指令的寻址方式。本节以 MOV 指令(数据传送指令,详见 3.3.1 节)为例,说明操作数的寻址方式。

所谓寻址方式,顾名思义是指获得操作数所在地址的方法。根据冯·诺依曼原理,程序执行前需要进入内存,故指令操作数通常来自内存或寄存器,在某些特殊情况下,也可以由指令直接给出,或采用默认方式(隐含)给出[①]。

本节讨论的寻址方式主要以 Intel x86-16 指令集为例[②],除了针对立即数的寻址,其他寻址方式既适用于源操作数也适用于目标操作数。但为了描述上的方便,在以下示例中,如无特殊声明,讨论的对象均以源操作数为例。

---

① 这里暂时没有考虑对 I/O 接口的访问。
② Intel x86-16 指令集主要指 8086、8088、80286 指令集。

在 8086 指令集中，说明操作数所在地址的寻址方式可分为 8 种。深入理解寻址方式，清楚何种寻址方式适用于何种指令，对深入理解指令执行原理，正确、合理地使用指令非常重要。

◇3.2.1 立即寻址

立即寻址（immediate addressing）方式只针对源操作数。此时源操作数是一个立即数，它作为指令的一部分，紧跟在指令的操作码之后，存放于内存的代码段中。在 CPU 取指令时随指令码一起取出并直接参加运算。这里的立即数可以是 8 位或 16 位的整数。若为 16 位，则存放时低 8 位存放于低地址单元（AL），高 8 位存放于高地址单元（AH），如图 3-4（a）所示。立即寻址方式主要用于给寄存器或存储单元赋初值。

【例 3-1】 执行指令：MOV AX,3102H。

题目解析：该指令将 16 位的立即数 3102H 送入累加器 AX。指令执行后，AH=31H，AL=02H。

解：这是一条三字节指令，其执行情况如图 3-4（b）所示。

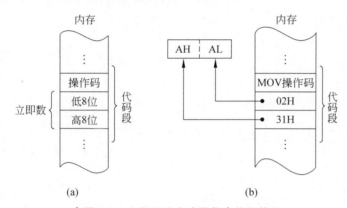

◆图 3-4　立即寻址方式及指令执行情况

◇3.2.2 直接寻址

直接寻址方式表示参加运算的数据存放在内存中，存放的地址由指令直接给出。即，指令中的操作数是内存操作数，[ ]内用 16 位常数表示存放数据的偏移地址，数据的段地址默认为数据段，可以允许段超越（segment override）。

> 段超越也称段重设。它通过段超越前缀（segment override prefix）修改指令操作数默认的逻辑段。段超越前缀可以附加到任何指令的内存操作数前边。

【例 3-2】 执行指令：MOV AX,[3102H]。

题目解析：该指令的源操作数为直接寻址，执行结果是将数据段中偏移地址为 3102H 和 3103H 的两个单元的内容送到 AX 中。之所以传送两字节，是因为指令中的目标操作数是 16 位操作数 AX。

解：假设 DS=2000H，则直接寻址的操作数的物理地址为

$$20000H + 3102H = 23102H$$

指令的执行情况如图 3-5 所示。

> 需要特别注意直接寻址方式与立即寻址方式的区别。直接寻址指令中的常数是存放运算数据的内存单元的 16 位偏移地址,而不是数据本身。为了区分二者,指令系统规定偏移地址必须用方括号括起来。例如,在例 3-2 中,指令的执行不是将立即数 3102H 送入累加器 AX,而是将偏移地址为 3102H 的两个内存单元的内容送入 AX。

在直接寻址方式中,操作数默认在数据段①,但允许段重设,即可以将操作数重设到附加段甚至堆栈段中。此时在指令中要用段重设符加以声明。

例如,若将例 3-2 中的指令改为"MOV BL,ES:[3102H]",则操作数的偏移地址虽依然为 3102H,但段地址已改变到附加段。而且由于此时目标操作数是 8 位寄存器 BL,指令的执行仅将 3102H 指向的字节单元内容送 BL。

假设 ES=4600H,则寻址的操作数的物理地址为

$$4600H + 3102H = 49102H$$

指令的执行情况如图 3-6 所示。

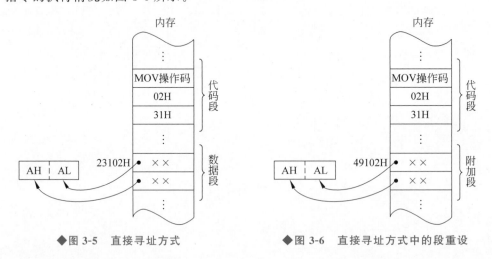

◆图 3-5　直接寻址方式　　　　◆图 3-6　直接寻址方式中的段重设

由于常数无法作为地址指针,故在非机器语言的程序设计中,通常不会用常数直接表示操作数的地址,而会用字符串表示的符号地址代替。在上例中,若用 BUFFER 代替偏移地址 3102H,则指令可写成

```
MOV  BL,ES:[BUFFER]
```

或

```
MOV  BL,ES:BUFFER
```

这里的 BUFFER 即等价于高级语言中的变量。了解 C 语言或其他高级语言的读者都知

---

① 在 Intel 指令集中,直接寻址方式的操作数默认在数据段,但具体的编译器可能有不同的解释。例如,较常用的宏汇编(编译)程序就默认直接寻址的操作数在代码段中。

道，变量需要先声明再引用。同样，在用助记符指令编写的汇编语言（将在第 4 章介绍）中，类似 BUFFER 这样的变量也必须先定义后引用。

◇3.2.3　寄存器寻址

在寄存器寻址（register addressing）方式下，指令的操作数为 CPU 的内部寄存器。它们可以是数据寄存器（8 位或 16 位），也可以是地址指针、变址寄存器或段寄存器。

【例 3-3】　执行指令：MOV SI，AX。

题目解析：该指令将 AX 的内容送到寄存器 SI 中。

解：设指令执行前 AX＝2233H，SI＝4455H，则指令执行后 SI＝2233H，而 AX 中的内容保持不变。其执行情况如图 3-7 所示。

采用寄存器寻址方式，虽然指令操作码在代码段中，但操作数在内部寄存器中，指令执行时不必通过访问内存就可取得操作数，故执行速度较快。

◆图 3-7　寄存器寻址

◇3.2.4　寄存器间接寻址

寄存器间接寻址（register indirect addressing）是用寄存器的内容表示操作数的偏移地址。此时寄存器中的内容不再是操作数本身，而是偏移地址，操作数本身在内存中。

在寄存器间接寻址方式中，用于存放偏移地址的寄存器称为间址寄存器或地址指针。它们是 SI、DI、BX、BP。选择不同的间址寄存器，涉及的段寄存器不同。在默认情况下，选择 SI、DI、BX 作间址寄存器时，操作数在数据段，段地址由 DS 决定；选择 BP 作间址寄存器，则操作数在堆栈段，段地址由 SS 决定。但无论选择哪一个间址寄存器，都允许段重设，可在指令中用段重设符指明当前操作数在哪一个段。

简单地说，在寄存器间接寻址方式下，运算的数据存放于内存中（即出去操作数），数据在内存中的地址由间址寄存器给出。

由于间址寄存器中存放的是操作数的偏移地址，所以指令中的间址寄存器必须加上方括号，以避免与寄存器寻址指令混淆。

> 注意，在寄存器间接寻址方式中，存放操作数偏移地址的寄存器只允许是 SI、DI、BX 和 BP，即[ ]中不能出现其他寄存器。

【例 3-4】　已知 DS＝6000H，SI＝1200H，执行指令：MOV AX，[SI]。

题目解析：该指令的源操作数采用寄存器间接寻址，没有设定段重设，故数据默认在数据段，段地址为 DS 的值。由已知条件可计算出操作数的物理地址为

$$60000H＋1200H＝61200H$$

解：指令执行情况如图 3-8 所示。执行结果为 AX＝3344H

若操作数存放在附加段，则本例中的指令应表示成以下形式：

MOV AX,ES:[SI]

【例 3-5】　若已知 SS＝8000H，BP＝0200H，执行指令：MOV BX，[BP]。

题目解析：该指令中源操作数采用寄存器间接寻址，间址寄存器为 BP，操作数默认存

放在堆栈段。

解：指令执行后，BL 为 80200H 单元中的内容，BH 为 80201H 单元中的内容。

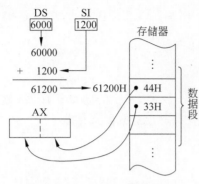

◆图 3-8　寄存器间接寻址

◇**3.2.5　寄存器相对寻址**

在寄存器寻址方式（register relative addressing）方式中，操作数在内存中的偏移地址由间址寄存器的内容加上指令中给出的一个 8 位或 16 位的位移量得到。操作数所在的段由指令使用的间址寄存器决定（规则与寄存器间接寻址方式相同），允许段重设。寄存器相对寻址的一般格式为

指令码　目标操作数,[间址寄存器+位移量]

其中,位移量是一个常量。因为位移量可看作相对值,所以把这种带位移量的寄存器间接寻址方式称为寄存器相对寻址。

【例 3-6】　设 DS＝6000H,BX＝1000H,常量 DATA＝8,给出指令 MOV AX,DATA[BX] 的寻址过程。

题目解析：该指令的源操作数采用寄存器相对寻址方式,间址寄存器为 BX,故操作数默认在数据段。

解：由题目可知,源操作数的物理地址为

60000H＋1000H＋0008H＝61008H

指令的执行情况如图 3-9 所示。执行结果为 AX＝5566H。

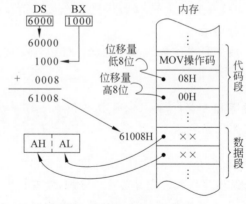

◆图 3-9　寄存器相对寻址

寄存器相对寻址常用于存取表格或一维数组中的元素——把表格的起始地址作为位移量,把元素的下标值放在间址寄存器中（反过来也可以）,这样就可以存取表格中的任意一个元素。

【例 3-7】　设内存中有一维字符数组,其首地址（偏移地址）为 TABLE。现要读取数组中的第 10 个字符,并存放到 AL 中。

题目解析：字符数组中的每个元素均为一字节,且第 1 个元素的下标为 0。对一维数组的寻址可以采用寄存器相对寻址方式。

解：实现上述功能的程序段如下。

```
MOV SI,9                ;第10个元素的位移量为9
MOV AL,[TABLE+SI]       ;第10个元素的偏移地址为TABLE+9
```

在汇编语言中，寄存器相对寻址指令的书写格式允许有几种不同的形式。例如，以下几种写法完全等价：

```
MOV AL,DATA[SI]
MOV AL,[SI]DATA
MOV AL,DATA+[SI]
MOV AL,[SI]+DATA
MOV AL,[DATA+SI]
MOV AL,[SI+DATA]
```

> 本书中的字符常量，如上式中的DATA，均表示任意8位或16位常数。在实际指令中，通常用某一具体常数取代。例如：MOV AL,[SI+5]。

◇ 3.2.6 基址-变址寻址

与直接寻址类似，用位移量（某个常数）表示一维数组的首地址难以用指令实现对地址的修改，由此就引入了基址-变址寻址方式。这种寻址方式由一个基址寄存器(BX或BP)的内容和一个变址寄存器(SI或DI)的内容相加而形成操作数的偏移地址，数据所在的逻辑段由基址寄存器决定。即，默认情况下，指令中若用BX作基址寄存器，则数据在数据段；若用BP作基址寄存器，则数据在堆栈段。这两种情况均允许段重设。

【例3-8】 设DS=8000H，BX=2000H，SI=1000H，给出指令MOV AX,[BX][SI]的寻址过程。

题目解析：该指令源操作数为基址-变址寻址，因基址寄存器使用BX，且没有段重设，故数据默认在数据段。

解：由题知，源操作数的物理地址为

$$80000H+2000H+1000H=83000H$$

源操作数的寻址过程如图3-10所示。

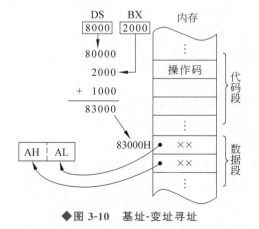

◆图3-10 基址-变址寻址

指令执行后,AL=[83000H],AH=[83001H]。

注意,使用基址-变址方式时,不允许将两个基址寄存器或两个变址寄存器组合在一起寻址,即指令中不允许同时出现两个基址寄存器或两个变址寄存器。例如,以下指令是非法的:

```
MOV AX,[BX][BP]        ;错误!同时出现两个基址寄存器
MOV AX,[SI][DI]        ;错误!同时出现两个变址寄存器
```

◇3.2.7 基址-变址-相对寻址

这种寻址方式是基址-变址寻址方式的扩充。指令中指定一个基址寄存器、一个变址寄存器和一个 8 位或 16 位的位移量,将三者相加就得到操作数的偏移地址。至于默认的段寄存器,仍由指令使用的基址寄存器决定。这种寻址方式允许使用段重设。

使用基址-变址-相对寻址方式可以很方便地访问二维数组。例如用位移量指定数组的首地址(偏移地址),用基址寄存器和变址寄存器分别存放数组元素的行地址和列地址,通过不断修改行、列地址,就可以直接访问二维数组中的各个元素。

【例 3-9】 若设 DS=8000H,BX=2000H,DI=1000H,给出指令 MOV AX,5[DI][BX]的寻址过程。

题目解析:该指令中的源操作数采用基址-变址-相对寻址方式,基址寄存器为 BX,且未使用段重设,故操作数默认在数据段。该指令将段地址为 DS、偏移地址为 BX+DI+5 的连续两个存储单元的内容送入 AX。

解:由题目中给出的条件,该指令执行情况如图 3-11 所示。

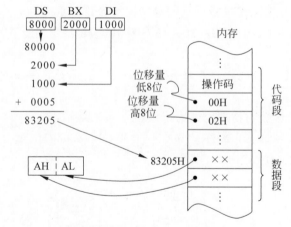

◆图 3-11 基址-变址-相对寻址

使用这种寻址方式可以很方便地访问二维数组。例如,用基址寄存器存放数组的首地址(偏移地址),而用变址寄存器和位移量分别存放行和列的值,指令就可以直接访问二维数组中指定的行和列的元素。

与寄存器间接寻址方式类似,基址-变址-相对寻址指令同样也可以表示成多种形式,例如:

```
MOV AX,DATA[SI][BX]
MOV AX,[BX+DATA][SI]
MOV AX,[BX+SI+DATA]
MOV AX,[BX]DATA[SI]
MOV AX,[BX+SI]DATA
```

同样,基址-变址-相对寻址也不允许在指令中同时出现两个基址寄存器或两个变址寄存器。即下列指令也是非法的:

```
MOV AX,DATA[SI][DI]         ;错误!同时出现两个变址寄存器
MOV AX,[BX][BP]DATA         ;错误!同时出现两个基址寄存器
```

◇ **3.2.8　隐含寻址**

在上述各类寻址方式中,针对的都是指令中显式呈现的操作数,给出的示例都是双操作数格式指令。在 x86 的 16 位指令集中,有一部分指令为单操作数或零操作数格式。这类指令的操作数为隐含存在的,在指令的操作码中,不仅包含了操作的性质,还隐含了部分操作数的地址。这种将一个操作数隐含在指令码中或全部操作对象都隐含在操作码中的寻址方式就称为隐含寻址。

既然操作对象隐含在操作码中,就意味着操作对象是确定的、不可改变的。以下用乘法指令作为例子对隐含寻址进行解释。乘法指令的一般格式为

```
MUL 操作数
```

这条指令在形式上为单操作数指令。但我们都知道,乘法一定需要两个操作数:被乘数和乘数,而指令中只给出了一个操作数,显然隐含了另一个操作数。事实上,该指令显式给出的操作数是乘数的存放地址,被乘数以及乘积的地址为隐含给出的(也就是固定的地址)。有关 MUL 指令的详细解释参见 3.3.2 节,这里先用一个简单示例说明隐含寻址的概念。

【例 3-10】 说明指令 MUL BL 中操作数的寻址过程。

题目解析:按照 MUL 指令的基本格式,操作数 BL 中存放的是乘数,指令隐含的被乘数存放在 AL 寄存器中,乘积则存放在 AX 中。

解:该指令的执行过程为 AL×BL→AX。该指令隐含了被乘数 AL 及乘积 AX。

3.3　Intel x86-16 指令集

x86-16 指令集按照功能可分为 6 类:
(1) 数据传送指令。
(2) 算术运算指令。
(3) 逻辑运算和移位指令。
(4) 串操作指令。
(5) 程序控制指令。
(6) 处理器控制指令。

严格地讲，指令是指用 0 和 1 表示的机器语言指令，但由于记忆上的困难，实际编程中都采用汇编指令而非机器语言指令。汇编指令用助记符描述，与机器语言指令一一对应。附录 C 中给出了 x86-16 指令集中的 6 类 111 条指令的助记符描述。

20 世纪 70 年代，美国加州大学伯克利分校通过对大量程序的研究，归纳出了 CISC 指令系统的计算机中存在的"80/20 规律"：20% 的指令在各种应用程序中的出现频率占整个指令系统的 80%。基于此规律，本节主要对 x86-16 指令集中最常用的部分指令做详解介绍。

表 3-1 是本章常用符号说明。

表 3-1 本章常用符号说明

常 用 符 号	符 号 含 义
OPRD	泛指各种类型的操作数
mem	内存操作数
acc	累加器操作数
src	源操作数
dest	目标操作数
reg16	16 位寄存器
port	输入输出端口，可用数字或表达式表示
DATA	8 位或 16 位立即数

通用数据传送指令 01

◇3.3.1 数据传送指令

数据传送指令是程序中使用最为频繁的一类指令，无论程序功能如何，都需要将原始数据、中间运算结果、最终结果及其他信息在 CPU 的寄存器和存储器之间进行传送。数据传送指令中的绝大多数都不会对状态寄存器 FLAGS 产生影响。

按照功能划分，数据传送指令包括通用数据传送指令、目标地址传送指令、输入输出指令、转换指令和标志传送指令 5 种。以下详细介绍部分最常用的指令。

1. 一般数据传送指令 MOV

MOV 指令是几乎所有程序段中都会使用的最常用的指令之一。指令格式为

```
MOV dest,src              ;(dest)←(src)
```

这里，dest 表示目标操作数，src 表示源操作数。该指令的功能是将数据从源地址传送到目标地址，而源地址中的数据保持不变。也就是说，MOV 指令实际上完成了一次数据的复制。

在汇编语言中，规定具有双操作数的指令必须将目标操作数写在前面，将源操作数写在后面，二者之间用一个逗号隔开。

1）指令特点

MOV 指令是最普通、最常用的传送指令，它具有如下几个特点：

(1) 该指令中的操作数可以是 8 位或 16 位的寄存器或存储单元,源操作数可以是立即数。

(2) 该指令可以使用 2.2 节讨论的各种寻址方式。

2) 指令实现的操作

MOV 指令可以实现以下各种数据传送:

(1) 寄存器与寄存器或通用寄存器与段寄存器之间的数据传送。例如:

```
MOV BX,SI         ;变址寄存器 SI 中的内容送入基址寄存器 BX
MOV DS,AX         ;累加器 AX 中的内容送入段寄存器 DS
MOV AL,CL         ;通用寄存器 CL 中的内容送 AL
```

(2) 寄存器与内存之间的数据传送。MOV 指令可以在寄存器与内存之间进行数据传送。若传送的是字操作数,则对连续两个内存单元进行存取,且寄存器的高 8 位对应内存的高地址单元,低 8 位对应内存的低地址单元。图 3-12 为指令"MOV [BX],AX"的执行原理。它将累加器 AX 的值送到间址寄存器 BX 指向的两个内存单元中。

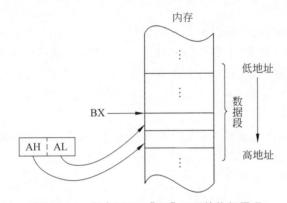

◆图 3-12　指令"MOV [BX],AX"的执行原理

(3) 立即数到寄存器的数据传送。例如:

```
MOV AL,5          ;将立即数 5 送入累加器 AL
MOV BX,3078H      ;将立即数 3078H 送入寄存器 BX
```

> 指令中立即数的字长由另一个操作数确定。

(4) 立即数到内存的数据传送。例如:

```
MOV BYTE PTR[BP+SI],5    ;将 5 送入堆栈段中偏移地址为 BP+SI 的单元中
MOV WORD PTR[BX],1005H   ;将 1005H 送入数据段中偏移地址为 BX 和 BX+1 的两个单元
```

> 由于指令中的立即数和内存操作数都属于字长不确定操作数。当指令的两个操作数的字长都不确定时,x86 指令系统要求必须明确指定其中一个操作数的字长,指定的方法是使用属性运算符 PTR(详见 4.1.2 节)。

(5) 内存与段寄存器之间的数据传送。例如:

```
MOV DS,[1000H]        ;将数据段中偏移地址为 1000H 的字单元内容送入数据段寄存器 DS
MOV [BX],ES           ;将附加段寄存器 ES 的内容送入数据段中 BX 指向的字单元
```

3) 指令对操作数的要求

指令对操作数有以下要求：

(1) MOV 指令中两个操作数的字长必须相同，可同为字节操作数或同为字操作数。

(2) 两个操作数不能同时为内存操作数。若要在两个内存单元之间进行数据传送，需要用两条 MOV 指令实现。

(3) 不能用立即数直接给段寄存器赋值（要实现此功能，需使用两条 MOV 指令）。

(4) 两个操作数不能同时为段寄存器。同样，要实现段寄存器到段寄存器的数据传送，需两条 MOV 指令。

(5) 一般情况下，指令指针 IP 及代码段寄存器 CS 的内容不通过 MOV 指令修改，即它们不能作为目标操作数，但可以作为源操作数。

(6) 虽然许多指令的执行都对状态寄存器 FLAGS 的标志位产生影响，但通常情况下，FLAGS 整体不作为操作数。

实际编写程序时，有时需要将内存一个区域中若干单元的数据（称为数据块）传送到另外一个区域，或是向若干单元赋同样的值（比如清零）。对于这种重复性的工作，计算机是最容易的。下面就通过一个例子说明如何利用 MOV 指令完成数据块的传送。

【例 3-11】 将内存数据段偏移地址从 1000 起始的 200 字节送入首地址为 2000 的区域中。

题目解析：由于 MOV 指令不支持内存单元间的直接数据传送，因此需要用两条 MOV 指令实现。在这里，我们当然不希望用 400 条 MOV 指令完成这 200 个单元数据的传送。较好的实现方式是通过循环程序实现这个数据块的传送。请看下面的程序段。该程序段中某些指令还没有介绍，这里先使用它们。

```
        MOV SI,1000       ;源数据块首地址(偏移地址)送入 SI
        MOV DI,2000       ;目标首地址(偏移地址)送入 DI
        MOV CX,200        ;数据块长度送入 CX,即循环次数为 CX
NEXT:   MOV AL,[SI]       ;源数据块中第一个字节送入 AL
        MOV [DI],AL       ;AL 内容送入目标地址,完成一字节数据的传送
        INC SI            ;SI 加 1,修改源地址指针
        INC DI            ;DI 加 1,修改目标地址指针
        DEC CX            ;CX 减 1,修改循环次数
        JNZ NEXT          ;若循环次数(CX)不为 0,则转移到 NEXT 标号处
        HLT               ;停止
```

2. 堆栈操作指令 PUSH 和 POP

堆栈操作指令针对内存堆栈段进行操作，其段地址放在堆栈段寄存器 SS 中。

堆栈段是内存中一个特定的区域①，用于存放寄存器或内存中暂时不用又必须保存的

通用数据传送指令 02

---

① 这里的堆栈特指 1.1.5 节中提到的栈，是从内存管理的角度而非数据结构的角度描述的在动态分配内存时指定的一类存储区域。

数据。

与数据段等其他逻辑段更关注段地址不同,堆栈段更注重栈顶和栈底,如图 3-13 所示。栈顶(偏移)地址由堆栈指针 SP 给出,表示目前堆栈段中已存储数据的容量。栈底是指堆栈段中的最高地址单元;栈底到栈顶之间为已存储的数据;而栈顶到段首之间是预留的存储空间,可以继续存放数据。所以:

- 若栈顶=栈底,表示空栈。
- 若栈顶=段首,表示满栈。

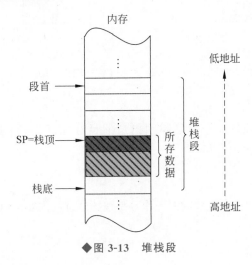

◆图 3-13 堆栈段

对堆栈段的操作必须遵循以下原则:

(1) 对堆栈段的存取必须以字为单位。在 16 位指令集中,堆栈指令中的操作数必须是 16 位。

(2) 向堆栈段中存放数据时,总是从高地址向低地址方向增长;而从堆栈段中取数据时方向正好相反。

(3) 堆栈段在内存中的位置由 SS 决定,堆栈指针 SP 总是指向栈顶,即 SP 的内容等于当前栈顶的偏移地址。所谓栈顶,是指当前可用堆栈操作指令进行数据交换的存储单元。在压入操作数之前,SP 先减 2;每弹出一个字,SP 加 2。

(4) 对堆栈段的操作遵循后进先出的原则。

在程序中,堆栈段主要用于子程序调用、中断响应等操作时的参数保护,也可用于实现参数传递。

1) 压栈操作指令 PUSH

PUSH 指令将指令指定的字操作数压入堆栈。指令格式为

PUSH src

这里,src 是源操作数,隐含的目标操作数为栈顶地址的内容。PUSH 指令的执行过程如下:

SP-2 → SP
src 高 8 位 → [SP+1]
src 低 8 位 → [SP]

图 3-14 给出了 PUSH AX 指令执行前后堆栈段的变化情况。这里假设 AX=1122H。由图 3-14 可见，PUSH 指令是将 16 位的源操作数送到堆栈的顶部。

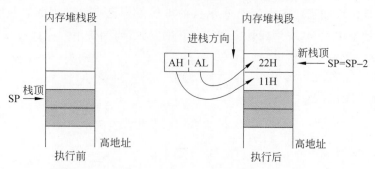

◆图 3-14　PUSH AX 指令执行前后堆栈段的变化情况

2) 出栈操作指令 POP

POP 指令将当前栈顶的一个字复制到指定的目标地址，并紧接着使堆栈指针 SP+2，指向新的栈顶位置。指令格式为

POP dest

这里的 dest 是目标操作数，指令隐含的源操作数是栈顶地址的内容。POP 指令的执行过程如下：

[SP] → dest 低 8 位
[SP+1] → dest 高 8 位
SP+2 → SP

> 堆栈操作指令在使用时有两点需要注意：
> (1) PUSH 和 POP 指令的操作数都必须是字操作数，它们可以来自 16 位的通用寄存器或除 CS 之外的段寄存器（虽然 PUSH CS 指令合法，但 POP CS 指令非法），也可以来自内存（地址连续的两个存储单元），但不能是立即数。
> (2) 若操作数来自内存，则需要用属性运算符（PTR）说明其字长。PTR 的功能是说明其后的操作数的字长是其前边字符串表述的含义（详见第 4 章）。

图 3-15 给出了 POP AX 指令执行前后堆栈段的变化情况。这里依然设 AX=1122H。

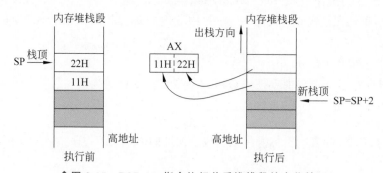

◆图 3-15　POP AX 指令执行前后堆栈段的变化情况

例如：

```
PUSH AX                    ;通用寄存器内容压入堆栈
PUSH WORD PTR[56+SI]       ;数据段中两个连续存储单元内容压入堆栈
POP DS                     ;从栈顶弹出一个字到段寄存器中
POP WORD PTR[BX]           ;从栈顶弹出一个字到数据段的两个连续存储单元中
```

在程序中，PUSH 和 POP 指令一般成对出现，且执行顺序相反，以保持堆栈原有状态。当然，在必要时也可通过修改 SP 的值恢复堆栈原有状态。

【例 3-12】 用图表示如下程序段的执行过程。

```
MOV AX,8000H
MOV SS,AX
MOV SP,0E200H
MOV DX,38FFH
PUSH DX
PUSH AX
  ⋮
POP DX
POP AX
```

题目解析：该程序的前 3 行语句设置堆栈段的段地址为 8000H，栈顶指针为 E200H[①]。执行两条 PUSH 指令后，寄存器 DX 和 AX 的值被分别压入堆栈保存，如图 3-16(a)所示。在执行完相关代码后（程序中省略的部分），再执行两条 POP 指令，分别将栈顶地址中的内容弹出到 DX 和 AX 中，如图 3-16(b)所示。

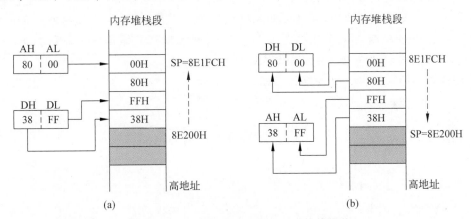

◆图 3-16 按先进先出原则执行的堆栈操作

由图 3-15 可见，执行后 AX 和 DX 的内容实现了互换，并没有实现对原寄存器中内容的保存（保存数据是堆栈的主要作用）。形成这样的结果的主要原因是没有按照后进先出的堆栈操作原则，而是按先进先出原则进行了堆栈操作，从而实现了 AX 和 DX 内容的互换（有时可利用堆栈的这一特点，实现两个操作数内容的互换）。

---

① 汇编语言规定：如果作为操作数的立即数的首位是字母（如 E200H），则该操作数前边要加 0，以便编译器识别。

堆栈除了在子程序调用和响应中断时用于保护断点地址外,还可在需要时对某些寄存器内容进行保存。例如,用 CX 寄存器同时作为两重循环嵌套的计数器。可先将外循环计数值送 CX。当内循环开始时,将 CX 中的外循环计数值压入堆栈保存,然后把内循环计数值写入 CX;当内循环完成后,再将外循环计数值从堆栈中弹出到 CX(有关循环指令详见 3.3.5 节)。

通用数据传送指令 03

3. 交换指令 XCHG

XCHG 指令的格式为

```
XCHG  OPRD1,OPRD2        ;(OPRD1)↔(OPRD2)
```

指令的操作是将源地址与目标地址中的内容互换,即将源操作数传送到目标操作数的地址,同时将目标操作数传送到源操作数的地址。因此,交换指令中的两个操作数可以说都是源,同时都是目标。

交换指令对操作数(地址)有如下要求:
(1) 源地址和目标地址可以是寄存器或内存,但不能同时为内存。
(2) 操作数不能为段寄存器操作数,即段寄存器的内容不能参加交换。
(3) 两个操作数字长必须相同,可以是字节交换,也可以是字交换。例如:

```
XCHG AX,BX              ;AX→BX,BX→AX
XCHG CL,DL              ;CL→DL,DL→CL
```

【例 3-13】 设 DS=2000H,SI=0230H,DL=88H,[20230H]=44H。编程实现将 SI 指向的内存单元内容与 DL 的内容互换。

题目解析:要实现该功能,可以使用 MOV 指令、堆栈操作指令,也可以使用交换指令。利用 MOV 指令实现两数交换时需要用 3 条指令,利用堆栈操作指令则需要 4 条指令(见例 3-12),而使用交换指令只需要一条指令就可以完成。

使用交换指令完成两个数交换:

```
XCHG [SI],DL
```

执行结果:[20230H]=88H,DL=44H。DL 的内容与偏移地址为 20230H 的内容进行了交换。

地址传送指令

4. 取偏移地址指令 LEA

LEA 指令的格式为

```
LEA  reg16,mem
```

LEA 指令将内存操作数 mem 的 16 位偏移地址送到指定的寄存器。这里,源操作数必须是内存操作数,目标操作数必须是 16 位通用寄存器的内容。因为该寄存器常用来作为地址指针,所以在此最好选用 4 个间址寄存器之一。

在现代程序设计中,所有的地址均为符号地址,表示存放运算数据的地址也称为变量。因此,在 LEA 指令中,源操作数通常为变量。例如,"LEA BX,BUFFER"指令就是将变量 BUFFER 的值(即 BUFFER 指向的存储单元的偏移地址)送 BX。

变量的本质是内存单元的符号的地址,具有具体的地址值。在编译成机器语言指令后,字符串表示的变量就被转换为具体的二进制地址值。因此,以变量表示的操作数在汇编指令中属于直接寻址方式。因为直接寻址方式中的常数地址无法作为地址指针,所以程序设计中通常需要先将变量地址送给某个间址寄存器。

与高级语言一样,汇编语言程序中的变量也需要先定义后引用。本书将在第 4 章中介绍变量的定义方法。

【例 3-14】 利用 LEA 指令重新编写实现例 3-11 功能的程序:将以 MEM1 为首地址的 200 字节单元的内容送到以 MEM2 为首地址的区域中。

题目解析:这里,源和目标操作数的首地址分别用变量 MEM1 和 MEM2 表示,需要先用 LEA 指令获取变量的偏移地址值。

```
        LEA SI,MEM1       ;将源数据块首地址(偏移地址)送入 SI
        LEA DI,MEM2       ;将目标首地址(偏移地址)送入 DI
        MOV CX,200        ;将数据块长度送入 CX,即循环次数为 CX
NEXT:   MOV AL,[SI]       ;将源数据块中第一个字节送 AL
        MOV [DI],AL       ;将 AL 内容送目标地址,完成一字节数据的传送
        INC SI            ;SI 加 1,修改源地址指针
        INC DI            ;DI 加 1,修改目标地址指针
        DEC CX            ;CX 减 1,修改循环次数
        JNZ NEXT          ;若循环次数(CX)不为 0,则转移到 NEXT 标号处
        HLT               ;停止
```

为帮助读者进一步理解 LEA 指令的执行原理,用例 3-15 对比 LEA 和 MOV 指令的执行结果。

【例 3-15】 设 BX=1000H,DS=6000H,[61050H]=33H,[61051H]=44H。比较以下两条指令的执行结果。

```
LEA BX,[BX+50H]
MOV BX,[BX+50H]
```

题目解析:LEA 指令获取源操作数的偏移地址,MOV 指令读取的是源操作数的内容。

上述两条指令的执行结果如图 3-17 所示。第一条指令执行后 BX=1050H,第二条指令执行后 BX=4433H。

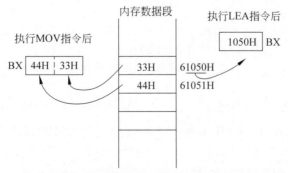

◆图 3-17　LEA 指令与 MOV 指令执行结果对比

5. 输入输出指令

输入输出指令是专门面向输入输出端口（I/O端口）进行读写的指令，共有两个：IN和OUT。输入指令IN用于从I/O端口读数据到累加器AL（或AX）中，而输出指令OUT用于把累加器AL（或AX）的内容写到I/O端口。即，从CPU方面看，只有累加器AL（或AX）才能与I/O端口进行数据传送，所以这两条指令也称为累加器专用传送指令。

8088系统可连接多个I/O端口。可以像内存一样用不同的地址区分它们。在8088的输入输出指令中，允许用两种形式表示I/O端口地址，或称为两种寻址方式：

（1）直接寻址。指令中的I/O端口地址为8位。此时允许寻址256个端口，端口地址范围为0～FFH。

（2）间接寻址。端口地址为16位，由DX寄存器指定，可寻址64K个端口，端口地址范围为0～FFFFH。

间接寻址方式的寻址范围较大，在编制程序时要尽量采用这种方式。

1) 输入指令IN

IN指令的格式为

```
IN acc,port           ;直接寻址,port为用8位立即数表示的I/O端口地址
```

或

```
IN acc,DX             ;间接寻址,16位I/O端口地址由DX给出
```

该指令从I/O端口输入一字节到AL或输入一字到AX。

2) 输出指令OUT

OUT指令的格式为

```
OUT  PORT,acc         ;直接寻址,PORT为8位立即数表示的I/O端口地址
```

或

```
OUT  DX,acc           ;间接寻址,16位I/O端口地址由DX给出
```

该指令将AL（或AX）的内容输出到指定的端口。

在x86的16位指令集中，IN和OUT指令可以实现从I/O端口中一次读入（或输出）一字节或两字节数据。I/O端口地址码的长度（8位或16位）取决于系统管理的I/O端口数量。以下是部分输入输出指令示例。

```
(1) MOV DX,13FBH
    IN AL,DX          ;从地址为13FBH的I/O端口输入一字节到AL
(2) OUT 43H,AX        ;将AX的值输出到地址为43H的I/O端口
(3) IN AX,0F8H        ;从地址为F8H的I/O端口输入一字到AX①
    MOV DX,033FH
    OUT DX,AX         ;将读入的AX的内容输出到地址为033FH的I/O端口
```

注意，采用间接寻址的IN/OUT指令只能用DX寄存器作为间址寄存器。

---

① 这里的I/O端口地址是F8H,写成0F8H是汇编程序（汇编语言源程序的编译程序）的要求。

6. 其他数据传送指令

除以上数据传送指令外,8086 指令集中还有其他数据传送指令,它们的格式和功能如表 3-2 所示。

表 3-2 其他数据传送类指令

指令类型	汇编语言格式	指令的操作	示 例
字位扩展指令	CBW	将 AL 中的字节扩展为字,并存放在 AX 中。扩展的原则是将符号位扩展到整个高位	MOV AL,8EH CBW ;结果:AX=FF8EH
	CWD	将 AX 中的字扩展为双字,扩展后的高 16 位存放在 DX 中。扩展的原则与 CBW 指令相同	MOV AX,438EH CWD ;结果:AX=438EH 　　　DX=0000H
远地址传送指令	LDS reg16,mem32	mem32 为内存中连续 4 个单元的首地址。该指令将 mem32 和 mem32+1 单元的内容送 reg16,将 mem32+2 和 mem32+3 单元的内容送 DS	设以 1234H 为首地址的连续 4 个单元的内容分别为 11H、22H、00H、90H。 LDS　SI,[1234H] ;SI=2211H,DS=9000H
	LES reg16,mem32	将 mem32 和 mem32+1 单元的内容送 reg16,将 mem32+2 和 mem32+3 单元的内容送 ES	
标志传送指令	LAHF	将 FLAGS 低 8 位的内容送 AH	
	SAHF	将 AH 的内容送入 FLAGS 低 8 位	
	PUSHF	将 FLAGS 的内容压入堆栈保存	
	POPF	将当前栈顶的两个单元的内容弹出到 FLAGS 中	

◇3.3.2 算术运算指令

8086 提供了加、减、乘、除 4 组基本的算术运算指令,可实现字节和字、无符号数和有符号数的运算。算术运算指令对操作数的要求类似于数据传送指令:单操作数指令中的操作数不允许使用立即数;在双操作数指令中,立即数只能作为源操作数;不允许源操作数和目的操作数都来自内存;等等。

算术运算的运算结果有可能溢出。由第 1 章已经知道,无符号数和有符号数的表示方法、数的可表示范围及溢出标志都不一样。有符号数的溢出是出错;而无符号数的溢出不能简单地认为是出错,也可看作向更高位的进位。它们的判断标志分别为 CF 和 OF。

除了 4 组针对二进制数的算术运算指令外,8086 还提供了与之对应的 BCD 码调整指令,可将运算结果调整为以 BCD 码表示的十进制数。

算术运算指令大多会对标志位产生影响。下面分别介绍这 4 组指令。

1. 加法指令

加法指令有 3 条:普通加法指令 ADD、带进位位的加法指令 ADC 及加 1 指令 INC。

加法运算指令

其中,双操作数指令(ADD 和 ADC)对操作数的要求与 MOV 指令基本相同,但有一点不同:段寄存器不能作为加法指令的操作数。

1) 普通加法指令 ADD

ADD 指令的格式为

```
ADD   OPRD1,OPRD2        ;OPRD1 ← OPRD1+OPRD2
```

该指令将源操作数和目标操作数相加,将结果送回目标地址。

这里,源操作数 OPRD1 和目标操作数 OPRD2 均可以是 8 位或 16 位的寄存器操作数或内存操作数,源操作数还可以是立即数。操作数可以是无符号数,也可以是带符号数。

例如:

以下指令是合法的:

```
ADD CL,20H            ;CL ← CL + 20H
ADD DX,[BX+SI]        ;DX ← DX + [BX+SI]
```

以下两条指令则是非法的:

```
ADD [SI],[BX]         ;不允许两个操作数都是内存操作数
ADD DS,AX             ;不允许把段寄存器的内容作为操作数
```

ADD 指令的执行对全部 6 个状态标志位都会产生影响。

【例 3-16】 说明以下两条指令执行后 6 个状态标志位的状态。

```
MOV AL,7EH            ;AL ← 7EH
ADD AL,5BH            ;AL ← 7EH+5BH
```

题目解析:将两个十六进制数转换为二进制数再相加,可以获得每个状态标准位的状态。

解:

$$
\begin{array}{r}
01111110 \\
+\ 01011011 \\
\hline
11011001
\end{array}
$$

因此,执行后 6 个状态标志位的状态分别为

- AF=1,表示位 3 向位 4 有进位。
- CF=0,表示最高位向更高位无进位。若两个数是无符号数,运算结果无溢出。
- OF=1,表示次高位向最高位有进位,但最高位向更高位无进位。如果两个数是有符号数,则运算结果溢出。
- PF=0,表示 8 位的运算结果中 1 的个数为奇数。
- SF=1,表示运算结果的最高位为 1。
- ZF=0,表示运算结果不为 0。

事实上,若为有符号数,两个操作数 7EH 和 5BH 都是正数,但相加后结果为负数,显然是错误。

2) 带进位位的加法指令 ADC

ADC 指令的格式为

```
ADC OPRD1,OPRD2        ;OPRD1 ← OPRD1+OPRD2+CF
```

ADC 指令与 ADD 指令一样,都完成两个数相加的运算。不同的只是:在 ADC 指令中,CF 也要参加求和运算,结果依然送目标操作数的地址。即,ADC 和 ADD 指令的格式及对标志位的影响完全相同,唯一的不同就是目标操作数和源操作数相加后还要加上 CF 的值。

【例 3-17】 设 CF=1,写出以下指令执行后的结果。

```
MOV AL,7EH
ADC AL,0ABH
```

题目解析:ADC 指令和 ADD 指令一样,也是求两个数的和,唯一的区别是前者需要再加上 CF 的值。

解:指令执行后,AL=7EH+ABH+1=2AH,且 CF=1。

ADC 指令主要用于多字节加法运算。计算机在一个时钟周期中实现的运算受到字长的限制。对 64 位处理器来说,可以直接进行两个 64 位整数运算。但对 16 位指令集,一次最多只能实现两个 16 位数的运算。无论如何,计算机运算的字长都是有限的,一条加法指令无法实现两个多字节数相加,而只能先进行低位相加,再加高位。这和用笔进行加法运算一样,高位相加时必须考虑低位向上的进位。因此,在两个多字节数求和时,不应使用 ADD 指令,而应使用 ADC 指令。

3) 加 1 指令 INC

INC 指令的格式为

```
INC OPRD               ;OPRD ← OPRD+1
```

INC 指令是将指定操作数的内容加 1,再送回该操作数的地址。其操作类似于 C 语言中的++运算符。这里,操作数 OPRD 可以是寄存器或内存操作数,可以是 8 位或 16 位。但不能是段寄存器的内容,也不能是立即数。例如:

```
INC AX                 ;AX ← AX+1
INC BYTE PTR[SI]       ;将以 SI 内容为偏移地址的单元的内容加 1
                       ;结果送回该单元
```

INC 指令不影响 CF 标志位,但对其他 5 个状态标志位 AF、OF、PF、SF 及 ZF 会产生影响。它通常用于在循环程序中修改地址指针及循环次数等。

【例 3-18】 设在内存数据段中存放了两个 20 字节无符号数,这两个数的首地址分别为 MEM1 和 MEM2,如图 3-18 所示。求两数之和并将和存放在以 MEM3 为首地址的区域中。

题目解析:对 16 位指令集,一次最多只能进行 2 字节数相加。对两个 20 字节的数,需要从低位到高位分别按字求和。可编写循环结构的程序实现。

以下是按字求和的参考代码:

```
LEA SI,MEM1            ;SI←被加数首地址
```

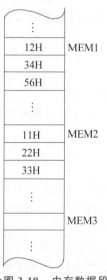

◆图 3-18 内存数据段

```
            LEA DI,MEM2        ;DI←加数首地址
            LEA BX,MEM3        ;BX←和的首地址
            XOR DX,DX          ;DX 寄存器清零
            MOV CX,10          ;CX←循环次数
            CLC                ;CF 标志位清零
    NEXT:   MOV AX,[SI]        ;AX←被加数
            ADC AX,[DI]        ;AX←和
            MOV [BX],AX        ;16 位数的和送 MEM3
            PUSHF              ;保存标志位
            ADD SI,2           ;修改地址指针
            ADD DI,2
            ADD BX,2
            POPF               ;恢复标志位
            DEC CX             ;修改循环次数
            JNZ NEXT           ;若 CX≠0 则转向 NEXT,继续求和
            HLT                ;若 CX=0,则程序结束
```

> 针对例 3-18 思考以下两个问题：
> (1) PUSHF 和 POPF 有什么作用？若去掉这两条指令,结果会如何？
> (2) 该程序执行到 HLT 指令时,SI、DI、BX 分别指向内存何处？
> 在 x86-16 指令集中,所有单操作数格式的指令对操作数都有以下共同要求：
> (1) 不能是立即数。
> (2) 若为内存操作数,必须用 PTR 运算符声明该内存操作数的字长。

2. 减法指令

8086 指令集共有 5 个减法指令：不考虑借位的普通减法指令 SUB、考虑借位的减法指令 SBB、减 1 指令 DEC、求补指令 NEG 以及比较指令 CMP。

1) 不考虑借位的减法指令 SUB

SUB 指令的格式为

```
SUB OPRD1,OPRD2            ;OPRD1 ← OPRD1-OPRD2
```

SUB 指令是双操作数指令,其功能是用目标操作数减去源操作数,并将结果送目标操作数的地址。

该指令对操作数的要求以及对状态标志位的影响与 ADD 指令完全相同。例如：

```
SUB BL,30H                 ;BL ← BL-30H
SUB AL,[BP+SI]             ;AL-SS:[BP+SI]单元内容,结果送 AL
```

2) 考虑借位的减法指令 SBB

SBB 指令的格式为

```
SBB  OPRD1,OPRD2           ;OPRD1 ← OPRD1-OPRD2-CF
```

SBB 指令的功能是用目标操作数减去源操作数以及标志位 CF 的值,并将结果送目标操作数所在的地址中。其对操作数的要求以及对状态标志位的影响与 SUB 完全相同。

SBB 指令主要用于多字节的减法运算。例如:

```
SBB BL,30H                    ;BL←BL-30H-CF
```

3) 减 1 指令 DEC

DEC 指令的格式为

```
DEC OPRD                      ;OPRD ← OPRD-1
```

DEC 指令与 INC 指令一样,是一条单操作数指令,其功能是将操作数的值减 1,结果再送回该操作数所在地址。该指令对操作数的要求及对状态标志位的影响与 INC 指令相同。例如:

```
DEC AX                        ;AX ← AX-1
DEC BYTE PTR[DI]              ;将数据段中 DI 所指单元的内容减 1,结果送回该单元中
```

DEC 指令常用于在循环程序中修改循环次数。

【例 3-19】 编写实现一定延时的延时程序。

题目解析:所谓延时程序,即通过执行指令"拖延"一段时间,并且不产生具体的功能。延时程序的典型结构就是循环结构。需要说明的是,虽然每条指令的字长是确定的,但由于指令构成的程序在运行时,受计算机和操作系统进程管理等因素的影响,相同的程序在不同的运行环境下可能延时的时间并不一致,故以下程序段仅考虑实现延时功能。

程序段如下:

```
        MOV  CX,0FFFFH        ;送计数初值到 CX
NEXT:   DEC  CX               ;计数值 CX 减 1
        JNZ  NEXT             ;若 CX≠0 则转向 NEXT
        HLT                   ;停止
```

4) 求补指令 NEG

NEG 指令的操作是用 0 减去操作数 OPRD,结果送回该操作数所在地址。指令的格式为

```
NEG OPRD                      ;OPRD ← 0-OPRD
```

操作数 OPRD 可以是寄存器或内存操作数。利用该指令可以得到负数的绝对值。之所以把 NEG 指令称为求补指令,是因为对一个负数取补码就相当于用 0 减去此数。

例如,设 AL=FFH,执行指令 NEG AL 后,AL=0-FFH=01H,即实现了对 FFH(-1 的补码)求补,或说得到了 AL 中负数的绝对值。

NEG 指令对 6 个状态标志位均有影响。应用该指令时有以下两点需要注意:

(1) 执行 NEG 指令后,一般情况下都会使 CF 为 1。因为用 0 减去某个操作数,自然会产生借位,而减法的 CF 值正反映了无符号数运算中的借位情况。除非给定的操作数为 0 才会使 CF 为 0。

(2) 当指定的操作数的值为 80H(-128)或为 8000H(-32 768),则执行 NEG 指令后,结果不变,即仍为 80H 或 8000H,但 OF 置 1,其他情况下 OF 均置 0。

5）比较指令 CMP

CMP 指令的格式为

```
CMP   OPRD1,OPRD2 ;结果不送回 OPRD1
```

CMP 指令是用源操作数减去目标操作数,但相减的结果不送回目标操作数。即指令执行后两个操作数内容不变,而只是影响 6 个状态标志位。CMP 指令对操作数的要求及对状态标志位的影响与 SUB 指令完成相同。

CMP 指令主要用来比较两个数的大小关系。可以在 CMP 指令执行后根据标志位的状态比较两个操作数的大小。判断方法如下:

(1) 相等关系。如果 ZF=1,则两个操作数相等;否则不相等。

(2) 大小关系。分无符号数和有符号数两种情况考虑:

① 对两个无符号数,根据 CF 标志位的状态确定。若 CF=0,则被减数大于减数(若被减数大于减数,则无须借位,即 CF=0)。

② 对两个有符号数,情况要稍微复杂一些,需考虑两个数是同符号还是异符号。因为有符号数用最高位来表示符号,所以可以用 SF 判断谁大谁小。

- 对两个同符号数,因相减不会产生溢出,即 OF=0。有:

  SF=0,被减数大于减数;

  SF=1,减数大于被减数。

- 如果比较的两个数符号不相同,此时就有可能产生溢出。

  A. 若 OF=0(即无溢出),则有:

  如果被减数大于减数,SF=0;

  如果被减数小于减数,SF=1。

  B. 若 OF=1(有溢出),则:

  如果被减数大于减数,SF=1;

  如果被减数小于减数,SF=0。

归纳以上结果,可得出判断两个有符号数大小关系的方法:当 OF⊕SF=0 时,被减数大于减数;当 OF⊕SF=1 时,减数大于被减数。

编程序时,一般在 CMP 指令之后都紧跟一个条件转移指令,以根据比较结果决定程序的转向。

【例 3-20】 在内存数据段从 DATA 开始的单元中存放了两个 8 位无符号数,试比较它们的大小,并将大数送入 MAX 单元。

题目解析:对无符号数比较,可以使用 CMP 指令,通过判断 CF 的状态决定比较结果。

程序代码如下:

```
        LEA BX,DATA       ;将 DATA 偏移地址送入 BX
        MOV AL,[BX]       ;将第一个无符号数送入 AL
        INC BX            ;BX 加 1,指向第二个数
        CMP AL,[BX]       ;两个无符号数进行比较
        JNC DONE          ;若 CF=0(无进位,表示第一个数大),转向 DONE
        MOV AL,[BX]       ;否则,第二个无符号数送入 AL
DONE:   MOV MAX,AL        ;将较大的无符号数送入 MAX
```

```
        HLT                          ;停止
```

3. 乘法指令

乘法指令包括无符号数乘法指令和有符号数乘法指令两种,采用隐含寻址方式,隐含的目标操作数为 AX(在操作数为 16 位时还包括 DX),而源操作数由指令给出。指令可完成两个字节操作数相乘或两个字操作数相乘。

乘法指令要求乘数和被乘数长度必须相等,而乘积长度则是操作数长度的两倍。即,两个 8 位数相乘,乘积为 16 位,存放在 AX 中;两个 16 位数相乘,乘积为 32 位,高 16 位放在 DX 中,低 16 位放在 AX 中。

1) 无符号数乘法指令 MUL

MUL 指令的格式为

MUL OPRD

乘除运算指令

这里,源操作数 OPRD 可以是 8 位或 16 位的寄存器或存储器操作数。指令的操作分为两种:

(1) 字节乘法,AX←OPRD×AL。

(2) 字乘法,DX:AX←OPRD×AX。

虽然乘法指令实现的是两个数的运算,但由于采用隐含寻址,在形式上属于单操作数指令,因此其操作数不能为立即数。例如:

```
MUL BX                ;DX:AX←AX×BX
MUL BYTE PTR[SI]      ;AX←AL×SI
MUL DL                ;AX←AL×DL
MUL WORD PTR[DI]      ;DX:AX←AX×DI 指向的字单元的内容
```

两个 8 位数相乘,乘积有 16 位;两个 16 位数相乘,乘积有 32 位。如果乘积的高半部分(在字节操作数相乘时为 AH,在字操作数相乘时为 DX)不为 0,则 CF=OF=1,代表 AH 或 DX 中包含乘积的有效数字;否则 CF=OF=0。对其他状态标志位无定义。

MUL 指令中的源操作数应满足无符号数的表示范围。在某些情况下,可用左移指令代替 MUL 指令,以加快程序的运行速度。这一点将在移位指令中说明。

2) 有符号数乘法指令 IMUL

IMUL 指令在格式和功能上与 MUL 指令完全一样。区别主要表现在以下几点:

(1) 操作数的性质不同,前者是无符号数,后者要求两个乘数都必须为有符号数。

(2) 对无符号数乘法,如果乘积的高半部分(在字节操作数相乘时为 AH,在字操作数相乘时为 DX)不为 0,则 CF=OF=1,代表 AH 或 DX 中包含乘积的有效数字;否则 CF=OF=0。对有符号数乘法,如果乘积的高半部分是低半部分的符号位的扩展,则 CF=OF=0;否则 CF=OF=1。这两个指令对其他状态标志位均无定义。

(3) MUL 指令中的源操作数应满足无符号数的表示范围,而 IMUL 指令中给出的源操作数应满足有符号数的表示范围。

【例 3-21】 设 AL=FEH,CL=11H,分别将两数视为无符号数和有符号数,求 AL 与 CL 的乘积。

题目解析：若将这两个寄存器中的内容看作无符号数，需要使用 MUL 指令；若将其视为有符号数，则应使用 IMUL 指令。

解：两个无符号数相乘的指令为

```
MUL CL
```

指令执行后 AX=10DEH，因 AH 中的结果不为 0，故 CF=OF=1。

两个有符号数相乘的指令为

```
IMUL CL
```

指令执行后 AX=FFDEH=−34。因 AH 中的内容为 AL 中的内容的符号位的扩展，故 CF=OF=0。

出现不同的运算结果，主要是参与运算的数的性质不同。

4. 除法指令

8086 除法指令也包括无符号数的除法指令和有符号数的除法指令两种，同样采用隐含寻址方式，隐含了被除数，而除数由指令给出。

除法指令要求被除数的长度必须为除数长度的两倍。若除数为 8 位，则被除数为 16 位，并放在 AX 中；若除数为 16 位，则被除数为 32 位，放在 DX 和 AX 中，其中 DX 放高 16 位，AX 放低 16 位。

1）无符号数除法指令 DIV

DIV 指令的格式为

```
DIV OPRD
```

该指令中的操作数 OPRD 可以是 8 位/16 位寄存器操作数或字节/字内存操作数。

该指令的操作分为两种情况：

（1）字节除法：

```
AL←AX/OPRD
AH←AX%OPRD         (%为取余数操作)
```

即 AX 中的 16 位无符号数除以 OPRD，得到的 8 位商放在 AL 中，8 位余数放在 AH 中。

（2）字除法：

```
AX←(DX:AX)/OPRD
DX←(DX:AX)%OPRD
```

即 DX:AX 中的 32 位无符号数除以 OPRD，得到的 16 位商放在 AX 中，16 位余数放在 DX 中。

在除法运算中，若除数过小而使运算结果超出了 8 位或 16 位无符号数的可表达范围，会出现异常（在 CPU 内部产生一个类型码为 0 的中断）。

例如：

```
DIV BL                ;AX 除以 BL，商→AL，余数→AH
DIV WORD PTR[SI]      ;DX:AX 除以 SI 指向的字单元内容，商→AX，余数→DX
```

2) 有符号数除法指令 IDIV

IDIV 指令除要求操作数为有符号数外,在格式和功能上都和 DIV 指令类似。例如:

```
IDIV CX              ;DX 和 AX 中的 32 位数除以 CX,商放在 AX 中,余数放在 DX 中
IDIV BYTE PTR[BX]    ;AX 除以 BX 所指单元中的内容,商放在 AL 中,余数放在 AH 中
```

IDIV 指令的结果,商和余数均为带符号数,且余数符号与被除数符号相同。例如,-26 除以+4,可得到两种结果:一种结果是商为-6,余数为-2;另一种结果是商为-7,余数为+2,这两种结果都是正确的,但按照 8086 指令系统的规定,只取前一种结果。

无符号数除法指令和有符号数除法指令对 6 个状态标志位均无影响。

除法指令规定被除数的长度必须为除数的长度的 2 倍。在实际编程中,若被除数的长度不够,则分两种情况处理:对无符号数,可在被除数的高位加 0 扩展长度;对有符号数,需要使用字位扩展指令扩展长度。

【例 3-22】 分别用 DIV 指令和 IDIV 指令计算 7FA2H 除以 03DDH。

题目解析:DIV 用于两个无符号数的除法,IDIV 用于两个有符号数的除法。

解:若设这两个数是无符号数,则指令如下:

```
XOR DX, DX
MOV AX,8FA2H        ;AX=8FA2H
MOV BX,03DDH        ;BX=03DDH
DIV BX              ;商→AX=0025H,余数→DX=00B1H
```

若设这两个数是有符号数,则指令如下:

```
MOV AX,0FA2H        ;AX=7FA2H
MOV BX,03DDH        ;BX=03DDH
CWD                 ;使 DX=FFFFH
IDIV BX             ;商→AX=FFE3H,余数→DX=FFABH
```

5. BCD 码调整指令

除以上 4 组基本算术运算指令外,8086 还提供了 6 个 BCD 码调整指令,如表 3-3 所示。BCD 码是用 0 和 1 表示的十进制数。处理器能够直接处理的只有二进制(它并不能够识别其处理的 0 和 1 到底是 BCD 码还是二进制码),即对任何的 0 和 1,处理器都会按照二进制运算规则进行运算。因此,当运算结果(用十六进制描述)的任意一位大于 9 时,就属于非法 BCD 码,从而影响结果的正确性。因此,需要借用 BCD 码调整指令将运算结果调整为正确的 BCD 形式。

表 3-3 BCD 码调整指令

指令	指令的操作	示例

DAA	将按二进制数运算规则执行后存放在 AL 中的结果调整为压缩 BCD 码	MOV AL,48H
		ADD AL,27H
		DAA
		结果:AL=75H

续表

指令	指令的操作	示例

AAA	对两个非压缩（扩展）BCD 码相加后存放于 AL 中的和进行调整，形成正确的非压缩 BCD 码，调整后的结果的低 8 位在 AL 中，高 8 位在 AH 中	MOV AL,09H
		ADD AL,4
		AAA
		结果：AL=03H,AH=1,CF=1

DAS	对两个压缩 BCD 码相减后的结果（在 AL 中）进行调整，产生正确的压缩 BCD 码	
AAS	对两个非压缩 BCD 码相减之后的结果（在 AL 中）进行调整，产生正确的非压缩 BCD 码，其低 8 位在 AL 中，高 8 位在 AH 中	

AAM	对两个非压缩 BCD 码相乘的结果（AX 中）进行调整，产生正确的非压缩 BCD 码（把 AL 的内容除以 0AH，商放 AH 中，余数放 AL 中）	MOV AL,07H
		MOV BL,09H
		MUL BL ;AX=003FH
		AAM
		结果：AX=0603H,即非压缩 BCD 码 63

AAD	在进行除法之前执行。将 AX 中的非压缩 BCD 码（十位数放 AH，个位数放 AL）调整为二进制数，并将结果放 AL 中	MOV AX,0203H
		MOV BL,4
		AAD ;AX=0017H
		DIV BL
		结果：AH=03H,AL=05H

BCD 码调整指令仅对部分状态标志位有影响。

BCD 码调整指令均采用隐含寻址方式，隐含的操作数是累加器 AL（或 AL 和 AH）。这些指令一般不单独使用，而是与加、减、乘、除指令配合使用，以实现 BCD 码的算术运算。

◇3.3.3 逻辑运算和移位指令

逻辑运算和移位指令包括逻辑运算指令和移位指令两类，移位指令中又分为非循环移位指令和循环移位指令。

逻辑运算指令01

1. 逻辑运算指令

8086 提供的逻辑运算指令共有 5 条，包括 AND（逻辑与）、OR（逻辑或）、NOT（逻辑非）、XOR（逻辑异或）及 TEST（测试）指令。这些指令可对 8 位或 16 位的寄存器或内存单元中的内容进行按位操作。除 NOT 指令外，其他 4 个指令对操作数的要求与 MOV 指令相同，它们的执行都会使 CF=OF=0，并对 SF、PF 和 ZF 有影响①。NOT 指令对操作数的要求与 INC 指令相同，但其执行对所有状态标志位都不产生影响。

1）逻辑与指令 AND

AND 指令的格式为

```
AND    OPRD1,OPRD2           ;OPRD1←OPRD1∧OPRD2
```

---

① 逻辑运算是按位进行的运算，不存在进位或借位。虽然除 NOT 指令外的其他逻辑运算指令会使 CF 和 OF 清零，但测试表明，对 AF 标志位不产生影响。

AND 指令使源操作数和目标操作数按位相与,结果送回目标操作数的地址中。AND 指令在程序中主要应用于 3 个方面：

(1) 实现两个操作数按位相与。例如：

```
AND AX,[BX]          ;AX 和[BX]所指字单元的内容按位相与,结果送入 AX
```

(2) 使目标操作数中某些位保持不变,把其他位清零。例如：

```
AND AL,0FH           ;将 AL 的高 4 位清零,低 4 位保持不变
```

此时需要指定一个屏蔽字,屏蔽字各位的设置原则是：目标操作数中哪些位要清零,就把屏蔽字对应的位设为 0；其他位设为 1。例如,在上例中,0FH 就是屏蔽字,其高 4 位为 0,低 4 位为 1,表示将 AL 中的高 4 位清零,而低 4 位不变。

(3) 使操作数不变,但影响 6 个状态标志位,并使 CF=OF=0。例如：

```
AND AX,AX            ;AX 自身按位相与,不改变 AX 内容,但影响 6 个状态标志位
```

2) 逻辑或指令 OR

OR 指令的格式为

```
OR  OPRD1,OPRD2      ;OPRD1 ← OPRD1 ∨ OPRD2
```

逻辑运算指令 02

该指令实现对源操作数和目标操作数按位相或,结果送回目标操作数的地址中。与 AND 指令相似,OR 指令在程序中也主要应用于以下 3 方面：

(1) 实现两个操作数按位相或。例如：

```
OR [BX],AL           ;[BX]所指的单元的内容和 AL 的内容相或,结果送回[BX]所指的单元
```

(2) 使目标操作数某些位保持不变,将其他位置 1。此时源操作数应这样设置：目标操作数哪些位需要置为 1,就把源操作数中与之对应的位设为 1；其他位设为 0。例如：

```
OR AL,20H            ;将 AL 中的位 5 置 1,其余位不变
```

(3) 使操作数不变,但影响 6 个状态标志位,并使 CF=OF=0。例如：

```
OR AX, AX            ;AX 内容不变,但影响 6 个状态标志位
```

【例 3-23】 为保证数据通信的可靠性,往往需要对传送的 ASCII 码数据进行校验。信息校验的方法之一就是奇偶校验。试编写以偶校验方式进行数据传送的程序段。

题目解析：由 1.2.3 节知,奇偶校验位放在 ASCII 码的最高位。偶校验是使要传送的 ASCII 码(1 字节)中 1 的个数为偶数。

假定要传送的 ASCII 码在 AL 中,则对 AL 的内容加上偶校验的程序段如下：

```
      OR   AL,AL      ;不改变 AL 中的内容,但影响各状态标志位
      JPE  CONTINUE   ;若 PF=1(AL 中有偶数个 1),则转至 TRANS 完成数据传送
      OR   AL,80H     ;若 AL 中 1 的个数为奇数,则将其变为偶数
TRANS:…
```

3) 逻辑非指令 NOT

NOT 指令的格式为

```
NOT OPRD
```

NOT 指令是单操作数指令,它将指定的操作数 OPRD 按位取反,再送回该操作数的地址中。这里,OPRD 可以是 8 位或 16 位的寄存器操作数或内存操作数,但不能是立即数。NOT 指令对标志位无影响。

例如:

```
NOT AX                      ;将 AX 中的内容按位取反,结果送回 AX
NOT WORD PTR[SI]            ;将[SI]指向两个单元中的内容按位取反,结果再送回这两个单元
```

4) 逻辑异或指令 XOR

XOR 指令的格式为

```
XOR OPRD1,OPRD2             ;OPRD1 ← OPRD1⊕OPRD2
```

XOR 指令将源操作数和目标操作数按位进行异或运算,结果送回目标操作数的地址中。异或运算的规则是:两位相同时结果为 0,不同时结果为 1。例如:

```
XOR AX,1122H                ;AX 的内容与 1122H 异或,结果在 AX 中
```

根据异或运算的性质,某一操作数和自身进行异或运算,结果为 0。在程序中常利用这一特性使某寄存器清零。例如:

```
XOR AX,AX                   ;使 AX 清零
```

5) 测试指令 TEST

TEST 指令的格式、对操作数的要求及完成的操作和 AND 指令非常类似。两者的区别是:TEST 指令将与运算的结果不送回目标操作数的地址中,而只影响状态标志位。因此,TEST 指令常用于在不破坏目标操作数内容的情况下检测操作数中某些位是 1 还是 0。例如:

```
TEST AL,02H                 ;若 AL 中位 1 为 1,则 ZF=0;否则 ZF=1
```

【例 3-24】 从 4000H 开始的单元中放有 32 个有符号数,要求统计其中负数的个数,并将统计结果存入 BUFFER 单元。

题目解析:数的性质由最高位的状态决定。如果最高位为 1,则为负数。可以利用 TEST 指令或 AND 指令进行判断。

解:程序段如下。

```
         XOR DX,DX          ;清除 DX 的内容,DX 用于存放中间结果
         MOV SI,4000H       ;SI ← 起始地址
         MOV CX,20H         ;CX ← 统计次数
AGAIN:   MOV AL,[SI]        ;AL ← 取到的第一个数
         INC SI             ;地址指针加 1
         TEST AL,80H        ;测试所取的数是否为负数
         JZ NEXT            ;不为负数则转 NEXT
         INC DX             ;若为负数则 DX ← DX+1
NEXT:    DEC CX             ;CX ← CX-1
```

```
        JNZ AGAIN              ;若 CX≠0 则继续检测下一个
        MOV BUFFER,DX          ;统计结果送 BUFFER 单元
        HLT                    ;暂停执行
```

2. 移位指令

移位操作指令

移位指令包括非循环移位指令和循环移位指令两类。移位指令实现将寄存器操作数或内存操作数进行指定次数的移位。当移动一位时,移动次数由指令直接给出;当移动两位或更多位时,移动次数要放在 CL 寄存器中。即,指令的原操作数是移位次数(1 或 CL),目标操作数是被移动的对象(8 位或 16 位的寄存器或内存操作数)。这类指令的执行大多会影响 6 个状态标志位。

1) 非循环移位指令

8086/8088 有 4 条非循环移位指令:

- 逻辑左移指令 SHL(Shift Logic Left)。
- 逻辑右移指令 SHR(Shift Logic Right)。
- 算术左移指令 SAL(Shift Arithmetic Left)。
- 算术右移指令 SAR(Shift Arithmetic Right)。

4 条指令的格式完全相同,可实现对 8 位或 16 位寄存器操作数或内存操作数进行指定次数的移位。逻辑移位指令针对无符号数,算术移位指令针对有符号数。

(1) 逻辑左移指令和算术左移指令 SHL/SAL。

逻辑左移指令 SHL 和算术左移指令 SAL 执行完全相同的操作,其指令格式为

```
        SHL  OPRD,1       SAL  OPRD,1
```

或

```
        SHL  OPRD,CL      SAL  OPRD,CL
```

SHL/SAL 指令执行的操作是将目的操作数的内容左移 1 位或 CL 指定的位,每左移 1 位,左边的最高位移入状态标志位 CF,而右边的最低位补 0,如图 3-19 所示。

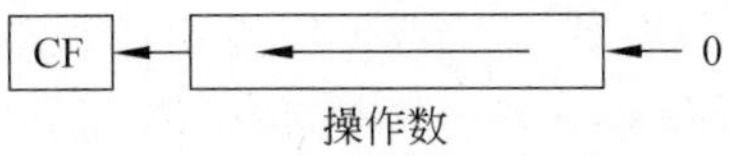

◆图 3-19 SHL/SAL 指令的操作

在移动次数为 1 的情况下,若移位之后操作数的最高位与 CF 标志位状态不相同,则 OF=1;否则 OF=0。这可用于判断移位前后的符号位是否一致。另外,SHL 和 SAL 指令还影响标志位 PF、SF 和 ZF。

OF=1 对 SHL 指令不表示移位后溢出,而对 SAL 指令则表示移位后超出了符号数的表示范围。

例如,以下两条指令执行后,AL=82H,CF=0,OF=1。

```
        MOV AL,41H
        SHL AL,1
```

这里,若视 82H 为无符号数,则它没有溢出(82H<FFH);若视它为有符号数,则溢出了(82H>7FH),因为移位后正数变成了负数。

将一个二进制无符号数左移 1 位相当于将该数乘以 2,所以可利用移动 i 位的左移指令实现把一个数乘以 2^i 的运算。由于左移指令比乘法指令的执行速度快得多,在程序中用左移指令代替乘法指令可加快程序的运行。

【例 3-25】 把以 DATA 为首地址的两个连续单元中的 16 位无符号数乘以 10。

题目解析:同样的问题可以有不同的解法。两个无符号数相乘,可以用 MUL 指令实现,也可以用左移指令实现。

方案一:

```
MOV AX,DATA         ;AX ← 被乘数
MOV BX,10           ;BL ← 乘数
MUL BX              ;DX:AX ← DATA×10
HLT
```

方案二:

因为 $10x = 8x + 2x = 2^3 x + 2^1 x$,所以用左移指令实现的程序代码如下:

```
LEA SI,DATA         ;将 DATA 单元的偏移地址送入 SI
MOV AX,[SI]         ;AX ← 被乘数
SHL AX,1            ;AX=DATA×2
MOV BX,AX           ;暂存 BX
MOV CL,2            ;CL ← 移位次数
SHL AX,CL           ;AX=DATA×8
ADD AX,BX           ;AX=DATA×10
HLT
```

> 请分析两种方案的优劣。

(2) 逻辑右移指令 SHR。

SHR 指令的格式与 SHL 指令相同,它将指令中的目标操作数视为无符号数。其操作是将目标操作数的内容向右移 1 位或 CL 指定的位数,每右移一位,右边的最低位移入状态标志位 CF,而在左边的最高位补 0,如图 3-20 所示。

◆图 3-20 SHR 指令的操作

SHR 指令也影响状态标志位 CF 和 OF。如果移动次数为 1,且移位之后新的最高位和次高位不相等,则标志位 OF=1;否则 OF=0。若移位次数不为 1,则 OF 状态不定。

【例 3-26】 分析执行如下指令后 AL 和 CF 的值。

```
MOV AL,82H
MOV CL,2
SHR AL,CL
```

题目解析:这 3 条指令的功能是将 82H 逻辑右移两位。

解:按照图 3-19 所示的 SHR 执行原理,82H 逻辑右移两位后的结果及 CF 标志位的状态如下:AL=20H,CF=1。

该结果说明,无符号数 82H 除以 4,商为 20H,余数为 1。

与逻辑左移类似，每逻辑右移 1 位，相当于无符号的目标操作数除以 2，因此同样可利用移动 i 位的 SHR 指令完成把一个数除以 2^i 的运算。SHR 指令的执行速度也比除法指令要快得多。

(3) 算术右移指令 SAR。

SAR 指令将指令中的目标操作数视为有符号数，格式与 SHR 相同。该指令的操作是将目标操作数的内容向右移 1 位或 CL 指定的位数，操作数最低位移入标志位 CF。它与 SHR 指令的区别是，算术右移时最高位不补 0，而是保持不变。SAR 指令的操作如图 3-21 所示。将例 3-26 中的 SHR 指令改为 SAR 指令，则指令的执行结果为：AL＝E0H，CF＝1。

◆图 3-21　SAR 指令的操作

SAR 指令对标志位 CF、PF、SF 和 ZF 有影响，但不影响 OF 和 AF。同样，移动 i 位的 SAR 指令也可以完成有符号操作数除以 2^i 的运算。

2) 循环移位指令

8088 有 4 个循环移位指令：

- 不带进位标志位 CF 的循环左移指令 ROL。
- 不带进位标志位 CF 的循环右移指令 ROR。
- 带进位标志位 CF 的循环左移指令 RCL。
- 带进位标志位 CF 的循环右移指令 RCR。

循环移位指令的操作数类型及指令格式与非循环移位指令相同。4 个指令的操作如图 3-22 所示。

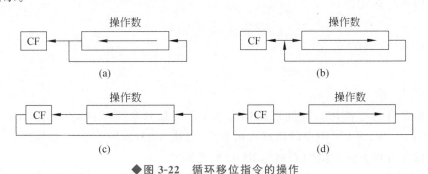

◆图 3-22　循环移位指令的操作

(1) 不带 CF 的循环左移指令 ROL。

ROL 指令的格式为

ROL　OPRD,1

或

ROL　OPRD,CL

ROL 指令将目标操作数向左循环移动 1 位或由 CL 指定的位数，最高位移入 CF，同时再移入最低位构成循环，进位标志位 CF 不在循环之内，如图 3-22(a)所示。

ROL 指令影响状态标志位 CF 和 OF。若循环移位次数为 1，且移位之后目标操作数的最高位和 CF 值不相等,则 OF=1;否则 OF=0。若移位次数不为 1,OF 状态不定。

例如,执行如下两条指令后,AL=05H,CF=1,OF=1。

```
MOV AL,82H
ROL AL,1
```

(2) 不带 CF 的循环右移指令 ROR。

ROR 指令的格式为

```
ROR    OPRD,1
```

或

```
ROR    OPRD,CL
```

ROR 指令将目标操作数向右循环移动一位或 CL 指定的位数,最低位移入 CF,同时再移入最高位构成循环,如图 3-22(b)所示。

ROR 指令影响状态标志位 CF 和 OF。如果循环移位次数为 1,且移位之后新的最高位和次高位不等,则 OF=1;否则 OF=0。若移位次数不为 1,则 OF 状态不定。

例如,执行如下两条指令后,AL=41H,CF=0,OF=1。

```
MOV AL,82H
ROR AL,1
```

(3) 带 CF 的循环左移指令 RCL。

RCL 指令的格式为

```
RCL    OPRD,1
```

或

```
RCL    OPRD,CL
```

RCL 指令将目标操作数连同进位标志位 CF 一起向左循环移动 1 位或 CL 指定的位数,最高位移入 CF,而 CF 原来的值移入最低位,如图 3-22(c)所示。

RCL 指令对状态标志位的影响与 ROL 指令相同。

例如,若设数据段偏移地址为 100AH 的单元的内容为 8EH,且当前 CF=0,则指令"RCL BYTE PTR[100AH],1"的执行过程可用图 3-23 表示。

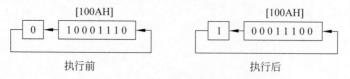

◆图 3-23 RCL 指令执行过程示例

(4) 带 CF 的循环右移指令 RCR。

RCR 指令的格式为

```
RCR    OPRD,1
```

或

```
RCR    OPRD,CL
```

RCR 指令将目标操作数连同进位标志位 CF 一起向右循环移动 1 位或 CL 指定位数，最低位移入 CF，而 CF 原来的值移入最高位，如图 3-22(d) 所示。

RCR 指令对标志位的影响与 ROR 指令相同。

循环移位指令与非循环移位指令不同，循环移位后，操作数中原来各位数的信息不会丢失，而只是改变了位置而已（仍在操作数中的其他位置上或 CF 中），如果需要还可恢复（反向移动即可）。

利用循环移位指令可以测试操作数某一位的状态。

【例 3-27】 测试 BL 寄存器中第 4 位的状态。若该位为 1，则给 AL 赋值 FFH；否则程序结束。要求保持 BL 原内容不变。

题目解析：测试某一位的状态，可以利用 AND 指令或 TEST 指令，也可以用移位操作指令实现。若仅关注待测试位的状态而不考虑测试后是否会影响测试位所在的数据，可以利用非循环移位指令（或 AND 指令）；反之，若测试后不允许改变数据，则需要利用循环移位指令（或 TEST 指令）。

由于本例要求保持 BL 寄存器内容不变，故需要使用循环移位指令。

解：程序如下。

```
        MOV CL,4        ;CL ← 移位次数
        ROL BL,CL       ;CF ← BL 第 4 位（利用循环移位指令，便于测试完成后还原数据）
        JNC ZERO        ;如果 CF=0 则转到 ZERO
        MOV AL,0FFH     ;否则，恢复原 BL 内容
ZERO:   ROR BL,CL       ;恢复原 BL 内容
        HLT             ;暂停执行
```

该例显然也可用 TEST 指令实现，请读者思考。

【例 3-28】 试利用移位操作指令，实现将 32 位数乘以 2 的运算。

题目解析：16 位指令集的操作数只能是 8 位或 16 位，无法直接处理 32 位数。可以将运算的 32 位数分别存放在两个 16 位寄存器中，利用移位指令实现。

这里，将 DX 和 AX 两个寄存器中的内容组合成一个 32 位操作数，一起左移一位，即 AX 的最高位移入 DX 的最低位，如图 3-24 所示。

◆图 3-24　两个 16 位寄存器组合左移 1 位

解：可用两条指令实现这个操作。

```
SHL AX,1        ;AX 左移 1 位，CF ← AX 最高位
RCL DX,1        ;DX 带进位位循环左移 1 位，DX 最低位 ← CF
```

> 注意:
> (1) 所有移位操作指令虽然在形式上是双操作数格式,但在本质上是单操作数。指令中的源操作数是移位次数,移位操作的对象是目标操作数。因此,如果目标操作数是内存操作数,需要利用 PTR 运算符说明其字长。
> (2) 无论哪种移位操作指令,当移动次数大于 1 时,其移位次数都必须由 CL 寄存器给出,即移位操作指令的源操作数只能是 1 或 CL。

◇3.3.4 串操作指令

关于串操作指令的说明

1. 串操作指令的共同特点

内存中地址连续的若干单元的数据称为数据串。若数据的类型为字符,则称为字符串。串操作指令就是用于对数据串或字符串中每个元素作同样操作的指令。在 x86 的 16 位指令集中,串操作指令既可处理字节串,也可处理字串,并在每完成一字节(或字)的操作后,能够自动修改指针,继续执行下一字节(或字)的操作。串操作指令可以处理的最大串长度为 64K(字节或字)。

所有的串操作指令(除与累加器交互的串操作指令外)都具有以下共同点:

(1) 源串(源操作数)默认为数据段,即段地址在 DS 中,但允许段重设。偏移地址必须由 SI 寄存器指定,即源串指针为 DS:SI。

(2) 目标串(目标操作数)默认在 ES(附加段)中,不允许段重设。偏移地址必须由 DI 寄存器指定,即目标串指针为 ES:DI。

(3) 串长度值需由 CX 寄存器给出。

(4) 串操作指令本身可实现地址指针的自动修改。在对每字节(或字)操作后,SI 和 DI 寄存器的内容会自动修改,修改方向与状态标志位 DF 有关。若 DF=0,SI 和 DI 按地址增量方向修改(对字节操作加 1,对字操作则加 2);否则,SI 和 DI 按地址减量方向修改。

(5) 可以在串操作指令前使用重复操作前缀。若使用了重复操作前缀,在每一次串操作后,CX 的内容会自动减 1。

综上所述,使用串操作指令关键的要点是:应预先设置源串指针(DS、SI)、目标串指针(ES、DI)、重复次数(CX)以及操作方向(DF)。

> 总结上述描述:串操作指令的目标操作数必须在附加段,指针必须为 DI;源操作数指针必须为 SI,操作数默认在数据段。
> 隐含寻址方式的特点就是操作数默认存储于某个固定的地点。由此,串操作指令可以采用隐含寻址方式。

2. 重复操作前缀

重复操作前缀的作用是:当满足前缀所要求的条件时,可以使前缀后的指令自动重复执行,直到不满足前缀指定的重复条件为止。

在串操作指令前面加一个适当的重复操作前缀,能够在满足该前缀要求的条件下使该指令重复执行,即,指令在执行时不仅能够按照 DF 决定的方向自动修改地址指针 SI 和 DI

的内容,还可以在每完成一次操作后自动修改串长度 CX 的值,重复执行串操作指令,从而使一条串操作指令实现循环功能。

用于串操作指令的重复操作前缀分为两类,即无条件重复前缀(1 条)及有条件重复前缀(共 4 条),它们分别如下:
- REP:无条件重复前缀,重复执行指令规定的操作,直到 CX=0。
- REPE/REPZ:有条件重复前缀,相等/结果为零时重复。
- REPNE/REPNZ:有条件重复前缀,不相等/结果不为零时重复。

加了重复操作前缀之后的串操作指令的执行动作可描述为以下步骤:
(1) 执行规定的操作。
(2) SI 和 DI 自动增量(或减量)。
(3) CX 自动减 1。
(4) 根据重复条件自动决定是否重复执行。

3. 串操作指令的执行原理

图 3-25 给出了串操作指令执行流程。图 3-24 中虚线框部分是一条加了重复操作前缀的串操作指令的功能。由图 3-24 可知,当加了重复操作前缀后,每完成一次串操作,SI 和 DI 会根据设置的 DF 状态自动增量(加 1 或加 2)或减量(减 1 或减 2),CX 会自动减 1,直到不满足重复条件为止。即一条加了重复操作前缀的串操作指令相当于一个循环程序。

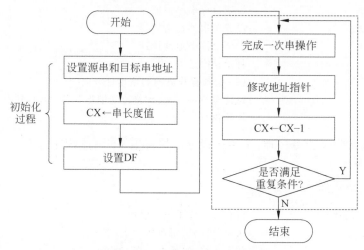

◆图 3-25 串操作指令执行流程

4. 串操作指令格式

串操作指令是 8086 指令集中唯一一组能直接处理源操作数和目标操作数都在内存单元中的指令。串操作指令共有 5 个,它们在格式上具有如下共同特点:
(1) 每个串操作指令都有 3 种格式。由于串操作指令对源串和目标串的地址都有明确的定义,故通常仅在源串需要段重设的时候才会使用第 1 种格式。
(2) 在双操作数格式指令中,OPRD1 表示目标串,OPRD2 表示源串。

1) 串传送指令

串传送指令的功能是将源串(数据段中 SI 指向的区域)按字节或字依次传送到目标串

串传送与串比较

（附加段 DI 指向的区域）中。由于每次传送只能是一字节或两字节，故需要设置操作方向（增地址方向或减地址方向）。

串传送指令有如下 3 种指令格式：

```
MOVS  OPRD1,OPRD2          ;仅在源串段重设时使用
MOVSB                      ;按字节传送,每传送一次,SI+1,DI+1
MOVSW                      ;按字传送,每传送一次,SI+2,DI+2
```

串传送指令实现两个内存单元之间的数据传送，解决了 MOV 指令不能直接在内存单元之间传送数据的问题。

MOVS 指令常与无条件重复前缀 REP 联合使用，以提高程序运行速度。

【例 3-29】 用串传送指令实现例 3-11 的功能：把内存数据段中首地址为 MEM1 的 200 字节送到附加段首地址为 MEM2 的区域中。

题目解析：可使用按字节传送的串传送指令 MOVSB 实现。根据图 3-25 所示的流程，先进行必要的初始化，再利用无条件重复前缀自动完成上述功能。

解：程序如下。

```
MOV AX,SEG MEM1①
MOV DS,AX                  ;设置源串段地址
MOV AX,SEG MEM2
MOV ES,AX                  ;设定目标串段地址
LEA SI,MEM1                ;设置源串地址指针
LEA DI,MEM2                ;设置目标串地址指针
MOV CX,200                 ;将串长度送入 CX
CLD                        ;DF=0,使操作方向为增地址方向
REP MOVSB                  ;每传送一字节,自动修改地址指针及 CX,直到 CX=0
HLT                        ;暂停执行
```

与所有数据传送类指令一样，串传送指令的执行也不影响标志位。

2）串比较指令

串比较指令格式如下：

```
CMPS  OPRD1,OPRD2          ;仅在源串段重设时使用
CMPSB                      ;按字节比较,每操作一次,SI+1,DI+1
CMPSW                      ;按字比较,每操作一次,SI+2,DI+2
```

串比较指令与 CMP 指令操作类似，CMP 指令比较的是两个数据，而 CMPS 实现两个数据串的比较。参照图 3-25 的流程，串比较指令的操作如下：

（1）目标串与源串按字节（或字）依次进行比较，每次的比较结果均不送回目标串地址，而只反映在标志位上。

（2）每进行一次比较，自动修改源串和目标串地址指针，指向串中的下一个元素。若按字比较，指针加 2 或减 2；若按字节比较，指针加 1 或减 1。地址指针的加或减由 DF 状态决定。

---

① SEG 是运算符，用于获取变量（这里为 MEM1）所在逻辑段的段地址，详见第 4 章。

(3) 若在串比较指令前添加重复前缀,则前缀将完成 CX－1,然后判断是否满足重复条件。若满足则继续比较,否则退出执行。

串比较指令通常和有条件重复前缀 REPE(REPZ)或 REPNE(REPNZ)连用,用来检查两个字符串是否相等。

在加有条件重复前缀的情况下,结束串比较指令的执行有两种可能:一是不满足有条件重复前缀要求的条件;二是 CX=0(此时表示已完成全部比较)。因此,在程序中,串比较指令的后边需要一条指令判断是何种原因结束了串比较。判断的条件是状态标志位 ZF。串比较指令的执行会影响 ZF 的状态。对 REPE/REPZ,ZF=1 会重复;对 REPNE/REPNZ,ZF=0 会重复。CX 是否为 0 不影响 ZF 的状态。

【例 3-30】 比较两个字符串是否相同,并找出其中第一个不相同的字符的地址,将该地址送 BX,将不相等的字符送 AL。两个字符串的长度均为 200 字节,M1 为源串首地址,M2 为目标串首地址。

题目解析:对比两个字符串的一致性,可以使用 CMP 指令,但使用串比较指令可以使程序代码显得简洁。在没有段重设需求的情况下,两个字符串的比较可以采用 CMPSB 指令。

解:程序如下。

```
        LEA SI,M1           ;SI ← 源串首地址
        LEA DI,M2           ;DI ← 目标串首地址
        MOV CX,200          ;CX ← 串长度
        CLD                 ;DF=0,使地址指针按增量方向修改
        REPE CMPSB          ;若相等则重复比较
        JZ STOP             ;若 ZF=1,表示两数据串完全相等,转 STOP
        DEC SI              ;否则 SI-1,指向不相等单元
        MOV BX,SI           ;BX ← 不相等单元的地址
        MOV AL,[SI]         ;AL ← 不相等单元的内容
STOP:   HLT                 ;停止
```

程序找到第一个不相同的字符后,地址指针自动加1,所以将地址指针再减1即可得到不相同的字符所在单元的地址。

3) 串扫描指令

串扫描指令为单操作数指令,源操作数为累加器 AX 或 AL。指令格式如下:

```
SCAS  OPRD              ;OPRD 为目标串
SCASB                   ;按字节扫描,每扫描一次,DI+1
SCASW                   ;按字扫描,每扫描一次,DI+2
```

SCAS 指令的执行与 CMPS 指令类似,也是进行比较操作。只是 SCAS 指令是用累加器 AL 或 AX 的值与目标串(由 ES:DI 指定)中的字节或字进行比较,比较结果不改变目标操作数,只影响状态标志位。

SCAS 指令常用来在一个字符串中搜索特定的关键字,把要找的关键字放在 AL(或 AX)中,再用本指令与字符串中各字符逐一比较。

串扫描

【例 3-31】 在 ES 段中从 2000H 单元开始存放了 10 个英文字符,寻找其中有无字符

A。若有,则记下搜索次数(次数放 DATA1 单元),并记下存放 A 的地址(地址放 DATA2 单元)。

题目解析:由于英文字母是 ASCII 码字符,每个字符为 1 字节,故可以将字符 A 送入 AL,利用 SCASB 指令实现。为了能自动实现关键字搜索,可以在 SCASB 前加重复前缀。而作为比较类操作指令,SCAS 前的前缀应为条件重复前缀。对关键字搜索,前提是搜索的区域中多数不会是该关键字。因此,这里应添加不相等则重复前缀。

解:程序段如下。

```
        MOV DI,2000H          ;目的字符串首地址送 DI
        MOV BX,DI             ;首地址暂存在 BX 中
        MOV CX,10             ;将字符串长度送入 CX
        MOV AL,'A'            ;将关键字 A 的 ASCII 码送 AL
        CLD                   ;清 DF,每次扫描后指针增量
        REPNZ SCASB           ;扫描字符串,直到找到 A 或 CX=0
        JZ FOUND              ;若找到则转移
        MOV DI,0              ;没找到要搜索的关键字,使 DI=0
        JMP  DONE
FOUND:  DEC DI                ;DI-1,指向找到的关键字所在地址
        MOV DATA2,DI          ;将关键字地址送 DATA2 单元
        INC DI
        SUB DI,BX             ;用找到的关键字地址减去首地址得到搜索次数
DONE:   MOV DATA1,DI          ;将搜索次数送 DATA1 单元
        HLT
```

在上面的程序中,SCAS 指令加上前缀 REPNZ 表示串元素不等于关键字(ZF=0)且串未结束(CX≠0)时,就继续搜索。若此例改为找到第一个不是 A 的字符,则 SCAS 前应加上前缀 REPZ,表示串元素等于关键字且串未结束时就继续搜索。

此例中,退出 REPNZ SCASB 串循环有两种可能:一种可能是已找到关键字,从而退出,此时 ZF=1;另一种可能是未搜索到关键字,但串已检索完毕,从而退出,此时 ZF=0,CX=0。因而退出之后,可根据对 ZF 标志的检测判断是属于哪种情况。

同前一个例子一样,执行 REPNZ SCASB 操作时,每比较一次,目的串指针自动加1(因 DF=0),所以找到关键字后,需将 DI 内容减1才能得到关键字所在地址。

> 例 3-31 中,利用 SCAS 指令能搜索出 10 个字符中的全部 A 吗?

串装入与串存储

4) 串装入指令

串装入指令为单操作数指令,目标操作数为累加器 AX 或 AL。指令格式如下:

```
LODS  OPRD              ;OPRD 为源串
LODSB                   ;按字节送入 AL,每操作一次,SI+1
LODSW                   ;按字送入 AX,每操作一次,SI+2
```

LODS 指令把由 DS:SI 指向的源串中的字节或字传送到累加器 AL 或 AX 中,并在此之后根据 DF 的值自动修改指针 SI,以指向下一个要装入的字节或字。

LODS 指令不影响状态标志位,且一般不带重复前缀,因为每重复一次,AL 或 AX 中的内容将被后一次装入的字符取代。

【例 3-32】 以 MEM 为首地址的内存区域中有 10 个以非压缩 BCD 码形式存放的十进制数,它们的值可能是 0~9 中的任意一个。编程序将这 10 个数按顺序显示在屏幕上。

题目解析:在汇编语言中,实现屏幕输出需要调用操作系统内核功能[①]。非压缩 BCD 码也称为扩展 BCD 码,是用 8 位二进制码表示 1 位十进制数。因十进制数只有 0~9 这 10 个符号,故扩展 BCD 数的高 4 位全部为 0。

在屏幕输出的所有数字和字母都需要先将其转换为对应的字符。因 0~9 的字符为 30H~39H,故本例就是使每个扩展 BCD 码的高 4 位设为 0011B。

解:程序段如下。

```
        LEA SI,MEM          ;SI ← 源串偏移地址
        MOV CX,10           ;设置串长度
        CLD                 ;DF ← 0
NEXT:   LODSB               ;取一个 BCD 码到 AL
        OR AL,30H           ;BCD 码转换为对应的 ASCII 码
        MOV DL,AL           ;DL ← 字符的 ASCII 码
        MOV AH,02H          ;AH ← 功能号(表示单字符显示输出)
        INT 21H             ;输出显示
        DEC CX              ;CX ← CX-1
        JNZ NEXT            ;ZF=0 则重复
        HLT
```

LODSB 指令可用来代替以下两条指令:

```
MOV  AL,[SI]
INC  SI
```

LODSW 指令可用来代替以下 3 条指令:

```
MOV  AX,[SI]
INC  SI
INC  SI
```

5) 串存储指令

串存储指令也是单操作数指令,目标操作数是累加器 AX 或 AL。指令格式如下:

```
STOS OPRD           ;OPRD 为目标串
STOSB               ;将 AL 值依次送入附加段 DI 指向的字节单元,每次 DI+1
STOSW               ;将 AX 值依次送入附加段 DI 指向的字节单元,每次 DI+2
```

STOS 指令把累加器 AL 中的字节或 AX 中的字存到由 ES:DI 指向的存储器单元中,并在此之后根据 DF 的值自动修改指针 DI 的值(增量或减量),以指向下一个存储单元。利用重复前缀 REP,可向连续的存储单元中存入相同的值。串存储指令对状态标志位没有

---

① 对操作系统内核功能的调用需要使用中断指令。中断指令将在 3.3.5 节介绍,操作系统功能调用的方法详见第 4 章。

影响。

【例 3-33】 设 ES＝6000H，试利用串存储指令将附加段中从偏移地址 BUFFER 起始的 100 个字存储单元内容清零。

题目解析：可以使用 STOSW 指令实现。设串操作方向为增地址方向。

解：程序如下。

```
MOV AX,6000H
MOV ES,AX            ;ES ← 目标串的段地址
LEA DI,BUFFER        ;DI ← 目标串的偏移地址
MOV CX,100           ;CX ← 串长度
CLD                  ;DF ← 0,从低地址到高地址的方向进行存储
MOV AX,0             ;AX ← 0,即要存入目的串的内容
REP STOSW            ;将 100 个单元清零
HLT
```

从上述串操作指令的描述和示例中可以发现：

(1) 一条加有重复操作前缀的串操作指令是一个循环体。

(2) 所有串传送类指令（MOVS、LODS、STOS）实现的操作均可以用 MOV 指令实现，所有串比较类指令（COMPS、SCAS）实现的操作都可以用 CMP 指令实现。

(3) 对同样的功能，利用串操作指令可以使程序在形式上显得更简练、清晰。

程序控制指令说明

◇3.3.5 程序控制指令

顾名思义，程序控制指令用于控制程序的执行方向，如分支转移、循环控制及过程调用等。这类指令的共同特点是：指令的操作数不论以何种形式出现，它们都指向代码段，表示下一条要执行的指令的地址。

程序控制类指令包括 4 类：转移指令、循环控制指令、过程调用和返回指令以及中断指令。

无条件转移

1. 无条件转移指令

无条件转移指令 JMP 的操作是无条件地使程序转移到指定的目标地址，并从该地址开始执行新的程序段。寻找目标地址的方法有两种，一种是直接的方式，另一种是间接的方式。

无条件转移指令可以控制程序在同一代码段内转移（段内转移），还可以在多模块程序中实现不同代码段之间的转移（段间转移）。

1) 段内直接转移

指令格式为

JMP LABEL

这里，LABEL 是一个标号，也称为符号地址，它表示转移的目的地。该标号在本程序所在代码段内。指令被汇编时，汇编程序会计算出 JMP 指令的下一条指令到 LABEL 指示的目标地址之间的位移量（也就是相距多少字节单元），该地址位移量可正可负，可以是 8 位的或

16位的。若为8位,表示转移范围为-128~+127;若位移量为16位,表示转移范围为-32 768~+32 767。段内转移时的标号前可加运算符NEAR,也可不加。缺省时为段内转移。

指令的操作是将IP的当前值加上计算出的地址位移量,形成新的IP,并使CS保持不变,从而使程序按新地址继续运行(即实现了程序的转移)。

例如,以下程序段中,指令①执行后,程序将不会继续执行指令②,而会无条件地转向标号NEXT,执行指令"OR CL,7FH"。

```
        ⋮
    MOV AX,BX
    JMP NEXT                ;指令①
    AND CL,0FH              ;指令②
        ⋮
NEXT:OR CL,7FH
```

这里,NEXT是一个段内标号,汇编程序计算出JMP的下一条指令(即"AND CL,0FH")的地址到NEXT标号代表的地址之间的距离(也就是相对位移量)。执行JMP指令时,将这个位移量加到IP上,于是在执行完JMP指令后,不再执行"AND CL,7FH"指令(因为IP已经改变),而转去执行"OR CL,7FH"指令(因为此时IP指向这条指令)。

2) 段内间接转移

指令格式为

```
JMP  OPRD               ;OPRD为16位目标地址,可以是寄存器或内存字单元
```

指令的执行是将OPRD表示的16位寄存器的值或内存中两个单元内容送入IP,从而实现程序的转移。

例如:

```
JMP BX                     ;指令执行后,IP=BX
JMP WORD PTR[BX+DI]        ;利用PTR运算符说明内存操作数长为WORD
```

图3-26给出了上面第二条指令的执行过程。这里假设指令执行前DS=3000H,BX=1300H,DI=1200H,[32500H]=2350H,则指令执行后IP=2350H。

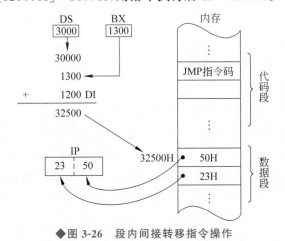

◆图3-26 段内间接转移指令操作

> 段内转移的范围是在当前代码段内,段地址(CS值)不改变,仅改变偏移地址,故此时JMP指令的操作数是16位目标地址。

3) 段间直接转移

段间转移表示转移的目标不在当前代码段,故指令的操作数是32位的目标地址。对段间直接转移方式,指令操作数为用标号表示的32位转移目标地址。

指令格式为

```
JMP  FAR  LABEL
```

这里,FAR表明其后的标号LABEL是一个远标号,即它在另一个代码段内。汇编程序根据LABEL的位置确定LABEL所在的段地址和偏移地址,然后将段地址送入CS,将偏移地址送入IP,结果使程序转移到另一个代码段(CS:IP)继续执行。例如:

```
JMP FAR PTR NEXT          ;远转移到NEXT处
JMP 8000H:1200H           ;IP ← 1200H,CS ← 8000H
```

4) 段间间接转移

采用段间间接转移方式时,32位目标地址存放在内存中。指令格式为

```
JMP  OPRD
```

这里,操作数OPRD是一个32位的内存地址。指令的执行是将指定的连续4个存储单元的内容送入IP和CS(低字内容送IP,高字内容送CS),从而使程序转移到另一个代码段继续执行。此处的存储单元地址可采用本章前面讲过的各种寻址方式(立即数和寄存器方式除外)。

【例3-34】 设指令执行前DS=3000H,BX=3000H,[33000H]=0BH,[33001H]=20H,[33002H]=10H,[33003H]=80H。画图表示如下指令的执行过程:

```
JMP DWORD PTR[BX]
```

题目解析: 由于PTR运算符说明内存操作数[BX]是DWORD①,即32位操作数,说明该JMP指令为无条件段间转移指令。

该指令的操作如图3-27所示。该指令执行后,IP=200BH,CS=8010H。转移目标的物理地址为8210BH。

JMP指令对状态标志位无影响。

条件转移

2. 条件转移指令

8086/8088共有18条不同的条件转移指令,如表3-4所示。它们根据其前一条指令执行后的状态标志位决定程序是否转移。若满足条件转移指令规定的条件,则程序转移到指令指定的地址,执行从该地址开始的指令;若不满足条件,则按顺序执行下一条指令。所有的条件转移都是直接寻址方式的短转移,即只能在以当前IP值为中心的-128~+127字节范围内转移。条件转移指令不影响状态标志位。

---

① DWORD意为双字(Double WORD),表示32位二进制数。

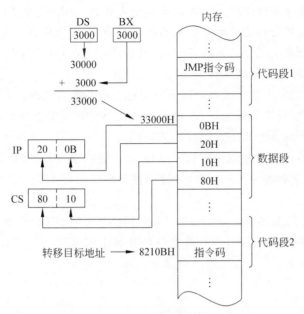

◆图 3-27 段间间接转移指令的操作

表 3-4 条件转移指令

指令格式	指令的操作	转移条件	备注
JCXZ target	CX 内容为 0 转移	CX=0	
JG/JNLE target	大于转移	SF=OF 且 ZF=0	带符号数
JGE/JNL target	大于或等于转移	SF=OF	带符号数
JL/JNGE target	小于转移	SF≠OF 且 ZF=0	带符号数
JLE/JNG target	小于或等于转移	SF≠OF 或 ZF=1	带符号数
JO target	溢出转移	OF=1	
JNO target	不溢出转移	OF=0	
JS target	结果为负转移	SF=1	
JNS target	结果为正转移	SF=0	
JA/JNBE target	高于转移	CF=0 且 ZF=0	无符号数
JAE/JNB target	高于或等于转移	CF=0	无符号数
JB/JNAE target	低于转移	CF=1	无符号数
JBE/JNA target	低于或等于转移	CF=1 或 ZF=1	无符号数
JC target	进位转移	CF=1	
JNC target	无进位转移	CF=0	
JE/JZ target	等于或为零转移	ZF=1	
JNE/JNZ target	不等于或非零转移	ZF=0	
JP/JPE target	奇偶校验为偶转移	PF=1	
JNP/JPO target	奇偶校验为奇转移	PF=0	

由于条件转移指令是根据状态标志位决定是否转移。因此在使用时,其前一条指令应是执行后能够对相应状态标志位产生影响的指令。例如,要判断两个无符号数的大小,应当用 CMP 指令,然后根据执行后 CF 的状态,在其后使用 JNC(或 JC)指令决定:如果目标操作数大(或小),程序转移到何处执行。

在有些情况下,需要用两个或两个以上状态标志位的组合判断是否实现转移。例如,对有符号数的比较,需根据符号标志位 SF 和溢出标志位 OF 的组合判断,若包含"等于"条件(即大于或等于、小于或等于),还需要组合 ZF 标志。

【例 3-35】 在内存的数据段中存放了 100 个 8 位带符号数,其首地址为 TABLE。统计其中正元素、负元素和零元素的个数,并分别将个数存入 PLUS、MINUS 和 ZERO 3 个单元中。

题目解析:为实现上述功能,可先将 PLUS、MINUS 和 ZERO 3 个单元清零,然后将数据表中的带符号数逐个放入 AL,再利用条件转移指令测试该数是正数、负数还是零,再分别在对应的单元中计数。

解:程序如下。

```
START: XOR AL,AL          ;AL 清零
       MOV PLUS,AL        ;PLUS 单元清零
       MOV MINUS,AL       ;MINUS 单元清零
       MOV ZERO,AL        ;ZERO 单元清零
       LEA SI,TABLE       ;数据表首地址送 SI
       MOV CL,100         ;将表长度送入 CL
       CLD                ;使 DF=0
CHECK: LODSB              ;取一个数到 AL
       OR AL,AL           ;操作数自身相或,仅影响标志位
       JS X1              ;若为负数,转向 X1
       JZ X2              ;若为 0,转向 X2
       INC PLUS           ;否则为正数,PLUS 单元加 1
       JMP NEXT
X1:    INC MINUS          ;MINUS 单元加 1
       JMP NEXT
X2:    INC ZERO           ;ZERO 单元加 1
NEXT:  DEC CL             ;CL 减 1
       JNZ CHECK          ;若 ZF=0,转向 CHECK
       HLT                ;停止
```

3. 循环控制指令

循环控制指令

循环控制指令用于控制程序循环执行一段指令代码,直到不满足循环条件为止。与转移类指令类似,循环控制指令的操作数也是程序转向的目标地址[①]。

循环控制指令的操作数以标号形式表示,循环范围要求只能在 −128 ～ +127 范围内,故该标号为近地址标号。循环次数必须由 CX 寄存器给出。一般情况下,循环控制指令放

---

① 转向的目标地址是需要循环执行的程序段第一条指令的地址。此点与转移类指令的转移目标有差异。

在循环程序的开始或结尾。

8086 指令集的循环控制指令共有 3 条,如表 3-5 所示,其中的 Label 为标号。它们均不影响状态标志位。

表 3-5 循环控制指令

指　　令	指令格式	功能说明
LOOP	LOOP Label	若 CX≠0,继续执行 Label 指向的指令
LOOPZ/LOOPE	LOOPZ Label	若 CX≠0,且 ZF=1,则继续循环;若 CX=0 或者 ZF=0,则退出循环
	LOOPE Label	
LOOPNZ/LOOPNE	LOOPNZ Label	若 CX≠0,且 ZF=0,则继续循环;若 CX=0 或者 ZF=1,则退出循环
	LOOPNE Label	

无条件循环指令 LOOP 执行的操作是 CX←CX−1。若 CX≠0,则转至目标地址继续循环;否则就退出循环,执行下一条指令。即 LOOP 指令相当于以下两条指令的组合:

```
NEXT:DEC CX
     JNZ NEXT
```

条件循环指令执行时同样会先使 CX 内容减 1,再根据 CX 中的值及 ZF 值决定是否继续循环。以下分别通过两个示例说明无条件循环指令和条件循环指令在程序中的应用。

【例 3-36】 在以 DATA 为首地址的内存数据段中,存放了 200 个 16 位有符号数。找出其中最大和最小的有符号数,并分别放在以 MAX 和 MIN 为首地址的内存单元中。

题目解析:为寻找最大和最小的数,可先取出数据块中的一个数据作为标准,将其同时暂存于 MAX 和 MIN 中。然后使其他数据分别与 MAX 和 MIN 中的数进行比较。若大于 MAX 中的数,则取代 MAX 中的数;若小于 MIN 中的数,则取代 MIN 中的数。最后就得出了数据块中最大和最小的有符号数。要注意的一点是,比较有符号数的大小时,应采用 JG 和 JL 等用于有符号数的条件转移指令。

解:程序如下。

```
START:LEA SI,DATA       ;SI ← 数据块首地址
      MOV CX,200        ;CX ← 数据块长度
      CLD               ;清方向标志 DF
      LODSW             ;AX ← 一个 16 位有符号数
      MOV MAX,AX        ;将该数送 MAX
      MOV MIN,AX        ;将该数送 MIN
      DEC CX            ;CX ← CX-1
NEXT: LODSW             ;取下一个 16 位有符号数
      CMP AX,MAX        ;与 MAX 单元内容进行比较
      JG LARGE          ;若大于 MAX 中的数则转 LARGE
      CMP AX,MIN        ;否则再与 MIN 单元内容进行比较
      JL SMALL          ;若小于 MIN 中的数则转 SMALL
      JMP GOON          ;否则就转至 GOON
LARGE:MOV MAX,AX        ;MAX ← AX
```

```
            JMP GOON
    SMALL:  MOV MIN,AX          ;MIN ← AX
    GOON:   LOOP NEXT           ;CX-1,若 CX≠0 则转 NEXT
            HLT
```

【例 3-37】 比较两个端口的数据是否一致。主端口的首地址为 MAIN_PORT,冗余端口的首地址为 REDUNDANT_PORT,端口数据元素的数目均为 NUMBER。

题目解析：对端口的访问需要利用输入输出指令。对两组数据的比较可以使用 CMP 指令结合 LOOP 指令,也可以利用 CMP 指令结合条件循环指令实现。

解：程序如下。

```
            MOV DX,MAIN_PORT         ;DX ← 主端口地址指针
            MOV BX,REDUNDANT_PORT    ;BX ← 冗余端口地址指针
            MOV CX,NUMBER            ;CX ← 端口数
    TOP:    IN AX,DX                 ;AX ← 从主端口输入一个数据
            XCHG AX,BP               ;主端口输入的数据暂存于 BP
            INC DX                   ;主端口地址指针加 1
            XCHG BX,DX               ;DX ← 冗余端口地址指针
            IN AX,DX                 ;AX ← 从冗余端口输入一个数据
            INC DX                   ;冗余端口地址指针加 1
            XCHG BX,DX               ;两个端口地址指针恢复到原寄存器中
            CMP AX,BP                ;比较两个端口的数据
            LOOPE TOP                ;若两个端口数据相等且 CX-1≠0,则转 TOP
            JNZ PORT_ERROR           ;若两个端口数据不相等,则转 PORT_ERROR
            ⋮
    PORT_ERROR:⋯
            ⋮
```

> 循环结构是程序的 3 种基本结构之一。在 C 语言中,循环结构通过 for 语句或 while、do while 语句实现,它们对应汇编语言中的循环控制指令或条件转移指令。循环控制指令包含循环结束条件的判断,但不包含循环条件的设定。

过程调用

4. 过程调用和返回指令

编程时,为了使程序结构更加清晰并节省内存空间,往往将程序中常用的具有相同功能的部分独立出来,编写成一个模块,称之为过程(或子程序)①。程序执行中,主调程序(主过程)在需要时可随时调用这些被调程序(子过程),被调程序执行完以后,需要返回到主调程序继续执行。在需要时还可多级调用,如图 3-28 所示。8086 指令集为实现这一功能提供了过程调用指令 CALL 和返回指令 RET。

过程调用和返回的一般过程可以描述如下：

(1) 断点保护。CALL 指令的下一条指令在内存中的地址称为断点。为确保调用结束后程序能正常返回主调程序,在开始执行子过程前需要先保护断点。保护的方法是将断点

---

① 对应于高级语言中的函数。

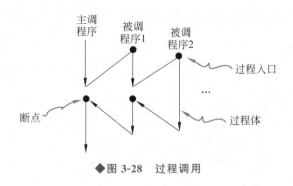

◆图 3-28 过程调用

压入堆栈。

（2）获取被调程序入口。入口的含义是被调程序第一条指令在内存中的地址。获取入口的方法是将入口的偏移地址（或段地址和偏移地址）赋给 IP(或 CS 和 IP)，从而使程序转向被调程序执行。

（3）执行被调程序。被调程序的代码也称过程体，包括实现特定功能的程序和需要包含的软件参数[①]。

（4）返回主调程序。返回需要使用 RET 指令。该指令一般安排在被调程序末尾，执行 RET 时，CPU 将堆栈顶部保留的断点弹出到 IP(或 CS 和 IP)中，这样即可返回 CALL 的下一条指令，继续执行主调程序。

被调程序与主调程序可以在同一代码段内，也可以在不同的代码段。因此，CALL 指令可以实现段内调用和段间调用。

1）段内调用

段内调用也称近过程调用，此时主调程序和被调程序在同一代码段内（此时 CALL 指令也称为近 CALL 指令），这意味着在整个调用和返回过程中，段地址都没有改变。因此，断点保护只需要将断点的偏移地址压入堆栈，获取入口也只涉及入口的偏移地址。

与 JMP 指令类似，段内调用在格式上有直接调用和间接调用两种：

```
CALL  NEAR  PRC        ;段内直接调用
CALL  OPRD             ;段内间接调用
```

段内直接调用中的 NEAR 可以省略，即默认情况下 PRC 是一个近过程调用符号地址，表示被调程序的入口。编译时会将符号地址 PRC 转换为逻辑地址，并在执行时将偏移地址送给 IP。在段内间接调用中，被调程序的入口是 OPRD 代表的 16 位通用寄存器或两字节内存单元（字单元），指令执行时会自动将 16 位通用寄存器或字单元的值送给 IP。

例如：

```
CALL TIMER              ;段内直接调用，调用名为 TIMER 的近过程
CALL AX                 ;段内间接调用，IP ← AX, AX=被调程序入口
CALL WORD PTR[BX]       ;IP ←([BX+1]:[BX])，被调程序入口=BX 指向字单元值
```

按照上述调用过程的描述，CALL 指令首先将断点压入堆栈进行保护，然后获取 16 位

---

① 第 4 章结合具体示例说明过程调用的方法。

入口地址（确切地说是入口的偏移地址）并送给 IP。近 CALL 指令对堆栈和指令指针的影响如图 3-29 所示。

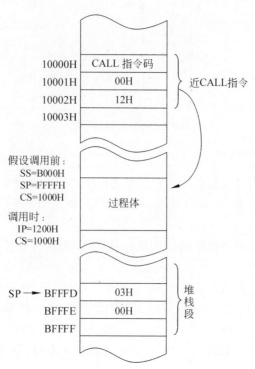

◆图 3-29 近 CALL 指令对堆栈和 IP 的影响

2）段间调用

段间调用也称远过程调用（此时 CALL 指令也称为远 CALL 指令）。此时主调程序和被调程序位于不同代码段，意味着断点和入口都是 32 位地址。

段间调用在格式上也分为直接调用和间接调用两种：

```
CALL    FAR PRC          ;段间直接调用
CALL    OPRD             ;段间间接调用
```

段间直接调用中的 FAR 指示符号地址 PRC 是远过程调用地址，表示调用的过程在其他的代码段。编译时将 PRC 转换为逻辑地址，并在执行时将偏移地址送给 IP，将段地址送给 CS 寄存器。段间间接调用中的 OPRD 是 32 位的内存地址，其高 16 位地址中存放入口的段地址，低 16 位地址中存放入口的偏移地址，执行时会分别送给 CS 和 IP。

例如：

```
CALL FAR TIMER          ;段间直接调用,调用名为 TIMER 的远过程
CALL 5678H:1200H        ;直接给出被调程序的 32 位入口地址 5678H:1200H
```

远 CALL 指令执行时，同样需要首先包含断点。由于此时的断点是 32 位地址，压入堆栈时需要先压入断点的段地址，后压入断点的偏移地址。然后获取 32 位入口地址并分别送给 CS 和 IP。远 CALL 指令对堆栈、CS 和 IP 的影响如图 3-30 所示。

以下给出一个段间间接调用的示例，以帮助读者进一步理解过程调用指令的执行原理。

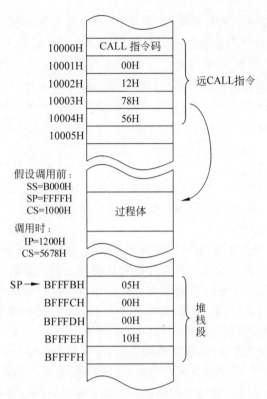

◆图 3-30 远 CALL 指令对堆栈、CS 和 IP 的影响

【例 3-38】 设 DS＝6000H，SI＝0560H，SI 指向的内存单元的值如图 3-31 所示。说明如下指令执行后 CS 和 IP 的值。

CALL DWORD PTR[SI]

题目解析：运算符 PTR 说明了其后的内存操作数是 DWORD，即 32 位字长，表示该指令为远 CALL 指令，段间调用。因此，由图 3-31 可以得出执行该指令后(进入被调程序前)的 CS 和 IP 值。

解：被调程序的入口为 SI 指向的内存单元值。由图 3-31 可得，在调用时，CS＝4433H，IP＝2211H。

3) 返回指令 RET

返回指令执行与调用指令相反的操作，其格式为

RET

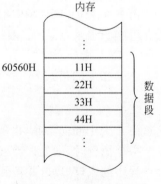

◆图 3-31 指令执行后 CS 和 IP 的值

对于近过程调用，执行 RET 指令时，从栈顶弹出一个字的内容给 IP；对于远过程调用，执行 RET 指令时，从栈顶弹出两个字作为返回地址，先弹出的 16 位送给 IP(返回的偏移地址)，再弹出一个字给 CS(返回的段地址)。

无论是段间返回还是段内返回，返回指令在形式上都是 RET。

返回指令一般作为子程序的最后一条语句。所有的返回指令都不影响状态标志位。

> 现代计算机对内存的管理都由操作系统负责，程序员无法控制程序代码和数据在内存中的实际地址，程序中对所有地址都只能使用符号地址，包括变量、标号、被调程序入口等。
>
> 因此，无论是转移指令、循环指令还是过程调用指令，实际编程中都不会采用间接寻找的方式（间接转移、间接调用），而会利用符号直接给出目标地址或入口地址。本章给出各种程序控制指令间接寻址的介绍，只是试图通过这类寻址方式帮助读者深度理解各种程序控制指令的执行原理。

中断指令

5. 中断指令

所谓中断，是指在程序运行期间，因某种随机或异常的事件，要求处理器暂时中止正在运行的程序，转去执行一组专门的中断服务程序以处理这些事件，处理完毕后又返回到程序被中止处继续执行原程序的过程。

引起中断的事件叫作中断源，它可以在处理器内部（引发内部中断），也可以在处理器外部（引发外部中断）。外部中断主要用于处理外设和处理器之间的通信，内部中断包括运算异常及中断指令引起的中断。所有的中断都触发处理器执行一段特殊的程序，称为中断处理程序（过程）。第 6 章将详细介绍中断技术的相关知识，这里仅介绍中断指令的格式及操作。

中断指令引起的中断也称为软件中断，主要用于以下情况：

- 调用操作系统内核程序（系统功能调用）。操作系统的设备管理、文件管理等内核程序为用户程序提供了控制台输入输出、文件系统、软硬件资源管理、通信等丰富的服务，用户程序可通过中断指令调用这些服务，而不用再自己编写类似的程序，大大简化了应用软件的开发。
- 用来实现一些特殊的功能，如调试程序时单步运行、断点等。
- 调用 BIOS 提供的硬件底层服务。

Intel 微处理器提供了 3 个不同的中断指令 INT、INTO 和 INT3 以及一个中断返回指令 IRET。在实模式下，中断指令从中断向量表获取中断向量[①]，然后调用中断向量指向的中断处理程序；在保护模式下，每条中断指令从中断描述符表中获取中断描述符，这些描述符指定了中断处理程序的入口。

由于对任何中断的响应都是执行一段特殊的中断处理程序，因此，中断调用类似于远 CALL 指令，同样涉及断点保护。限于篇幅，以下仅介绍最通用的 INT 指令和中断返回指令 IRET。

1) INT 指令

INT 指令的格式为

```
INT  n
```

这里的 n 为中断向量码（也称中断类型码），是一个常数，取值范围为 0~255。

指令执行时，微处理器根据 n 的值计算出中断向量的地址，然后从该地址中取出中断处理程序的入口地址，并转到该中断处理程序执行。中断向量地址的计算方法是将中断向量码 n 乘以 4。INT 指令的具体操作步骤如下：

(1) SP ← SP−2,([SP+1]:[SP]) ← FLAGS（把标志寄存器的内容压入堆栈）。

(2) TF ← 0,IF ← 0（清除 IF 和 TF，以使正在执行的中断处理程序不被中断）。

---

① 在实模式下，中断向量表中存放所有中断处理程序的入口，即中断向量。第 6 章中将具体介绍中断向量表。

(3) SP ← SP−2,([SP+1]:[SP]) ← CS。

SP ← SP−2,([SP+1]:[SP]) ← IP(保护断点)。

(4) IP ← ([n×4+1]:[n×4])。

CS ← ([n×4+3]:[n×4+2])(n×4 得到中断向量地址,进而得到中断处理程序入口)。

以上操作完成后,CS:IP 就指向中断处理程序的第一条指令,处理器开始执行中断处理程序。

INT 指令除复位 IF 和 TF 外,对其他状态标志位无影响。

从处理器执行中断指令的过程可以看出,INT 指令的基本操作与存储器寻址的段间间接调用指令非常相像,不同的是以下几点:

- INT 指令要把标志寄存器 FLAGS 压入堆栈,而 CALL 指令不保存 FLAGS 内容。
- INT 影响 IF 和 TF 标志位,而 CALL 指令不影响。
- 中断服务程序入口地址放在内存的固定位置,以便通过中断向量码找到它。而 CALL 指令可任意指定子程序入口地址的存放位置。

INT 指令的执行原理可以用图 3-32 表示。图 3-40 中给出了响应 INT 中断前后堆栈、CS 和 IP 的变化以及获取中断向量的过程。图 3-40 中内存单元的值默认为十六进制数。

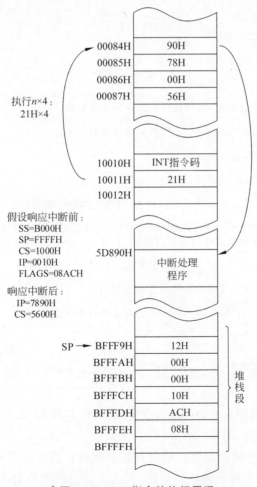

◆图 3-32 INT 指令的执行原理

2) 中断返回指令 IRET

IRET 用于从中断处理程序返回被中断的程序继续执行。任何中断处理程序，无论是外部中断引起的，还是内部中断引起的，其最后一条指令都是 IRET 指令。该指令首先将堆栈中的断点地址弹出到 IP 和 CS 中，接着将 INT 指令执行时压入堆栈的标志字弹出到标志寄存器中，以恢复中断前的状态标志位。显然本指令对各状态标志位均有影响。指令的操作如下：

(1) IP ←([SP+1]:[SP])，SP ← SP+2。
(2) CS ←([SP+1]:[SP])，SP ← SP+2。
(3) FLAGS ←([SP+1]:[SP])，SP ← SP+2。

◇3.3.6 处理器控制指令

处理器控制指令

这类指令用来对处理器进行控制，如修改标志寄存器、使处理器暂停、使处理器与外部设备同步等。处理器控制指令共分为两大类：标志位操作指令和外部同步指令。各指令的功能如表 3-6 所示。

表 3-6 处理器控制指令

	指令	操作
标志位操作指令	CLC	CF←0，清进位标志位
	STC	CF←1，进位标志位置位
	CMC	CF←$\overline{CF}$，进位标志位取反
	CLD	DF←0，清方向标志位，串操作从低地址到高地址
	STD	DF←1，方向标志位置位，串操作从高地址到低地址
	CLI	IF←0，清中断标志位，即关中断
	STI	IF←1，中断标志位置位，即开中断
外部同步指令	HLT	暂停指令。使处理器处于暂停状态，常用于等待中断的产生
	WAIT	当 $\overline{TEST}$ 引脚为高电平（无效）时，执行 WAIT 指令会使处理器进入等待状态。主要用于 8088 与协处理器和外部设备的同步
	ESC	处理器交权指令。用于与协处理器配合工作时
	LOCK	总线锁定指令。主要为多机共享资源设计
	NOP	空操作指令，消耗 3 个时钟周期，常用于程序的延时等

3.4 x86-32 与 x86-64 指令集

随着 80386 微处理器的诞生，Intel 指令集从 16 位扩展到 32 位（简称 x86-32 指令集），并逐步发展到今天的 64 位（简称 x86-64 指令集）。

Intel 处理器系列都遵照指令集向后兼容的原则设计，即 16 位指令集编写的程序在 32 位及之后的 Intel 处理器上都能够正常运行，但为了适应处理能力的增强和保护模式下的内存寻址等,指令功能和指令种类在不断增强和扩充。本节首先以 80386 为例,介绍相对于 8086 指令集,x86-32 指令集新增的部分指令功能及寻址方式。最后再简要介绍 64 位指令集的主要特点。

◇3.4.1　x86-32 指令集对指令功能的扩充

从 80386 起,Intel 处理器由 16 位扩展到 32 位,具有 32 位的内部通用寄存器和 32 位数据总线,可以进行 32 位数据的并行操作。为此,在 8086 指令集基础上,x86-32 指令集对部分指令进行了功能扩充,并新增了虚地址下的寻址方式。

1. 直接处理 32 位操作数

除了与 8086 一样可以进行 8 位和 16 位操作之外,80386 微处理器的指令集还允许直接进行 32 位操作。例如:

```
MOV   EAX, 0FFFF8100H        ;32 位立即数送累加器 EAX
ADD   EBX, ESI               ;两个 32 位寄存器内容相加
MOVSD                        ;32 位(双字)串传送
```

这里的 EAX、EBX、ESI 等是 80386 及更高型号的微处理器中的 32 位扩展寄存器。

2. 对部分指令的功能扩充

按照指令类别,实现主要指令的功能扩充如下:

(1) 允许堆栈操作指令 PUSH 的操作数可以是立即数,例如,PUSH 8100H。

(2) 允许有符号乘法指令 IMUL 可以有以下 3 种格式:

```
IMUL src                     ; src 可以是 8 位、16 位或 32 位寄存器或内存单元
                             ; 隐含的另一个目标操作数是累加器
IMUL dest,src                ; dest←dest×src
IMUL dest,src1, src2         ; dest←src1×src2
```

(3) 允许移位操作指令中的移位次数可以是任意常数,而不必像 8086 指令集中的指令那样,移位次数要用 CL 给出。

(4) 允许条件转移的范围不再局限于 -128～+127,转移的目标地址可以是 32 位地址。

3. 寻址方式扩充

除了 8086 的实地址模式下对操作数的 8 种寻址方式之外,80386 增加了保护模式下寻址 32 位数的寻址能力,如表 3-7 所示。

表 3-7　80386 的寻址方式

寻址方式	指令示例	功能说明
立即寻址	MOV EAX,12345678H	32 位立即数送寄存器 EAX
直接寻址	MOV EAX,[11202020H]	可以直接给出内存单元的 32 位地址
寄存器寻址	MOV EAX,EBX	

续表

寻址方式	指令示例	功能说明
寄存器间接寻址	MOV EBX,[EAX]	所有32位通用寄存器均可用于间接寻址
寄存器相对寻址	MOV AX,DATA[EBX]	将EBX与32位位移量DATA之和所指的字单元内容送AX
基址-变址寻址	MOV EAX,[EBX][ESI]	将数据段中EBX+ESI所指的4字节内容送EAX
基址-变址-相对寻址	MOV EAX,[EBX+EDI+0FFFFFF0H]	
带比例因子的变址寻址	MOV EAX,DATA[ESI×4]	将变址寄存器ESI的内容乘以比例因子,再加上位移量形成存放操作数的有效偏移地址
带比例因子的基址-变址寻址	MOV EBX,[EDX×4][EAX]	将数据段中EDX×4+EAX所指的4个单元的内容送EBX
带比例因子的基址-变址-相对寻址	MOV EAX,[EBX+DATA][EDI×4]	

注意:

(1) 80386允许所有的通用寄存器都可用于间接寻址。除ESP和EBP默认数据在堆栈段外,其他通用寄存器作间址寄存器时都默认数据在数据段。但允许段重设。

(2) 在基址-变址-相对寻址方式中,当位移量是32位时,基址寄存器和变址寄存器可以是任何一个通用寄存器。由基址寄存器决定数据默认在哪一个段。

(3) 在带比例因子的变址寻址方式中,比例因子的选取与操作数的字长相同。例如,操作数可以是1字节、2字节、4字节或8字节,相应地,比例因子可以是1、2、4或8。乘以比例因子的寄存器被视为变址寄存器,操作数默认的段由选用的基址寄存器决定。

◇3.4.2 x86-32指令集新增指令简述

除增强了部分8086指令的功能外,80386处理器还新增了部分指令。表3-8列出了x86-32指令集主要新增指令。

表3-8 x86-32指令集主要新增指令

指令类型	汇编格式	操作说明
数据传送及扩展指令	MOVSX reg,reg/mem	将源操作数(8位/16位寄存器/内存单元)的符号位扩展后送到目标地址(16位或32位寄存器)。若源操作数是8位,则扩展为16位;若源操作数是16位,则扩展为32位
	MOVZX reg,reg/mem	与MOVSX的格式和操作相同,只是将高位全部扩展为0
堆栈操作指令	PUSH/POP imm	imm可以是16位或32位立即数
	PUSHA/POPA	保存/弹出全部16位寄存器

续表

指令类型	汇编格式	操作说明
堆栈操作指令	PUSHAD/POPAD	保存/弹出全部 32 位寄存器
	PUSHFD/POPFD	保存/弹出 32 位标志寄存器
串输入输出指令	INS（INSB/INSW/INSD 等）	从 I/O 设备传送字节、字或双字数据到 DI 寻址的附加段的内存单元
	OUTS(OUTSB/OUTSW/OUTSD 等)	从 SI 寻址的数据段的内存单元把字节、字或双字数据传送到 I/O 设备
*字节交换指令	BSWAP reg	分别将给定 32 位寄存器内的第 1 字节与第 4 字节、第 2 字节与第 3 字节交换
**条件传送指令	CMOV(CMOVB/CMOVS/CMOVZ 等)	根据当前状态标志位的值,决定是否进行数据传送
*交换并相加指令	XADD reg/mem,reg	指令中的操作数可以是 8 位、16 位或 32 位的寄存器或内存单元。该指令将目标操作数和源操作数相加并将结果送回目标地址,同时将目标地址中的原值送入源操作数地址中。同加法指令一样,该指令的执行会对状态标志位产生影响
*比较交换指令	CMPXCHG reg/mem,reg	将目标操作数与累加器内容比较。若相等,将源操作数复制到目标操作数的位置;若不相等,就将目标操作数复制到累加器中
双精度移位指令	SHRD reg/mem,reg,imm	将目标操作数中的内容逻辑右移 imm 指定的位数。移位后,中间操作数中右边的 imm 位移入目标操作数左边的 imm 位中
	SHLD reg/mem,reg,imm	将目标操作数中的内容逻辑左移 imm 指定的位数。移位后,中间操作数中左边的 imm 位移入目标操作数右边的 imm 位中
位测试与置位指令	BT reg/mem,reg BT reg/mem,imm	测试目标操作数中由源操作数指定的位的状态,并将该位的状态复制到 CF 中
	BTC reg/mem,reg BTC reg/mem,imm	测试目标操作数中由源操作数指定的位的状态,并将该位取反后复制到 CF 中
	BTR reg/mem,reg BTR reg/mem,imm	测试目标操作数中由源操作数指定的位的状态,并在将该位复制到 CF 中后将该位清零
	BTS reg/mem,reg BTS reg/mem,imm	测试目标操作数中由源操作数指定的位的状态,并在将该位复制到 CF 中后将该位置 1
高级语言类指令	BOUND reg,mem	数组边界检查指令。源操作数是两个内存单元,其内容分别表示上界和下界。指令用于测试目标寄存器中的内容是否属于上下界之内,若不属于则产生 5 号中断;否则不做任何操作
	ENTER OPRD1,OPRD2	设置堆栈空间指令。为高级语言正在执行的过程设置堆栈空间。OPRD1 是 16 位常数,表示堆栈区域的字节数;OPRD2 是 8 位常数,表示允许过程嵌套的层数
	LEAVE（撤销堆栈空间指令）	撤销 ENTER 指令设置的堆栈空间。一般与 ENTER 指令配对使用

续表

指令类型	汇编格式	操作说明
控制保护类指令	LAR	装入访问权限
	LSL	装入段限符
	LGDT	装入全局描述符表
	SGDT	存储全局描述符表
	LIDT	装入 8 字节中断描述符表
	SIDT	存储 8 字节中断描述符表
	LLDT	装入局部描述符表
	SLDT	存储局部描述符表
	LTR	装入任务寄存器
	STR	存储任务寄存器
	LMSW	装入机器状态字
	SMSW	存储机器状态字
	VERR	存储器或寄存器读校验
	VERW	存储器或寄存器写校验
	ARPL	调整已请求特权级别
	CLTS	清除任务转移标志

注：reg 为寄存器操作数，mem 为内存操作数，imm 为立即数。

* 仅在 Intel 80486 及以上微处理器中使用。

** 仅在 Intel Pentium 及以上微处理器中使用。

◇3.4.3 从 IA32 到 x86-64

从历史的观点看，IA32(Intel Architecture 32，Intel 32 位架构)微处理器同时包含了 16 位和 32 位微处理器。由于 Intel 微处理器在个人计算机市场的主导地位，IA32 指令集也成为大多数 Windows、Linux 甚至 Macintosh 计算机的平台选择。

1999 年，美国 AMD 公司发布了 x86-64 架构，对 IA32 指令集进行了扩充，开始支持 64 位指令集，称为 x86-64 指令集，后来也称为 AMD 64 或 Intel 64。自此，IA32 指令集扩展到 64 位。

虽然 Intel 公司在此之前已在 Itanium 处理器上使用了 64 位 IA64 技术，但它与 Intel 64 并不兼容，即 IA64 的软件不能直接在 Intel 64 上运行。Intel 64 使用的 x86-64 指令集是 IA32 指令集的延伸，而 IA64 则是另一种独立的架构，没有任何 IA32 的影子。

由前述内容已经知道，所谓 16 位、32 位、64 位处理器，主要是指处理器中的算术逻辑单元(ALU)、通用寄存器的数据位数以及数据总线宽度。它们决定了 CPU 能够一次并行处理的二进制位数。另一个重要的参数是地址总线宽度，它决定了内存地址空间的大小。例如，16 位地址总线能够直接寻址 64KB 空间，32 位地址总线能够直接管理 4GB 内存，64 位地址总线能够直接管理128TB内存（可以对比一下C语言中指针所占的二进制位数）①。

x86-64是64位处理器架构及其相应指令集的一种，也是Intel x86架构的延伸产品。x86-64指令集是x86-32指令集的超集（superset），在x86处理器上可以运行的程序都可以运行在x86-64上（这正是现在Intel 64位处理器或兼容的64位处理器可以直接运行Windows XP的原因）。

事实上，Intel公司每次在开发新一代处理器时，都希望能够向后兼容其发布的所有处理器。例如，在推出32位处理器时，Intel公司没有取消原有的16位寄存器，而是将其扩展为32位。例如，将16位数据寄存器扩展为32位的EAX、EBX、ECX、EDX，其中E的含义就是扩展。

同样，对64位处理器，Intel公司也采用了相同的逻辑：将32位寄存器扩展为64位。例如，将EAX、EBX、ECX、EDX扩展为64位的RAX、RBX、RCX、RDX，而原有的16位/32位指令依然可以使用，只是操作数变成了64位而已。例如，以下两条指令的操作码与8086指令相同，只是运算的操作数字长改变了：

```
ADD    EAX,EBX              ;32位寄存器内容相加,即EAX+EBX,结果送EAX
ADD    RAX,RCX              ;64位寄存器内容相加,即RAX+RCX,结果送RAX
```

总体上，x86-64和IA32的主要区别如下：

（1）地址指针和长整型数都是64位。整数算术运算支持8位、16位、32位和64位数据类型。

（2）通用寄存器从8个拓展到16个。

（3）许多程序状态都保存在寄存器中，而不是栈中。

（4）条件操作可以用条件传送指令实现，会得到比传统分支代码更好的性能。

（5）浮点操作用面向寄存器的指令集实现，而不用IA32支持的基于栈的方法实现。

处理器依靠指令计算和控制系统，指令的强弱是处理器的重要指标。从Pentium Pro起，Intel公司陆续增加了MMX、SSE、SSE2等扩展指令集，增强了处理器的多媒体、图形图像和Internet等的处理能力。

其中，MMX指令集包括57条多媒体指令，通过这些指令可以一次处理多个数据，在处理结果超过实际处理能力的时候也能进行正常处理，这样，在软件的配合下，就可以得到更高的性能。但MMX指令集与x87浮点运算指令不能够同时执行，只能通过密集的交错切换才能正常执行，这就势必会影响整个系统的运行质量。

SSE（streaming SIMD Extension，流式SIMD扩展）指令集即所谓的"互联网SSE"指令集，包含70条指令。其中包括提高3D图形运算效率的50条SIMD浮点运算指令、12条MMX整数运算增强指令、8条优化内存中连续数据块传输的指令。理论上这些指令对目前流行的图像处理、浮点运算、3D运算、视频处理、音频处理等诸多多媒体应用起到全面强化的作用。

SSE指令集兼容MMX指令集，它可以通过SIMD和单时钟周期并行处理多个浮点数据有效地提高浮点运算速度。

---

① 由于各种因素所致,微处理器中的地址总线宽度与数据总线宽度常常并不一致。

SSE2 指令集是 Intel 公司在 SSE 指令集的基础上发展起来的。相比于 SSE，SSE2 使用了 144 个新增指令，扩展了 MMX 技术和 SSE 技术，这些指令提高了应用程序的运行性能。随着 MMX 技术引进的 SIMD 整数指令从 64 位扩展到 128 位，使 SIMD 整数类型操作的有效执行率成倍提高。双倍精度浮点 SIMD 指令允许以 SIMD 格式同时执行两个浮点操作，提供双倍精度操作支持有助于加速内容创建以及财务、工程和科学应用。除 SSE2 指令之外，最初的 SSE 指令也得到增强，通过支持多种数据类型（例如双字和四字）的算术运算，支持灵活并且动态范围更广的计算功能。

Intel 公司在 SSE2 指令集的基础上发展起来的 SSE3 指令集又在 SSE2 的基础上新增了 13 条 SIMD 指令。其主要目的是改进线程同步和特定应用程序领域，例如媒体和游戏。这些新增指令强化了处理器在浮点转换至整数、复杂算法、视频编码、SIMD 浮点寄存器操作以及线程同步 5 个方面的表现，最终达到提升多媒体和游戏性能的目的。Intel 公司是从 Pentium 4 开始支持 SSE3 指令集的。

Intel 64 指令集被应用于 Pentium 4 等 Pentium 系列处理器及 Core 2 到 Core i9 处理器上，是当前个人计算机支持的主要指令集。

3.5　ARM 指令集简介

在一个指令集具有的所有潜在问题中，最难以解决的是地址空间太小的问题。x86 是第一个将 16 位地址扩展到 32 位地址，又扩展到 64 位地址的指令集。ARM 指令集在 2013 年将 32 位地址扩展到 64 位地址。

ARM 处理器支持 32 位和 64 位指令集以及 Thumb 指令集[①]。考虑到当前基于 ARM 的嵌入式应用程序开发更多会使用 C 语言等高级语言，故本节仅以 32 位 ARM 指令集为例，简要介绍 ARM 指令的格式、寻址方式和主要指令的功能，在帮助读者对 ARM 指令集有基本认知的同时，也为需要高级语言和汇编语言混合编程的嵌入式应用提供基础。

◇3.5.1　ARM 指令概述

从 ARMv8 开始，ARM 处理器支持 32 位、64 位指令集以及 16 位的 Thumb 指令集（ARM 指令集的子集）。本节以 32 位 ARM 指令集为例，介绍 ARM 指令的基本格式和条件码。

1. 指令基本格式

ARM 指令的基本格式为

<opcode> {<cond>} {S} <Rd> , <Rn> { , <operand2> }

这里，花括号内的项为可选的。各项含义如下：
- opcode：操作码，用助记符表示。
- code：可选条件码。ARM 指令根据当前程序状态寄存器（CPSR）中的条件位自动判断是否执行指令。若条件满足，执行该指令；否则该指令被忽略。

[①]　Thumb 指令集是 ARM 指令集的 16 位功能子集。与等价的 32 位代码相比较，Thumb 指令集可节省 30%～40% 的存储空间，同时具备 32 位代码的所有优点。

- S：可选后缀。若指定 S,则根据指令执行结果更新 CPSR 中的条件码。
- Rd：目标寄存器。
- Rn：存放第一操作数的寄存器。
- Operand2：第二操作数。

2. 指令的条件码

ARM 指令中用 4 位二进制编码表示条件码,16 种编码中有 15 种可为用户使用,如表 3-9 所示。每种条件码用两个英文字母助记符表示,说明指令执行时必须满足的条件。

表 3-9 指令的条件码

4 位二进制编码	助记符	含 义	用于执行的标志位状态
0000	EQ	相等/等于 0	Z 置 1
0001	NE	不相等	Z 清零
0010	CS/HS	进位/无符号数大于或等于	C 置 1
0011	CC/LO	无进位/无符号数小于	C 清零
0100	MI	负数	N 置 1
0101	PL	正数或 0	N 清零
0110	VS	溢出	V 置 1
0111	VC	未溢出	V 清零
1000	HI	无符号数大于	C 置 1,Z 清零
1001	LS	无符号数小于或等于	C 清零,Z 置 1
1010	GE	有符号数大于或等于	N=V
1011	LT	有符号数小于	N≠V
1100	GT	有符号数大于	Z 清零且 N=V
1101	LE	有符号数小于或等于	Z 置 1 且 N≠V
1110	AL	总是	任何状态
1111	NV	未使用	无

例如：

```
ADDS    R2,R1,#1              ;R1 的值加 1,结果送 R2 寄存器,影响 CPSR 寄存器(S)
SUBNES  R2,R1,#0x20           ;R1+20H,结果送 R2,执行条件 NE,影响 CPSR 寄存器(S)[①]
```

◇3.5.2　ARM 指令的寻址方式

ARM 处理器支持 7 种基本寻址方式。表 3-10 通过具体指令示例分别给出了这 7 种基本寻址方式的含义。这里延续了 3.2 节对 Intel 指令寻址方式的描述习惯,均以源操作数为

---

① 在 ARM 指令集中,十六进制数用 0x 标识,这一点与 C 语言相同。即 0x20 就相当于 20H。另外,在汇编语言程序中,用分号表示注释,本书将在第 4 章对此给出具体说明。

例,即在给出的指令示例中,寻址方式都特指源操作数(第一/第二操作数)的寻址方式。

表 3-10 ARM 处理器基本寻址方式

寻址方式	指令示例	功能说明
立即寻址	AND R8,R7,♯0xFF	将立即数 FFH 和 R7 寄存器中的 32 位数相与,结果送 R8 寄存器
寄存器寻址	ADD R0,R1,R2	寄存器 R1+R2,结果送 R0 寄存器
寄存器间接寻址	LDR R0,[R1]	将寄存器 R1 指向的内存单元的内容送 R0
	STR R0,[R1]	将寄存器 R0 的内容送到 R1 指向的内存单元中
基址-变址寻址	LDR R0,[R1,♯3]	将 R1+3 指向的内存单元内容送 R0
	LDR R0,[R1,♯3]!	将 R1+3 指向的内存单元内容送 R0,然后使 R1+3
	LDR R0,[R1],♯3	将 R1 指向的内存单元内容送 R0,然后使 R1+3
堆栈寻址	STMFD SP!,{R1-R7,LR}	将 R1~R7 和 LR 寄存器内容压入堆栈
	LDMFD SP!,{R1-R7,LR}	将栈顶数据弹出到 R1~R7 和 LR 寄存器中
块复制寻址	LDMIA R0!,{R2-R9}	将 R0 指向的内存单元内容复制到 R2~R9 这 8 个寄存器中
	STMIA R1,{R2-R9}	将 R2~R9 这 8 个寄存器中的内容加载到 R1 指向的内存单元中
相对寻址		是程序计数器的变址寻址,用于确定转移目标

注:块复制寻址主要用于将内存中的数据块加载到多个寄存器中,或将多个寄存器中的内容保存到内存中。寻址操作的寄存器可以是 R0~R15。

◇3.5.3 ARM 的 32 位指令集

与 Intel x86 的 16 位指令集类似,ARM 指令集也分为 6 类,包括数据处理指令、装入/存储指令、程序状态寄存器处理指令、转移指令、异常中断指令和协处理器指令。

(1) 数据处理指令主要完成寄存器中数据的算术和逻辑运算,指令使用 3 地址模式,按照功能可分为数据传送指令、算术运算指令、逻辑运算指令、比较指令、测试指令和乘法指令。

(2) 装入/存储指令是唯一用于寄存器和内存之间进行数据传送的指令。ARM 处理器对数据的操作是:首先将数据从内存加载到片内寄存器中进行处理,然后将结果经寄存器送回内存,以加快对片外的内存进行数据处理的执行速度。装入/存储指令也用于对外设的操作[①]。

(3) 程序状态寄存器处理指令用于在状态寄存器和通用寄存器之间进行数据传送,共有两条,其助记符分别是 MSR 和 MRS。

(4) 转移指令可以实现从当前指令向前或向后 32MB 地址空间的跳转。ARM 中实现程序转移的方法有两种:一种是利用传送指令将转移目标地址直接写入 R15 寄存器(程序

---

① ARM 系统中的输入输出通过内存映射的可寻址外围寄存器和中断输入的组合实现,这些外围寄存器与内存统一编址,因此对它们的操作可以像对内存的操作一样。

计数器);另一种就是利用转移指令。

(5) 异常中断指令包括软件中断指令 SWI 和断点指令 BKPT。前者用于实现在用户模式下对操作系统中特权模式的程序调用,后者主要用于产生软件断点,供程序调试用。

(6) 协处理器指令主要用于控制协处理器寄存器内部操作,以及 ARM 处理器和 ARM 协处理器之间、ARM 协处理器和内存单元之间的数据传送。ARM 支持 16 个协处理器,完成浮点运算等。最常用的协处理器是用于控制片上功能的系统协处理器。在程序执行过程中,每个协处理器忽略属于 ARM 处理器和其他协处理器的指令。当某个协处理器硬件不能执行属于它的协处理器指令时,将产生未定义指令异常中断。

表 3-11 给出了 ARM 的 5 种数据处理指令的汇编格式及其功能说明。

表 3-11 ARM 的 5 种数据处理指令

指令类型	助记符	汇编格式	说明
数据传送指令	MOV	MOV Rd,Op2	使 Rd=Op2。这里,Op2 可以是立即数或寄存器
	MVN	MVN Rd,Op2	将 Op2 按位取反,再送入 Rd
算术运算指令	ADD	ADD Rd,Rn,Op2	普通加法指令。Rd=Rn+Op2
	ADC	ADC Rd,Rn,Op2	带进位加法指令。Rd=Rn+Op2+C
	SUB	SUB Rd,Rn,Op2	普通减法指令。Rd=Rn−Op2
	SBC	SBC Rd,Rn,Op2	带借位减法指令。Rd=Rn−Op2+C−1
	RSB	RSB Rd,Rn,Op2	反向减法指令。Rd=Op2−Rn
	RSC	RSB Rd,Rn,Op2	反向带借位减指令。Rd=Op2−Rn+C−1
逻辑运算指令	AND	AND Rd,Rn,Op2	与运算指令。Rn 和 Op2 按位相与,结果送 Rd
	ORR	ORR Rd,Rn,Op2	或运算指令。Rn 和 Op2 按位相或,结果送 Rd
	EOR	EOR Rd,Rn,Op2	异或运算指令。Rn 和 Op2 按位相异或,结果送 Rd
	BIC	BIC Rd,Rn,Op2	反与运算指令。将 Op2 求反码后和 Rn 按位相与,结果送 Rd
比较指令	CMP	CMP Rn,Op2	比较指令。根据 Rn−Op2 的结果设置条件码
	CMN	CMN Rn,Op2	取反比较指令。根据 Rn+Op2 的结果设置条件码
测试指令	TST	TST Rn,Op2	测试指令。根据 Rn 和 Op2 按位与的结果设置条件码
	TEQ	TEQ Rn,Op2	测试相等指令。根据 Rn 和 Op2 按位异或的结果设置条件码

注:Rd 是目标操作数;Rn 是第一个源操作数;Op2 是第二个源操作数,可以是 32 位立即数或寄存器。

除表 3-11 给出的指令外,ARM 指令集的数据处理指令还包含乘法指令,用于完成两个寄存器中数据的乘法运算。运算结果有两类:一类是两个 32 位数相乘,结果为 64 位(与 Intel 乘法指令类似);另一类是两个 32 位数相乘,仅保留低 32 位。

有关 ARM 指令集各指令的功能本书不再详解描述,有兴趣的读者请参阅相关专业书籍。

从上述 ARM 指令的简单介绍中可以发现,虽然不同系列的处理器能够识别的指令集不同,但都具有数据传送、算术与逻辑运算等主要功能的指令,且助记符也类似。

习 题

一、填空题

1. 若 8086/8088 CPU 各寄存器的内容为：AX＝0000H，BX＝0127H，SP＝FFC0H，BP＝FFBEH，SS＝18A2H。现执行以下 3 条指令：

① PUSH BX
② MOV AX,[BP]
③ PUSH AX

在执行完第①条指令后,SP＝(　　)。在执行完指令③后,AX＝(　　),BX＝(　　),SP＝(　　)。

2. 从中断服务子程序返回时应使用(　　)指令。

3. 数据段中 28A0H 单元的符号地址为 VAR,若该单元中内容为 8C00H,则执行指令"LEA　AX,VAR"后,AX 的内容为(　　)。

4. 下列程序执行后,BX 中的内容为(　　)。

MOV CL,3
MOV BX,0B7H
ROL BX,1
ROR BX,CL

5. 由 ARM 指令基本格式可以看出,ARM 指令通常会有(　　)操作数。

二、简答题

1. 设 DS＝6000H,ES＝2000H,SS＝1500H,SI＝00A0H,BX＝0800H,BP＝1200H。请分别指出下列各条指令源操作数的寻址方式,并计算除立即寻址外的其他寻址方式下源操作数的物理地址。

① MOV AX,BX
② MOV AX,4[BX][SI]
③ MOV AL,'B'
④ MOV DI,ES:[BX]
⑤ MOV DX,[BP]

2. 说明指令"MOV BX,5[BX]"与指令"LEA BX,5[BX]"的区别。

3. 设 DS＝202AH,CS＝6200H,IP＝1000H,BX＝1200H,位移量 DATA＝2,内存数据段 BX 指向的各单元内容如图 3-33 所示。试确定下列转移指令的转移地址。

① JMP BX
② JMP WORD PTR[BX]
③ JMP DWORD PTR[BX+DATA]

4. 比较无条件转移指令、条件转移指令、调用指令和中断指令的异同。

5. 说明以下程序段的功能：

```
STD
LEA DI,[1200H]
MOV CX,0F00H
XOR AX,AX
REP STOSW
```

6. x86 处理器主要新增了哪些类型指令？

7. 比较 Intel 指令集与 ARM 指令集在指令格式上的主要区别。

三、编程题

1. 按下列要求写出相应的指令或程序段。

（1）写出两条使 AX 内容为 0 的指令。

（2）使 BL 寄存器中的高 4 位和低 4 位互换。

（3）屏蔽 CX 寄存器的位 11、位 7 和位 3。

（4）测试 DX 中的位 0 和位 8 是否为 1。

2. 编写程序，实现将＋46 和－38 分别乘以 2。

3. 编写程序，统计以 BUFFER 为首地址的连续 200 个单元中 0 的个数。

4. 写出完成下述功能的程序段。

（1）从地址 DS:1200H 中传送数据 56H 到 AL 寄存器。

（2）将 AL 中的内容左移两位。

（3）将 AL 中的内容与字节单元 DS:1201H 中的内容相乘。

（4）乘积存入字单元 DS:1202H 中。

5. 设内存数据段中以 M1 为首地址的字节单元中存放了 3 个无符号字节数。编写程序，求这 3 个数之和及这 3 个数的乘积，并将结果分别存放在 M2 和 M3 单元中。

6. 编写程序，利用串操作指令，实现按减地址方向将数据段 1000H～1010H 传送到附加段从 2000H 开始的区域中。

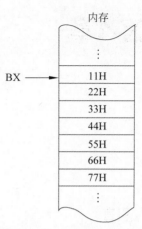

◆图 3-33　内存数据段

第4章

汇编语言程序设计

引言

家庭安全防盗系统需要软件的支持。目前已有多种更接近于人类自然语言的高级语言问世。在基于ARM的嵌入式软件开发中,大多数应用程序也会采用C语言等高级语言编写。然而,汇编语言依然是编译效率高、执行速度快、能够直接控制硬件的编程方法。部分实时控制系统、嵌入式系统中的系统引导、启动代码等依然需要用汇编语言编写或用高级语言与汇编语言混合编写。汇编语言是底层语言,学习汇编语言程序设计,有助于对计算机基本工作过程的理解。

本章主要基于x86-16指令集,讲述汇编语言源程序的基本结构、汇编语言语法,并通过大量示例描述了汇编语言程序设计的基本方法。在此基础上,本章在最后简要介绍了ARM汇编语言的基本知识。

教学目的

(1) 能够编写基于x86-16指令集的简单汇编语言程序。包括:
- 利用伪指令定义变量、常量以及完整的汇编语言程序结构。
- 通过调用系统功能实现信息输入输出。

(2) 对ARM汇编语言程序以及高级语言与汇编语言的混合使用有基本认知。包括:
- ADS/SDT集成开发环境下几种ARM伪操作的功能。
- ARM汇编语言程序的基本格式。
- 嵌入式系统开发中的常用C语言语句。

汇编语言源程序01

4.1 汇编语言基础

计算机的工作就是执行程序,程序可以用各种计算机语言编写。电子计算机诞生至今的几十年间,计算机语言经历了从机器语言到汇编语言再到高级语言的发展过程。本节首先通过一个简单的示例,对比这3种不同类型的语言的特点,目的是说明汇编语言在普遍使用高级语言编程的现代依然存在的理由。然后介绍汇编语言的基本语法。

◇4.1.1 低级语言与高级语言

低级语言是指机器语言和汇编语言,它们都是面向机器的语言,不同的处理器具有不同的低级语言体系。

机器语言(machine language)是用二进制码表示指令和数据的语言,是计算机硬件唯一能够直接理解和执行的语言,具有执行速度快、占用内存少等优点。但是机器语言不直观,不易理解和记忆,因此编写、阅读和修改机器语言程序都比较麻烦。

汇编语言(assembly language)弥补了机器语言的不足,它用指令助记符、符号地址、标号和伪指令等编写程序。与机器语言相比,汇编语言在程序编写、阅读和修改方面都更加方便,不易出错,而且其程序的执行速度和机器语言程序相同。

用汇编语言编写的程序称为汇编语言源程序,将汇编语言源程序"翻译"成机器语言目标程序的过程称为汇编(assemble),完成汇编过程的系统程序称为**汇编程序**(assembler)。由于汇编语言的指令与机器语言的指令一一对应,即一条汇编语言的指令可以直接翻译成一条机器语言的指令,因此汇编程序要比高级语言的编译器简单得多。例如,典型的汇编程序 MASM 只需要 96KB 存储空间。

汇编语言也是面向具体机器的语言。不同种类的处理器具有不同的汇编语言指令集,相互间不能通用(但同一系列的处理器向上兼容)。例如,x86 系列处理器(包括 Intel 公司和 AMD 公司最新型的微处理器)的汇编语言程序就不能在 PowerPC 系列的处理器上运行。这是它与高级语言的本质区别之一。因此,使用汇编语言编写程序,需要对它适用的计算机系统的结构及工作原理有一定的了解。

相对于上述两种面向机器的低级语言,高级语言(high level language)的语句更接近人类语言,所以用高级语言编写的程序易读、易修改,比较简短。它与具体的计算机无关,不受处理器类型的限制,通用性很强。用高级语言编程不需要了解计算机内部的结构和原理,对于非计算机专业的人员来讲比较易于掌握。

高级语言的种类有很多,1.1.1 节中提到的 C 语言是所有高级语言中距离计算机"最近"的语言。总体上讲,距离计算机越远,其"翻译"成机器代码的开销会越大[①]。

图 4-1 分别给出了用机器语言、汇编语言和 C 语言实现的比较内存中两个数大小的程序,从中可以直观地看到 3 种语言的差异。

```
B8 5F5F
8E D8
A1 0000
8B 1E 0002
3B C3
72 07
8D 16 001C
EB 05
8D 16 0004
B4 09
CD 21
B4 4C
CD 21
```
(a) 机器语言

```
       mov ax,data
       mov ds,ax
       mov ax,var1
       mov bx,var2
       cmp ax,bx
       jb  le1
gr1:   lea dx,grea
       jmp dis
le1:   lea dx,less
dis:   mov ah,9
       int 21h
       mov ah,4ch
       int 21h
```
(b) 汇编语言

```
#include<stdio.h>
int main()
{
    int x,y;
    printf("Please enter two integer:\n");
    scanf_s("%d%d",&x,&y);
    if(x>y)
        printf("The maxium number is %d\n",x);
    else
        printf("The maxium number is %d\n",y);
    return 0;
}
```
(c) C语言

◆图 4-1 用 3 种语言实现的比较内存中两个数大小的程序

[①] 高级语言的编译器通常要比汇编程序复杂很多,需要占用更多的内存,也需要花费更多的时间。

随着计算机技术的发展，人们已极少直接使用机器语言编写程序。汇编语言主要应用在对程序执行速度要求较高而内存容量有限的场合（如某些存储空间受限的工控系统和实时控制系统），或需要直接访问硬件的场合。高级语言的优势是众所周知的，但它存在占用存储空间大、执行速度比较慢等缺点。为了扬长避短，在一个程序中，对执行速度或实时性要求较高的部分可以用汇编语言编写，而其余部分则可以用高级语言编写。

◇4.1.2 汇编语言源程序

汇编语言源程序是由指令助记符表示的指令序列构成的、实现某项功能的程序，与汇编程序是两个完全不同的概念。

1. 汇编语言源程序结构

一个完整的汇编语言源程序通常由若干逻辑段（segment）组成，包括数据段、附加段、堆栈段和代码段，它们分别映射到内存中的物理段上。每个逻辑段以 SEGMENT 语句开始，以 ENDS 语句结束，整个源程序用 END 语句结尾。

代码段中存放源程序的所有指令码，数据、变量等则放在数据段和附加段中。程序中可以定义堆栈段，也可以直接利用系统中的堆栈段。具体一个源程序中要定义多少个段，要根据实际需要确定。一般来说，一个源程序中可以有多个代码段，也可以有多个数据段、附加段及堆栈段，但一个源程序模块只可以有一个代码段、一个数据段、一个附加段和一个堆栈段。将源程序以分段形式组织，是为了在程序完成汇编后，能将指令码和数据分别装入内存的相应物理段中。

为了帮助读者建立汇编语言源程序的整体概念，下面先给出一个完整的汇编语言源程序的结构[①]：

```
段名1    SEGMENT
         ...
段名1    ENDS
段名2    SEGMENT
         ...
段名2    ENDS
...
段名n    SEGMENT
         ...
段名n    ENDS
END
```

2. 汇编语言语句类型及格式

汇编语言源程序的语句可分为两大类：指令性语句和指示性语句。

指令性语句是由指令助记符等组成的、可被处理器执行的语句。第 3 章中介绍的所有指令都属于指令性语句。指示性语句用于告诉汇编程序如何对程序进行汇编，是处理器不执行的指令。由于指示性语句并不能生成目标代码，故又称其为伪操作语句或伪指令。

汇编语言源程序 02

---

① 逻辑段的具体定义方法详见 4.2.3 节。

汇编语言的语句由若干部分组成,指令性语句和指示性语句在格式上稍有区别。以下是两种语句的一般格式。

指令性语句的一般格式为

[标号:]　　[前缀]　操作码　　[操作数[,操作数]]　[;注释]

指示性语句的一般格式为

[名字]　　伪操作　操作数　　[,操作数,…]]　[;注释]

在上面的指令格式中,加方括号的是可选项,可以有,也可以没有,需要根据具体情况而定。

指令性语句和指示性语句在格式上的区别主要有以下两点:

(1) 标号和名字。指令性语句中的标号和指示性语句中的名字在形式上类似。然而,标号表示指令的符号地址,需要加上":";名字通常表示变量名、段名和过程名等,其后不加":"。不同的伪操作对于是否有名字有不同的规定,有些伪操作规定前面必须有名字,有些则不允许有名字,还有一些可以任选。名字在多数情况下表示的是变量名,用来表示内存中一个数据区的地址。

(2) 指令性语句中的操作数最多有两个,也可以没有操作数;而指示性语句中的操作数至少要有一个,并可根据需要有多个,当操作数不止一个时,操作数之间用逗号隔开。

例如:

```
START:MOV  AX,DATA         ;指令性语句,将立即数 DATA 送累加器 AX
DATA1  DB  11H,22H,33H     ;指示性语句,定义字节型数据。DB 是伪操作
```

注释(comment)是汇编语言语句的最后一个组成部分。它并非必须有的,加上它的目的是提高源程序的可读性。对一个较长的应用程序来讲,如果从头到尾没有任何注释,读起来会很困难。因此,最好在重要的程序段前面以及关键的语句处加上简明扼要的注释。注释的前面要求加上分号(;)。注释可以跟在语句后面,也可作为一个独立的行。如果注释的内容较多,超过一行,则换行以后的下一行前面还要加上分号。注释不参加程序汇编,即不生成目标代码,它只用于为程序员阅读程序提供方便。

指令性语句的操作码和前缀在第 3 章中已进行了详细的讨论,伪操作将在 4.2 节中介绍。下面主要讨论汇编语言指令中的操作数。

◇4.1.3　汇编语言指令中的操作数

操作数是汇编语言指令中的一个重要组成部分。它可以是寄存器、内存单元或数据项。而数据项又可以是常量、标号、变量和表达式。

1. 常量

常量(constant)包括数字常量和字符串常量两种。

数字常量可以用不同的数制表示:

(1) 十进制常量。以字母 D(代表 Decimal)结尾或不加结尾,如 23D、23。

(2) 二进制常量。以字母 B(代表 Binary)结尾,如 10101001B。

(3) 十六进制常量。以字母 H(代表 Hexadecimal)结尾,如 64H、0F800H。在程序中,若是以字母 A~F 开始的十六进制数,在前面要加一个数字 0。

字符串常量是用单引号括起的一个或多个 ASCII 码字符。汇编程序将其中每一个字符分别翻译成对应的一字节 ASCII 码,如'AB',汇编时将其翻译成 41H、42H。

2. 标号

指令性语句中的标号(label)是某条指令在内存中的符号地址,指向代码段。其后必须加冒号。

标号的命名由程序员决定,通常建议按意义命名,以便于理解。但需遵循如下基本原则:

(1) 不能与系统保留字(如指令助记符、伪指令操作码等)重名。

(2) 不允许由数字开头,字符个数不超过 31 个。

并非每条指令性语句都必须有标号。如果某条指令前面有标号,该标号就代表了这条指令在内存中的地址,程序中其他地方就可以引用这个标号。例如,第 3 章中介绍的转移、循环指令的操作数就是标号。

作为符号地址,标号具有 3 种属性:段值、偏移量和类型。

(1) 段值是标号所在段的段地址。当程序中引用一个标号时,该标号应在代码段中。

(2) 偏移量是标号所在段的首地址到定义该标号的地址之间的字节数(即偏移地址)。偏移量是一个 16 位无符号数。

(3) 标号的类型有两种: NEAR 和 FAR。前一种称为近标号,只能在段内被引用,地址指针为 2 字节;后一种称为远标号,可以在其他段被引用,地址指针为 4 字节。

3. 变量

标号代表的是指令码在内存中的符号地址,变量(variable)则代表数据在内存中的符号地址。因此,与标号一样,变量也具有 3 种属性:

(1) 段值是变量所在逻辑段的段地址。因为变量通常在内存数据段或附加段中,所以变量的段值在 DS 或 ES 寄存器中。

(2) 偏移量是变量所在段的首地址到变量地址之间的字节数。

(3) 变量的类型有 BYTE(字节)、WORD(字)、DWORD(双字)、QWORD(4 字)、TBYTE(10 字节)等,表示数据区中存取操作对象的大小。

学习过高级语言的读者都清楚,变量可以被赋值,其值也可以修改。作为内存单元的符号地址,变量在指令中作为内存操作数被引用。

变量的命名规则与标号一样,在符合前述基本原则前提下,也同样建议按意义命名。在汇编语言指令中使用变量时,应特别注意以下两点:

(1) 变量类型与指令的要求必须相符。

(2) 定义的变量可以代表某个数据区的首地址。如果数据区中有多个数据,则在对其他数据进行操作时,需修改地址。

为了说明上述两点,这里给出一个具体的示例。

【例 4-1】 图 4-2 给出了 3 个变量 VAR1、VAR2 和 NUM 在内存中的分布情况。若设数据段寄存器 DS=1000H,结合图 4-2 说明下述指令中变量的数据类型和指令执行结果。

```
LEA  SI,VAR1
MOV  AX,VAR1
```

```
        MOV   BL,VAR2
        LEA   BX,NUM
        MOV   AL,NUM+2
```

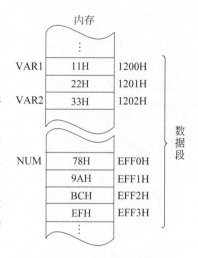

题目解析：根据第 3 章介绍的 Intel 指令集规则，MOV 指令等多数双操作数指令要求源操作数与目标操作数字长必须一致。因此，VAR1 必须定义为**字类型变量**，VAR2 和 NUM 必须定义为**字节型变量**，否则这里的引用会出错。LEA 是取偏移地址指令，其源操作数必须为内存操作数。

解：根据图 4-2 所示的内存分布，并已知数据段的段地址为 1000H，上述各条指令的执行结果在下面通过注释方式给出。

◆图 4-2 3 个变量在内存中的分布情况

```
        LEA   SI,VAR1           ;SI=1200H
        MOV   AX,VAR1           ;AX=2211H
        MOV   BL,VAR2           ;BL=33H
        LEA   BX,NUM            ;BX=EFF0H
        MOV   AL,NUM+2          ;AL=BCH
```

4. 表达式

汇编语言语句中的表达式（expression）不是指令，本身不能执行。程序在汇编时，汇编程序对表达式进行相应的运算，得出一个确定的值。所以，在程序执行时，表达式本身已经是一个有确定值的操作数，只是其求值的计算任务由汇编程序完成。

表达式中常用的运算符有以下 5 种。

1) 算术运算符

表达式中常用的算术运算符有＋、－、*、/和 MOD（取余数）等。当算术运算符用于数值表达式时，其汇编结果是一个数值。例如：

```
        MOV AL,8+5
```

等价于

```
        MOV AL,13
```

当算术运算符用于地址表达式时，通常只使用其中的＋和－两种运算符。例如，VAR＋2 表示变量 VAR 的地址加上 2 得到新的内存单元地址。

【**例 4-2**】 将字数组 NUM 的第 8 个字送累加器 AX。

题目解析：变量 NUM 是数组的首地址，它指向的单元地址为 NUM＋0，其内容是 NUM 字数组的第一个字。由于 NUM 为字数组，因此其每个数组元素为 16 位。

解：实现上述功能的指令为

```
        MOV AX,NUM+(8-1)*2      ;NUM+(8-1)*2 是第 8 个字所在字单元的偏移地址
```

或

```
        MOV AX,NUM+14
```

2）逻辑运算符

逻辑运算符包括 AND、OR、NOT 和 XOR。逻辑运算符只用于数值表达式，用来对数值进行按位逻辑运算，并得到一个数值结果。例如：

```
        MOV   AL,0ADH AND 0CCH
```

该指令完全等价于

```
        MOV   AL,8CH
```

请注意逻辑运算符和逻辑运算指令助记符的区别，虽然两者对应的名称一样（AND、OR、XOR、NOT），但不要混淆。

3）关系运算符

关系运算符共有 6 个：EQ(等于)、NE(不等于)、LT(小于)、GT(大于)、LE(小于或等于)、GE(大于或等于)。参与关系运算的必须是两个数值或同一段中的两个内存单元地址。运算结果是一个逻辑值：当关系不成立（为假）时，结果为 0；当关系成立（为真）时，结果为 0FFFFH。例如：

```
        MOV   AX,4 EQ 3        ;关系不成立时，汇编为指令 MOV   AX,0
        MOV   AX,4 NE 3        ;关系成立时，汇编为指令 MOV   AX,0FFFFH
```

4）取值运算符

取值运算符有两个：OFFSET 和 SEG，用来分析一个内存操作数的属性。其中：

（1）OFFSET 运算符用于得到一个标号或变量的偏移地址。例如：

```
        MOV   SI,OFFSET DATA1   ;将变量 DATA1 的偏移地址送入 SI
```

该指令在功能上与下面的指令执行结果相同：

```
        LEA   SI,DATA1          ;取 DATA1 的偏移地址送入 SI
```

（2）SEG 运算符可以得到一个标号或变量的段地址。例如：

```
        MOV   AX,SEG DATA       ;将变量 DATA 的段地址送入 AX
        MOV   DS,AX             ;DS←AX
```

5）属性运算符 PTR

属性运算符用来指定位于其后的内存操作数的类型，仅对属性运算符所在的指令有效。其作用在第 3 章中已通过示例展示过，例如：

```
        CALL    DWORD PTR[BX]   ;说明内存操作数为 4 字节长，即调用远过程
        MOV     AL,BYTE PTR[SI] ;将 SI 指向的一字节数送 AL
```

如果一个变量已经定义为字变量，利用 PTR 运算符可以修改它的属性。例如，变量 VAR 已定义为字变量，现要将 VAR 当作字节操作数使用，则以下指令非法：

```
        MOV    AL,VAR           ;两个操作数字长不相等
```

而应该用以下指令：

```
        MOV    AL,BYTE PTR VAR         ;强制将 VAR 变为字节操作数
```

4.2 伪 指 令

数据定义伪指令

指示性语句中的伪操作命令,无论是表示形式还是其在语句中所处的位置,都与处理器指令(以下简称指令)相似,因此也称为伪指令(pseudo-instruction)或伪操作码,但指令与伪指令之间有着重要的区别。

首先,指令在程序运行时由处理器执行,每条指令对应处理器的一种特定的操作,例如数据传送、算术运算等;而伪指令在汇编过程中由汇编程序执行,例如定义数据、分配存储区、定义段以及定义过程等。其次,在汇编时,每条指令都被汇编并产生与之对应的目标代码,而伪指令则不产生与之对应的目标代码。

宏汇编程序 MASM 提供了几十种伪指令。限于篇幅,下面只介绍 8 种常用的伪指令。

◇4.2.1 数据定义伪指令

数据定义伪指令用符号名定义内存单元,并指定其长度。这里的符号名即变量名。数据定义伪指令用来定义变量的类型,给变量赋初值,并为变量分配存储空间。

1. 格式

数据定义伪指令的一般格式为

[变量名]　伪操作码　操作数[,操作数,…]

方括号中的变量名为可选项。变量名后面不跟冒号。常用的数据定义伪指令有以下 5 种:

(1) DB(define byte):定义字节类型的变量。变量中的每个操作数占用一字节 (0～0FFH)。DB 伪指令也常用来定义字符串。

(2) DW(define word):定义字类型的变量。DW 伪指令后面的每个操作数都占用两字节。在内存中存放时,低字节在低地址,高字节在高地址。

(3) DD(define double words):定义双字类型的变量。DD 伪指令后面的每个操作数都占用 4 字节。在内存中存放时,低两字节在低地址,高两字节在高地址。

(4) DQ(define quad words):定义 4 字(QWORD,8 字节)类型的变量。在内存中存放时,低 4 字节在低地址,高 4 字节在高地址。

(5) DT(define ten bytes):定义 10 字节(TBYTE)类型的变量。DT 伪指令后面的每个操作数都为 10 字节的压缩 BCD 码。

2. 操作数

数据定义伪指令后面的操作数可以是常数、表达式或字符串。一个数据定义伪指令可以定义多个数据元素,但每个数据元素的值不能超过由伪指令定义的数据类型限定的范围。例如,DB 伪指令定义数据的类型为字节,则定义的数据元素的范围为 0～255(无符号数)或 −128～+127(有符号数)。字符和字符串都必须放在单引号中。超过两个字符的字符串只能用于 DB 伪指令。例如:

```
DATA    DB    11H,33H                    ;定义包含两个元素的字节变量 DATA
NUM     DW    100*5+88                   ;定义字变量 NUM,其初值为表达式的值
STR     DB    'Hello!'                   ;定义一个字符串,其首地址为 STR
SUM     DQ    0011223344556677H          ;将 4 个字存入变量 SUM。它们在内存中的存放
                                         ;地址由低到高分别为 77H、66H、55H、44H、
                                         ;33H、22H、11H、00H
ABC     DT    1234567890H                ;将一个 10 字节的压缩 BCD 码赋给变量 ABC
                                         ;它们在内存中的存放地址由低到高分别为
                                         ;90H、78H、56H、34H、12H、00H、00H、
                                         ;00H、00H
```

> 对比一下 C 语言中变量定义的基本格式:
>
> <类型说明符> <变量名 1> [,<变量名 2>,…,<变量名 n>];
>
> 这里的"类型说明符"就相当于上述伪指令。
>
> **特别注意**:和 C 语言类似,汇编语言没有专门定义字符串的伪指令。对字符串的定义,汇编语言要求必须使用 DB 伪指令。

3. 重复伪指令和?符

某些时候,需要定义一个用于写入数据的内存区(此时并不关心数据在写入前该内存区中的值),或者同样的操作数需要重复多次。在这些情况下,可用重复伪指令 DUP 实现。

DUP 的一般格式为

[变量名]   数据定义伪指令   n DUP(初值[,初值,…])

圆括号中的初值列表为重复的内容,n 为重复次数。该语句的含义是:定义 n 个内存区,每个内存区具有相同的初值,为圆括号中的内容(即圆括号中的初值依次重复 n 次),而圆括号中每个初值的字长均应符合伪指令的性质。

【例 4-3】 画图表示下列变量在内存中的存放顺序。

```
VAR1 DB 11H,'HELLO!'
VAR2 DW 12H,3344H
VAR3 DD 1234H
VAR4 DW 2 DUP(88H)
VAR5 DB 2 DUP(56H,78H)
```

解:各变量在内存中的存放顺序如图 4-3 所示。

? 符的含义是随机值,常用于给变量保留相应的内存单元,而不赋予变量确定的值。

例如:

```
DATA1   DW   ?                 ;为字变量 DATA1 分配 2 字节存储空间,初值为任意值
DATA2   DB   20 DUP(?)         ;为字节变量 DATA2 分配 20 字节存储空间,初值为任意值
DATA3   DB   10 DUP(30H)       ;为字节变量 DATA3 分配 10 字节存储空间,初值为 30H
```

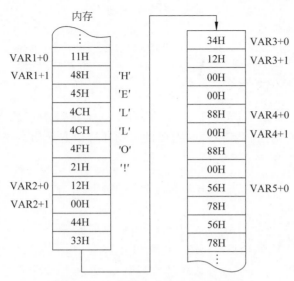

◆图 4-3　各变量在内存中的存放顺序

◇4.2.2　符号定义伪指令

符号与段定义伪指令

在程序中,有时会多次出现同一个表达式。为了方便起见,常将该表达式定义为一个名字(称为符号)。以后凡是用到该表达式的地方,就用这个名字代替。在需要修改该表达式的值时,只需在定义相应的名字的地方进行修改即可。这样可以使程序更清晰,并简化了调试。

符号定义伪指令 EQU 用于把常量值(或表达式的运算结果)设置为可以在程序段中使用的符号。

EQU 的一般格式为

名字　EQU　表达式

格式中的表达式可以是一个常数、符号、数值表达式、地址表达式,甚至可以是指令助记符。例如:

```
CR   EQU   0DH              ;表示 CR=0DH
TEN  EQU   10               ;表示 TEN=10
VAR  EQU   TEN*2+1024       ;若 TEN=10,则 VAR=1044
ADR  EQU   ES:[DI+5]        ;地址表达式
```

在程序段中可以应用上面定义的符号:

```
MOV  AL,TEN                 ;AL←10
CMP  AL,TEN                 ;将 AL 的内容与 0AH 进行比较
GOTO WORD PTR ADR           ;转向以 ES:[DI+5]字单元的内容为地址的程序段执行
```

利用 EQU 伪指令,可以用一个名字代表一个数值,或者用一个较短的名字代表一个较长的名字,但不允许用 EQU 对一个符号重复定义。若希望对一个符号重复定义,可用=伪指令。例如:

```
FACTOR=10H                          ;FACTOR 代表数值 10H
...
FACTOR=25H                          ;从这里开始,FACTOR 代表数值 25H
```

◇4.2.3 段定义伪指令

相对于 C 语言,汇编语言需要自己分配内存。一个汇编语言源程序由若干逻辑段组成,每个逻辑段都占有一定的内存空间,对段的声明通过段定义伪指令实现。

段定义伪指令的一般格式为

```
段名   SEGMENT   [定位类型]   [组合类型]   ['类别']
         ...
段名   ENDS
```

源程序中的每个逻辑段由 SEGMENT 语句开始,到 ENDS 语句结束。二者总是成对出现,缺一不可。中间省略的部分称为段体。对数据段、附加段和堆栈段来说,段体一般为变量、符号定义等伪指令;对代码段来说,段体则是程序代码。SEGMENT 和 ENDS 前边的段名表示定义的逻辑段的名字,必须相同,否则汇编程序将无法辨认。为逻辑段起什么名字可由程序员自行决定,但不要与指令助记符或伪指令等保留字重名。SEGMENT 后面的方括号中为可选项,规定了该逻辑段的一些其他特性,下面分别加以介绍。

1. 定位类型

定位类型(align)告诉汇编程序如何确定逻辑段的地址边界。定位类型有 4 种:

- PARA(paragraph):说明逻辑段从一节的边界开始。16 字节称为一节,所以段的起始地址应能被 16 整除,也就是段起始物理地址应为××××0H。定位类型默认为 PARA。
- BYTE:说明逻辑段从字节边界开始,即可以从任何地址开始。此时本段的起始地址紧接在前一个段的后面。
- WORD:说明逻辑段从字边界开始。即本段的起始地址必须是偶数。
- PAGE:说明逻辑段从页边界开始。256 字节称为一页,故本段的起始物理地址应为×××00H。

2. 组合类型

组合类型(combine)主要用在具有多个模块的程序中。组合类型用于告诉汇编程序当一个逻辑段装入内存时它与其他段如何进行组合。组合类型共有以下 6 种:

- NONE:表示本段与其他逻辑段不组合。即对不同程序模块中的逻辑段,即使具有相同的段名,也分别作为不同的逻辑段装入内存,而不进行组合。默认的组合类型是 NONE。
- PUBLIC:表示在汇编时将不同程序模块中用 PUBLIC 说明的同名逻辑段组合在一起,构成一个大的逻辑段。
- STACK:其含意与 PUBLIC 基本一样,但仅限于作为堆栈的逻辑段使用。即在汇编时将不同程序模块中用 STACK 说明的同名堆栈段组合成为一个大的堆栈段,由各模块共享。堆栈指针 SP 指向这个大的堆栈段的栈顶(最高地址+1)处。

- COMMON：表示对于不同程序模块中用COMMON说明的同名逻辑段，连接时从同一个地址开始装入，即各个逻辑段重叠在一起。连接之后的段长度等于原来最长的逻辑段的长度。重叠部分的内容是最后一个逻辑段的内容。
- MEMORY：表示当几个逻辑段连接时，将用MEMORY说明的逻辑段定位在地址最高的地方。如果被连接的逻辑段中有多个段的组合类型都是MEMORY，则汇编程序只将首先遇到的段作为MEMORY段，而其余的段均当作COMMON段处理。
- AT表达式：这种组合类型表示本逻辑段根据表达式求值的结果定位段地址。例如，AT 8000H表示本段的段地址为8000H，即本段的起始物理地址为8000H。

3. 类别

类别(class)是用单引号括起来的字符串。如代码段('CODE')、堆栈段('STACK')等，当然也可以是其他名字。设置类别的作用是：在对几个程序模块进行连接时，将具有相同类别的逻辑段装入连续的内存区。类别相同的逻辑段按出现的先后顺序排列，没有设置类别的逻辑段与其他无类别的逻辑段一起连续装入内存。

上述3个可选项主要用于多个程序模块的连接。若程序只有一个模块，即只包括代码段、数据段、附加段和堆栈段时，除堆栈段建议用组合类型STACK说明外，其他段的组合类型及类别均可省略。定位类型一般采用默认值PARA。

例如，以下两个模块中都定义了名为STACK的堆栈段、名为DATA的数据段和名为CODE的代码段，3对同名段在内存中会按图4-4所示方式进行组合。

模块1：
```
STACK   SEGMENT  STACK
    DB  100 DUP(0)
STACK   ENDS
DATA    SEGMENT  COMMON
    AREA1  DB 1024 DUP(0)
DATA    ENDS
CODE    SEGMENT  PUBLIC
        ...
CODE    ENDS
```

模块2：
```
STACK   SEGMENT  STACK
    DB  50 DUP(0)
STACK   ENDS
DATA    SEGMENT  COMMON
    AREA1  DB  8192 DUP(0)
DATA    ENDS
CODE    SEGMENT  PUBLIC
        ...
CODE    ENDS
```

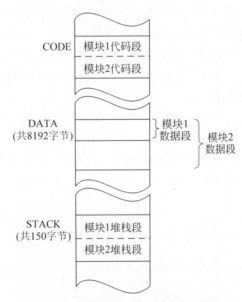

◆图4-4　3对同名段在内存中的组合方式

汇编连接后，内存中的空间分配情况如图 4-4 所示。这里，两个模块中的代码段的名字相同，组合类型为 PUBLIC，故将它们连接成一个大的代码段。数据段的名字也相同，用 COMMON 说明，则将它们重叠。因为模块 2 的数据段比模块 1 的长，所以数据段长度为 8192 字节。同理，堆栈段组合成一个大的堆栈段，共 150 字节。

> 关于段定义伪指令，有两点特别说明：
> （1）段定义伪指令中的定位类型、组合类型和类别均属于可选项，在无明确说明时会自动采用默认值。即，定位类型为 PARA，组合类型默认为 NONE。由于当前计算机系统均为多任务系统，因此本章后续示例中的逻辑段定义对定位类型、组合类型均选择默认方式。
> （2）段名是一个逻辑段的标识，更重要的是表示该逻辑段的段地址，即段名是逻辑段的符号地址，表示内存中的一个区域。

◇ 4.2.4　设定段寄存器伪指令

ASSUME 伪指令用于向汇编程序说明已定义的逻辑段的性质，说明的方法是将逻辑段的段名与对应的段寄存器联系起来。该伪指令的一般格式为

ASSUME　段寄存器名:段名[,段寄存器名:段名[,…]]

格式中的段寄存器名可以是 CS、DS、ES 或 SS。

ASSUME 伪指令用来告诉汇编程序当前程序模块中 SEGMENT 伪指令定义的各逻辑段的性质，其方法就是将逻辑段的名字通过冒号与各个段寄存器名连接在一起，从而使汇编程序理解 SEGMENT 定义的段名属于何种性质的逻辑段。由于 x86 的 16 位系统中仅 4 个段寄存器，因此每个程序模块最多只能定义一个代码段、一个数据段、一个附加段和一个堆栈段[①]。

ASSUME 伪指令在说明各逻辑段的性质的同时，还将代码段的段地址自动放入段寄存器 CS 中，但其他逻辑段的段地址都需要由程序员自己装入相应的段寄存器中，这个过程称为段寄存器的初始化。这样，当汇编程序汇编一个逻辑段时，即可利用相应的段寄存器寻址该逻辑段中的指令或数据。ASSUME 伪指令的具体使用方法将在 4.2.5 节中通过示例介绍。

◇ 4.2.5　源程序结束伪指令

源程序结束伪指令表示源程序到此结束，指示汇编程序停止汇编。其格式为

END　[标号]

这里，END 是源程序结束伪指令，后面带方括号的标号属于可选项，表示程序执行的开始地址。END 伪指令将标号的段值和偏移地址分别提供给 CS 和 IP 寄存器。标号也可以没有。

[①] 请注意，一个程序模块最多可以定义 4 个逻辑段，但不是每个模块都一定要定义 4 个逻辑段。需要定义哪些逻辑段应根据具体情况而定。必须定义的只有代码段，因为程序代码必须"装进"代码段中才能被汇编程序识别。

如果在 END 伪指令后没有指定标号,则汇编程序把程序中第一条指令性语句的地址作为程序执行的开始地址。如果有多个模块连接在一起,则只有主模块的 END 语句允许使用标号。

【例 4-4】 给出包括数据段、附加段、堆栈段和代码段的一个源程序结构示例。

题目解析:通常情况下,会首先定义数据段,最后定义代码段。在汇编语言程序中,堆栈段的作用主要是保存断点或各种参数,附加段则常用于保存串操作指令中的目标串,多数情况下这两类逻辑段中都并不需要定义具体的变量值,故常使用重复操作符定义存储空间。

汇编源程序结构例

逻辑段定义如下:

```
DSEG SEGMENT                                    ;定义名为 DSEG 的数据段
    VAR1 DB 1,2
    VAR2 DW 3 DUP(0)
    VAR3 DD ?
DSEG ENDS
ESEG SEGMENT                                    ;定义名为 ESEG 的附加段
    BUFFER DW 30 DUP(?)
ESEG ENDS
SSEG SEGMENT                                    ;定义名为 SSEG 的堆栈段
    STACK1 DW 10 DUP(?)
SSEG ENDS
CSEG SEGMENT                                    ;定义名为 CSEG 的代码段
    ASSUME   CS:CSEG,DS:DSEG,ES:ESEG,SS:SSEG    ;说明已定义逻辑段的性质
START: MOV   AX,DSEG
       MOV   DS,AX                              ;将数据段的段地址送入 DS
       MOV   AX,ESEG
       MOV   ES,AX                              ;将附加段的段地址送入 ES
       MOV   AX,SSEG
       MOV   SS,AX                              ;将堆栈段的段地址送入 SS
       ...
CSEG ENDS
END START
```

对上述程序段,有几点需要说明:

(1) 汇编程序在处理 ASSUME 伪指令之前,并不清楚 DSEG、ESEG、SSEG 和 CSEG 的性质,仅知道它们代表了某个逻辑段的段地址。仅在处理 ASSUME 之后,各个段名代表的逻辑段的性质才被确定。

(2) 由于 ASSUME 仅将代码段的段地址送入 CS 寄存器,其他逻辑段的段地址并没有送入相应的段寄存器,如果不执行虚线框中的段寄存器初始化代码,则意味着系统并不会为程序分配相应的内存空间(相当于只定义了代码段,其他 3 类逻辑段没有定义)。段寄存器初始化就是将除了代码段之外的其他逻辑段的段地址送入相应的段寄存器。

在任何程序设计语言中(除机器语言外),均用符号表示各种地址。主要有以下 4 种地址:

(1) 用变量名表示内存数据单元的地址。

（2）用标号表示指令在内存代码段中的地址。
（3）用段名表示逻辑段的段地址。
（4）在 4.2.6 节中还可以看到，过程名事实上就表示过程的入口地址（与 C 语言中的函数名表示函数的入口地址一样）。

◇4.2.6 过程定义伪指令

高级语言程序中通常会包含若干函数，每个函数用函数名及相应的标识符表示。汇编语言程序中的过程也需要用一定的方式定义。

第 3 章中介绍了过程调用指令 CALL 及返回指令 RET。本节将讲述如何定义 CALL 指令调用的过程（被调程序）。

过程定义伪指令的一般格式为

```
过程名   PROC   [NEAR/FAR]
   ...                    }过程体
   RET
过程名   ENDP
```

过程名是过程入口的符号地址，PROC 和 ENDP 前的过程名必须相同。它们之间的部分是过程体，过程体内至少要有一条返回指令 RET（通常是过程体的最后一条指令），以便在程序调用结束后能返回原地址。过程可以是近过程（与主调程序在同一个代码段内），此时伪指令 PROC 后的类型是 NEAR，但可以省略；若过程为远过程（与主调程序在不同的代码段内），则伪指令 PROC 后的类型是 FAR，不能省略。过程可以嵌套，即一个过程可调用另一个过程。过程也可以递归，即过程可以调用自身。例如：

```
NAME1 PROC FAR
    ...
    CALL NAME2
    ...
    RET
  NAME2   PROC
    ...                    过程 NAME2 嵌套在过程 NAME1 中
    RET
  NAME2   ENDP
NAME1 ENDP
```

【例 4-5】 利用汇编语言实现软件定时（延时）。

题目解析：利用程序代码实现定时（延时）称为软件定时（延时）器，可利用循环结构实现。

解：程序代码如下。

```
DELAY   PROC                ;定义一个近过程
    PUSH BX                 ;保护 BX 原来的内容
    PUSH CX                 ;保护 CX 原来的内容
```

```
            MOV   BL,10          ;设外循环次数为 10
    NEXT:   MOV   CX,4167        ;设内循环次数为 4167
    W10MS:  LOOP  W10MS          ;若 CX≠0,则循环
            DEC   BL             ;修改外循环计数值
            JNZ   NEXT           ;若 BX≠0,则继续外循环
            POP   CX             ;恢复 CX 原来的内容
            POP   BX             ;恢复 BX 原来的内容
            RET                  ;过程返回
    DELAY   ENDP                 ;过程结束
```

上述程序使用了双重循环结构实现定时(延时)。如果需要更长的定时(延时)时间,可以通过加大循环次数或再增加更多的外循环来实现。有兴趣的读者可以在特定的运行环境下尝试编写定时 10ms 的程序段,并编写调用该过程的主调程序。同时,也可以对比一下实现上述功能的 C 语言程序。

> 需要特别说明的是:用相同指令集编写的程序在不同的宿主机上运行时,因运行的硬件环境不同,花费的时间也会不同。在现代计算机中,进程的调用由操作系统管理。每次进程调用所需资源(包括处理器资源)的分配都不会完全相同,这也造成用相同指令集编写的程序在相同宿主机上每次运行的时间也不严格一致。
>
> 因此,软件定时(延时)器的定时(延时)时间并不准确。仅在单用户单任务系统和相同硬件环境下,运行的时间才是准确的。

◇4.2.7 宏命令伪指令

在汇编语言源程序中,如果需要多次使用同一个程序段,可以将这个程序段定义为一个宏命令,在源程序中通过宏调用和宏展开方式引用定义的宏。这样不仅可以避免重复书写同样的代码,而且便于修改代码(仅需要修改定义的宏)。

宏命令伪指令的格式为

```
宏命令名   MACRO   [形式参数,…]
           …
           …       ;宏体
           ENDM
```

宏命令名是宏的标识,位于宏命令伪指令 MACRO 之前,但宏定义结束符 ENDM 前不加宏命令名。对宏命令名的规定与对标号的规定一样。

宏定义中的形式参数是任选的,可以只有一个,也可以有多个,还可以没有。有多个参数时,各参数间要用逗号隔开。

中间省略部分是实现某些操作的宏体。

在宏调用时,将用实际参数按顺序代替形式参数。若实际参数比形式参数多,则多余的实际参数被忽略。以下是一个宏定义、宏调用和宏展开的示例。

【例 4-6】 定义求两个数之和的宏,并在程序中调用。

题目解析:宏调用前需要先定义宏。

解：程序代码如下。

```
DADD MACRO X,Y,Z          ;定义包含形式参数 X、Y、Z 的宏 DADD
    MOV  AL,X
    ADD  AL,Y
    MOV  Z,AL
    ENDM
DSEG SEGMENT
    DATA1 DB 10,20
    DATA2 DB 11,22
    SUM DB 10 DUP(?)
DSEG ENDS
CSEG SEGMENT
    ASSUME CS:CSEG, DS:DSEG
BEGIN: MOV AX,DSEG
    MOV DS,AX
    DADD DATA1,DATA2,SUM
    DADD DATA1+1,DATA2+1,SUM+1
    HLT
CSEG  ENDS
    END BEGIN
```

该程序被汇编后,其中调用的宏命令会被展开。宏展开后对应的代码段源程序为

```
BEGIN: MOV  AX,DSEG
       MOV  DS,AX
       MOV  AL,DATA1
       ADD  AL,DATA2
       MOV  SUM,AL
       MOV  AL,DATA1+1
       ADD  AL,DATA2+1
       MOV  SUM+1,AL
       HLT
```

显然,宏调用与过程(子程序)调用有类似的地方。但是,这两种编程方法在使用上是有差别的:

(1) 宏命令由宏汇编程序 MASM 在汇编过程中进行处理,在每个宏调用处,MASM 都用其对应的宏定义体替换。而过程调用指令 CALL 和返回指令 RET 则是处理器指令。执行 CALL 指令时,处理器使程序的控制转移到过程的入口地址。

(2) 宏简化了源程序,但不能简化目标程序。汇编以后,在宏定义处不产生机器代码,但在每个宏调用处,通过宏扩展,宏定义体的机器代码仍然出现多次,因此并不节省内存单元。而对于过程,在目标程序中,只在定义过程的地方产生相应的机器代码,每次调用过程时只需要使用 CALL 指令,不再重复出现过程的机器代码,因此目标程序较短,节省了内存单元。

(3) 从执行时间来看,调用过程和从过程返回需要保护断点、恢复断点等,都将额外占

用处理器的时间;而宏则不需要,因此宏的执行速度较快。可以这样说,宏是用空间换取了时间,而过程是用时间换取了空间。

尽管如此,宏指令和过程都是简化编程的有效手段。

◇4.2.8　ORG伪指令

ORG(origin)伪指令用于修改逻辑段的起始偏移地址。如同一层楼上第一个房间的编号通常都是从1号开始一样,无论是存放代码的代码段还是存放数据的逻辑段,默认情况下,段中第1行代码或第1个变量的偏移地址都默认为0。但有时候需要给代码或数据的起始点分配一个特定的偏移地址,使其不从0开始,此时就需要使用ORG伪指令。

ORG伪指令的作用可以通过例4-7说明。

【例4-7】　画图说明如下数据段定义中各变量在内存中的偏移地址及其内存空间。

```
DATA_SEG    SEGMENT
    ORG  300
    DATA1  DB   'Hello!'
    DATA2  EQU  100
    ORG  400
    DATA3  DW   DATA2+3
DATA_SEG    ENDS
```

题目解析:该数据段定义了两个变量——DATA1和DATA3,并利用ORG伪指令分别设置变量DATA1的偏移地址为300,DATA3的偏移地址为400。DATA1为字符串变量;DATA3为字变量,其指向字单元的内容为100+3=103=67H。DATA2是符号常量,不占用内存。

解:以上数据段定义中变量DATA1和DATA3的偏移地址及其在内存中的分布如图4-5所示。

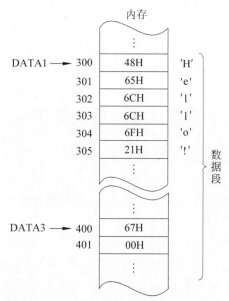

◆图4-5　变量DATA1和DATA3的偏移地址及其在内存中的分布

上面介绍了 x86 处理器最常用的伪指令,它们是面向汇编程序的"指令",虽然不会被翻译成机器语言,也因此不会被处理器执行,但是如果没有它们,处理器将无法识别任何助记符指令编写的源程序。因此,熟练应用这些伪指令是进行汇编语言程序设计必要的基础。下面再给出一个定义了数据段和代码段、具有完整程序结构的汇编语言源程序示例。

【例 4-8】 求从 TABLE 开始的 10 个无符号字节数的和,将结果放入 SUM 字单元中。

题目解析:本例要求的功能比较简单。根据要求,需要定义数据段,在数据段中定义含 10 个无符号数的字节变量和存放结果的字变量 SUM。在代码段中的源程序为循环结构,实现 10 个数循环求和。

解:程序代码如下。

```
DATA    SEGMENT                                 ;定义数据段
    TABLE   DB   12H,23H,34H,45H,56H
            DB   67H,78H,89H,9AH,0FDH           ;声明 10 个加数
    SUM     DW   ?
DATA    ENDS
CODE    SEGMENT                                 ;定义代码段
    ASSUME CS:CODE,DS:DATA,ES:DATA
START:  MOV   AX,DATA
        MOV   DS,AX
        MOV   ES,AX                             ;初始化段寄存器
        LEA   SI,TABLE                          ;SI 指向 TABLE
        MOV   CX,10                             ;循环计数器
        XOR   AX,AX                             ;AX 清零
NEXT:   ADD   AL,[SI]                           ;把一个数加到 AL 中
        ADC   AH,0                              ;若有进位,加到 AH 中
        INC   SI                                ;指针指向下一个数
        LOOP  NEXT                              ;若未加完,继续循环
        MOV   SUM,AX                            ;若结束,结果保存于 SUM
        HLT
CODE ENDS                                       ;代码段结束
    END START                                   ;源程序结束
```

4.3 系统功能调用

系统功能调用 01

微机系统软件(如操作系统)提供了很多可供用户调用的功能子程序,包括控制台输入输出、基本硬件操作、文件管理、进程管理等。它们为用户的汇编语言程序设计提供了许多方便。用户可在自己的程序中直接调用这些功能,而无须再自行编写。大多数支持 x86-64 的操作系统也默认支持 32 位系统调用的接口。

系统软件中提供的功能调用有两种:一种称为 BIOS(Basic Input and Output System,基本输入输出系统)功能调用(也称低级调用);另一种称为 DOS(Disk Operation System,磁盘操作系统)功能调用(也称高级调用)。

BIOS 是被固化在计算机主机板上 Flash ROM 型芯片中的一组程序,与系统硬件有直

接的依赖关系。在 IBM PC 的存储器系统中，BIOS 存放在地址为 0FE000H 开始的 8KB ROM（只读存储器）区域中，其功能包括系统测试程序、初始化引导程序、一部分中断向量装入程序及外部设备的服务程序。使用 BIOS 提供的这些功能模块，可以简化程序设计，使程序员不必了解硬件操作的具体细节，只要通过指令设置参数，调用 BIOS 功能程序，就可以实现相应的操作。

DOS 是 IBM PC 系列微机的操作系统（现代微机系统仍然能够运行 DOS，最新的 Windows 操作系统也继续提供所有的 DOS 功能调用），负责管理系统的所有资源，协调微机的操作，其中包括大量可供用户调用的服务程序。DOS 的功能调用不依赖于具体的硬件系统。

不论是 BIOS 功能调用还是 DOS 功能调用，用户程序在调用这些系统服务程序时都不是使用 CALL 指令，而是采用软中断指令 INT n 实现（也称 BIOS 中断或 DOS 中断），这里的 n 表示中断类型码，不同的中断类型码表示不同的功能模块，每个功能模块中都包含若干子功能，各子功能用功能号区分。8086/8088 微机的中断见附录 D。

功能最强大的 DOS 软中断是类型码为 21H 的功能模块，DOS 功能调用也特指软中断指令 INT 21H。在程序中需要调用 DOS 功能的时候，只要使用一条 INT 21H 指令即可。

INT 21H 是一个具有 90 多个子功能的中断服务程序，这些子功能大致可以分为设备管理、目录管理、文件管理和其他 4 类。其功能一览表见附录 D 的 D.3 节。为了便于用户使用这些子功能，INT 21H 对每一个子功能都进行了编号，称为功能号。用户可以通过指定功能号调用 INT 21H 的不同子功能。

无论是 BIOS 调用还是 DOS 调用，都要求将功能号装入 AH 寄存器。

DOS 系统功能调用的使用方法如下：

（1）AH←功能号。
（2）设置必要的入口参数。
（3）执行 INT 21H 指令。
（4）分析出口参数。

系统服务程序在系统启动时会自动加载到内存中，中断程序入口地址也被放到中断向量表中，因此用户程序不必与这些系统服务程序的代码连接。

使用 BIOS 或 DOS 功能调用，会使编写的程序简单、清晰、可读性好、代码紧凑、调试方便。

限于篇幅，本节主要介绍 INT 21H 最常用的子功能。

◇4.3.1 键盘输入

键盘是计算机最基本的输入设备。键盘上的键通常包括 3 种基本类型：字符键（如字母和数字等）、扩展功能键（如 Home、End、Backspace、Delete 等）以及和其他键组合使用的控制键（如 Alt、Ctrl、Shift 等）。

字符键给计算机传送一个用 ASCII 码表示的字符。扩展功能键产生一个动作，如按下 End 键可使光标移动到文本行的末尾。控制键能改变其他键产生的字符码。

键盘上的每个键都对应一个扫描码。扫描码用一字节表示，低 7 位是数字编码，最高位（bit7）表示键的状态。当键按下时，bit7＝0；当键放开时，bit7＝1。根据扫描码就能唯一地确定哪个键改变了状态。

DOS 系统功能通过调用字符输入子功能,可以接收从键盘上输入的字符,输入的字符将以对应的 ASCII 码的形式存放。例如,若在键盘上按下数字键 9,则键盘输入功能将返回数字 9 的 ASCII 码 39H。如果程序要求的是其他类型的值,则应自行编程转换。

字符输入的入口是键盘,因此无须设置入口参数,但需要确定出口参数。INT 21H 提供了若干支持键盘输入的子功能,这里只介绍单字符输入和字符串输入两种。

1. 单字符输入

系统功能调用 02

INT 21H 中的功能号 1、7 和 8 都可以接收键盘输入的单字符。其中 7 号和 8 号功能无回显,1 号功能有回显①。编程时,可根据输入的信息是否需要自动显示选择三者之一。这些功能常用来回答程序中的提示信息,或选择菜单中的可选项以执行不同的程序段。

单字符输入功能的出口参数是 AL,即输入的字符以 ASCII 码形式存放在累加器 AL 中。

单字符输入的基本格式是

```
MOV AH,功能号
INT 21H
```

上述两条指令执行后,可以从键盘接收一个字符。

【例 4-9】 阅读以下程序段,说明其功能。

```
        ...
KEY:    MOV  AH, 1
        INT  21H
        CMP  AL, 'Y'
        JE   YES
        CMP  AL, 'N'
        JE   NOT
        JMP  KEY
YES:
        ...
NOT:
        ...
```

题目解析:送到 AH 的功能号为 1,表示该程序段首先获取从键盘输入的一个字符。后面的代码说明该程序段的总体功能是'Y'或'N'的选择程序。若输入'Y',转向标号 YES;若输入'N',则转向标号 NOT;若输入其他字符,则转向标号 KEY,继续等待输入。

> BIOS 键盘中断的类型码为 16H,送入 AH 的功能号可以是 0、1 或 2。1 号功能用于取得按键的字符码和扫描码;1 号功能用于判断有无任何键按下;2 号功能用于判断 Shift、Alt、Num 等功能键是否被按下。例如:

---

① 回显是指键盘输入的内容同时也显示在显示器上。

```
    MOV AH,0
    INT 16H              ;AL=字符码,AH=扫描码
    MOV AH,1
    INT 16H              ;若 ZF=1,表示无任何键按下
```

2. 字符串输入

在汇编语言中对字符串的处理可以调用类型码为 21H 的 10 号功能实现。相对于 C 语言中利用字符型数组处理字符串,系统 10 号功能也同样要求用户指定一个输入缓冲区存放输入的字符串。输入缓冲区一般定义在数据段,其定义格式有严格的要求,必须按照如图 4-6 所示的结构。第一字节为用户定义的输入缓冲区长度,若输入的字符数(包括回车符)大于此值,则系统会发出"嘟嘟"声,且光标不再右移,直到输入回车符为止。第二字节为实际输入的字符数(不包括回车符),由 10 号功能自动填入。DOS 从第三字节开始存放输入的字符。显然,输入缓冲区的总长度等于输入缓冲区长度(即能够存放的有效输入字符的最大个数 n)加 2。在调用本功能前,应把输入缓冲区的起始偏移地址预置入 DX 寄存器。

◆图 4-6 输入缓冲区的定义格式

输入缓冲区要求定义在数据段。在代码段中按如下格式实现字符串输入:

```
DS:DX ← 输入缓冲区首地址
MOV AH,10
INT 21H
```

上述指令执行后,可以从键盘接收一个字符串。

【例 4-10】 从键盘输入字符串'HELLO',并在串尾加结束标志'$'。

题目解析:从键盘输入字符串,可以利用 DOS 功能调用的 10 号功能。首先需要按照要求格式定义能够容纳输入字符串的输入缓冲区。

解:程序代码如下。

```
DATA    SEGMENT
    STRING DB 10,0,10 DUP(?)        ;定义缓冲区
DATA    ENDS
CODE    SEGMENT
    ASSUME CS:CODE,DS:DATA
START:MOV    AX,DATA
      MOV    DS,AX
      LEA    DX,STRING              ;将缓冲区偏移地址送入 DX
      MOV    AH,10                  ;将字符串输入功能号 10 送入 AH
      INT    21H                    ;从键盘读入字符串
      MOV    CL,STRING+1            ;将实际读入的字符个数送入 CL
      XOR    CH,CH
```

```
        ADD    DX,CX                    ;得到字符串尾地址
        MOV    BX,DX
        MOV    BYTE PTR[BX+2],'$'       ;插入字符串结束符
        HLT
CODE    ENDS
        END    START
```

◇4.3.2 显示输出

在显示器上显示的内容都是 ASCII 码字符形式,无论是字母或数字。例如,若要在显示器上显示 5,需要先将二进制码形式的 5 转换为 5 的 ASCII 码 35H[①]。

要将一个字符串送到显示器显示,可调用 DOS 系统功能的 2、6、9 号功能实现。其中,2 号和 6 号功能用于显示一个字符,9 号功能用于显示一个字符串。

字符显示输出的出口是显示器,使用时仅需要设置入口参数。

1. 单字符显示

单字符显示功能要求将待显示字符的 ASCII 码送 DL,因此单字符输出功能的入口参数是 DL。

单字符输出的基本格式是

```
MOV DL,待输出字符
MOV AH,功能号
INT 21H
```

上述指令执行后,DL 中的字符会显示在屏幕上。

【例 4-11】 在屏幕上显示大写字母组成的字符串'ABCDEF'。

题目解析:首先在数据段定义待显示输出的字符串。6 个字母要一个一个输出,因此可循环调用 INT 21H 的 2 号功能,将定义的字符串中的字符依次显示输出到屏幕。

解:程序代码如下。

```
DATA SEGMENT
    STR   DB 'ABCDEF'                  ;定义待输出字符
DATA ENDS
CODE SEGMENT
    ASSUME CS:CODE,DS:DATA
START:MOV AX,DATA
      MOV DS,AX                        ;初始化段寄存器
      LEA BX,STR                       ;取字符串变量的偏移地址
      MOV CX,6                         ;设循环次数
LPP:  MOV AH,2                         ;将功能号 2 送入 AH
      MOV DL,[BX]                      ;取一个要显示的字符到 DL
      INC BX                           ;修改指针
      INT 21H                          ;调用中断 21H
```

---

① 在汇编语言中,对需要输出的数字可以通过加单引号的方式直接转换为字符。

```
        LOOP LPP
            HLT
CODE ENDS
        END START
```

2. 字符串显示

要在显示器上显示字符串,可调用 INT 21H 的 9 号功能。该功能要求先将待显示输出的字符串定义在数据段中,并将字符串首地址送 DX(入口参数),被显示的字符串必须以 $ 字符作为结束符[①]。

字符串输出的基本格式是

```
DS:DX←字符串首地址
MOV AH,功能号
INT 21H
```

上述指令执行后,定义的字符串将显示在屏幕上。作为低级语言,汇编语言的显示输出只能是控制台界面,故显示格式不能像视窗界面那样方便、友好。对 INT 21H 的 9 号功能,显示字符时如果希望光标能自动换行,可以在字符串结束前加上回车及换行的 ASCII 码,即 0DH 和 0AH。

【例 4-12】 在屏幕上显示欢迎字符串 'Hello,World!'。

题目解析:要将字符串依次显示到屏幕上,可以循环调用 INT 21H 的 2 号功能。

解:程序代码如下。

```
DSEG    SEGMENT
        STRING DB 'Hello,World!',0DH,0AH,'$'   ;定义待显示字符串
DSEG    ENDS
CSEG SEGMENT
        ASSUME CS:CSEG,DS:DSEG
START:MOV AX,DSEG
        MOV DS,AX
        LEA DX,STRING                ;获取待显示字符串首地址
        MOV AH,09H                   ;调用字符串显示功能
        INT 21H
        HLT
CSEG    ENDS
        END START
```

> 调用 INT 21H 的 9 号功能,字符串的长度值是 $ 之前的字符个数,$ 之后的字符不计入,此时 $ 不为字符串内容,即输出时不包含 $。
>
> 如果希望输出 $,需要调用 INT 21H 的 2 号功能,依次输出字符串,此时 $ 可以被视为字符串的一部分。

[①] INT 21H 的 9 号功能是一个用于将字符串输出到屏幕上的子程序,该子程序要求以 $ 作为字符串的结束标识,并利用它判断字符串的长度。

```
BIOS 也具有字符输出功能,类型码为 10H。调用格式是:

MOV AH, 0EH
INT 10H              ;单字符显示输出
MOV AH, 13H
INT 10H              ;字符串显示输出,无须用$结尾。如果添加$,会将$作为字符
```

◇ 4.3.3 返回 DOS 操作系统功能

一个实际可运行的用户程序在执行完后,应该返回系统提示符状态。对运行在控制台环境下的低级语言程序,运行结束后返回 DOS 操作系统(简称为返回 DOS)时,简单地用 HLT 指令使处理器停止运行无法把控制权交还给 DOS 操作系统。为了能使程序正常退出并返回 DOS,可使用 DOS 系统功能调用的 4CH 号功能。使用 4CH 号功能返回 DOS 的程序段如下:

```
MOV AH,4CH                      ;将功能号送入 AH
INT  21H                        ;返回 DOS
```

该两条指令通常位于程序结尾处,指令执行后,程序将会正常返回系统提示符状态。

例如,在例 4-12 的程序段中,代码段最后一条 HLT 指令可以用上述两条指令取代。现将例 4-12 程序段重写如下:

```
DSEG   SEGMENT
       STRING DB 'Hello,World!',0DH,0AH,'$'   ;定义待显示字符串
DSEG   ENDS
CSEG SEGMENT
       ASSUME CS:CSEG,DS:DSEG
START:MOV AX,DSEG
       MOV DS,AX
       LEA DX,STRING                          ;获取待显示字符串首地址
       MOV AH,09H                             ;调用字符串显示功能
       INT 21H
       MOV AH,4CH                             ;将功能号送入 AH
       INT 21H                                ;返回 DOS
CSEG   ENDS
       END START
```

4.4 程序设计示例

在学习完有关汇编语言的基本知识后,本节将通过一些具体的示例说明利用汇编语言程序解决一些实际问题的方法,并介绍汇编语言和 C 语言混合编程的思想和方法。

◇ 4.4.1 汇编语言程序设计概述

1. 程序质量的评价标准

一个高质量的程序不仅应满足设计要求,实现预先设定的功能并能够正常运行,还应具

备可理解性、可维护性和高效率等性能特点。衡量一个程序的质量通常有以下几个标准：

(1) 程序的正确性和完整性。

(2) 程序的易读性。

(3) 程序的执行时间和效率。

(4) 程序所占内存的大小。

编写一个程序首先要保证它的正确性，包括语法上和功能上的正确性。应尽量采用结构化、模块化的程序设计方法，每个模块由基本程序结构组成，完成一个基本的功能。为便于阅读、理解，并易于测试和维护，应在每个功能模块前添加一定的功能说明，在程序语句后添加相应的语句注释；对较大型的程序，还应有完整的文档资料和管理。另外，程序的响应时间、实时处理能力、输入输出方式和结果、内存占用大小及安全可靠性等也都是非常重要的性能指标。

2. 程序设计的一般步骤

在 16 位和 32 位处理器环境下，汇编语言编程的开发环境可以使用 Microsoft 公司的宏汇编程序 MASM 或 Borland Turbo 公司的汇编程序 TASM。这两个汇编程序都是基于 DOS 操作系统的编译器[①]。这里以宏汇编程序 MASM 为例，介绍汇编语言程序设计的过程。

按照软件工程理论，汇编语言的程序设计与高级语言的程序设计一样可分为以下几个步骤：

(1) 建模。通过对实际问题的分析抽象出系统数学模型，建立系统模块结构图。

(2) 设计。设计各程序模块的数据结构及算法。算法设计非常重要，对同一个问题可能有不同的算法，一个算法的好坏对程序执行的效率会有很大的影响（例如，对有序表的查表，线性查找和折半查找算法的区别很大）。对算法的表示可以采用伪代码或自然语言或流程图。

(3) 内存分配。用指令或伪指令为数据和程序代码分配内存单元和寄存器，这是汇编语言程序设计的一个重要特点。

(4) 源程序编写（EDIT）。编写源程序，并保存源程序文件（.asm）；

(5) 汇编（MASM）。通过汇编生成目标代码文件（.obj），同时完成静态的语法检查。

(6) 链接（LINK）。通过链接生成可执行文件（.exe）。

(7) 程序运算与调试（TD）。在 DOS 环境下直接输入程序的可执行文件名，按回车键后即可运行程序。若运行不正确，则需要在动态调试器 TD.exe 下打开程序，逐段或逐行运行程序，查找错误。

需要再次说明的是，宏汇编程序需要在 DOS 环境下运行，32 位 Windows 操作系统上的命令提示符窗口（又称 DOS 窗口）提供了模拟 DOS 环境，但 64 位操作系统不支持 DOS。

3. 源程序的基本结构

任何一个复杂的程序都是由简单的基本程序构成的。同高级语言类似，汇编语言程序设计也涉及顺序、分支、循环这 3 种基本结构，当然，还有可以独立存在的子程序结构。

---

① 现代 64 位系统中，要利用 MASM 或 TASM 作为汇编语言程序的编译器，需要安装 32 位或 16 位虚拟机。

顺序结构是线性执行的最基本的程序结构。处理器按照指令的排列顺序逐条执行。但总是按顺序执行的程序并不多,经常会碰到按不同的条件执行不同的程序的情况,这就是分支结构。

分支结构有单分支、两分支和多分支 3 种,如图 4-7 所示。单分支结构即为 if-then 结构,若判定条件成立,则执行分支体(图 4-7(a)中的程序段 P_1),否则直接跳出分支结构,继续执行;两分支结构为 if-else 结构,有两条执行路线,条件成立时执行程序段 P_1,否则执行程序段 P_2,如图 4-7(b)所示;多分支结构为 if-elseif 或 case 型程序结构。对于图 4-7(c),若条件 1 成立则执行 P_1,若条件 2 成立则执行 P_2……若条件 n 成立则执行 P_n。

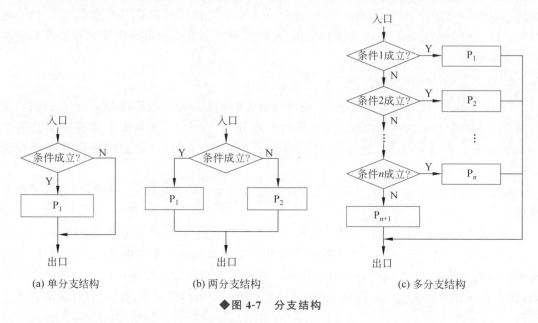

◆图 4-7　分支结构

对于需要反复做同样工作的情况则用循环结构实现。循环结构包括循环初始化、循环体和循环控制 3 部分。循环结构在形式上有两种:一是先执行循环体,再判断条件以决定是否继续循环,如图 4-8(a)所示;二是先检查条件是否满足,若满足则执行循环体,否则就退出,如图 4-8(b)所示。

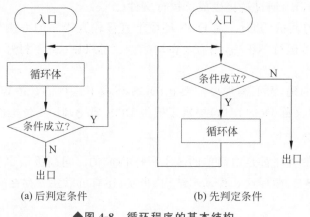

◆图 4-8　循环程序的基本结构

循环结构可以缩短程序长度且便于维护。但循环结构的程序中需要有循环准备、结束判断等指令,故执行速度要比顺序结构的程序略慢一些。

子程序又称过程,相当于高级语言中的函数或过程,是具有独立功能的程序模块,能够在程序中的任何地方被调用。每个模块都可单独编辑和编译,生成自己的源文件(.ASM和.OBJ),然后通过连接形成一个完整的可执行文件。

在编写和调用子程序时应注意以下3点:

(1) 参数的传递。调用子程序时,经常需要将一些参数传送给子程序,而子程序也常常需要在运行后将结果和状态等信息回送给调用程序。这种子程序和调用程序之间的信息传送就称为参数传递。参数传递可通过寄存器、变量、地址表、堆栈等方式进行。

(2) 相应寄存器的内容的保护。由于处理器的寄存器数量有限,子程序要用到的一些寄存器通常在调用程序中也要用到。为防止破坏调用程序中寄存器的内容,需在子程序入口处将其用到的寄存器内容压入堆栈保存。

(3) 子程序还可调用别的子程序,称为子程序的嵌套。在多个子程序嵌套时,需要考虑堆栈空间的大小是否足以保存断点及相关寄存器参数。

与子程序调用有关的处理器指令有 CALL 和 RET,伪指令有 PROC 和 ENDP。

◇4.4.2 汇编语言程序设计示例

本节介绍一些常见的汇编语言程序设计的实例。

【例 4-13】 设有 3 个无符号字节数 x、y、z。编写程序计算 $S = x \times y + z$。

题目解析:

(1) 需要定义 3 个字节变量 x、y、z。各变量连续定义,即表示地址连续。

(2) 定义存放结果的变量 S。因运算中有乘法,故存放结果的变量应定义为字变量。

(3) 运算中要用到乘法指令 MUL。

(4) 该程序为顺序结构,其流程图如图 4-9 所示。

解:程序代码如下。

```
DATA SEGMENT
    x DB 86H                ;定义操作数变量
    y DB 34H
    z DB 21H
    S DW ?                  ;定义结果存放单元
DATA ENDS
CODE  SEGMENT
    ASSUME CS:CODE,DS:DATA
BEGIN:MOV  AX,DATA
    MOV  DS,AX              ;初始化数据段寄存器
    LEA  SI,x               ;变量 x 的偏移地址送 SI
    LEA  DI,S               ;RESULT 偏移地址送 DI
    MOV  AL,[SI]            ;AL←86H
    MOV  BL,[SI+1]          ;BL←34H
    MUL  BL                 ;AX←86H×34H
    MOV  BL,[SI+2]          ;BL←21H
```

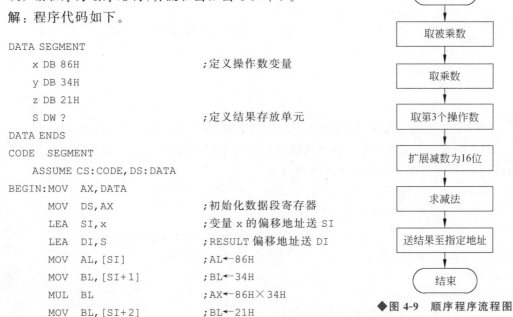

◆图 4-9 顺序程序流程图

```
            MOV   BH,0              ;BH←0。无符号数扩展字长仅需在高位补 0
            SUB   AX,BX             ;AX←86H×34H-21H
            MOV   [DI],AX           ;将结果送入字单元 S
            MOV   AH,4CH            ;返回 DOS
            INT   21H
    CODE ENDS
            END BEGIN
```

【例 4-14】 内存自 TABLE 开始的连续 16 个单元中存放着 0~15 的平方值(称为平方表),查表求 DATA 中任意数 $X(0 \leqslant X \leqslant 15)$的平方值,并将结果放在 RESULT 中。

题目解析:由平方表的存放规律可知,平方表的起始地址与数 X 的和就是 X 的平方值所在单元的地址。

解:程序代码如下。

```
DSEG   SEGMENT
    TABLE DB 0,1,4,9,16,25,36,49,64,81,
            100,121,144,169,196,225   ;定义平方表
    DATA   DB ?
    RESULT DB ?                        ;定义结果存放单元
DSEG ENDS
CSEG SEGMENT
    ASSUME CS:CSEG,DS:DSEG,SS:SSEG
BEGIN:MOV AX,DSEG                      ;初始化数据段
      MOV DS,AX
      LEA BX,TABLE                     ;置数据指针
      MOV AH,0
      MOV AL,DATA                      ;取待查数
      ADD BX,AX                        ;查平方表
      MOV AL,[BX]
      MOV RESULT,AL                    ;将平方数存入 RESULT 单元
      MOV AH,4CH
      INT 21H
DSEG ENDS
      END BEGIN
```

【例 4-15】 编写程序,将数据区中以 BUFFER 为首地址的 100 字节单元清零。

题目解析:实现 100 字节单元清零可以编写循环结构程序,将 0 循环送到 BUFFER 起始的每个单元,直到 100 字节单元全部清零。

解:程序代码如下:

```
DATA SEGMENT
    BUFFER DB 100 DUP(?)              ;定义 100 个一字节的随机数
    COUNT   DW   100                  ;定义数据区长度
DATA ENDS
CODE SEGMENT
    ASSUME CS:CODE,DS:DATA,SS:STACK
```

```
START:MOV AX,DATA
      MOV DS,AX                    ;初始化数据段
      MOV CX,COUNT
      LEA BX,BUFFER
AGAIN:MOV BYTE PTR[BX],0            ;实现100字节单元清零
      INC BX
      LOOP AGAIN
      MOV AH,4CH
      INT 21H
CODE  ENDS
      END START
```

【例 4-16】 在当前数据段中从 DATA1 开始的连续 80 个单元中,存放着 80 位同学某门功课的考试成绩(0～100 分)。编写程序统计不低于 90 分、80～89 分、70～79 分、60～69 分以及 60 分以下的人数,并将结果放到同一数据段中从 DATA2 开始的 5 个单元中。

题目解析:

(1) 这是一个多分支结构程序。需要将每一位学生的成绩依次与 90、80、70、60 进行比较。对无符号数的比较,可以用无符号数比大小指令。

(2) 由于对每一位学生的成绩都要进行判断,所以需要用循环结构处理,每次循环处理一个学生的成绩。

(3) 因为无论成绩还是学生人数都不超过一字节能表示的数的范围,所以所有定义的变量均为字节类型。

(4) 统计结果可用一个数组存放,元素 0 存放不低于 90 分以上的人数,元素 1 存放 80～89 分的人数,元素 2 存放 70～79 分的人数,元素 3 存放 60～69 分的人数,元素 4 存放 60 分以下的人数。

解:程序代码如下。

```
DSEG SEGMENT
    DATA1 DB 80 DUP(?)             ;假定学生成绩已放入这80个单元中
    DATA2 DB 5 DUP(0)              ;5个统计结果
DSEG ENDS
CSEG SEGMENT
    ASSUME CS:CSEG,DS:DSEG
START:MOV AX,DSEG
      MOV DS,AX
      MOV CX,80                    ;统计人数送 CX
      LEA SI,DATA1                 ;SI 指向学生成绩
      LEA DI,DATA2                 ;DI 指向统计结果
AGAIN:MOV AL,[SI]                  ;取一个学生的成绩
      CMP AL,90                    ;判断是否不低于 90 分
      JB   NEXT1                   ;若低于,继续判断
      INC BYTE PTR[DI]             ;否则不低于 90 分的人数加 1
      JMP STO                      ;转循环控制处理
NEXT1:CMP AL,80                    ;判断是否不低于 80 分
```

```
        JB   NEXT2                    ;若低于,继续判断
        INC  BYTE PTR[DI+1]           ;否则 80~89 分的人数加 1
        JMP  STO                      ;转循环控制处理
NEXT2:  CMP  AL,70                    ;判断是否不低于 70 分
        JB   NEXT3                    ;若低于,继续判断
        INC  BYTE PTR[DI+2]           ;否则 70~79 分的人数加 1
        JMP  STO                      ;转循环控制处理
NEXT3:  CMP  AL,60                    ;判断是否不低于 60 分
        JB   NEXT4                    ;若低于,继续判断
        INC  BYTE PTR[DI+3]           ;否则 60~69 分的人数加 1
        JMP  STO                      ;转循环控制处理
NEXT4:  INC  BYTE PTR[DI+4]           ;60 分以下的人数加 1
STO:    INC  SI                       ;指向下一个学生成绩
        LOOP AGAIN                    ;循环,直到所有成绩都统计完
        MOV  AH,4CH                   ;返回 DOS
        INT  21H
CODE    ENDS
        END  START
```

【例 4-17】 把从 MEM 单元开始的 100 个 16 位无符号数按从大到小的顺序排列。

题目解析:

(1) 排序算法较多,这里按冒泡排序算法设计。冒泡排序是双重循环结构。

(2) 无符号数比较可以用 CMP 和条件转移指令 JNC 实现。

(3) 该程序属于图 4-8(a)所示的后判定条件的循环结构。

解: 程序代码如下。

```
DSEG    SEGMENT
    MEM DW 100 DUP(?)                 ;假定要排序的数已存入这 100 个字单元中
DSEG    ENDS
CSEG    SEGMENT
        ASSUME CS:CSEG,DS:DSEG
START:  MOV  AX,DSEG
        MOV  DS,AX
        LEA  DI,MEM                   ;DI 指向待排序数的首地址
        MOV  BX,99                    ;外循环只需 99 次即可
;外循环体从这里开始
NEXT1:  MOV  SI,DI                    ;SI 指向当前要比较的数
        MOV  CX,BX                    ;CX 为内循环计数器
;以下为内循环
NEXT2:  MOV  AX,[SI]                  ;取第一个数 $N_i$
        ADD  SI,2                     ;指向下一个数 $N_j$
        CMP  AX,[SI]                  ;比较 $N_i$ 和 $N_j$
        JNC  NEXT3                    ;若 $N_i \geq N_j$,则不交换
        MOV  DX,[SI]                  ;否则,交换 $N_i$ 和 $N_j$
        MOV  [SI-2],DX
```

```
        MOV   [SI],AX
NEXT3:  LOOP  NEXT2                    ;内循环未结束则继续
;内循环到此结束
        DEC   BX                       ;判断外循环是否结束
        JNZ   NEXT1                    ;若未结束,则继续
        MOV   AH,4CH                   ;返回DOS
        INT   21H
CSEG    ENDS
        END   START
```

【**例 4-18**】 设一个字符串长度不超过 255 个字符,试确定该字符串的长度,并显示长度值。

题目解析:字符串的长度不同于整数,系统并不规定为一个定值,所以在对字符串进行操作时常需要确定其长度。字符串通常以回车符(CR)或美元符($)结尾。要确定一个字符串的长度,可通过搜索字符串的结束符来实现,即统计搜索次数,直到找到结束符为止。若找不到结束符,则说明该字符串的长度超过了 255,程序应给出提示信息。

串长度可通过 DOS 功能调用显示。主程序和子程序的控制流程图如图 4-10 所示。

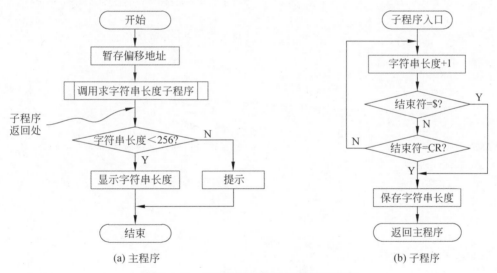

(a) 主程序   (b) 子程序

◆图 4-10 主程序和子程序的控制流程图

解:以下按主过程和子过程的结构编写,程序代码如下。

```
DATA SEGMENT
    STRING  DB  'This is a string...',0DH
    LENG    DW  ?
    CRR     DB  13                              ;定义回车符
    MESSAGE DB  'The string is too long!',0DH,0AH,'$'
DATA ENDS
CODE SEGMENT
    ASSUME CS:CODE,DS:DATA,ES:DATA
MAIN PROC FAR                                   ;定义主过程
```

```
START:  MOV AX,DATA
        MOV DS,AX
        MOV ES,AX                   ;设置数据段和附加段重合
        CALL STRLEN                 ;调用子过程,求字符串长度
        MOV DX,LENG
        CMP DX,100H
        JB NEXT1                    ;若 DX<100H 则转 NEXT1
        LEA DX,MESSAGE              ;若 DX≥100H 则显示提示信息
        MOV AH,9
        INT 21H
        JMP NEXT2
NEXT1:  MOV DH,DL                   ;将字符串长度值暂存 DH
        MOV CL,4
        SHR DL,CL                   ;取字符串长度高 4 位
        CMP DL,9
        JBE LP
        ADD DL,7
LP:     ADD DL,30H                  ;将字符串长度高 4 位转换为 ASCII 码
        MOV AH,2
        INT 21H                     ;显示字符串长度高 4 位的 ASCII 码
        MOV DL,DH
        AND DL 0FH
        CMP DL,9
        JBE LP1
        ADD DL,7
LP1:    ADD DL,30H                  ;将字符串长度低 4 位转换为 ASCII 码
        MOV AH,2
        INT 21H                     ;显示字符串长度低 4 位的 ASCII 码
        MOV DL,'H'
        MOV AH,2
        INT 21H
NEXT2:  MOV AH,4CH
        INT 21H
MAIN ENDP
STRLEN PROC                         ;定义子过程
        LEA DI,STRING
        MOV CX,0FFFFH               ;CX=-1
        MOV AL,CRR
        MOV AH,'$'
        CLD
AGAIN:  INC CX                      ;串长度加 1
        CMP CX,100H
        JAE DONE                    ;字符串长度超过 255 则结束
        CMP [DI],AH
        JE DONE                     ;遇到$则结束
```

```
            SCASB                          ;搜索回车符
            JNE AGAIN                      ;没找到则返回继续执行
    DONE:   MOV LENG,CX
            RET
    TRLEN ENDP
    CODE ENDS
            END START
```

【例 4-19】 把用 ASCII 码形式表示的数转换为二进制码。ASCII 码存放在以 MASC 为首地址的内存单元中,将转换结果存放在 MBIN。

题目解析:

(1) 一般来讲,从键盘上输入的数都是以 ASCII 码的形式存放在内存中的。另外,数据段中以字符形式定义的数(用单引号括起来的数)在内存中也是以其对应的 ASCII 码存放的。

(2) 对十六进制数来讲,0～9 的 ASCII 码分别为 30H～39H,对这 10 个数进行转换时,减去 30H 就得到对应的二进制码值;而 A～F 的 ASCII 码分别为 41H～46H,故要减去 37H。

(3) 若取的数不在 0～F 范围,则出错。

解: 程序代码如下。

```
DATA SEGMENT
    MASC    DB '2','6','A','1'            ;要转换的 ASCII 码
    MBIN    DB 2 DUP(?)
DATA ENDS
CODE SEGMENT
    ASSUME CS:CODE,DS:DATA
BEGIN:MOV    AX,DATA
      MOV    DS,AX
      MOV    CL,4                         ;将循环次数送入 CL
      MOV    CH,CL                        ;保存循环次数
      LEA    SI,MASC                      ;将存放 ASCII 码的内存单元首址送入 SI
      CLD                                 ;按地址增量方向
      XOR    AX,AX                        ;中间结果清零
      XOR    DX,DX
NEXT1:LODSB                               ;将一个 ASCII 码送入 AL
      AND    AL,7FH                       ;得到 7 位 ASCII 码
      CMP    AL,'0'
      JB     ERROR                        ;若 AL≤0,则转向 ERROR
      CMP    AL,'9'
      JA     NEXT2                        ;若 AL≥9,则转向 NEXT2
      SUB    AL,30H                       ;将 0~9 转换为相应的二进制码
      JMP    SHORT NEXT3
NEXT2:CMP    AL,'A'
      JB     ERROR                        ;若 AL<'A',则转向 ERROR
```

```
               CMP    AL,'F'
               JA     ERROR                     ;若 AL>'F',则转向 ERROR
               SUB    AL,37H                    ;将 A~F 转换为对应的二进制码
       NEXT3:  OR     DL,AL                     ;将一个数的转换结果送 DL
               ROR    DX,CL                     ;将所有转换结果在 DX 中依次存放
       ERROR:  DEC    CH
               JNZ    NEXT1                     ;若未转换完,则转向 NEXT1
               MOV    WORD PTR MBIN,DX          ;将最后结果送 MBIN
               MOV    AH,4CH                    ;返回 DOS
               INT    21H
               CODE ENDS
               END    BEGIN
```

【例 4-20】 把存放在 BUFF 中的 16 位二进制数转换为以 ASCII 码表示的等值字符串。例如,FFFFH 应转换为等值的数字字符串'65535'。

题目解析:将一个二进制数转换为对应的 ASCII 码,可采用除 10 取余的方法。其基本思路如下。

(1) 任何一个用十六进制表示的二进制数,其除以 10 后的余数即是它对应的十进制数的最低位,且一定是 0~9。例如,1234H 除以 10,余数为 4。用得到的余数加上 30H,就得到了最低位对应的 ASCII 码。

(2) 16 位二进制数能够表示的最大数字对应的字符串为'65535'。所以,最多除 5 次,就可完成该二进制数的转换。

解:程序代码如下。

```
       DATA SEGMENT
           BUFF DW 4FB6H                     ;定义待转换的二进制数
           ASCC DB 5 DUP(?)                  ;ASCII 码结果存放单元
       DATA ENDS
       CODE SEGMENT
           ASSUME CS:CODE,DS:DATA
       START:MOV AX,DATA
             MOV DS,AX
             MOV CX,5                        ;最多不超过 5 位十进制数(65535)
             LEA DI,ASCC                     ;DI 指向结果存放单元
             XOR DX,DX
             MOV AX,BUFF                     ;取要转换的二进制数
             MOV BX,0AH
       AGAIN:DIV BX                          ;用除 10 取余的方法转换
             ADD DL,30H                      ;将余数转换成 ASCII 码
             MOV [DI],DL                     ;保存当前位的结果
             INC DI                          ;指向下一位的存放单元
             AND AX,AX                       ;判断商是否为 0(即转换是否结束)
             JZ  STO                         ;若结束,则退出
             MOV DL,0
             LOOP AGAIN                      ;否则循环继续
```

```
STO:    MOV  AH,4CH
        INT  21H                          ;返回DOS
CODE    ENDS
        END START
```

4.5 ARM 汇编语言概述

3.5 节简要介绍了 ARM 指令集。与 Intel 指令集一样,ARM 指令集也是基于 ARM 处理器的嵌入式编程的基础,如何运用这些指令并结合高级语言进行嵌入式程序设计是嵌入式系统开发的重点。

ARM 嵌入式系统程序设计可分为 ARM 汇编语言程序设计、嵌入式 C 语言程序设计以及 C 语言与汇编语言的混合程序设计。随着软硬件技术的发展,如今完全用汇编语言开发整个系统已经很少见了。在 ARM 嵌入式系统中,C 语言已成为当前最主流的编程语言,绝大多数情况下可以完全用 C 语言进行开发,但在编写系统初始化、ARM 的启动代码等程序时依然必须使用汇编语言。因此,ARM 汇编语言程序设计仍然是嵌入式系统开发中一个重要的、也是必不可少的组成部分。

本章前面几节已对基于 Intel 处理器的汇编语言程序设计方法进行了详细描述。ARM 汇编语言程序设计思想和大多数概念与基于 Intel 处理器的汇编语言程序设计类似,两者主要的区别是在语法格式上,故本节仅对 ARM 汇编语言和程序设计方法做简要介绍。

◇4.5.1 ARM 汇编语言的宏指令、伪操作与伪指令

与 Intel 汇编语言源程序一样,ARM 汇编语言源程序一般也由指令、宏指令、伪操作和伪指令组成。

宏指令、伪操作一般与编译器有关,故 ARM 汇编语言的宏指令、伪操作在不同的编译环境下有不同的编写形式和规则。常见的 ARM 编译环境有 ADS/SDT 和 GNU 两种。

1. 宏指令

宏指令简称宏,是一段独立的程序代码,可插入源程序,它通过伪操作定义。宏在使用前必须先定义好。宏之间可以互相调用,也可以递归调用自身。通过直接书写宏名来使用宏,并根据宏的格式设置相应的输入参数。宏定义本身不会产生代码,只在调用时把宏体插入源程序(宏展开)。

宏与 C 语言中子函数的形参与实参的传递很相似,调用宏时通过实际的指令代替宏体,以实现相关的操作(参见 4.2.7 节)。但宏调用和子程序调用有本质的区别,宏并不能节省程序空间,但能够简化程序代码、提高程序的可读性以及宏内容可同步修改。

2. 伪操作

伪操作(pseudo-operation)是 ARM 汇编语言程序中的一些特殊指令助记符[①],主要为汇编程序做各种准备工作。伪操作在对源程序进行汇编时由汇编程序处理,并不会被处

---

① 对应于 Intel 处理器中的伪指令。

器真正运行。伪操作只在汇编过程中起作用；一旦汇编结束，伪操作的使命也就随之结束。下面简要介绍由 ARM 公司开发的 ADS/SDT 集成开发环境下的 6 类伪操作，主要说明各类伪操作的基本功能，具体格式可参阅相关专业书籍。

(1) 符号定义(symbol definition)伪操作。用于定义 ARM 汇编语言程序中的变量、对变量赋值以及定义寄存器名称。这类伪操作主要有：用于声明全局变量的 GBLA、GBLL、GBLS，用于声明局部变量的 LCLA、LCLL、LCLS，用于给 ARM 汇编语言程序中的全局变量或局部变量赋值的 SETA、SETL、SETS，以及用于为各种寄存器定义名字的伪操作。

这类伪操作与 Intel 处理器中的符号定义伪指令虽然类型名相同，但是作用完全不同。

(2) 数据定义(data definition)伪操作。用于定义数据缓存池、数据表和数据空间分配等。这类伪操作主要有：用于声明数据缓存池的 LTORG(常与 LDR 伪指令配合使用)，用于定义结构化内存表的首地址和数据段的 MAP、FIELD，以及多条用于分配不同内存区的伪操作。

这类伪操作在程序中的作用类似于 Intel 处理器中的数据定义伪指令。

(3) 汇编控制(assembly control)伪操作。用于条件汇编(类似于 C 语言中的条件语句)、宏定义、重复汇编控制(类似于 C 语言中的 while 语句)等。

其中，宏定义伪操作 MACRO 与 Intel 处理器中的宏命令伪指令虽然格式上略有差异，但是功能相同。

(4) 信息报告(reporting)伪操作。用于汇编报告指示和设置文件标题。

(5) 杂项(miscellaneous)伪操作。包括代码段或数据段定义伪操作 AREA、指定程序入口伪操作 ENTRY、为常量或寄存器值等赋予符号名的伪操作 EQU(与 Intel 处理器中的 EQU 伪指令作用相同)、源程序结束伪操作 END 等。

3. 伪指令

除了伪操作，ARM 汇编语言中还有一些伪指令，包括 ADR、ADRL、LDR 和 NOP 等。这些伪指令在编译器对源程序进行汇编处理时被替换成相应的 ARM 或 Thumb 指令序列。例如，NOP 伪指令在汇编时会被替换成 ARM 程序中的空操作(可能是"MOV R0，R0"等)。

◇**4.5.2　ARM 汇编语言源程序格式**

ARM 源程序文件可用任何一种文本编辑器编写，一般为文本格式。在 ARM 程序设计中，常见的源文件有用 ARM 汇编语言编写的 ARM 程序或 Thumb 程序文件(扩展名为.s)、用 C 语言编写的 C 语言程序文件(扩展名为.c)以及头文件(扩展名为.h)。

在一个 ARM 工程中，可以包含多个汇编语言源文件或多个 C 语言程序文件，或汇编语言源文件和 C 语言程序文件的组合，但至少要包含一个汇编语言源文件或 C 语言程序文件。

ARM 汇编语言源程序的一般格式为

{symbol} {instruction | pseudo-operation | pseudo-instruction}　{; comment}

其中：

- symbol 表示符号。在 ARM 汇编语言中，符号可以代表地址(标号)、变量和数字常量。符号必须从一行的起始处开始,符号中不能有空格。
- instruction 为指令。在 ARM 汇编语言的一行语句中,指令的前边必须有空格或符号,不能从一行的起始处开始。
- pseudo-operation 为伪操作。
- pseudo-instruction 为伪指令。
- comment 为语句的注释,以分号开始。注释可作为一行语句的结尾,也可以单独占一行。

> 在 ARM 汇编语言中,指令、伪操作、伪指令的助记符可全部用大写字母或全部用小写字母,但一个助记符中不能既有大写字母又有小写字母。

ARM 汇编语言源程序以段(section)为单位组织。段是相对独立、具有特定名称、不可分割的指令或数据序列。ARM 汇编语言源程序中的段分为代码段和数据段。代码段存放指令代码,数据段存放代码运行时需要用到的数据。一个 ARM 汇编语言源程序至少需要一个代码段,大的程序可包含多个代码段和数据段。

ARM 汇编语言源程序经过汇编后生成一个可执行的映像文件,它通常包括下面 3 部分:
- 一个或多个代码段。代码段通常为只读。
- 零个或多个包含初始值的数据段。这些数据段通常为可读写。
- 零个或多个不包含初始值的数据段。这些数据段被初始化为 0,通常为可读写。

连接器根据一定的规则将各个段安排到内存中的相应位置。源程序中段之间的相邻关系与执行的映像文件中段之间的相邻关系并不一定相同。

下面通过一个简单的例子说明 ARM 汇编语言源程序的基本结构。

```
AREA   EXAMPLE,CODE,READONLY      ;定义名为 EXAMPLE 的只读代码段
ENTRY                             ;程序的入口
start
    MOV  R0,#10
    MOV  R1,#3
    ADD  R0,R0,R1                 ;求两个数的和,R0=R0+R1
END                               ;源程序结束
```

在 ARM 汇编语言源程序中,使用伪操作 AREA 定义一个段。AREA 伪操作表示一个段的开始,同时定义这个段的名称及相关属性。

在上例中:
- ENTRY 伪操作标识程序执行的第一条指令,即程序的入口。一个 ARM 源程序中可以有多个 ENTRY,但至少要有一个 ENTRY。如果程序中包含 C 语言代码,则 C 语言库文件的初始化部分也包含 ENTRY。
- END 伪操作标识源文件的结束。每一个汇编模块必须包含一个 END 伪操作,指示本模块的结束。

◇ 4.5.3　嵌入式 C 语言

C 语言是一种结构化的程序设计语言,支持自顶向下的模块化、结构化程序设计方法。

它具有运行速度快、编译效率高、移植性好、处理功能强等优点,并可方便地实现对系统硬件的直接操作,是所有高级语言中最接近硬件底层的程序设计语言,故广泛应用于嵌入式系统开发。

嵌入式 C 语言是利用基本 C 语言知识、面向嵌入式工程实际应用的程序设计语言。它首先是 C 语言,必须符合 C 语言的基本语法。同时,它又是面向嵌入式应用的程序设计语言,在程序设计中需要结合具体的硬件开发环境。因此,嵌入式 C 语言程序设计是利用 C 语言的基本知识开发面向具体硬件平台的嵌入式应用程序的过程。如何在嵌入式系统开发中熟练、正确地运用嵌入式 C 语言开发出高质量的应用程序,是学习嵌入式程序设计的关键。

相对于微机系统中运行的各种程序使用的 C 语言,嵌入式程序设计中的嵌入式 C 语言语法更简单,除了预处理命令外,最常用的嵌入式 C 语言语句就是分支语句和循环语句:

(1) if-else 语句。包括两分支结构和多分支结构。

(2) switch 语句。用于多分支程序结构。在 if-else 语句构成的多分支结构中,if 语句中的条件是布尔值;而 switch 语句中的条件必须是整数。

(3) 循环语句。包括 for 语句、while 语句和 do while 语句。

嵌入式 C 语言编程需要结合具体的硬件环境(ARM 处理器)。限于篇幅,本书不再详细介绍基于具体嵌入式微处理器的程序设计方法。这里仅给出一个 C 语言程序调用汇编语言程序的简单示例,给读者以感性认知。

C 语言源程序:

```
#include<stdio.h>
extern void strcopy(char * d, const char * s);    //声明一个外部函数
                                                  //可被其他文件中的函数调用
int main()
{
    const char * srcstr = "First string-source";
    char * dststr = "Second string-destination";
    printf("Before copying:\n");
    printf("%s\n%s\n", srcstr, dststr);
    strcopy(dststr, srcstr);                      //调用汇编语言函数 strcopy()
    printf("After copying:");
    printf("%s\n%s\n", srcstr, dststr);
    return(0);
}
```

汇编语言源程序:

```
    AREA SCopy, CODE, READONLY
        EXPORT strcopy                ;用 EXPORT 伪操作声明该变量可被其他文件引用
                                      ;相当于声明一个全局变量
        strcopy                       ;R0 指向目标字符串,R1 指向源串
            LDRB R2, [R1], #1         ;字节加载,并更新地址
            STRB R2, [R0], #1         ;字节保存,并更新地址
```

```
        CMP R2, #0              ;比较 R2 是否为 0
            BNE strcopy         ;若条件不成立,则继续执行
            MOV PC, LR          ;从子程序返回
            END
```

习　题

一、填空题

1. 将汇编语言源程序转换为机器代码的过程称为（　　）。而要使其能够在计算机上运行,还需要通过（　　）生成可执行文件。

2. 执行下列指令后,AX 寄存器中的内容是（　　）。

```
TABLE DW 10,20,30,40,50
ENTRY DW 3
    ...
MOV BX,OFFSET TABLE
ADD BX,ENTRY
MOV AX,[BX]
```

3. 已知：

```
ALPHA    EQU 100
BETA     EQU 25
```

则表达式 ALPHA×100＋BETA 的值为（　　）。

4. 执行如下指令后,AX＝（　　）H,BX＝（　　）H。

```
DSEG  SEGMENT
    ORG   100H
    ARY   DW   3,4,5,6
    CNT   EQU 33
    DB    1,2,CNT+5,3
    DSEG  ENDS
    ...
MOV AX,ARY+2
MOV BX,ARY+10
```

二、简答题

1. 分别用 DB、DW、DD 伪指令写出在从 DATA 开始的连续 8 个单元中依次存放数据 11H、22H、33H、44H、55H、66H、77H、88H 的数据定义语句。

2. 假设程序的数据段定义如下：

```
DSEG SEGMENT
    DATA1 DB 10H,20H,30H
        DATA2 DW 10 DUP(?)
```

```
        STRING DB '123'
    DSEG ENDS
```

写出以下各指令语句独立执行后的结果：

(1) MOV AL,DATA1
(2) MOV BX,OFFSET DATA2
(3) LEA SI,STRING
    ADD DI,SI

3. 写出汇编语言源程序的框架结构，要求包括数据段、代码段和堆栈段。

4. 简述指令性语句与指示性语句的区别。

5. 假设数据段中定义了如下两个变量(DATA1 和 DATA2)，画图说明为这两个变量分配的内存空间及初始化的数据值。

```
DATA1 DB   'BYTE',12,12H,2 DUP(0,?,3)
DATA2 DW   4 DUP(0,1,2),?,-5,256H
```

6. 图示以下数据段在内存中的存放形式：

```
DATA SEGMENT
DATA1 DB 10H,34H,07H,09H
DATA2 DW 2 DUP(42H)
DATA3 DB 'HELLO!'
DATA4 EQU 12
DATA5 DD 0ABCDH
DATA ENDS
```

7. 阅读下面的程序段，说明它实现的功能。

```
DATA SEGMENT
DATA1 DB 'ABCDEFG'
DATA ENDS
CODE SEGMENT
    ASSUME CS:CODE,DS:DATA
AAAA:MOV AX,DATA
    MOV DS,AX
    MOV BX,OFFSET DATA1
    MOV CX,7
NEXT:MOV AH,2
    MOV AL,[BX]
    XCHG AL,DL
    INC BX
    INT 21H
    LOOP NEXT
    MOV AH,4CH
    INT 21H
CODE ENDS
```

END AAAA

三、编程题

1. 编写求两个无符号双字长数之和的程序。两个数分别在 MEM1 和 MEM2 单元中，和放在 SUM 单元。

2. 编写程序，测试 AL 寄存器的第 1 位(bit1)是否为 0。

3. 编写程序，将 BUFFER 中的一个 8 位二进制数转换为 ASCII 码，并按位数高低顺序存放在从 ANSWER 开始的内存单元中。

4. 假设数据项定义如下：

DATA1 DB 'HELLO!GOOD MORNING!'
DATA2 DB　20 DUP(?)

用串操作指令编写程序段，使其分别完成以下功能：
(1) 从左到右将 DATA1 中的字符串传送到 DATA2 中。
(2) 传送完毕后，比较 DATA1 和 DATA2 中的内容是否相同。
(3) 把 DATA1 中的第 3 和第 4 字节装入 AX。
(4) 将 AX 的内容存入从 DATA2+5 开始的字节单元中。

5. 编写程序段，将 STRING1 中的最后 20 个字符移到 STRING2 中(顺序不变)。

6. 若接口 03F8H 的第 1 位(bit1)和第 3 位(bit3)同时为 1，表示接口 03FBH 有准备好的 8 位数据；当 CPU 将数据取走后，bit1 和 bit3 就不再同时为 1 了，而仅当又有数据准备好时才再同时为 1。

编写程序，从上述接口读入 200 字节的数据，并按顺序放在从 DATA 开始的单元中。

7. 用子程序结构编写如下程序：从键盘输入一个二位十进制的月份数(01～12)，然后显示出相应月份的英文缩写名。

8. 编写程序段，把从 BUFFER 开始的 100 字节的内存区域初始化成 55H，0AAH，55H，0AAH，…，55H，0AAH。

9. 编写将键盘输入的 ASCII 码转换为二进制数的程序。

10. 编写计算斐波那契数列前 20 个值的程序。斐波那契数列的定义如下：

$$\begin{cases} F(0)=0, & n=0 \\ F(1)=1, & n=1 \\ F(n)=F(n-1)+F(n-2), & n \geqslant 2 \end{cases}$$

第5章

半导体存储器

引言

每个基于微处理器的系统都有存储器,无论是微机系统还是嵌入式系统。微机中的存储器包括内存和外存两大类。内存主要由半导体材料制成,也称半导体存储器,主要包含两大类:随机存取存储器(RAM)和只读存储器(ROM)。我们经常直接接触到的 Flash(闪存)则属于 ROM 的一种。RAM 则通常用于存放临时数据,而 ROM 因其稳定性而常用于存放系统程序、应用程序以及部分永久性系统数据。在嵌入式系统中,RAM 和 ROM 与处理器一起集成在一个芯片上,容量较小。在微机系统中,则借助硬件系统和操作系统,将以 RAM 为主的内存和由磁盘或 ROM 构成的外存统一管理,构成存储系统。

本章首先介绍 RAM 和 ROM 这两类半导体存储器的特点。然后,以一些典型半导体存储器芯片为例介绍半导体存储器接口设计方法,以及如何利用已有存储器芯片构成需要的内存空间。这些设计方法和思想对嵌入式开发有重要的意义。最后,结合高速缓存技术,简要介绍存储系统的概念。

教学目的

- 清楚 RAM、ROM 及 Flash 的特点和主要应用场合。
- 熟练掌握典型半导体存储器芯片与系统的连接。
- 掌握存储器扩展技术。能够利用给定型号的存储器芯片设计存储器接口。
- 清楚高速缓冲存储器的概念和一般工作原理。
- 清楚存储系统的基本概念和主要设计目标。

半导体存储器概述

5.1 半导体存储器概述

存储器是计算机运行过程中信息存储和交换的中心设备,从这个意义上说,现代计算机系统是以存储器为中心的。半导体存储器(semiconductor memory)是用半导体集成电路工艺制成、用于存储数据信息的固态电子器件,由大量能够表征 0 和 1 的半导体器件(存储元①)和输

---

① 存储元是能够表示一个 0 或 1 状态的物理器件,如电容、双稳态电路等。在通电的情况下,它们能够保持 0 或 1 (即低电平或高电平)状态不变,即具有记忆功能。每个存储元可以保存一位二进制信息。每个内存单元存储一字节,即每个存储单元都由 8 个存储元构成。

入输出电路等构成,是计算机主机的重要部件。程序在被计算机执行前必须送入内存。与磁性存储器相比,半导体存储器具有存取速度快、存储容量大、体积小等优点,且存储元阵列和主要外围逻辑电路兼容,可制作在同一芯片上。目前,半导体存储器不仅作为内存,也在逐渐取代磁性存储器而作为外存,例如笔记本计算机中的固态硬盘。

半导体存储器有两种基本操作——读和写。读操作是指从存储器中读出信息,不破坏存储单元中原有的内容。写操作是指把信息写入(存入)存储器,新写入的数据将覆盖原有的内容。

存储器中存储单元的总数称为存储器的存储容量。显然,存储容量越大,能够存放的信息就越多,计算机的信息处理能力也就越强。

半导体存储器按照工作方式的不同可分为随机存取存储器和只读存储器两大类。

◇5.1.1 随机存取存储器

随机存取存储器(Random Access Memory,RAM)的主要特点是可以随机进行读写操作,但掉电后信息会丢失,是目前微机中主内存的主要构成部件。根据制造工艺的不同,RAM 可以分为双极型 RAM 和金属-氧化物-半导体(Metal-Oxide-Semiconductor,MOS)型 RAM。双极型 RAM 的主要优点是存取时间短,通常为几纳秒(ns)到几十纳秒。与 MOS 型 RAM 相比,双极型 RAM 集成度低,功耗大,而且价格也较高,因此,双极型 RAM 主要用于要求存取时间非常短的特殊应用场合(如高速缓冲存储器)。

存储器单元编址

根据存储单元的工作原理不同,RAM 又分为静态随机存取存储器(Static RAM,SRAM)和动态随机存取存储器(Dynamic RAM,DRAM)。

1. SRAM

SRAM 即静态随机存取存储器,其基本存储电路(即存储元)是在静态触发器的基础上附加门控管构成的,靠触发器的自保功能存储数据。只要不掉电,其存储的信息可以始终稳定地存在,故称其为静态 RAM。图 5-1 给出了由 6 个 MOS 管组成的双稳态存储元,它是 SRAM 的基本存储电路。

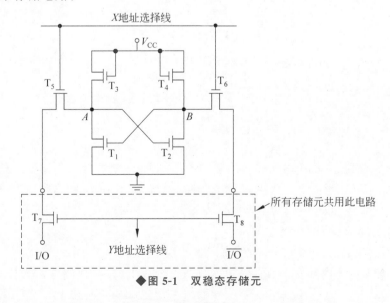

◆图 5-1 双稳态存储元

在图 5-1 中，T_3、T_4 是负载管，T_1、T_2 是工作管，T_5、T_6、T_7、T_8 是控制管，其中 T_7、T_8 为所有存储元共用。

在写操作时，若要写入 1，则 $I/O=1$，$\overline{I/O}=0$，X 地址选择线为高电平，使 T_5、T_6 导通，同时 Y 地址选择线也为高电平，使 T_7、T_8 导通，要写入的内容经 I/O 端和 $\overline{I/O}$ 端进入，通过 T_7、T_8 和 T_5、T_6 与 A、B 端相连，使 $A=1$，$B=0$，这样就迫使 T_2 导通，T_1 截止。当输入信号和地址选择信号消失后，T_5、T_6、T_7、T_8 截止，T_1、T_2 就保持被写入的状态不变。这样，只要不掉电，写入的信息 1 就能保持不变。写入 0 的原理与此类似。

在读操作时，若某个存储元被选中（X、Y 地址选择线均为高电平），则 T_5、T_6、T_7、T_8 都导通，于是存储元的信息被送到 I/O 端和 $\overline{I/O}$ 端上。I/O 端和 $\overline{I/O}$ 端连接到一个差动读出放大器上，从其电流方向即可判断出所存信息是 1 还是 0。

SRAM 存放的信息在不掉电的情况下能长时间保留，状态稳定，其外部电路比较简单，便于使用。但是，由于 SRAM 的基本存储电路中包含的晶体管较多，故集成度较低，且功耗比较大。

2. DRAM

DRAM 即动态随机存取存储器。这类存储器的存储元有两种结构：四管存储元和单管存储元。四管存储元的缺点是元件多，占用芯片面积大，故集成度较低，但外围电路较简单。单管存储元的元件数量少，集成度高，但外围电路比较复杂。这里仅简单介绍单管存储元的存储原理。

作为 DRAM 的基本存储电路的单管动态存储元如图 5-2 所示，它由一个 MOS 管 T_1 和一个电容 C 构成。写入时，字选择线（地址选择线）为 1，T_1 导通，写入的信息通过位线（数据线）存入电容 C 中。

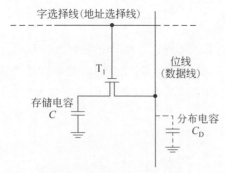

◆ 图 5-2　单管动态存储元

由图 5-2 可以看出，以电容为核心的存储元电路简单。但电容总会漏电，时间长了，存放的信息就会丢失或出现错误。因此需要对这些电容定时充电，这个过程称为刷新，即定时地将存储单元中的内容读出再写入。由于需要定时刷新，所以这种 RAM 称为动态 RAM。DRAM 的存取速度一般较 SRAM 的存取速度低。DRAM 主要的特点是集成度非常高，功耗低，价格比较便宜，主要用于计算机中的主内存（内存条）。

3. SDRM

SDRAM（Synchronous Dynamic RAM）称为同步动态随机存取存储器。虽然它也是动态存储器，存储元依然是以电容为主，也常要定时刷新，但它在内部结构及使用上又与标准 DRAM 有较大不同。引起不同的基本出发点就是希望 SDRAM 的速度更快一些，以满足计算机对内存速度越来越高的要求。

与标准 DRAM 相比，SDRAM 主要有以下特点：

（1）SDRAM 芯片内部通常将存储单元分成两个以上的逻辑阵列，称为体（bank），最少有两个,一般有 4 个。这也是 SDRAM 最主要的特点。这样做的目的是:在对 SDRAM 进行读写时,选中某个逻辑阵列进行读/写,没有被选中的逻辑阵列便可以预充电,做必要的准备工作;当下一个时钟周期选中它时就可以立即响应,不必再做准备。这样就能够提高 SDRAM 的读写速度。而标准 DRAM 在一个读写周期结束后要有一个短暂的预充电期才能进入下一个读写周期,其速度显然较慢。标准的 DRAM 可以看成内部只有一个逻辑阵列的 SDRAM。

(2) SDRAM 是有一个同步接口的动态随机存取存储器,在工作时其读写周期与 CPU 时钟周期严格同步。而标准 DRAM 是异步 DRAM,它的读写周期与 CPU 时钟周期不同步。

(3) 除了能够像标准 DRAM 那样一次只读或写一个存储单元外,SDRAM 还有突发读写功能。突发(burst)是指在同一行中相邻的存储单元间进行连续数据传输的方式,连续传输所涉及的存储单元(列)的数量就是突发长度(Burst Length,BL)。这种读写方式在高速缓存、多媒体等许多应用中非常有用。

目前计算机中的主内存主要由传输速率更高的 DDR SDRAM(Double Data Rate SDRAM,双倍数据速率 SDRAM)制作。

◇5.1.2 只读存储器

虽然从字面上看,只读存储器(ROM)是只能读出信息而不能随意写入信息的存储器。但随着技术的发展,目前的 ROM 也可以写入信息,只是与 RAM 的随机写入相比,ROM 的写操作有一定的条件。

ROM 的主要工作特点是掉电后信息不丢失。这一特点使其常用于存放一些固定的程序和数据。如各种函数表、字符和固定程序等。

ROM 的单元只有一个二极管或三极管。一般规定,器件接通时为 1,断开时为 0,反之亦可。若在设计 ROM 时将程序或数据直接编写在掩模版图形中,光刻时转移到硅芯片上。这样制成的 ROM 称为掩模 ROM(mask ROM)。对这种存储器,用户只能读取已存入的数据,而不能再写入数据。其优点是适合大量生产。但是,若想修改存储的内容,则非常困难。

除掩模 ROM 之外,ROM 还有使用比较灵活的可编程 ROM,可擦可编程 ROM、电擦除可编程 ROM 以及目前最常用的闪速存储器。

1. 可编程 ROM

可编程 ROM(Programmable ROM,PROM)通常可实现一次编程写操作。PROM 出厂时各个存储单元均为 1 或均为 0。用户使用时,再编程写入需要的数据。

PROM 需要用电和光照的方法写入要存储的程序和数据,但是只能编程写入一次,写入的信息能够永久保存。例如,双极性 PROM 有两种结构:熔丝烧断型和 PN 结击穿型,都只能进行一次性写操作,一旦编程写入完毕,其内容便是永久性的。由于 PROM 只能是一次性编程,灵活性很差,故它和掩模 ROM 一样较少使用。

2. 可擦可编程 ROM

可擦可编程 ROM(Erasable Programmable ROM,EPROM)可多次编程写入。用户根据需要编程写入相应的信息,并能够把已写入的内容擦去后再改写,即 EPROM 是一种可多次改写的 ROM。由于 EPROM 能够改写,因此能对写入的信息进行校正,在修改错误后再重新写入。

◆图 5-3　EPROM 芯片的外观

与 RAM 不同,EPROM 在改写信息前需要先将原内容擦除。图 5-3 给出了 EPROM 芯片的外观,从图中可以看出,芯片上方预留了一个石英透明窗口。对 EPROM 芯片进行擦除操作的方法就是用紫外线照射芯片上的透明窗口,从而清除存储的内容。擦除后的芯片可以使用专门的编程写入器对其重新编程(写入新的内容)。EPROM 写入信息后,若能保持透明窗口不再受紫外线照射,其存储的内容能够保存长达几十年之久,且无需后备电源。

3. 电擦除可编程 ROM

电擦除可编程 ROM(Electrically-Erasable Programmable ROM,EEPROM,也可以写成 E^2PROM)的工作原理类似于 EPROM,不同的是 EEPROM 的擦除操作是使用高电平完成的,因此不需要透明窗口。

由于采用电擦除技术,所以 EEPROM 允许在线编程写入和擦除,而不必像 EPROM 芯片那样需要从系统中取下来,用专门的擦除器擦除,用专门的编程写入器编程。从这一点来看,它的使用要比 EPROM 方便。另外,EPROM 虽可多次编程写入,但整个芯片只要有一位写错,也必须从电路板上取下来全部擦掉重写,这给实际使用带来很大不便。在实际使用中,多数情况下需要的是以字节为单位的擦除和重写,而 EEPROM 在这方面具有很大的优越性。

4. 闪速存储器

闪速存储器(Flash)简称闪存,是取代传统 EPROM 和 EEPROM 的主要非挥发性(永久性)存储器,也是目前应用最广泛的 ROM。

尽管 EEPROM 能够在线编程,使其在使用的方便性及写入速度两方面都较 EPROM 更进一步,其编程时间相对 RAM 而言还是太长,特别是对大容量的芯片更是如此。人们希望有一种写入速度类似于 RAM,掉电后内容又不丢失的存储器。为此,闪存被研制出来。闪存的编程速度快,掉电后内容又不丢失,从而得到广泛应用。

闪存可以对存储单元进行擦除和再编程,也可以对存储单元块进行擦除和再编程。与 EPROM 和 EEPROM 一样,任何闪存器件的写操作都只能在空的或已擦除的存储单元内进行。所以,多数情况下,在进行写操作之前必须先进行擦除操作。

闪存从技术特性上划分主要有 NOR 型和 NAND 型两种。

NOR(或非)型闪存的特点是芯片内执行(Execute In Place,XIP),这种类型的闪存可以使应用程序直接在闪存内运行,不必再把代码读到系统 RAM 中。NOR 型闪存的传输效率很高,但写入和擦除速度较低。

NAND(与非)型闪存的存储单元采用串行结构,存储单元的读写以页和块为单位进行(一页可包含若干字节,若干页则组成存储块,NAND 的存储块大小为 8~32KB)。这种结构最大的优点在于容量可以很大。而缺点在于读速度较慢,再加上 NAND 型闪存的内部没有专门的存储控制器,一旦出现数据坏块将无法修复,所以可靠性较 NOR 型闪存差。

目前，NAND 型闪存被广泛用于移动存储、数码相机、MP3 播放器、掌上电脑等数字设备中。同时，微机系统中的 BIOS、显卡的 BIOS 等也都采用闪存。

在各种嵌入式系统中，RAM 主要作为数据存储器，闪存主要作为程序存储器，EEPROM 则主要用来在程序运行中保存要求掉电不丢失的数据。

◇5.1.3 半导体存储器的主要技术指标

本节介绍半导体存储器的 4 个技术指标。

1. 存储容量

存储器芯片的存储容量用"存储单元个数×每存储单元的位数"表示。例如，SRAM 芯片 6264 的容量为 8K×8b，即它有 8K 个单元(1K 表示 1024)，每个单元存储 8 位(1 字节)二进制数据。DRAM 芯片 NMC41257 的容量为 256K×1b，即它有 256K 个单元，每个单元存储 1 位二进制数据。各半导体器件生产厂家为用户提供了许多种不同容量的存储器芯片，用户在构成计算机内存系统时，可以根据要求加以选用。当然，当计算机的内存确定后，选用容量大的芯片则可以少用几片，这样不仅使电路连接简单，而且功耗也可以降低。

2. 存取时间和存取周期

存取时间又称存储器访问时间，即启动一次存储器操作(读或写)到完成该操作需要的时间。处理器在读写存储器时，其读写时间必须大于存储器芯片的额定存取时间。如果不能满足这一点，微机就无法正常工作。

存取周期是连续启动两次独立的存储器操作所需间隔的最小时间。若令存取时间为 t_A，存取周期为 T_C，则二者的关系为 $T_C \geq t_A$。

3. 可靠性

计算机要正确地运行，必然要求存储系统具有很高的可靠性。内存发生的任何错误都会使计算机不能正常工作。而存储器的可靠性直接与构成它的芯片有关。目前所用的半导体存储器芯片的平均故障间隔时间(mean time between failure, MTBF)约为 $5 \times 10^6 \sim 1 \times 10^8$ h。

4. 功耗

使用功耗低的存储器芯片构成存储系统，不仅可以减少对电源容量的要求，而且可以提高存储系统的可靠性。

5.2 RAM 设计

随机存取存储器(RAM)主要用于构成微机系统中的各种内存，包括主内存和高速缓冲存储器。本节首先介绍 Intel 公司的两种 SRAM 和 DRAM 芯片的外部引线和基本工作原理，然后以这些具体型号的 RAM 芯片为例，介绍半导体存储器与 8088 微处理器总线的接口连接方式。

对多数读者来讲，构造微机系统中的存储器的机会并不多。但在嵌入式系统开发中，却常常要根据需求构造存储器。本节虽然主要讲述的是 8088 微处理器存储接口，但其设计思想和基本方法同样适用于其他处理器的存储接口设计。通过本节的描述和大量示例，读者将能够清楚地理解半导体存储器如何实现与处理器的连接和通信。

◇5.2.1　Intel 6264 SRAM 简介

静态随机存取存储器(SRAM)主要用于构造高速缓冲存储器。由于这种存储器不需要刷新电路即能保存它内部存储的数据,故其外围控制电路比较简单,比较适合初学者通过它学习存储器设计方法。

在开启学习之前,有一点需要特别说明:虽然通常的内存单元容量均按字节表示,如8GB。但对半导体存储器芯片来讲,芯片上每个存储单元中不一定存放 8 位二进制,故对存储芯片的容量描述通常采用的格式为"单元数×每单元二进制位数"(例如前面的 256K×1b)。

下面以 Intel 6264(以下简称 6264)为例,说明它与 8088 微处理器的接口方法。

1. 6264 存储芯片的引线及其功能

6264 芯片是一个 8K×8b 的 CMOS SRAM 芯片,其引脚如图 5-4 所示。共有 28 根引出线,包括 13 根地址信号线、8 根数据信号线以及 4 根控制信号线,它们的含义分别如下:

(1) $A_0 \sim A_{12}$ 为 13 根地址信号线。一个存储器芯片上地址线的多少决定了该芯片有多少个存储单元。13 根地址信号线上的地址信号编码最多有 2^{13} 种组合,可产生 8192(8K)个地址编码,从而保证了芯片上的 8K 个存储单元中的每一个都有唯一的地址。即,芯片的 13 根地址信号线上的信号经过芯片的内部译码,可以决定选中 6264 芯片上 8K 个存储单元中的哪一个。在与系统连接时,这 13 根地址信号线通常接到系统地址总线的低 13 位上,以便处理器能够寻址芯片上的各个存储单元。

▲图 5-4　6264 的引脚

(2) $D_0 \sim D_7$ 为 8 根双向数据信号线。对 SRAM 芯片来讲,数据信号线的根数决定了芯片上每个存储单元的二进制位数,8 根数据信号线说明 6264 芯片的每个存储单元中可存储 8 位二进制数,即每个存储单元有 8 位。使用时,这 8 根数据信号线与系统的数据总线相连。当处理器存取芯片上的某个存储单元时,读出和写入的数据都通过 8 根数据信号线传送。

(3) $\overline{CS_1}$ 和 CS_2 为片选信号线。当 $\overline{CS_1}$ 为低电平、CS_2 为高电平($\overline{CS_1}=0, CS_2=1$)时,该芯片被选中,处理器才可以对其进行读写操作。不同类型的芯片,其片选信号的数量不一定相同,但要选中该芯片,必须所有的片选信号同时有效才行。事实上,一个微机系统的内存空间是由若干块存储器芯片组成的,某块芯片映射到内存空间的哪一个位置(即处于哪一个地址范围)是由高位地址信号决定的。系统的高位地址信号和控制信号通过译码产生片选信号,将芯片映射到需要的地址范围上。6264 有 13 根地址信号线($A_0 \sim A_{12}$),8086/8088 处理器则有 20 根地址信号线,所以这里的高位地址信号就是 $A_{13} \sim A_{19}$。

(4) $\overline{OE}$ 为输出允许信号。只有当 $\overline{OE}$ 为低电平时,处理器才能够从芯片中读出数据。

(5) $\overline{WE}$ 为写允许信号。当 $\overline{WE}$ 为低电平时,允许数据写入芯片;而当 $\overline{WE}$ 为高电平、$\overline{OE}$ 为低电平时,允许数据从芯片读出。

(6) 其他引脚：V_{CC} 为 +5V 电源，GND 是接地端，NC 表示空端。

表 5-1 为 6264 芯片 4 个控制信号的功能。

表 5-1 6264 芯片 4 个控制信号的功能

$\overline{WE}$	$\overline{CS_1}$	CS_2	$\overline{OE}$	$D_0 \sim D_7$
0	0	1	×	写入
1	0	1	0	读出
×	0	0	×	三态
×	1	1	×	（高阻）
×	1	0	×	

2. 6264 的工作过程

对 6264 芯片的存取操作包括数据的写入和读出。

写入数据的过程如下：

(1) 把要写入单元的地址送芯片的地址信号线 $A_0 \sim A_{12}$。

(2) 要写入的数据送数据信号线。

(3) 使片选信号 $\overline{CS_1}$、CS_2 同时有效（$\overline{CS_1}=0$，$CS_2=1$）。

(4) 在 $\overline{WE}$ 端加上有效的低电平，$\overline{OE}$ 端状态可以是任意的。

这样，数据就可以写入指定的存储单元。6264 写操作时序如图 5-5 所示。

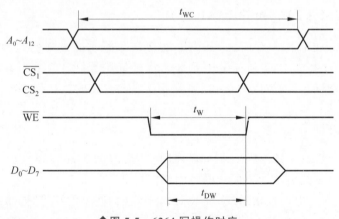

◆ 图 5-5 6264 写操作时序

从芯片中读出数据的过程与写操作类似，即，首先送出待读出单元的地址，再使片选信号有效（$\overline{CS_1}=0$，$CS_2=1$）。与写操作不同的是，此时要使读允许信号 $\overline{OE}=0$，$\overline{WE}=1$。这样，选中单元的内容就可通过 6264 的数据信号线读出。

6264 读操作时序如图 5-6 所示。

处理器的取指令周期和对存储器读写都有固定的时序，因此对存储器的存取速度有一定的要求。当对存储器进行读操作时，处理器发出地址信号和读命令后，存储器必须在读允许信号有效期内将选中单元的内容送到数据总线上；同样，在进行写操作时，存储器也必须在写脉冲有效期内将数据写入指定的存储单元。否则，就会出现读写错误。

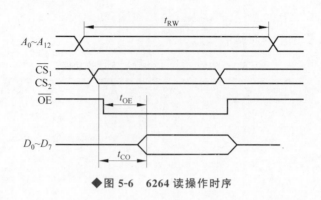

◆图 5-6 6264 读操作时序

如果可选择的存储器的存取速度太慢，不能满足上述要求，就需要采取适当的措施解决这一问题。最简单的方法就是降低处理器的时钟频率，即延长时钟周期 T_{CLK}，但这样做会降低系统的运行速度。另一种方法是利用处理器上的 READY 信号，使处理器在对慢速存储器操作时插入一个或几个等待周期 T_W，以等待存储器操作的完成。当然，随着技术的发展，现有存储器芯片的存取时间已达到纳秒（ns）级，并采用了存储系统管理技术，使现代微型机系统中对内存的访问速度已基本能够满足使用要求。但在自行开发的系统中，对此应予以足够的重视。

6264 芯片的功耗很小（工作时为 15mW，未选中时仅 $10\mu W$），因此在简单的应用系统中，处理器可直接和存储器相连，不用增加总线驱动电路。

◇ **5.2.2　Intel 2164A DRAM 简介**

DRAM 主要以电容作为存储元，其内部通常将存储元排成阵列的形式。由于 DRAM 集成度高，价格低，微机中的主内存几乎毫无例外地都是由 DRAM（现代计算机中使用 DDR SDRAM）组成的。本节以 Intel 2164A（以下简称 2164A）芯片为例，说明 DRAM 的外部特性及工作过程。

1. 2164A 的引脚功能

2164A 是一个 $64K \times 1b$ 的 DRAM 芯片，与其类似的芯片有很多种，如 3764、4164 等等。图 5-7 为 2164A 的引脚。下面说明各引脚的含义。

（1）$A_0 \sim A_7$ 为 8 根地址信号线。DRAM 芯片在构造上的特点是芯片上的地址信号线是复用的。虽然 2164A 的容量为 64K 个单元，但它并不像对应的 SRAM 芯片那样有 16 根地址信号线，而是只要这个数量的一半，即 8 根地址信号线。那么它是如何用 8 根地址信号线寻址这 64K 个单元的呢？

实际上，因多数 DRAM 芯片上每个存储单元只存储 1 位二进制数（即 8 位二进制数来自 8 个芯片），故这类芯片内部通常将存储单元按矩阵形式排成阵列（称为体），如图 5-8 所示，通过行地址、列地址寻址每个存储单元。在存取 DRAM 芯片的某单元时，其操作过程是：将存取的地址分两次分别输入芯片，每一次都由同一组地址信号线输入。两次送到芯片的地址分别称为行地址和列地址，它们被锁存到芯片内部的行地址锁存器和列地址锁存器中。

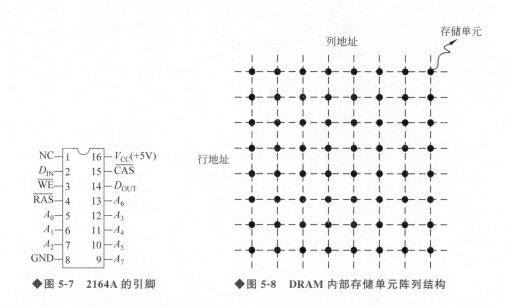

◆ 图 5-7　2164A 的引脚　　　　◆ 图 5-8　DRAM 内部存储单元阵列结构

行地址信号通过片内译码选择一行,列地址信号通过片内译码选择一列,这样就决定了选中的单元。可以简单地认为该芯片有 256 行和 256 列,共同决定 64K 个单元。对于其他 DRAM 芯片也可以按同样方式考虑。例如,21256 是 256K×1b 的 DRAM 芯片,有 256 行,每行为 1024 列。

综上所述,DRAM 芯片上的地址信号线是复用的,处理器对它寻址时的地址信号分成行地址信号和列地址信号,分别由芯片上的地址信号线送入芯片内部进行锁存、译码,从而选中要寻址的单元。

(2) D_{IN} 和 D_{OUT} 是芯片的数据输入线和输出线。D_{IN} 是数据输入线,当处理器写芯片的某一单元时,要写入的数据由 D_{IN} 送到芯片内部;D_{OUT} 是数据输出线,当处理器读芯片的某一单元时,数据由此线输出。

(3) $\overline{RAS}$ 为行地址锁存信号。该信号将行地址锁存在芯片内部的行地址锁存器中。

(4) $\overline{CAS}$ 为列地址锁存信号。该信号将列地址锁存在芯片内部的列地址锁存器中。

(5) $\overline{WE}$ 为写允许信号。当它为低电平($\overline{WE}=0$)时,允许将数据写入芯片;当它为高电平($\overline{WE}=1$)时,可以从芯片读出数据。

2. 2164A 的工作过程

1) 数据读出

2164A 读操作时序如图 5-9 所示。首先,将行地址信号加在 $A_0 \sim A_7$ 上,并使 $\overline{RAS}$ 行地址锁存信号有效,该信号的下降沿将行地址锁存在芯片内部。然后,将列地址信号加在 $A_0 \sim A_7$ 上,并使 $\overline{CAS}$ 列地址锁存信号有效,其下降沿将列地址锁存。最后,保持 $\overline{WE}=1$,则在 $\overline{CAS}$ 有效期间(低电平),数据由 D_{OUT} 端输出并保持。

2) 数据写入

2164A 写操作时序如图 5-10 所示。数据写入与数据读出的过程类似。两者的区别是:在写入数据时,送完列地址后,要将 $\overline{WE}$ 端置为低电平,然后把要写入的数据从 D_{IN} 端输入。

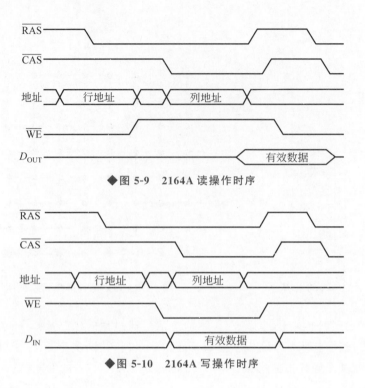

◆图 5-9 2164A 读操作时序

◆图 5-10 2164A 写操作时序

3) 刷新

DRAM 靠电容存储信息，而电容存在缓慢放电现象，时间长了会使存放的信息丢失。因此，DRAM 使用中的一个重要问题就是必须对它存储的信息定时进行刷新。所谓刷新，就是将 DRAM 中存放的每一位信息读出并重新写入的过程。刷新的方法是：使列地址锁存信号无效（$\overline{CAS}=1$），只送上行地址信号并使行地址锁存信号有效（$\overline{RAS}=0$），然后，芯片内部的刷新电路就会对选中的行上各存储单元中的信息进行刷新（对原来为 1 的电容补充电荷，原来为 0 的电容则保持不变）。每次送出不同的行地址，就可以刷新不同行的存储单元。将行地址循环一遍，就可刷新整个芯片的所有存储单元。由于刷新时 $\overline{CAS}$ 无效，故列地址信号不会送到数据总线上。

2164A 刷新时序如图 5-11 所示。其中，$\overline{CAS}$ 保持无效，利用 $\overline{RAS}$ 锁存刷新的行地址，进行逐行刷新。DRAM 要求每隔 2～8ms 刷新一次，这个时间称为刷新周期。在刷新周期中，DRAM 是不能进行正常的读写操作的，这一点由刷新控制电路予以保证。

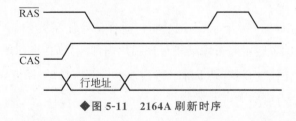

◆图 5-11 2164A 刷新时序

内存的容量是以字节为单位的，但 2164A 芯片的容量是 64K×1b，因此至少需要 8 片 2164A 才能构成内存。

◇5.2.3 RAM 接口的地址译码

在对 RAM 芯片的外部引脚功能和工作时序有一定了解之后,需要进一步掌握的是如何实现它与系统的连接。将一个存储器芯片接到总线上,除部分控制信号及数据信号线的连接外,主要问题是如何保证该芯片在整个内存中占据的地址范围能够满足用户的要求,而确保芯片地址范围的方法是设计合适的译码电路。

1. 地址译码

先用一个形象的例子说明地址译码的概念。假设把存储器看成一个居民小区,那么构成存储器的存储器芯片就是小区内一座座居民楼(假定楼号为 01~30),而存储单元就是楼内的各个单元(假定单元号为 101~825)。如果某住户住在 10 号楼 510 单元,则该住户的地址可以记为 10-510。这里的 10 就是高位地址,相当于楼号;510 就是低位地址,相当于楼内的单元号。要访问小区的 10-510 住户时,首先要找到楼号 10,这就是片选译码(选择一个存储器芯片);然后再找 510 单元,这就是片内寻址(选择一个存储单元)。

对应到存储器芯片,芯片的片内地址就相当于楼内的单元号,而高位地址就相当于楼号。例如,8088 处理器可寻址的内存地址空间是 1MB。对 6264 芯片来讲,其片内地址有 13 位($A_0 \sim A_{12}$),则高位地址就有 7 位($A_{13} \sim A_{19}$)。

简单地讲,译码就是将一组输入信号转换为一个确定的输出信号。在存储器技术中,译码就是将高位地址信号通过一组电路(译码器)转换为一个确定的输出信号(通常为低电平)并将其连接到存储器芯片的片选端,使该芯片被选中,从而使系统能够对该芯片上的存储单元进行读写操作。片内寻址在存储器芯片内部完成,使用者无须考虑。使用者要考虑的只是如何根据地址找到具体的居民楼(芯片)。

8086/8088 处理器能够寻址 1MB 内存,共有 20 根地址信号线,其中高位($A_i \sim A_{19}$)用于确定芯片的地址范围(即作为译码器的输入),低位($A_0 \sim A_{i-1}$)用于片内寻址。在微机系统中,处理器引脚发出的各种控制信号通常需要通过总线控制器与系统控制总线连接。当对存储器进行读写操作时,处理器引脚的 IO/$\overline{M}$ 有效(IO/$\overline{M}$=0),同时读或写控制信号$\overline{RD}$或$\overline{WR}$有效,此时,总线控制器将输出有效的总线控制读或写信号$\overline{MEMR}$或$\overline{MEMW}$,实现对内存的访问。

2. 地址译码方式

芯片的高位地址决定了芯片在整个内存中占据的地址范围,即译码器的输入信号是高位地址。为了实现正确、有效的存储器访问,译码器的输入除了高位地址信号之外,还应包括一些控制信号,如读或写控制信号。因此,在以下的设计中,存储器芯片的片选信号(译码电路输出)由高位地址信号和控制信号译码产生。

存储器地址译码方式可以分为两种:一种称为全地址译码,另一种称为部分地址译码。

1) 全地址译码方式

全地址译码是指存储器所有高位地址信号都作为译码器的输入,低位地址信号接存储芯片的地址输入线,从而使得存储器芯片上的每一个存储单元在整个内存空间中具有唯一的一个地址。

对 6264 芯片来讲,就是用低 13 位地址信号($A_0 \sim A_{12}$)决定每个存储单元的片内地址,即片内寻址;而用高 7 位地址信号($A_{13} \sim A_{19}$)决定芯片在内存中的地址范围,即做片选地址译码。

图 5-12 是一个 6264 芯片与 8086/8088 系统的连接示例。图中用地址总线的高 7 位信号($A_{13} \sim A_{19}$)作为地址译码器的输入,地址总线的低 13 位信号 $A_0 \sim A_{12}$ 接到芯片的 $A_0 \sim A_{12}$ 端,故这是一个全地址译码方式的连接。可以看出,当 $A_{19} \sim A_{13}$ 为 0011111 时,译码器输出低电平,使 6264 芯片的片选端 $\overline{CS_1}$ 有效(即表示选中该芯片)。所以,该 6264 芯片的地址范围为 3E000H~3FFFFH(低 13 位表示该芯片的片内地址范围,它是从全为 0 到全为 1 之间的值)。

译码器的构成不是唯一的,对于只控制一个芯片的译码器,用基本逻辑门电路设计会非常简单(图 5-12)。对于含多个芯片的译码器,用基本逻辑门电路设计就非常困难,此时需要借助专用译码器,如 1.4.3 节介绍的 74LS137 译码器[①]。

若将图 5-12 中的译码器修改为图 5-13 所示的译码器,则 6264 的地址范围就变成 C0000H~C1FFFH。由此可以看出,使用不同的译码器,可将存储器芯片映射到内存空间中的任意一个范围。

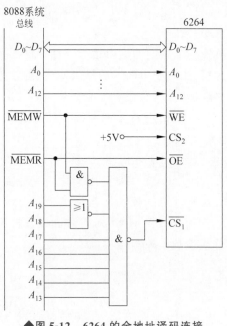

◆图 5-12 6264 的全地址译码连接

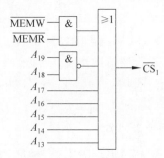

◆图 5-13 另一种译码器

2)部分地址译码方式

顾名思义,部分地址译码就是仅把地址总线的一部分地址信号线与存储器连接,通常是用高位地址信号的一部分(而不是全部)作为片选译码信号。图 5-14 是 6264 的部分地址译码连接示例。在图 5-14 中,A_{18} 和 A_{16} 并未参加译码,即 A_{18} 和 A_{16} 无论是什么值都不影响译码器的输出。这样,当 A_{18} 和 A_{16} 分别为 00、01、10、11 这 4 种组合时,都指向该 6264 芯片,

---

① 专用译码器类型有多种,74LS138 只是其中的一种,还有其他 74 系列芯片、PAL、GAL 等。对此可参阅相关资料。

从而使其占据了 4 个 8KB 的地址空间(1 个 6264 芯片只有 8KB 的存储容量)。从图 5-14 中可以看出,该 6264 芯片被映射到以下 4 个内存地址范围:

```
AE000H~AFFFFH
BE000H~BFFFFH
EE000H~EFFFFH
FE000H~FFFFFH
```

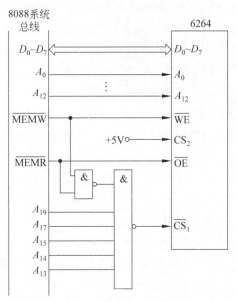

◆图 5-14　6264 的部分地址译码连接

这种只用部分地址信号线参加译码从而产生地址重复区的译码方式就是部分地址译码。按这种地址译码方式,芯片占用的这 4 个 8KB 的区域不能再分配给其他芯片,否则会造成总线竞争,使微机无法正常工作。在对这个 6264 芯片进行存取时,可以使用以上 4 个地址范围的任意一个。

部分地址译码使地址出现重叠区,而重叠的部分必须空着,即不准使用,这就破坏了地址空间的连续性,也在实际上减小了总的可用存储地址空间。部分地址译码方式的优点是其译码器的构成比较简单,成本较低。图 5-14 中少用了两条译码输入线,但牺牲了内存地址资源。

可以想象,参加译码的高位地址越少,译码器就越简单,而同时存储芯片构成的存储器占用的内存地址空间就越多。若只用 1 位高位地址做片选信号,例如在图 5-14 中,若只将 A_{19} 接在 $\overline{CS_1}$ 上,则这片 6264 芯片将占据 00000H～7FFFFH 共 512KB 的地址空间。这种只用 1 位高位地址进行片选的连接方法称为线性选择,这种地址译码方法一般仅用于系统中只使用一两个存储芯片的情况。

在实际应用中,采用全地址译码还是部分地址译码,应根据具体情况而定。如果地址资源很充裕,为使电路简单,可考虑采用部分地址译码方式;如果要充分利用地址空间,则应采用全地址译码方式。

> 　　8088 处理器具有 8 位数据总线,它们是与现在普通 8 位存储器相连的理想的处理器。虽然 8088 这个型号的芯片现在已难得见到了,但以它为例给出的与 8 位存储器接口的设计思想,依然可以完全用于嵌入式应用中的 8 位存储器接口设计。同时,对 32 位或 64 位处理器的存储器接口,也完全可以借鉴本书介绍的设计思想。

◇5.2.4　RAM 接口设计

地址译码电路设计方法多种多样,总体原则是:对系统中只含一两个存储器芯片的地址译码,可以采用基本逻辑门电路设计;对多个存储器芯片的地址译码电路,最好选用专门译码器进行设计。

1. SRAM 与系统的连接示例

以上讲述了当利用 RAM 芯片构成内存时经常采用的两种地址译码方式。在微机系统中,因内存资源的重要性,故对内存地址的译码通常都采用全地址译码。实现全地址译码可以使用各种基本逻辑门电路,也可以用专用译码器芯片,如 74LS138 译码器等。下面通过两个例子说明如何使用 SRAM 芯片构成需要的存储器。

【例 5-1】 SRAM 存储器芯片 Intel 6116(以下简称 6116)的外部引脚如图 5-15 所示。其中,$R/\overline{W}$ 为读写控制信号,当 $R/\overline{W}=0$ 时写入,当 $R/\overline{W}=1$ 时读出;$\overline{OE}$ 为输出允许信号,$\overline{CS}$ 是片选信号。试用 6116 芯片构成地址范围为 78000H~78FFFH 的一个 4KB 的存储器。

题目解析:由图 5-15 可以看出,6116 芯片具有 11 根地址线($A_0 \sim A_{10}$)和 8 根数据线($D_0 \sim D_7$),说明 6116 芯片容量为 2K×8b,即 2KB。要构成一个 4KB 的存储器,需要两个 6116 芯片。由题目所给的地址范围可知,其容量正好为 4KB,表明两个存储器芯片都具有唯一的地址范围,必须采用全地址译码方式。

解:选用 74LS138 作为地址译码器。6116 与 8088 系统总线的连接如图 5-16 所示。在图 5-16 中,用 74LS138 和部分基本逻辑门电路一起构成地址译码电路。将 $\overline{MEMR}$、$\overline{MEMW}$ 信号组合后接到 74LS138 译码器的使能端,保证了仅在对存储器进行读写操作时 74LS138 译码器才能工作。

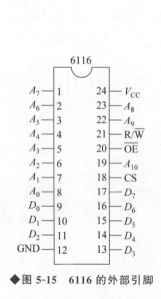

◆图 5-15 6116 的外部引脚

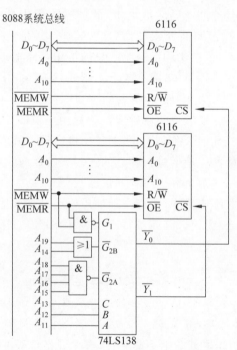

◆图 5-16 6116 与 8088 系统总线的连接

2. DRAM 在系统中的连接

微机系统中的内存大多以 DRAM 芯片构成。由于 DRAM 在使用中既要能够正确读写,又要能够在规定的时间里刷新,因此,微机中对 DRAM 的连接和控制电路要比 SRAM 复杂得多。这里仅通过一个简化电路说明 DRAM 的使用。

图 5-17 是 PC/XT 微机的 DRAM 简化电路,由 8 片 2164A 构成一个 64KB 的存储器(加奇偶校验位则为 9 片)。74LS158 是二选一的数据选择器,74LS245 为驱动器。当处理

器读写存储器的某个单元时,首先由行列锁存信号电路送出行地址锁存信号$\overline{RAS}$,同时 ADDSEL=0,使 74LS158 的 A 端口导通,处理器将 8 位行地址信号从地址总线的低 8 位 ($A_0 \sim A_7$)通过 74LS158 的 A 端口加到存储器芯片上,并在$\overline{RAS}$的作用下锁存于存储器芯片内部的行地址信号锁存器。60ns 后,ADDSEL=1,使 74LS158 的 B 端口导通,处理器将 8 位列地址信号从地址总线的 $A_8 \sim A_{15}$ 通过 74LS158 的 B 端口加到存储器芯片上,延迟 40ns 后由$\overline{CAS}$将其锁存于存储器芯片内部的列地址信号锁存器。最后,在存储器读/写信号$\overline{MEMR}/\overline{MEMW}$的控制下,实现数据的读或写。

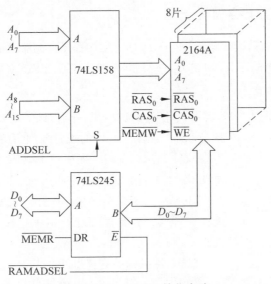

◆ 图 5-17 DRAM 简化电路

PC/XT 微机中 DRAM 的刷新过程利用 DMA 实现①。首先由可编程定时器 8253 每隔 15.12μs 产生一次 DMA 请求,然后由 DMA 控制器 8237 在其$\overline{DAK0}$端产生一个低电平,使列地址锁存信号$\overline{CAS}$为高电平,而行地址锁存信号$\overline{RAS}$为低电平。最后,通过 DMA 控制器送出刷新的行地址,实现一次刷新。

> 图 5-17 中的 8 片 2164A 构成了一个存储体。由图 5-17 可以发现,仅用一个存储单元字长不足 8 位的存储器芯片无法构成一个可用的内存。

5.3 ROM 设计

ROM 掉电后信息不丢失,然而其写操作速度较慢,因此在微机系统中主要用于存放监控程序、BIOS 程序等固定的程序②。另外,ROM 还大量应用于嵌入式系统中,用于存储改动较少的控制程序。

---

① DMA 是 Direct Memory Access(直接存储器访问)的缩写,将在第 6 章简要介绍。
② 目前部分微机系统中的固态存储器(外存)和部分移动存储器(U 盘)也属于半导体存储器。

可读写的 ROM 型芯片（EPROM、EEPROM、Flash）虽然都可以读出和写入，但无法像 RAM 芯片那样随机读写。对所有可读写的 ROM 芯片，如果要进行读操作，只需执行一条存储器读指令，就可将存储的数据读出；但如果要进行写操作，则都需要在一定条件下才能进行。

本节以一些具体型号的可读写 ROM 芯片为例，在介绍芯片的外部特性和工作原理基础上，通过一些具体示例，说明可读写 ROM 芯片的应用。从理解半导体存储器基本原理和应用的角度，本节主要选择 3 种 8 位 ROM 芯片，介绍 EPROM、EEPROM 和 Flash 芯片的原理及其应用方法。

◇5.3.1　EPROM 接口设计

ROM 01

作为可擦除可编程的只读存储器，EPROM 通常用作程序存储器。下面通过 Intel 2764（以下简称 2746）这一具体型号的 EPROM 芯片，介绍 8088 微处理器与 EPROM 的接口设计方法。

1. 引线及功能

2764 的外部引脚如图 5-18 所示。由图 5-18 可以看出，该芯片的容量为 $8K \times 8b$，其引脚与 6264 兼容。这样的设计给使用者带来了很大方便。因为在软件调试过程中，程序经常需要修改，此时可将程序先放在 6264 中，读写、修改都很方便。调试成功后，将程序固化在 2764 中，由于它与 6264 的引脚兼容，所以可以把 2764 直接插在原 6264 的插座上。这样，程序就不会由于断电而丢失。

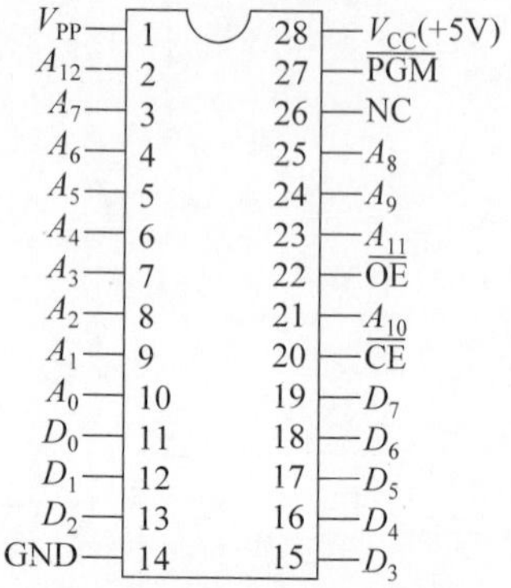

2764 各引脚的含义如下：

（1）$A_0 \sim A_{12}$ 为 13 根地址信号线。用于寻址片内的 8K 个存储单元。

◆图 5-18　2764 的外部引脚

（2）$D_0 \sim D_7$ 为 8 根双向数据信号线。正常工作时为数据输出线，编程时为数据输入线。

（3）$\overline{CE}$ 为片选信号，低电平有效。当 $\overline{CE}=0$ 时表示选中此芯片。

（4）$\overline{OE}$ 为输出允许信号，低电平有效。当 $\overline{OE}=0$ 时，芯片中的数据可由 $D_0 \sim D_7$ 输出。

（5）$\overline{PGM}$ 为编程脉冲输入端。对 EPROM 进行编程时，在该端加上编程脉冲。读操作时 $\overline{PGM}=1$。

（6）V_{PP} 为编程电压输入端。编程时应在该端加上编程高电压，不同的芯片对 V_{PP} 值的要求不一样，可以是 +12.5V、+15V、+21V、+25V 等。

2. 2764 的工作过程

2764 可以工作在数据读出、编程写入和擦除 3 种方式下。

1）数据读出

数据读出是 2764 的基本工作方式，用于读出 2764 中存储的内容。其工作过程与 RAM 芯片类似。即，先把要读出的存储单元地址送到 $A_0 \sim A_{12}$ 地址信号线上，然后使 $\overline{CE}=0$，$\overline{OE}=0$，就可在芯片的 $D_0 \sim D_7$ 上读出需要的数据。2764 读操作时序如图 5-19 所示。

2）编程写入

对 EPROM 芯片的编程可以有两种方式：一种是标准编程，另一种是快速编程。

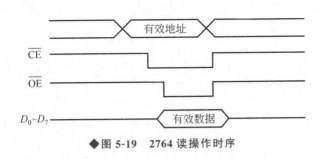

◆图 5-19　2764 读操作时序

标准编程方式是每给出一个编程负脉冲就写入 1 字节数据。写入时，将 V_{CC} 接 +5V，V_{PP} 加上芯片要求的高电压，在地址信号线 $A_0 \sim A_{12}$ 上给出待写入存储单元的地址，然后使 $\overline{CE}=0, \overline{OE}=1$，并在数据信号线上给出要写入的数据。上述信号稳定后，在 $\overline{PGM}$ 端加上 50 ± 5ms 的负脉冲，就可将数据逐一写入对应的存储单元中。

如果其他信号状态不变，只是在每写入一个单元的数据后将 $\overline{OE}$ 变低，则可以立即对刚写入的数据进行校验。当然也可以写完所有单元后再统一进行校验。若检查出写入数据有错，则必须全部擦除，再重新开始上述的编程写入过程。

快速编程与标准编程的工作过程一样，只是编程脉冲要窄得多。例如，27C040 芯片的编程脉冲宽度为 $100\mu s$。其编程过程为：先用 $100\mu s$ 编程脉冲依次写完所有要编程的单元。然后从头开始校验每个写入的字节。若写得不正确，则再重写此单元。写完后再校验，不正确还可再写。若连续 10 次仍不正确，则认为芯片已损坏。最后再从头到尾对每一个编程单元校验一遍，若全对，则编程即告结束。

需要注意的是，不同厂家、不同型号的 EPROM 芯片对编程的要求不一定相同，编程脉冲的宽度也不一样，但编程思想是相同的。

3) 擦除

EPROM 的一个重要优点是可以擦除重写，而且允许擦除的次数超过上万次。一片新的或擦除干净 EPROM 芯片，其每一个存储单元的内容都是 FFH。要对一个使用过的 EPROM 进行编程，则首先应将其放到专门的擦除器上进行擦除操作。擦除器利用紫外线光照射 EPROM 的透明窗口，一般经过 $15\sim20$min 即可擦除干净。擦除完毕后，可读一下 EPROM 的每个存储单元，若其内容均为 FFH，就可以认为擦除干净了。

3. 8088 微处理器与 EPROM 存储器接口

因 2764 与 6264 在引脚上兼容，故在与系统连接时可以按照和 RAM 芯片相同的方法进行电路设计。只是在读方式下，编程脉冲输入端 $\overline{PGM}$ 及编程电压 V_{PP} 端都接在 +5V 电源 V_{CC} 上。图 5-20 是 2764 与 8088 系统总线的连接。由图 5-20 可以看出，2764 芯片的地址范围为 70000H~71FFFH。

作为 8 位存储器 ROM 和 RAM 芯片的典型代表，2764 和 6264 常用于构成单片机系统（如 MCS51 系列）中的存储器。

◇**5.3.2　EEPROM 接口设计**

EEPROM 允许在线编程写入和擦除，相对于 EPROM 在使用上要便捷得多。这里同样以一个具体型号的 EEPROM 芯片——NMC98C64A 为例，介绍 EEPROM 的工作过程

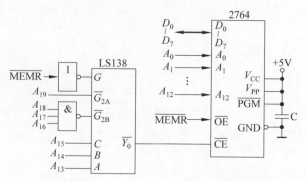

◆图 5-20　2764 与 8088 系统总线的连接

和应用。

1. NMC98C64A 的引线

NMC98C64A 为 8K×8b 的 EEPROM,其引脚如图 5-21 所示。各引脚的含义如下:

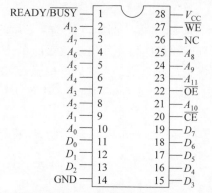

◆图 5-21　NMC98C64A 的引脚

（1）$A_0 \sim A_{12}$ 为 13 条地址信号线,用于选择片内的 8K 个存储单元。

（2）$D_0 \sim D_7$ 为 8 条数据信号线。

（3）$\overline{CE}$ 为片选信号,低电平有效。当 $\overline{CE}=0$ 时选中该芯片。

（4）$\overline{OE}$ 为输出允许信号。当 $\overline{CE}=0$、$\overline{OE}=0$、$\overline{WE}=1$ 时,可将选中的存储单元的数据读出,这一点与 6264 很相似。

（5）$\overline{WE}$ 为写允许信号。当 $\overline{CE}=0$、$\overline{OE}=1$、$\overline{WE}=0$ 时,可以将数据写入指定的存储单元。

（6）READY/BUSY 为状态输出端,该引脚的状态反映 NMC98C64A 目前是否可以编程写入。当 NMC98C64A 正在执行写操作时,该引脚为低电平,表示当前正在写入数据,不能接收处理器送来的下一个数据。当写操作结束后,该引脚变为高电平(参见图 5-22),表示可以继续接收下一个写入的数据。

2. NMC98C64A 的工作过程

NMC98C64A 的工作过程同样包括数据读出、编程写入和擦除 3 种操作。

1) 数据读出

从 EEPROM 读出数据的过程与从 EPROM 及 RAM 中读出数据的过程一样。当 $\overline{CE}=0$、$\overline{OE}=0$、$\overline{WE}=1$ 时,只要满足芯片要求的读出时序关系,则可从选中的存储单元中将数据读出。

2) 编程写入

NMC98C64A 的编程写入时序如图 5-22 所示。由图 5-22 可以看出,每写完一字节之后并不能立刻写下一字节,而是要等到 READY/BUSY 端的状态由低电平变为高电平,才能开始下一字节的写入。这是 EEPROM 芯片与 RAM 芯片在数据写入上的一个很重要的区别。

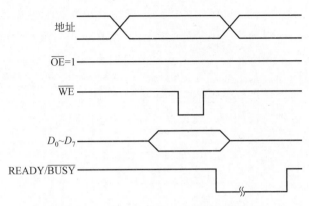

◆ 图 5-22　NMC98C64A 的编程写入时序

NMC98C64A 有字节写入和自动页写入两种编程写入方式。顾名思义,字节写入是每当 READY/$\overline{\text{BUSY}}$端有效时写入一字节,自动页写入则是一次写完一页(1~32 字节)。

不同的芯片写操作所需时间略有不同。对 NMC98C64A,若采用字节写入方式,写满该芯片大约需要 41s;若采用自动页写入方式,写满该芯片只需 2.6s。

3) 擦除

擦除和写入是同一种操作,只不过擦除总是向单元中写入 FFH 而已。EEPROM 的特点是一次既可以擦除一字节,也可以擦除整个芯片的内容。如果需要擦除一字节,其过程与写入一字节的过程完全相同,写入数据 FFH,就等于擦除了这个单元的内容。若希望一次将芯片所有单元的内容擦除干净,可利用 EEPROM 的片擦除功能,即在 $D_0 \sim D_7$ 上加上 FFH,使 $\overline{\text{CE}}=0,\overline{\text{WE}}=0$,并在 $\overline{\text{OE}}$ 引脚加+15V 电压,使这种状态保持 10ms,就可将芯片所有单元擦除干净。

NMC98C64A 有写保护电路,加电和断电不会影响芯片的内容。写入的内容一般可保存 10 年以上。每一个存储单元允许擦除/编程上万次。

3. 8088 微处理器与 EEPORM 存储器接口

以下通过 NMC98C64A 与 8088 系统总线的连接示例,介绍 8088 处理器与 EEPROM 存储器的接口设计方法。这里需要注意的是:处理器获取 NMC98C64A 的 READY/$\overline{\text{BUSY}}$端的状态需要通过输入输出接口。

【例 5-2】 将一片 NMC98C64A 连接到系统总线上,使其地址范围为 3E000H~3FFFFH,并编程将芯片的所有存储单元写入 FFH。由于 READY/$\overline{\text{BUSY}}$端的状态需要通过 I/O 接口才能输入到处理器,这里假设连接 READY/$\overline{\text{BUSY}}$端的 I/O 接口地址为 3E0H。

题目解析:根据 NMC98C64A 芯片的特性,在对其进行写操作时,需首先判断 READY/$\overline{\text{BUSY}}$端的状态。该端状态需要通过 I/O 接口连接到系统的数据总线,当该端为高电平时,可写入一次数据;当该端为低电平时,则需等待。系统可以通过以下 3 种方式确定是否可对芯片进行写操作:

(1) 通过延时等待方式写入数据。可根据芯片工作时序给出的参数,确定完成一次写操作需要的时间。

(2) 通过查询 READY/$\overline{\text{BUSY}}$端的状态,判断一个写周期是否结束。

(3) 采用中断方式。可将 READY/$\overline{\text{BUSY}}$ 信号通过中断控制器连接到处理器的外部可屏蔽中断请求输入端,当 READY/$\overline{\text{BUSY}}$ 端由低电平(表示忙状态)变为高电平时,产生有效的 INTR 中断请求,处理器响应中断后,对芯片进行一次写操作。

解:以下给出前两种方式下对芯片进行写操作的程序。

NMC98C64A 与 8088 系统总线的连接如图 5-23 所示。READY/$\overline{\text{BUSY}}$ 端的状态通过 I/O 接口送入处理器数据总线的 D_0,处理器读入该状态以判断一个写周期是否结束。

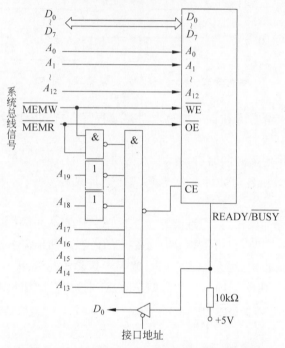

◆图 5-23　NMC98C64A 与 8088 系统总线的连接

程序 1:用延时等待方式。

```
START: MOV AX,3E00H
       MOV DS,AX                ;将段地址送入 DS
       MOV SI,0000H             ;将第一个单元的偏移地址送入 SI
       MOV CX,2000H             ;将芯片的存储单元个数送入 CX
AGAIN: MOV AL,0FFH
       MOV [SI],AL              ;写入一字节
       CALL TDELAY              ;调用延时子程序 TDELAY,延时时长根据具体情况设定
       INC SI                   ;下一个存储单元地址
       LOOP AGAIN               ;若未写完则再写下一字节
       HLT
```

程序 2:用查询 READY/$\overline{\text{BUSY}}$ 端状态的方式。

```
START: MOV AX,3E00H
       MOV DS,AX                ;将段地址送入 DS
       MOV SI,0000H             ;将第一个单元的偏移地址送入 SI
```

```
        MOV CX,2000H            ;将芯片的存储单元个数送入 CX
        MOV BL,0FFH             ;将要写入的数据送入 BL
AGAIN:  MOV DX,3E0H             ;将 READY/BUSY状态接口地址送入 DX
WAIT:   IN  AL,DX               ;从接口读入 READY/BUSY端的状态
        TEST AL,01H             ;判断是否可以写入
        JZ  WAIT                ;若为低电平(表示忙),则等待
        MOV [SI],BL             ;否则,写入一字节
        INC SI                  ;下一个存储单元地址
        LOOP AGAIN              ;若未写完,则再写下一字节
        HLT
```

◇5.3.3　Flash 接口设计

闪速存储器(Flash)是微机系统中目前应用最广泛的只读存储器,也是发展最快的 ROM 型芯片。

1. Flash 的工作过程

与普通 EEPROM 芯片一样,Flash 也有读出、编程写入和擦除 3 种工作方式。不同的是它通过向内部的状态寄存器写入命令的方法控制芯片的工作方式,并根据状态寄存器的状态决定相应的操作。例如,Intel 28F040 闪速存储器(以下简称 28F040)的状态寄存器是 8 位,其各位的含义如表 5-2 所示。可以看出,当状态寄存器的 D7＝1 时,可以进行写入操作;而当 D7＝0 时则表示处于忙状态,不能写入命令。

表 5-2　28F040 的状态寄存器各位的含义

位	高电平(1)	低电平(0)	功　　能
SR7(D7)	准备好	忙	写命令
SR6(D6)	擦除挂起	正在擦除/已完成	擦除挂起
SR5(D5)	块或片擦除错误	块或片擦除成功	擦除
SR4(D4)	字节编程错误	字节编程成功	编程状态
SR3(D3)	V_{PP}太低,操作失败	V_{PP}合适	监测 V_{PP}
SR2～SR0			保留未用

因此,对 Flash 的读操作除了读出存储单元的内容外,还包括读状态寄存器的内容和芯片内部的器件标记等。

1) 编程写入

Flash 内部按块(block)组织,不同型号的 Flash 芯片的块容量不完全相同(例如 28F040 的块容量为 32KB)。Flash 的编程方式包括对芯片单元的写入和对其内部每个块的软件保护。软件保护是用命令将芯片的某一块或某些块规定为写保护状态,也可置整个芯片为写保护状态,这样可以使被保护的块或整个芯片不被写入新的内容或擦除。

表 5-3 给出了 28F040 的写命令及其总线周期。若写入命令 00H(或 FFH),芯片就处于读存储单元状态,此时和读 SRAM 或 EPROM 芯片一样,很容易读出指定存储单元中的

数据;若写入命令 0FH,再送上要保护的块地址,就可将指定的块设为写保护状态;而若写入命令 FFH,会将整个芯片设为写保护状态。

表 5-3 28F040 的写命令及其总线周期

命 令	总线周期	第一个总线周期			第二个总线周期		
		操作	地址	数据	操作	地址	数据
读存储单元	1	写	×	00H			
读存储单元	1	写	×	FFH			
读标记	3	写	×	90H	读	IA	
读状态寄存器	2	写	×	70H	读	×	SRD
清除状态寄存器	1	写	×	50H			
自动块擦除	2	写	×	20H	写	BA	D0H
擦除挂起	1	写	×	B0H			
擦除恢复	1	写	×	D0H			
自动字节编程	2	写	×	10H	写	PA	PD
自动片擦除	2	写	×	30H	写		30H
软件保护	2	写		0FH	写	BA	PC

注:
(1) 若是读厂家标记,IA=00000H;若是读器件标记,则 IA=00001H。
(2) BA 为要擦除的块地址。
(3) PA 为要编程写入的存储单元地址。
(4) SRD 是由状态寄存器读出的数据。
(5) PD 为要写入 PA 单元的数据。
(6) PC 为写保护命令。PC=00H,清除所有写保护状态;PC=FFH,置整个芯片为写保护状态;PC=F0H,清除指定地址的块的写保护状态;PC=0FH,置指定地址的块的写保护状态。

2) 擦除

擦除操作有字节擦除、块擦除和整片擦除 3 种擦除方式,并可在擦除过程中使擦除挂起和恢复擦除操作。

字节擦除是在字节编程过程中写入数据的同时擦除存储单元的原有内容。整片擦除是擦除芯片上所有单元的内容,擦除干净的标志是擦除后各单元的内容均为 FFH,但受保护的内容不会被擦除。

由于 Flash 是按块组织的,因此允许按块擦除,即根据给出的块地址擦除某一块或某些块。擦除是 ROM 型芯片在编程写入前必须完成的环节,可多次重复擦除。目前的嵌入式 Flash 芯片通常可重复擦写 10 万次以上。

擦除挂起是指在擦除过程中需要读数据时,可以利用命令暂停擦除,读完后又可用命令恢复擦除。

需要注意的是,Flash 和 SRAM 之间的主要区别是 Flash 需要 12V 编程电压以擦除数据和写入新的数据。12V 电压可以通过电源得到,或通过用于 Flash 的 5~12V 转换器得到。最新的 Flash 可以在 5V 甚至 3.3V 电压下擦除数据,而不需要对电压进行转换。

2. Flash 与系统的连接示例

图 5-24 描述了与 8088 微处理器接口的 Intel 28F400 闪速存储器(以下简称 28F400)[①]。28F400 可用作 512K×8b 存储器,也可用作 256K×16b 存储器。由于这里是与 8088 接口,故采用 512K×8b 配置。

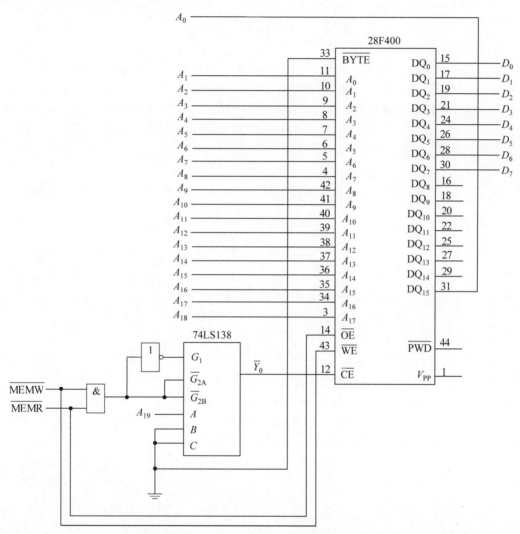

◆图 5-24 与 8088 微处理器接口的 28F400

28F400 芯片有 18 位地址信号线 $A_0 \sim A_{17}$ 和 16 位数据线 $DQ_0 \sim DQ_{15}$。其片选($\overline{CE}$)、读允许($\overline{OE}$)和写允许($\overline{WE}$)等控制线与 SRAM 一样。引脚 V_{PP} 是编程电压端,它与 12V 相连,用于擦除和编程;$\overline{BYTE}$ 用于选择字节(为 0 时)或字(为 1 时)操作。当工作于字节模

---

① 图 5-24 中省略了 28F400 的部分引脚。

式时,引脚 DQ_{15} 的功能是作为最低有效地址输入位;$\overline{PWD}$ 是断点模式信号,当该端为逻辑 0 时芯片处于低功耗模式,这一点对基于电池供电的设备尤为重要。

虽然 Flash 芯片可以很方便地实现读和写操作,但其写操作需要满足一定的条件,且必须先进行擦除。SRAM 可以在 10ns 的时间内完成一次写操作,但 Flash 需要大约 0.4s 擦除一字节。这使其虽然具有掉电后信息不丢失的巨大优势,但还是无法取代 RAM 用作主内存。

5.4 存储器扩展技术

存储器扩展技术 01

任何存储器芯片的存储容量都是有限的,当 1 个芯片的容量不能满足存储容量要求时,就需要多个存储器芯片进行组合,这种组合就称为存储器扩展。

存储器扩展涉及 3 种情况:第一种情况是已有的存储器芯片的单元数满足要求,但存储器芯片每个单元的字长不足 8 位(如 DRAM 2164A);第二种情况是存储器芯片上每个单元的字长为 8 位,但单元总数不足;第三种情况则是上述两种情况的综合,即每单元字长和单元数均不满足要求。

对应于上述 3 种情况,存储器扩展技术分为存储容量的位扩展、字扩展和字位扩展。

◇5.4.1 位扩展

存储器扩展技术 02

一块实际的存储器芯片,其每个单元的字长往往与实际内存单元字长并不相等。存储器芯片可以是 1 位、4 位或 8 位的,例如,DRAM 芯片 Intel 2164 为 $64K \times 1b$,SRAM 芯片 Intel 2114 为 $1K \times 4b$,Intel 6264 芯片则为 $8K \times 8b$。而计算机中的内存均按字节组织,若要使用 2164、2114 这样的存储器芯片构成内存,单个存储器芯片字长就不能满足要求,这时就需要进行位扩展,以满足字长的要求。

位扩展构成的存储器中,每个单元的内容被存储在不同的存储器芯片上。例如,用两个 $4K \times 4b$ 的存储器芯片经位扩展后构成的 4KB 存储器中,每个单元的 8 位二进制数被分别存储在两个芯片上,即高 4 位存储在一个芯片上,低 4 位存储在另一个芯片上。

可以看出,位扩展并没有增加存储单元数,仅增加了每个单元的字长。因此,位扩展的电路连接方法是:将每个存储器芯片的地址线和控制线(包括片选信号线、读/写信号线等)全部并联在一起,而将它们的数据线分别引出至数据总线的不同位上。其连接方法如图 5-25 所示。

> 事实上,图 5-17 中 8 片 2164A 构成的存储体就是位扩展的实现示例。位扩展后,存储器每个单元中的 8 位数分别来自不同的芯片。因此,访问任何一个存储单元都需要同时访问存储体内的所有芯片。这意味着一个存储体内的所有芯片必须有相同的地址范围,并能够同时被访问。
>
> 因此,位扩展的主要连线原则是:一个存储体内所有芯片的地址信号、控制信号并联,各芯片的数据信号分别连接到数据总线。
>
> 请对比下文中的字扩展连线原则。

以下给出利用 8 个 2164A 芯片构成一个 64KB 存储体的实现示例,以进一步说明位扩

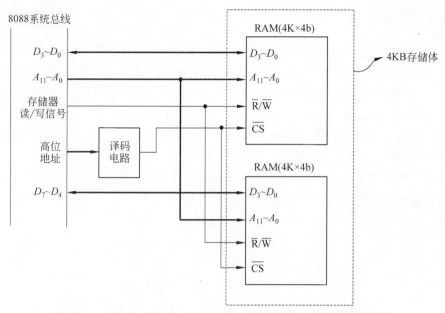

◆图 5-25　用两个 4K×4b 的 SRAM 芯片构成 4KB 存储器的连接方法

展的实现方法。

【例 5-3】　用 2164A 芯片构成容量为 64KB 的存储器。

题目解析：因为 2164A 是 64K×1b 的芯片，其存储单元数已满足要求，只是字长不够，所以需要 8 片 2164A 通过位扩展构成一个存储体。扩展后的存储器每个单元中的 8 位数分别来自 8 个芯片，访问任何一个存储单元都需要同时访问 8 个芯片。

解：连接方法如图 5-26 所示。在图 5-26 中，8 个 2164A 芯片的数据信号线分别连接到数据总线的 $D_0 \sim D_7$，地址信号线和控制信号线等均按照信号名称并联。

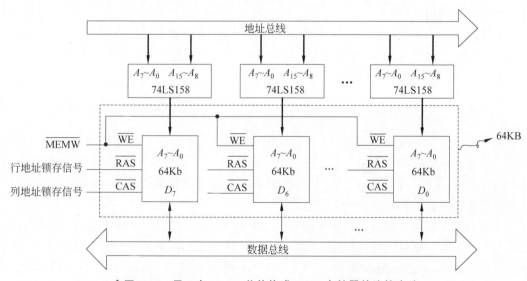

◆图 5-26　用 8 个 2164A 芯片构成 64KB 存储器的连接方法

存储器扩展技术 03

◇5.4.2 字扩展

字扩展是对存储器容量的扩展(或存储空间的扩展)。此时存储器芯片上每个存储单元的字长已满足要求,只是存储单元的个数不够,需要增加的是存储单元的数量,这就是字扩展。因此,字扩展的含义是:用多个字长为 8 位的存储器芯片构成需要的存储空间,每个芯片必须占有不同的地址范围。

例如,用 2K×8b 的存储器芯片组成 4K×8b 的内存。在这里,字长已满足要求,只是容量不够,所以需要进行的是字扩展,显然需要用两个 2K×8b 存储器芯片实现。

为确保实现存储空间的扩展,字扩展的电路连接原则是:将每个芯片的地址信号线、数据信号线和控制信号线按信号名称并联,每个芯片的片选端则分别连接到地址译码器的不同输出端。其连接方法如图 5-27 所示。

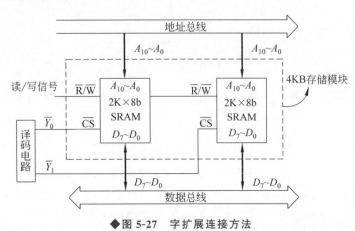

◆图 5-27 字扩展连接方法

【例 5-4】 用两个 64K×8b 的 SRAM 芯片构成容量为 128KB 的存储器,存储器地址范围为 20000H～3FFFFH。

题目解析:利用 64KB 芯片构成容量为 128KB 的存储器需要 128KB/64KB＝2 个芯片。根据字扩展的原则,需要使译码电路不同的输出端分别连接到 2 个芯片的片选端。

解:连接方法如图 5-28 所示。

◇5.4.3 字位扩展

在构成一个实际的存储器时,往往需要同时进行位扩展和字扩展才能满足存储容量的需求。扩展时需要的芯片数量可以这样计算:要构成一个容量为 $M×N$ 位的存储器,若使用 $l×k$ 位的存储器芯片($l<M,k<N$),则构成这个存储器需要 $(M/l)×(N/k)$ 个这样的存储器芯片。

微机中内存的构成就是字位扩展的一个很好的例子。首先,存储器芯片生产厂商制造出一个个单独的存储器芯片,如 64M×1b、128M×1b 等;然后,内存条生产厂商将若干存储器芯片用位扩展的方法组装成内存模块(即内存条),如用 8 片 128M×1b 的芯片组成 128MB 的内存条;最后,用户根据实际需要购买若干内存条,插到主板上,构成自己的内存系统,即字扩展。一般来讲,最终用户做的都是字扩展(即增加存储单元数量)的工作。

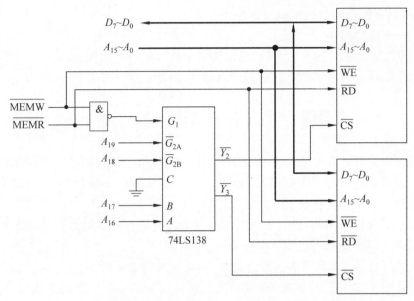

◆ 图 5-28 用两个 64KB 芯片构成 128KB 存储器的连接方法

进行字位扩展时，一般首先进行位扩展，构成字长满足要求的内存模块；然后再用若干这样的模块进行字扩展，使总存储容量满足要求。

【例 5-5】 用 2164A 构成容量为 128KB 的存储器。

题目解析：2164A 是 64K×1b 的芯片。首先要进行位扩展，用 8 个 2164A 组成 64KB 的存储体；然后再进行字扩展，用两个 64KB 存储体构成 128KB 存储器。需要的芯片数为 $(128/64)\times(8/1)=16$。

寻址 64KB 存储体的每个单元需要 16 位地址信号（分为行和列），寻址 128KB 存储器至少需要 17 位地址信号（$2^{17}=128K$）。

所以，构成 128KB 存储器共需 16 个 2164A 芯片；至少需要 17 根地址信号线，其中 16 根用于 2164A 的片内寻址，1 根用于片选地址译码（用于区分存取哪一个 64KB 存储体）。

解：连接方法如图 5-29 所示。

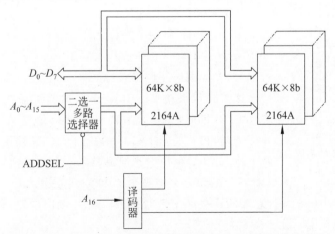

◆ 图 5-29 用 16 个 2164A 芯片构成 128KB 存储器的连接方法

综上所述,存储器容量的扩展可以分为3步:
(1) 选择合适的芯片。
(2) 根据要求对芯片进行位扩展,组成满足字长要求的存储体。
(3) 对存储体进行字扩展,构成符合要求的存储器。

5.5 半导体存储器设计示例

任何存储器芯片的存储容量都是有限的,往往很难用一片存储器芯片构成需要的存储器。表现在芯片的存储单元个数不满足要求或存储单元字长不满足要求,或两者都不满足要求。此时就需要用多个存储器芯片进行组合。

本节通过具体应用实例,进一步说明如何利用已有的存储器芯片设计满足需要的半导体存储器的方法。设计可以按如下步骤进行:

(1) 根据存储器芯片的类型及设计需求,确定需要的芯片数量。
(2) 根据要求,先进行位扩展(如果需要),设计出满足字长要求的存储体;再对存储体进行字扩展,构成符合要求的存储器,并确定相应的连接方法。
(3) 设计译码电路。可根据不同设计需求,利用基本逻辑门或专用译码器完成相应译码电路的设计。
(4) 编写相应的存储器读/写控制程序。

【例 5-6】 利用图 5-30 所示的 SRAM 芯片 8256(容量为 256K×8b)构成地址范围为 0~FFFFFH 的 1MB 存储器。芯片各引脚含义如下:

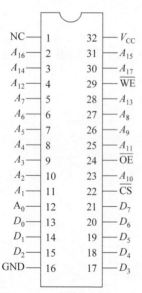

◆图 5-30 8256 的引脚

- $A_0 \sim A_{17}$:地址线。
- $D_0 \sim D_7$:数据线。
- $\overline{WE}$:写允许信号。
- $\overline{OE}$:读出允许信号。
- $\overline{CS}$:片选信号。

题目解析:由图 5-30 可知,8256 芯片的容量为 256KB,要构成 1MB 的存储器,需要 4 个芯片,它们的地址范围分别为

- 00000H~3FFFFH。
- 40000H~7FFFFH。
- 80000H~BFFFFH。
- C0000H~FFFFFH。

这里仍然采用 74LS138 译码器构成译码电路。由于 8256 芯片有 18 根地址线,只有两根高位地址线 A_{19} 和 A_{18} 可以用于片选译码,因此将 74LS138 的输入端 C 直接接低电平,而使另外两个输入端 A 和 B 分别接到 A_{18} 和 A_{19},这两路高位地址信号的 4 种不同的组合分别选中 4 个 8256 芯片之一。

解:存储器与 8088 系统总线的连接如图 5-31 所示。除片选信号外,其他所有的信号线都并联到 8088 系统总线上。

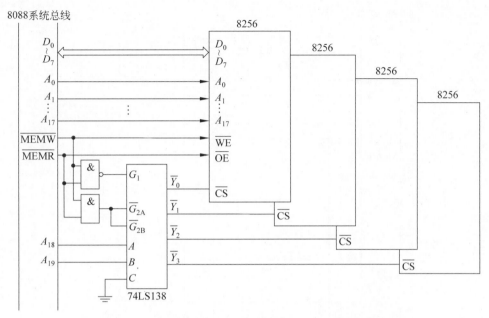

◆图 5-31　4 个 8256 芯片组成的存储器与 8088 系统总线的连接

【例 5-7】　某 8088 系统使用 EPROM 芯片 2764 和 SRAM 芯片 6264 组成 16KB 存储器。其中,EPROM 芯片的地址范围为 FE000H～FFFFFH,SRAM 芯片的地址范围为 F0000H～F1FFFH。要求利用 74LS138 译码器设计译码电路,实现 16KB 存储器与 8088 系统总线的连接。

题目解析：由 5.2.1 节和 5.3.1 节可知,6264 和 2764 芯片的存储容量均为 8KB,片内地址信号线有 13 根,数据线有 8 根。根据题目所给地址范围,得出芯片的高位地址分别为

- ROM：1111111。
- RAM：1111000。

解：存储器与 8088 系统总线的连接如图 5-32 所示。

【例 5-8】　分别利用 SRAM 芯片 6264 和 EEPROM 芯片 98C64A 构造 32KB 的数据存储器及 32KB 的程序存储器,并将程序存储器各单元的初值置为 FFH。要求数据存储器的地址范围为 90000H～97FFFH,程序存储器的地址范围为 98000H～9FFFFH。连接各 EEPROM 芯片 98C64A 的 READ/$\overline{\text{BUSY}}$ 端的接口地址为 380H～383H。

题目解析：由于 6264 和 98C64A 芯片的存储容量均为 8KB,因此,根据题目要求,各需要 4 个芯片。

根据 EEPROM 芯片的特点,可利用其作为程序存储器。根据题目要求,需对程序存储器各单元置初值,其工作流程为：首先,地址总线上产生 20 位有效地址,其中,高 7 位地址信号用于选中对应的存储器芯片(即有效的 $\overline{\text{CE}}$ 信号),使其处于工作状态；其次,产生 16 位地址信号,同时使 IO/$\overline{\text{M}}$=1,且 $\overline{\text{RD}}$=0,读取选中 EEPROM 芯片的 R/$\overline{\text{B}}$ 端状态；若 R/$\overline{\text{B}}$=1,则使 IO/$\overline{\text{M}}$=0,且 $\overline{\text{WR}}$=0,并送上 20 位有效存储器单元地址,进行一次写操作。

设计系统如图 5-33 所示。

将程序存储器各单元初值置为 FFH 的程序段如下：

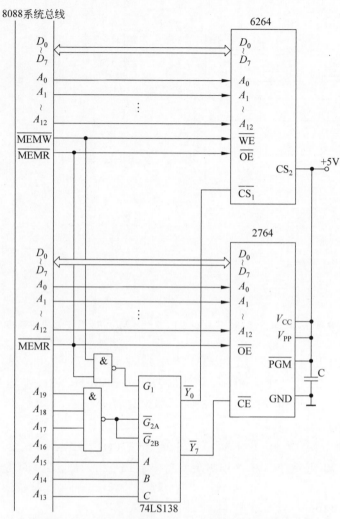

◆图 5-32 16KB 存储器与 8088 系统总线的连接方法

```
        MOV AX,9800H        ;设置段地址
        MOV DS,AX
        XOR BX,BX           ;BX清零
        MOV AH,0FFH
        MOV SI,0
        MOV BL,4
        MOV DX,380H         ;设置第一个芯片的接口地址
NEXT:   MOV CX,8192
GOON:   IN AL,DX
        MOV BH,1
        TEST AL,BH
        JZ GOON
        MOV [SI],AH
        INC SI
```

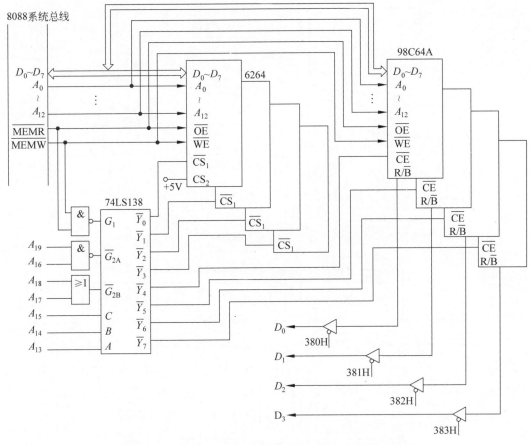

◆ 图 5-33 两个 32KB 存储器与 8088 系统总线的连接方法

```
       LOOP GOON
       INC DX
       SHL BH,1
       DEC BL
       JNZ NEXT
       HLT
```

【例 5-9】 某嵌入式系统需要扩展 256KB 数据存储器,要求扩展的存储器地址范围为 C0000H～FFFFFH。现有图 5-34 给出的两种类型芯片,分别为 SRAM 芯片 62256 和 EPROM 芯片 27256。选择其中一种芯片,并设计相应的存储器接口。

题目解析:由于可能存在的频繁修改,数据存储器通常选择 RAM 型芯片,故在图 5-34 给出的两种芯片中,应选择 SRAM 芯片 62256 构成数据存储器。由该芯片的引脚可知,该芯片有 15 根地址信号线和 8 根数据信号线,故该芯片容量为 32KB。要构成 256KB 的数据存储器,需要使用 8 个 62256 芯片。由给定地址范围可知,系统地址总线宽度为 20 位。由此可得高位地址是 $A_{19} \sim A_{15}$。

解:系统设计如图 5-35 所示。因芯片较多,在图 5-35 中略去了部分引脚,仅给出了原理示意。

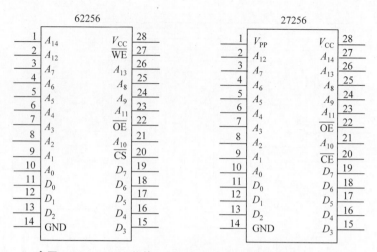

◆ 图 5-34 SRAM 芯片 62256 和 EPROM 芯片 27256 的引脚

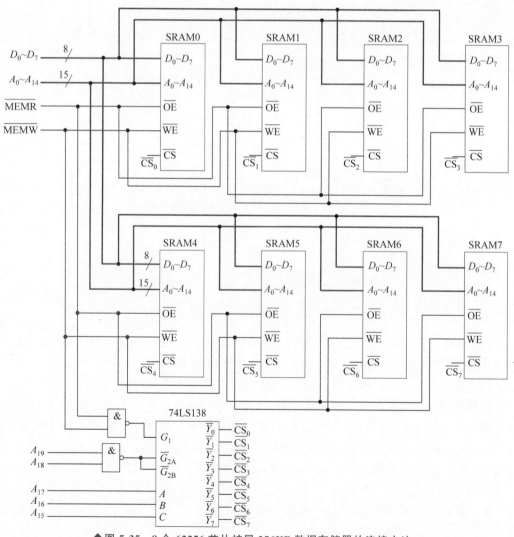

◆ 图 5-35 8 个 62256 芯片扩展 256KB 数据存储器的连接方法

由以上示例可以看出，半导体存储器的设计主要是译码电路的设计。在利用已有存储器芯片构成存储器时，可以采用多种连接方式。首先通过查阅相关技术手册，了解已有存储器芯片的外部引脚含义。在此基础上，根据处理器总线能提供的信号，选择适当的器件构造译码器，就可以设计出任何满足需要的存储器空间。

5.6 计算机中的内存管理

微型机中的
存储器系统

在基于 ARM 核的嵌入式应用系统中，可能会包含多种类型的存储器芯片，如 SRAM、SDRAM、Flash、ROM 等。这些不同类型的存储器芯片要求不同的工作速度、数据宽度等，由此，需要设置专门的存储管理部件（Memory Management Unit，MMU）对这些不同类型、不同工作速度、不同数据宽度的存储器进行管理，并通过为片外存储器访问提供必要的控制信息实现对片外存储部件的管理。

事实上，现代微机系统中也同样包含多种存储器件。与嵌入式系统不同的是，微机系统中既有各种半导体存储器件，也有由磁性材料或复合材料制作的外存储设备。这些存储器件的工作速度、存储容量、单位容量价格、工作方式以及制造材料等各方面都不尽相同。为了提升整个系统的性能，微机系统中的存储器也同样按存储系统进行管理，只是在管理方法上与嵌入式系统不同。

存储系统的概念是：将两个或两个以上在速度、容量、价格等各方面都不相同的存储器用软件、硬件或软硬件相结合的方法连接成一个系统，并使这个系统的速度接近最快的那个存储器，容量接近最大的那个存储器，而单位容量的价格接近最便宜的那个存储器。存储系统的性能，特别是它的存取速度和存储容量，关系着整个计算机系统的优劣。

现代微机系统中通常有两种存储系统，一种称为高速缓冲存储系统，另一种称为虚拟存储系统。虚拟存储系统是由内存和联机外存构成的，由操作系统和硬件统一管理[①]。虚拟存储系统的主要设计目标是扩充存储容量，使程序员在编程时不必考虑内存空间的限制。

微机系统中的内存主要包括由 SRAM 器件构成的高速缓冲存储器（以下简称 Cache）和 DRAM 类（SDRAM 或 DDR SDRAM）器件构成的主内存，高速缓冲存储系统就是由 Cache 和主内存构成并由存储管理部件统一管理的，其主要设计目标是提升内存的存取速度。

本节首先介绍 Cache 的概念、Cache 的读写操作，然后简要介绍 Cache 系统的结构及基本原理。

◇5.6.1 Cache 的工作原理

高速缓冲存储器

一个微机系统整体性能的高低与许多因素有关，如处理器主频的高低、内存的存取速度、系统架构、指令结构、信息在各部件之间的传送速度等。而内存的存取速度则是一个很重要的因素。如果只是处理器工作速度很高，但内存存取速度较低，就会造成处理器经常处于等待状态，既降低了处理速度，又浪费了处理器的能力。例如，主频为 733MHz 的 Pentium Ⅲ 一次指令执行时间为 1.35ns，与其相配的内存（SDRAM）存取时间为 7ns，是前

---

① 具体原理可参阅有关操作系统的书籍。

者的 5 倍多，两者速度相差很大。

减小处理器与内存之间速度差异的办法主要有 3 种：一是在基本总线周期中插入若干等待周期，让处理器等待内存的数据，这样做虽然方法简单，但显然会浪费处理器的能力；二是采用存取速度较快的 SRAM 作为内存，这样虽可基本解决处理器与内存之间速度不匹配的问题，但成本很高，而且 SRAM 的速度始终不能赶上处理器速度的发展；三是在慢速的 DRAM 和快速的处理器之间插入速度较快、容量较小的 SRAM，起到缓冲作用，从而使处理器既可以较快速度存取 SRAM 中的数据，又不使系统成本上升过高，这就是 Cache 技术。

Cache 是在逻辑上位于处理器与主内存之间的部件，是内存的一部分。图 5-36 给出了 Cache 在微机系统中的位置。

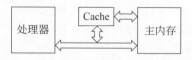

◆图 5-36　Cache 在微机系统中的位置

Cache 的工作基于程序和数据访问的局部性，这是 Cache 能够存在的前提。任何程序或数据要为处理器所使用，必须先放到内存中。处理器只与内存交换数据，所以内存的速度在很大程度上决定了系统的运行速度。对大量典型程序运行情况的分析结果表明，程序运行期间，在一个较短的时间间隔内，由程序产生的内存访问地址往往集中在内存的一个范围很小的地址空间内。这一点其实很容易理解：指令地址本来就是连续分布的，再加上循环程序段和子程序段要多次重复执行。因此，对这些地址中的内容的访问就自然具有时间上相对集中的倾向。数据的这种集中倾向不如指令明显，但对数据的存储和访问以及内存变量的安排都使内存地址相对集中。这种在单位时间内对局部范围的内存地址频繁访问，而对此范围以外的内存地址则访问甚少的现象，被称为程序访问的局部性（locality of reference）。

由此可以想到，如果把在一段时间内一定地址范围中被频繁访问的信息集合成批地从主内存读到一个能高速存取的小容量存储器中存放起来，供程序在这段时间内随时使用，从而减少甚至不再访问速度较慢的主内存，就可以加快程序的运行速度。这就是 Cache 的设计思想。不难看出，程序和数据访问的局部性是 Cache 得以实现的基础。

◇**5.6.2　Cache 的读写操作**

Cache 是内存的一部分。因此对 Cache 的操作也包括读和写两种。

1. Cache 读操作

Cache 的读操作有两种，分别为贯穿读和旁路读。它们各有优势，也各有不足。不同的系统会根据实现的设计定位采用不同的读操作方式。

1）贯穿读

贯穿（look through）读方式的原理如图 5-37 所示。

◆图 5-37　贯穿读方式的原理

在这种方式下,Cache 隔在处理器与主内存之间,处理器对主内存的所有数据请求都首先送到 Cache,由 Cache 在自身查找。如果命中,则切断处理器对主内存的请求,并将数据送出;如果不命中,则将数据请求传给主内存。这种方式的优点是降低了处理器对主内存的请求次数,缺点是延迟了处理器对主内存的访问时间。

2) 旁路读

旁路(look aside)读方式的原理如图 5-38 所示。

在这种方式中,处理器发出数据请求时,并不是单通道地穿过 Cache,而是向 Cache 和主内存同时发出请求。由于 Cache 速度更快,如果命中,则 Cache 在将数据回送给处理器的同时,还来得及中断处理器对主内存的请求;如果不命中,则 Cache 不做任何操作,由处理器直接访问主内存。这种方式的优点是没有时间延迟;缺点是每次处理器都要访问主内存,占用了部分总线时间。

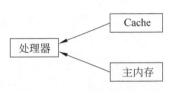

◆图 5-38 旁路读方式的原理

2. Cache 写操作

Cache 的写操作也有两种,分别是写直达和写更新。这两种方式在操作速度和内容一致性等方面也都有各自的特点。

1) 写直达

写直达(write through)的基本工作原理是:每一次从处理器发出的写信号在送到 Cache 的同时也写入主内存,以保证主内存的数据能同步地更新。它的优点是操作简单,但由于主内存的慢速降低了系统的写速度并占用了部分总线时间。写直达方式的原理如图 5-39 所示。

2) 写更新

写更新(write-update)也称为写回(write back)。为了克服写直达方式中每次数据写入都要访问主内存,从而导致系统写速度降低并占用总线时间的弊病,尽量减少对主内存的访问次数,又有了写更新方式。写更新方式的原理如图 5-40 所示。它的工作原理是这样的:数据一般只写到 Cache,而不写入主内存,从而使写入的速度加快。

◆图 5-39 写直达方式的原理　　◆图 5-40 写更新方式的原理

写直达方式在每次写 Cache 时都同时写主内存;而写更新方式总是先写 Cache,仅当不命中时才会写主内存。这两种方法各有优缺点,具体如下:

(1) 在可靠性方面,写直达方式要优于写更新方式。这是因为写直达方式每次都将数据同时写入主内存和 Cache,能够始终保持 Cache 与主内存对应区域中的数据一致。如果 Cache 发生错误,可以从主内存得到纠正。而写更新方式因为每次都只写 Cache,故在一段时间内,Cache 中的数据与主内存对应区域中的数据不一致。

(2) 由于 Cache 的命中率一般很高,对写更新方式,处理器的绝大多数写操作只需写

Cache,不必写主内存。因此,相对于写直达方式,写更新方式会大幅度减少 Cache 与主内存之间的通信量。

◇5.6.3 Cache 系统的数据一致性与命中率

在 Cache 系统中,特别需要关注的是 Cache 与主内存的数据一致性问题和命中率。

1. Cache 系统的数据一致性问题

对 Cache 系统的管理全部由硬件实现,不论是应用程序员还是系统程序员都看不到系统中 Cache 的存在,从他们的视角看,程序是存放在主内存中的。所以,在 Cache 系统中,存储器的编址方式与主内存是完全一致的。正常情况下,Cache 中存放的内容是主内存的部分副本,即 Cache 中的内容应与主内存对应单元中的内容相同。然而,由于以下两个原因,在一段时间内,主内存某单元的内容和 Cache 对应单元中的内容可能会不相同,即造成了 Cache 中的数据与主内存中的数据不一致。

(1) 在图 5-41(a)中,当处理器向 Cache 中写入一个数据时,Cache 某单元中的数据就从 X 变成了 X',而主内存对应单元中的内容则没有变,还是 X。

(2) 在输入输出操作中,I/O 设备的数据会写入主内存,修改了主内存中的内容,将 X 变成了 X',如图 5-41(b)所示(其中的虚箭线表示有数据流动),但 Cache 对应单元中的内容此时还是 X。

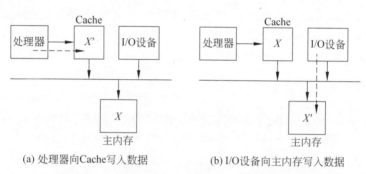

(a) 处理器向Cache写入数据　　(b) I/O设备向主内存写入数据

◆图 5-41　Cache 与主内存数据不一致的两种情况

对前一种情况,如果此时要将主内存中包括 X 在内的数据输出到外设,则输出的是陈旧或错误的数据;对后一种情况,如果处理器读入了 Cache 中的数据 X,同样会造成错误。

为了避免 Cache 与主内存中的数据不一致,必须将 Cache 中的数据及时更新并准确地反映到主内存中。解决这个问题的方法就是在写操作时采用 5.6.2 节讲到的写直达或写更新方式。

由于写直达方式在写 Cache 时也将数据写入主内存,所以主内存中的数据和 Cache 中的数据是一致的。对写更新方式,由于数据只写入 Cache 而不写入主内存,就可能出现 Cache 中的数据得到更新而主内存中对应的数据却没有变(即数据不同步)的情况。因此,在采用写更新方式时,可在 Cache 中设一个标识地址及数据陈旧的信息,当 Cache 中的数据被再次更改时,将原更新的数据写入主内存相应的单元中,然后再接收再次更改的数据,这样就保证了 Cache 和主内存中的数据不会产生不一致。

2. Cache 系统的命中率

基于程序的局部性原理，Cache 系统在工作时总是不断地将与当前指令集合相关联的一个不太大的后继指令集合从主内存读到 Cache 中。处理器在读取指令或数据时，总是先在 Cache 中寻找。若找到，便直接读入处理器，称为命中；若找不到，再到主内存中查找，称为未命中。处理器在访问主内存读取未命中的指令和数据时，将把这些信息同时写入 Cache，以保证 Cache 下次命中。所以，在程序执行过程中，Cache 的内容总是在不断地更新。

由于局部性原理，不能保证处理器请求的数据百分之百地在 Cache 中，这里便存在命中率问题。所谓命中率，就是在处理器访问 Cache 时所需的信息恰好在 Cache 中的概率。命中率越高，正确获取数据的可能性就越大。如果 Cache 的命中率为 92%，可以理解为处理器在访问内存时，有 92% 的时间与 Cache 交换数据，有 8% 的时间与主内存交换数据。

一般来说，Cache 的容量比主内存的容量小得多，但 Cache 的容量不能太小，否则会使命中率太低。但也没有必要过大，否则不仅会增加成本，而且当 Cache 容量超过一定值后，命中率随 Cache 容量增加的趋势将明显减缓。所以，Cache 的容量与主内存容量在一定范围内应保持适当比例，以保证 Cache 有较高的命中率，并且系统成本比较合理。一般情况下，可以使 Cache 与主内存的容量比为 1∶128，即，256KB 的 Cache 映射 32MB 主内存，512KB Cache 映射 64MB 主内存。在这种情况下，命中率都在 90% 以上。即，处理器在运行程序的过程中，有 90% 的指令和数据可以在 Cache 中取得，只有 10% 需要访问主内存。对没有命中的数据，处理器只好直接从主内存中获取，同时也把它复制到 Cache 中，以备下次访问。

Cache 的命中率与 Cache 的容量、替换算法、程序特性等因素有关。若设 Cache 的命中率为 H，存取时间为 T_1，主内存的存取时间为 T_2，则内存系统的平均存取时间 T 可用式(5-1)计算：

$$T = T_1 H + T_2 (1-H) \tag{5-1}$$

【例 5-10】 某微机内存系统由一级 Cache 和 SDRAM 组成。已知 SDRAM 的存取时间为 80ns，Cache 的存取时间为 6ns，Cache 的命中率为 85%，求该内存系统的平均存取时间。

题目解析： 这里，SDRAM 即主内存，因此由式(5-1)可以直接得出该内存系统的平均存取时间。

解： 该内存系统的平均存取时间为

$$6\text{ns} \times 85\% + 80\text{ns} \times 15\% = 5.1\text{ns} + 12\text{ns} = 17.1\text{ns}$$

可以看出，有了 Cache 以后，处理器访问内存的速度得到极大提高。但要注意的是，增加 Cache 只是加快了处理器访问内存的速度，而处理器访问内存仅是计算机全部操作的一部分，所以增加 Cache 对系统整体速度只能提高 10%~20%。

3. 二级 Cache 结构

现代计算机系统中通常采用二级或三级 Cache 结构，以缓冲处理器和主内存之间的速度差异。从 Pentium 微处理器开始，集成在处理器中的一级 Cache(L1 Cache)就分为指令 Cache 和数据 Cache，使指令和数据的访问互不影响。

指令Cache用于存放预取的指令,内部具有写保护功能,能够防止代码被无端破坏。数据Cache中存放指令的操作数。为了保持数据的一致性,数据Cache中的每一个Cache行(进行一次Cache操作的数据位数,对Pentium微处理器,一个Cache行的宽度为32B)都设置了4个状态,由这些状态定义一个Cache行是否有效,在系统的其他Cache中是否可用,是否为已修改状态,等等。

在PentiumⅡ之后的微处理器芯片上配置了二级Cache(L2 Cache),其工作频率与处理器内核的频率相同。因此,微机中的内存系统实际上可以说是由3级存储器构成的,如图5-42所示。其中,一级Cache主要用于提高存取速度,主内存主要用于提供足够的存储容量,而二级Cache则速度和存储容量兼顾。

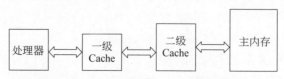

◆图5-42 微机系统中的3级存储器结构

在Pentium系列微处理器中,二级Cache不再分为指令Cache和数据Cache,而是将两者统一为一体。例如,当指令预取部件请求从一级指令Cache中预取指令时,如果命中,则直接读取;如果不命中,一级Cache就会向二级Cache发出预取请求,此时就会在二级Cache中进行查找。如果找到(即命中),就把找到的指令送一级指令Cache(传送速度为每次8B);如果在二级Cache中也不命中,则再向主内存发出预取请求。

因此,二级Cache的存在使得当芯片内一级指令Cache和一级数据Cache出现不命中时可以由二级Cache提供处理器所需的指令和数据,而不必访问主内存,这样就提高了系统的整体性能。

对于一个有多级Cache的微机系统,通常80%的内存请求都可在一级Cache中实现,其余20%的内存请求中的80%又可以只与二级Cache打交道。因此,只有4%的内存请求定向到主内存中。

一级Cache的容量为8~64KB,二级Cache一般比一级Cache大一个数量级以上,其容量一般为128KB~2MB。

随着计算机技术的发展,处理器的主频越来越高,而主内存的结构和存取速度的改进则相对较慢,从而使Cache技术日益变得重要,已成为评价微机系统性能的一个重要指标。

习 题

一、填空题

1. 半导体存储器主要分为(   )和(   )两类。其中,需要后备电源的是(   )。
2. 在半导体存储器中,需要定时刷新的是(   )。
3. 在图5-43中,74LS138译码器的(   )输出端会输出低电平。
4. 根据图5-44中给出的SRAM芯片引脚,可判断出它的容量是(   )。

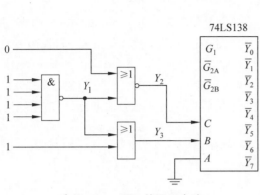
◆图 5-43 题 3 的译码电路

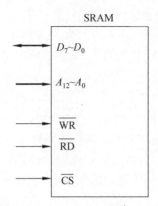
◆图 5-44 RAM 存储器芯片引脚

5. 可用紫外线擦除信息的可编程只读存储器的英文缩写是(　　)。

6. 已知某微机内存系统由一级 Cache 和主内存组成，Cache 的存取速度为 10ns，其命中率为 90%，而主存的存取速度为 100ns，则该微机内存系统的平均存取时间为(　　)ns。

7. 采用容量为 64K×1b 的 DRAM 芯片构成地址为 00000H～7FFFFH 的内存，需要的芯片数为(　　)。

8. 对图 5-45 所示的译码电路，74LS138 译码器的输出端 Y_0、Y_3、Y_5 和 Y_7 所决定的内存地址范围分别是(　　)、(　　)、(　　)、(　　)。

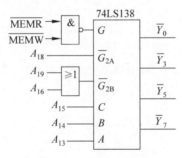
◆图 5-45 题 8 的译码电路

9. 用户自己购买内存条进行内存扩展，是在进行(　　)扩展。

二、简答题

1. RAM 和 ROM 各有何特点？SRAM 和 DRAM 各有何特点？

2. 说明 Flash 芯片的特点。

3. 设某微机内存 RAM 区的容量为 128KB，若用 2164A 芯片构成这样的内存，需多少片 2164A？至少需多少根地址线？其中，多少根用于片内寻址，多少根用于片选译码？

4. 什么是 Cache？它能够极大地提高计算机的处理能力是基于什么原理？

5. 如何解决 Cache 与主内存数据的一致性问题？

6. 什么是存储系统？高速缓冲存储系统的设计目标是什么？

三、设计题

1. 利用全地址译码方式将 1 片 6264 芯片接到 8088 系统总线上，使其所占地址范围为

38000H～39FFFH。

2. 某8086系统要用EPROM芯片2764和SRAM芯片6264组成16KB内存，其中，ROM地址范围为FE000H～FFFFFH，RAM地址范围为F0000H～F1FFFH。用74LS138译码器设计该内存电路。

3. 现有两个6116芯片，所占地址范围为61000H～61FFFH。将它们连接到8088系统中，并编写测试程序，向所有单元输入一个数据，然后再读出并与原数据比较，若出错则显示"Wrong!"，若全部正确则显示"OK!"。

4. 某嵌入式系统的地址总线宽度为16位，要使用4K×8b的SRAM芯片构成32KB的数据内存。SRAM芯片的主要引脚有D_0～D_7、A_0～A_{11}、$\overline{CE}$、$\overline{RD}$、$\overline{WR}$。

（1）该内存共需要多少个SRAM芯片？

（2）设计该内存的电路，内存的地址范围为0000H～7FFFH。

5. 为某8088系统设计内存。要求：ROM地址范围为FC000H～FFFFFH，RAM地址范围为E0000H～FFFFFH。使用的ROM芯片和SRAM芯片的主要引脚如图5-46所示。

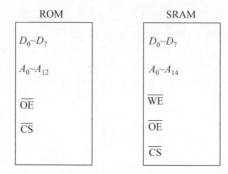

◆图 5-46　ROM芯片和RAM芯片的主要引脚

第6章

输入输出和中断技术

引言

家庭安全防盗系统需要读取监测设备发出的信息(正常或异常),又需要输出相应的报警控制信息。无论是监测设备还是报警器,都属于计算机的外围设备。输入输出技术就是确保处理器与各种外围设备之间进行正常信息交换的技术。无论是微机系统还是嵌入式系统,输入输出系统在整个计算机系统中都占有极其重要的地位。系统需要通过各种输入设备输入由计算机处理的信息,处理的结果则要通过输出设备输出。可以说,如果没有输入输出能力,计算机就变得毫无用途。

本章内容可以分为3部分:首先介绍输入输出系统的组成和基本功能;然后,基于三态门和锁存器电路,介绍简单输入输出接口电路的设计方法和基本输入输出方式;最后讲述计算机中非常重要的技术之一——中断技术,包括Intel处理器的中断技术和ARM处理器的异常中断技术。

教学目的

- 能够描述什么是输入输出系统、输入输出接口和输入输出端口。
- 清楚输入输出端口寻址方法。
- 能够利用三态门或锁存器设计简单输入输出接口电路,并清楚在何种情况下使用三态门接口或锁存器接口。
- 能够描述4种基本输入输出方式,清楚针对不同的应用场景如何选择最优的输入输出方式。
- 能够描述中断的基本概念。
- 能够描述Intel处理器和ARM处理器中断响应的基本过程和技术特点。
- 能够利用可编程中断控制器编写相应的中断控制程序。

6.1 输入输出系统概述

输入输出技术概述 01

计算机在运行过程中需要的程序和数据都要从外部输入,运算的结果要输出到外部。在计算机与外部世界进行信息交换的过程中,输入输出系统(Input Output System,简称I/O系统)提供了输入输出操作所需的控制功能和各种实现手段。这里的外部是指除计算机之外的与计算机交换信息的人和物,如系统操作员、键盘、鼠标、显示器、打印机、外存等。把除了人以外的各种设备统称为输入输出设备或外围设备。

在计算机系统中，通常把处理器和内存以外的部分统称为输入输出系统，它包括输入输出设备、输入输出接口和输入输出软件。

◇6.1.1　输入输出系统的特点

输入输出系统是计算机系统中最具多样性和复杂性的部分，它主要具有以下4个方面的特点。

1. 复杂性

计算机输入输出系统的复杂性主要表现在两方面。

输入输出系统的复杂性首先表现为输入输出设备（以下简称I/O设备）的复杂性。I/O设备品种繁多，功能各异，在工作时序、信号类型、电平形式等各方面都不相同。另外，I/O设备还涉及机械、光学、电磁学、自动控制等多种学科。I/O设备的复杂性使得输入输出系统成为计算机系统中最具多样性和复杂性的部分。为了使一般用户能够只通过一些简单命令和程序就能调用和管理各种I/O设备，而无须了解设备的具体工作细节，现代计算机系统中都将输入输出系统的复杂性隐藏在操作系统中。

输入输出系统的复杂性还表现在处理器本身和操作系统产生的一系列随机事件（如中断等）也要调用输入输出系统进行处理。

2. 异步性

处理器的各种操作都是在统一的时钟信号作用下完成的，各种操作都有自己的总线周期，而不同的外围设备也有各自不同的定时与控制逻辑，且大都与处理器时序不一致，它们与处理器的工作通常都是异步进行的。当某个输入设备有准备好的数据需要向处理器传送或某个输出设备的数据寄存器可以接收数据时，一般要先向处理器提出服务请求。如果处理器响应该请求，就转去执行相应的服务。对处理器来讲，这种请求可能是随机的，相邻两次这样的请求可能间隔很短，也可能间隔很长，而且在响应请求之前，I/O设备可能已经处于"准备好"状态相当长时间了。因此，输入输出系统相对于处理器就存在操作上的异步性和时间上的任意性。

3. 实时性

实时性是指处理器对每一个连接到它的外设或处理器本身，在需要服务或出现异常（如电源故障、运算溢出、非法指令等）时都要能够及时处理，以防止错过服务时机，使数据丢失或产生错误。I/O设备的种类很多，信息的传送速率相差也很大。例如，有的I/O设备是单字符传送的，即每次只传送一个字符，如打印机等，传送速度为每秒几字节到几十字节；而有的I/O设备则是按数据块或按文件传送的，如磁盘等，每秒传送几兆字节到几十兆字节。因此，要求输入输出系统应保证处理器对不同I/O设备提出的请求都能提供及时的服务，这就是输入输出系统的实时性。

4. 与设备无关性

由于I/O设备在信号电平、信号形式、信息格式及时序等方面存在的差异，使得它们与处理器之间不能够直接连接，而必须通过一个中间环节，这就是输入输出接口（以下简称I/O接口）。为了适应与不同I/O设备的连接，规定了一些独立于具体I/O设备的标准I/O

接口,如串行接口、并行接口等。不同型号的 I/O 设备可根据自己的特点和要求选择一种标准 I/O 接口与处理器相连。对连接到同一种 I/O 接口上的 I/O 设备,它们之间的差异由 I/O 设备本身的控制器通过软件和硬件消除。这样,处理器本身就无须了解各种 I/O 设备特定的具体工作细节,而可以通过操作系统提供的高级命令或程序请求使用和管理各种各样的 I/O 设备,而不需要了解各种 I/O 设备的具体细节。

◇6.1.2 输入输出接口

I/O 接口是输入输出系统的重要组成部分,处理器与 I/O 设备之间的信息交换需要通过 I/O 接口实现。I/O 接口担当的这种"角色"决定了它需要完成信号缓冲、信号变换、电平转换、数据存取和传送以及联络控制等工作,这些工作分别由 I/O 接口电路的两大部分:总线接口(连接主机)和外设接口(连接外设)来实现。总线接口一般包括内部寄存器、存取逻辑和传送控制逻辑电路等,主要负责数据缓冲、传输管理等工作;而外设接口则负责与 I/O 设备通信时的联络和控制以及电平和信号变换等。本章讨论的 I/O 接口特指外设接口。

微机系统中的所有部件都通过总线实现互连,I/O 设备也不例外。I/O 接口就是将 I/O 设备连接到系统总线上的一组逻辑电路的总称。在一个实际的计算机控制系统中,处理器与 I/O 设备之间经常需要进行频繁的信息交换,包括数据的输入输出、I/O 设备状态信息的读取及控制命令的传送等,这些都需要通过 I/O 接口实现。

1. I/O 接口要解决的问题

I/O 设备种类繁多,有机械式、电动式、电子式和其他形式。它们涉及的信号类型也不相同,可以是数字量、模拟量或开关量。因此处理器与 I/O 设备之间交换数据时需要解决以下问题:

(1) 速度匹配问题。处理器的速度很高,而 I/O 设备的速度有高有低,而且不同的 I/O 设备速度差异甚大。

(2) 信号电平和驱动能力问题。处理器的信号都是 TTL 电平(一般为 0~5V),且提供的功率很小;而 I/O 设备需要的电平要比这个范围宽得多,需要的驱动功率也较大。

(3) 信号形式匹配问题。处理器只能处理数字信号,而 I/O 设备的信号形式多种多样,有数字量、开关量、模拟量(如电流、电压、频率、相位等),甚至还有非电量(如压力、流量、温度、速度等)。

(4) 信号格式问题。处理器在系统总线上传送的是 8 位、16 位或 32 位并行二进制数据。而 I/O 设备使用的信号形式和信号格式各不相同:有些使用数字量或开关量,而有些使用模拟量;有些使用电流量,而有些使用电压量;有些使用并行数据,而有些使用串行数据。

(5) 时序匹配问题。处理器的各种操作都是在统一的时钟信号作用下完成的,各种操作都有自己的总线周期,而各种 I/O 设备也有自己的定时与控制逻辑,大都与处理器时序不一致。因此,各种各样的 I/O 设备不能直接与处理器的系统总线相连。

在计算机中,上述问题通过在处理器与 I/O 设备之间设置相应的 I/O 接口电路予以解决。

2. I/O 接口的功能

I/O 接口电路应具有如下功能:

输入输出技术概述 02

（1）I/O 地址译码与设备选择。所有 I/O 设备都通过 I/O 接口挂接在系统总线上,在同一时刻,总线只允许一个 I/O 设备与处理器进行数据传送。因此,只有通过地址译码选中的 I/O 接口允许与总线相通;而未被选中的 I/O 接口呈现为高阻状态,与总线隔离。

（2）数据的输入输出。通过 I/O 接口,处理器可以从 I/O 设备输入各种数据,也可将处理结果输出到 I/O 设备。处理器可以控制 I/O 接口的工作(向 I/O 接口写入命令),还可以随时监测与管理 I/O 接口和 I/O 设备的工作状态。必要时,I/O 接口还可以向处理器发出中断请求。

（3）命令、数据和状态的缓冲与锁存。因为处理器与 I/O 设备之间的时序和速度差异很大,为了能够确保计算机和 I/O 设备之间可靠地进行数据传送,要求 I/O 接口电路应具有数据缓冲能力。I/O 接口不仅应缓存 CPU 送给 I/O 设备的数据,也要缓存 I/O 设备送给处理器的数据,以实现处理器与 I/O 设备之间数据交换的同步。

（4）信息转换。I/O 接口还要实现信息格式变换、电平转换、码制转换、传送管理以及联络控制等功能。

以信息传输为主要功能的 I/O 接口电路内部通常包括两部分:一部分负责和计算机系统总线的连接,另一部分负责和 I/O 设备的连接。I/O 接口中负责与系统总线连接的部分主要包括数据信号线、控制信号线和地址信号线。数据信号线除实现数据的接收和发送外,还负责传送处理器发给 I/O 接口的编程命令及 I/O 接口送出的状态信息;控制信号线主要接收和发送读写控制信号,由于多数系统中对 I/O 设备的读写和存储器的读写是相互独立的,因此接口的读写信号$\overline{RD}$和$\overline{WR}$应分别与系统读写 I/O 设备的信号$\overline{IOR}$和$\overline{IOW}$相连;地址信号线一般通过译码电路连接到 I/O 接口的片选端,从而确定 I/O 接口所占的地址或地址范围。

处理器通过 I/O 接口实现与 I/O 设备的通信。I/O 接口在系统中承担的信息传输的作用和在逻辑上的位置如图 6-1 所示。由图 6-1 可知,通过 I/O 接口传送的信号除数据信号外,还有反映当前 I/O 设备工作状态的状态信号以及处理器向 I/O 设备发出的各种控制信号。

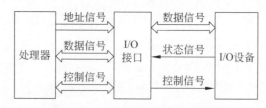

◆图 6-1 I/O 接口的作用和位置

在计算机系统中,I/O 接口在总体上有两大功能:一是辅助处理器完成对 I/O 设备的控制(事实上这也是各种复杂 I/O 接口的主要功能);二是实现 I/O 设备与主机之间的信息通信。以上及本章后面有关 I/O 接口功能的讨论,都主要从 I/O 设备与主机间信息通信的角度进行,没有涉及 I/O 接口对 I/O 设备的控制。

◇**6.1.3 I/O 端口寻址**

处理器与 I/O 接口的通信实际上需要通过 I/O 接口内部一组可编址的寄存器件[①]实

---

① 简单的 I/O 接口也可仅由三态门构成,但要求传输过程未完成之前信号应保持不变。

现,这些寄存器件称为 I/O 端口(I/O port)。I/O 端口包括 3 种类型:数据端口、状态端口和命令(或控制)端口。根据需要,一个 I/O 接口可能仅包含其中的一类或两类端口,当然也可能包含全部 3 类端口。处理器通过数据端口从 I/O 设备读入数据(或向 I/O 设备输出数据),从状态端口读入 I/O 设备的当前状态,通过命令(控制)端口向 I/O 设备发出控制命令。

一个 I/O 设备总是对应一个或多个 I/O 端口,所以有时也将 I/O 端口地址称为 I/O 设备地址。当一个 I/O 设备有多个 I/O 端口时,为管理方便,通常为其分配一个连续的地址块,这个地址块中最小的地址称为(I/O 设备的)基地址(base address)。

1. I/O 端口编址

I/O 端口通常用 8 位或 16 位二进制码编址。在嵌入式系统中,I/O 端口地址更常见的是 8 位。虽然现代计算机系统中有 32 位的 I/O 端口,但并不普遍。

如果 I/O 端口用 8 位编址,则寻址 I/O 端口的地址信号是 $A_0 \sim A_7$,最多可寻址 256 个 I/O 端口。此时第 3 章介绍的输入输出指令 IN 和 OUT 中的 I/O 端口地址可以直接给出;如果 I/O 端口用 16 位编址,则寻址 I/O 端口的地址信号是 $A_0 \sim A_{15}$,则最多可寻址 65 536 个 I/O 端口,分配给 I/O 端口的地址范围为 0000H~FFFFH,共 65 536 个地址。在这种情况下,IN 和 OUT 指令中的 I/O 端口地址需要由 DX 寄存器给出。以下描述主要以 16 位 I/O 端口编址为例。

处理器在寻址内存和外设时,使用不同的控制信号区分当前是对内存操作还是对 I/O 端口操作。从第 2 章介绍的 8088 的引脚功能部分已知,当 8088 的 IO/$\overline{M}$ 引脚信号为低电平时,表示当前处理器执行的是内存读写操作,这时地址总线上给出的是某个内存单元的地址;当 IO/$\overline{M}$ 信号为高电平时,则表示当前处理器执行的是 I/O 读写操作,此时 20 位地址总线上的低 16 位地址($A_0 \sim A_{15}$)指向某个 I/O 端口,高 4 位地址($A_{16} \sim A_{19}$)为无效信号(为全 0)。

微机系统中会包含多个 I/O 接口,而一个 I/O 接口中又可能包含一个或多个 I/O 端口。因此,为了使处理器能够访问到每个 I/O 端口,就必须为每个 I/O 端口编址。这就如同每个内存单元在整个内存地址空间中都一定要有唯一地址一样,每个 I/O 端口也必须在输入输出系统中有唯一地址。

因此,如同内存单元编址一样,每个 I/O 端口的地址也由两部分组成:I/O 端口所在 I/O 接口芯片的片地址和 I/O 端口在该芯片内的相对地址。在 I/O 地址空间中,用高位地址选择 I/O 接口芯片,用低位地址选择芯片上的 I/O 端口,如图 6-2 所示。

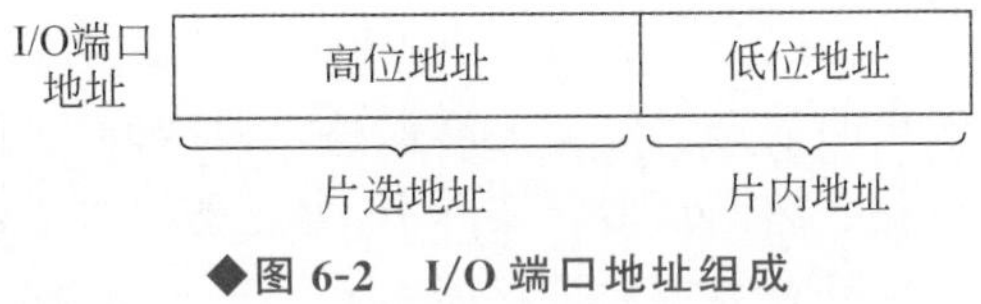

I/O 端口地址	高位地址	低位地址
	片选地址	片内地址

◆ 图 6-2 I/O 端口地址组成

2. I/O 端口地址译码

在 IBM PC 中,所有 I/O 接口与处理器之间的通信都由 I/O 指令完成。在执行 I/O 指令时,处理器首先需要将要访问的 I/O 端口地址放到地址总线上(选中该 I/O 端口),然后才能对其进行读写操作。将总线上的地址信号转换为某个 I/O 端口的使能(enable)信号,这个操作就称为 I/O 端口地址译码。

有关译码的技术在第 5 章中已有介绍。对第 5 章中讨论的存储器系统,一个存储器芯片在整个存储空间中占据的地址范围要通过高位地址信号译码确定。那么,在输入输出技术中，I/O 端口的地址也是通过地址信号译码确定的，只是有以下几点要注意：

（1）8088 能够寻址的内存空间为 1MB，故地址总线的全部 20 根信号线都要使用，其中高位（$A_{19} \sim A_i$）用于确定芯片的地址范围，而低位（$A_{i-1} \sim A_0$）用于片内寻址。而 8088 能够寻址的 I/O 端口仅为 65 536 个，故只使用了地址总线的低 16 位信号线。对只有单一 I/O 地址（I/O 端口）的 I/O 设备，这 16 位地址线一般应全部参与译码，译码输出直接选择该 I/O 设备的 I/O 端口；对具有多个 I/O 地址（I/O 端口）的 I/O 设备，则 16 位地址线的高位参与译码（决定 I/O 设备的基地址），而低位则用于确定要访问哪一个 I/O 端口。

（2）当处理器工作在最大模式时，对内存的读写要求控制信号$\overline{MEMR}$或$\overline{MEMW}$有效；如果是对 I/O 端口读写，则要求控制信号$\overline{IOR}$或$\overline{IOW}$有效。

（3）地址总线上呈现的信号是内存的地址还是 I/O 端口的地址，取决于 8088 的 $IO/\overline{M}$引脚的状态。当 $IO/\overline{M}=0$ 时为内存地址，即处理器正在对内存进行读写操作；当 $IO/\overline{M}=1$ 时为 I/O 端口地址，即处理器正在对 I/O 端口进行读写操作。

（4）由于内存地址资源的稀缺性，对内存地址通常采用全地址译码，以保证每个地址资源都能够被有效利用（每个内存单元都有唯一地址）；相对于内存，I/O 端口地址资源较为丰富[①]，为简化电路设计，I/O 端口地址译码更多地采用部分地址译码。

除上述几点外，I/O 地址译码在原理上与内存地址译码完全相同，译码电路的设计同样可以根据情况选择利用基本逻辑门电路或用专用译码器，此处不再赘述。

6.2 基本输入输出接口

简单接口电路

现代 I/O 接口通常都具有数据的传送和对 I/O 设备的控制两大类功能。部分 I/O 接口中甚至包含了处理器，成为一个嵌入式系统。本节介绍的是仅有最基本的数据传输和驱动功能的 I/O 接口。

负责把数据从 I/O 设备送入处理器的 I/O 接口叫作输入接口；反之，将数据从处理器输出到 I/O 设备的 I/O 接口则称为输出接口。

在输入数据时，由于 I/O 设备处理数据的时间一般要比处理器长得多，数据在外部总线上保持的时间较长，所以要求输入接口必须具有对数据的控制能力，即只有当外部数据准备好、处理器可以读取时才将数据送上系统数据总线。

在输出数据时，同样由于 I/O 设备的速度比较慢，要使数据能正确写入 I/O 设备，处理器输出的数据一定要能够保持一段时间。如果这个数据保持的工作由处理器完成，则对其资源就必然是浪费。实际上，处理器送到总线上的数据只能保持几微秒。因此，要求输出接口必须具有数据的锁存能力。

下面介绍两类结构简单又较常用的通用 I/O 接口芯片，并通过举例说明它们的使用方法。

◇6.2.1 三态门接口

具有对数据的控制能力是能够作为输入接口的必要条件。三态门缓冲器就属于具有数

[①] 在能够寻址 65 536 个端口的 IBM PC/XT 微机中，寻址的 I/O 端口地址仅有 1024 个。

据控制能力的简单器件,如图 6-3 所示。当三态门控制端信号有效时,三态门导通,输出与输入相同;当其控制端信号无效时,则三态门呈高阻状态,输出与输入阻断。因此,当 I/O 设备本身具有数据保持能力时,通常可以仅用一个三态门作为输入接口。当三态门控制端信号有效时,处理器将 I/O 设备准备好的数据读入;当其控制端信号无效时,三态门断开,该 I/O 设备就从数据总线脱离,数据总线又可用于其他信息的传送。同时,当三态门导通时,数据将直接输出,并没有锁存数据的能力。因此,如果利用三态门连接 I/O 设备,只能作为输入接口。

图 6-4 给出了 8 个三态门的 74LS244 芯片的引脚。从图 6-4 中不难看出该芯片中的 8 个三态门分别由两个控制端 $\overline{E}_1$ 和 $\overline{E}_2$ 控制,每个控制端各控制 4 个三态门。当某一控制端有效(低电平)时,相应的 4 个三态门导通;否则,相应的 4 个三态门呈现高阻状态(断开)。在实际使用中,通常是将两个控制端并联,这样就可以用一个控制信号使 8 个三态门同时导通或同时断开[①]。

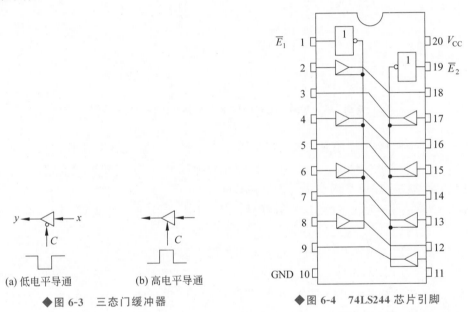

◆图 6-3 三态门缓冲器　　◆图 6-4 74LS244 芯片引脚

由于三态门具有通断控制能力,但没有存储数据的地方,即没有对信号的保持或锁存能力,因此三态门可以作为输入接口,但不能作为输出接口。

利用三态门作为输入接口时,要求输入信号的状态要能够保持。同时,作为输入接口,74LS244 芯片内部没有 I/O 端口,即没有片内地址。

图 6-5 是利用 74LS244 芯片作为开关量输入接口的例子。在图 6-5 中,74LS244 芯片的输入端连接了 8 个开关——$K_1,K_2,\cdots,K_8$。当处理器读该接口时,总线上的 16 位地址信号通过译码使 $\overline{E}_1$ 和 $\overline{E}_2$ 有效,三态门导通,8 个开关的状态经数据线 $D_0 \sim D_7$ 被读入到处理器中,这样就可测量出这些开关当前的状态是打开还是闭合。当处理器不读此接口地址时,$\overline{E}_1$ 和 $\overline{E}_2$ 为高电平,则三态门的输出为高阻状态,使其与数据总线断开。

---

① 多数 I/O 操作至少每次传送 8 位数据。

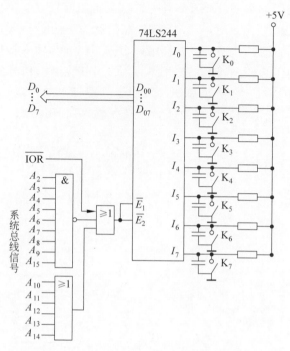

◆图 6-5　利用 74LS244 作为开关量输入接口的例子

用一个 74LS244 芯片作为输入接口最多可以连接 8 个开关或其他具有信号保持能力的 I/O 设备。当然也可只接一个 I/O 设备而让其他端悬空，对空着未用的端，其对应位的数据是任意值，在程序中常用逻辑与指令将其屏蔽。

如果有更多的开关状态（或其他 I/O 设备）需要输入时，可用类似的方法将两个或更多的芯片并联使用。

74LS244 芯片除用作输入接口外，还常用来作为信号的驱动器。

【例 6-1】 利用 74LS244 芯片连接 8 个开关的电路如图 6-5 所示。编写程序读取 8 个开关的状态。若 8 个开关都闭合，则在屏幕上显示输出"OK！"；否则继续读取开关状态，直到有任意键按下，则退出程序，返回操作系统。

题目解析：作为三态门接口，当三态门导通时数据可以读入，故三态门的控制端就是接口地址。同时，三态门内部没有 I/O 端口，不存在片内地址，所有的地址都是高位地址，都应作为译码电路的输入信号。

由图 6-5 知，译码电路的输入信号中没有 A_1 和 A_0，即为部分地址译码。因缺少两位地址信号，故该芯片占用了 83FCH～83FFH 的 4 个地址。实际编程中可以用其中任何一个地址，而其他重叠的 3 个地址空着不用。当开关闭合时，74LS244 对应的 I 端会呈现低电平。即，当从 I_i 端读入 0 时，表示相应的开关处于闭合状态。

解：参考程序如下。

```
DSEG SEGMENT
STR  DB 'OK!',0DH,0AH,'$'
DSEG ENDS
```

```
MOV   DX,83FCH
IN    AL,DX
AND   AL,0FFH
JZ    NEXT1
JMP   NEXT2
```

可见,利用三态门作为输入接口,使用和连接都是很容易的。

◇6.2.2 锁存器接口

处理器输出的数据通过总线送入 I/O 接口锁存,由 I/O 接口将数据一直保持到被 I/O 设备取走。

由于三态门器件不具备数据的保存(或称锁存)能力,所以只用作输入接口。简单的输出接口通常采用具有信息存储能力的双稳态触发器实现。将触发器的触发控制端连接到 I/O 地址译码器的输出端,当处理器执行 I/O 指令时,指令中指定的 I/O 地址经译码后使控制信号有效,使锁存器触发导通,将数据放入锁存器。

图 6-6 为内部集成了 8 个 D 触发器的锁存器芯片 74LS273 的引脚和真值表。该芯片共有 8 个数据输入端($D_0 \sim D_7$)和 8 个数据输出端 $Q_0 \sim Q_7$。S 为复位端,低电平有效。CP 为触发端,在每个脉冲的上升沿将输入端 D_i 的状态锁存在输出端 Q_i,并将此状态保持到下一个时钟脉冲的上升沿。74LS273 芯片常用来作为并行输出接口。

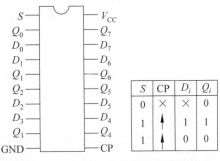

◆图 6-6   74LS273 芯片的引脚和真值表

74LS273 具有数据的锁存能力,但作为触发器,它没有对数据的控制能力,因此只能作为输出接口,而无法作为输入接口。同时,作为数据输出的通道,其内部也没有独立的 I/O 端口(与三态门类似)。

【例 6-2】   利用 74LS273 作为输出接口,控制 8 个发光二极管,线路连接如图 6-7 所示。设该输出接口的地址为 38FH,设计将该芯片连接到 8088 系统总线的译码电路,并编写程序,使 8 个发光二极管依次循环点亮。

题目解析:

(1) 题目中仅给出了 74LS273 芯片的 12 位地址,没有给出 $A_{15} \sim A_{12}$ 这 4 位高位地址,表示译码电路应采用部分地址译码。由于 74LS273 只能作为输出接口,且 CP 端为脉冲上升沿触发,因此必须将 $\overline{IOW}$ 作为译码电路的输入信号。

(2) 由图 6-7 可以看出,要使接到 Q_i 端的发光二极管亮,该 Q_i 端须输出 1。

(3) 题目要求 8 个发光二极管依次循环点亮,形成跑马灯,但没有给出退出条件,故可以编写成无限循环程序。

解:译码电路如图 6-8 所示。
程序如下(这里略去了逻辑段定义):

```
MOV   AL,1           ;设置 Q0 端输出 1,使 Q0 连接的发光二极管首先点亮
MOV   DX,38FH
```

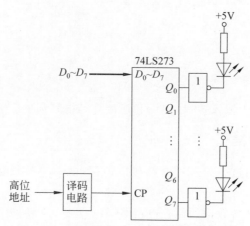

◆ 图 6-7 利用 74LS273 作为输出接口的示例

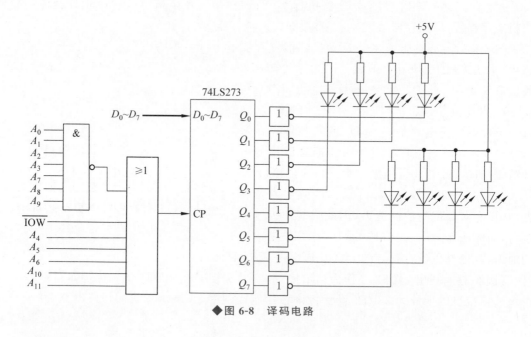

◆ 图 6-8 译码电路

```
L0: OUT  DX,AL
    ROL  AL,1      ;AL值循环左移一位,使下一个发光二极管点亮
    JMP  L0        ;依次循环点亮各发光二极管
```

74LS273 的数据锁存输出端 Q_i 通过一个二态门输出,只要正常工作,其 Q_i 端总有一个确定的逻辑状态(0 或 1)输出,即 74LS273 没有数据的控制能力,无法直接用作输入接口,它的 Q_i 端绝对不允许直接与系统的数据总线连接。那么,有没有既可用作输入接口又可用作输出接口的芯片呢?回答是肯定的。

图 6-9 所示的 74LS374 是一种带有三态输出的锁存器芯片,是将 D 触发器的反向输出端 $\overline{Q}$ 连接到一个三态门的输入,而三态门的输出则作为芯片的输出,仅当三态门导通时,锁存器的输出才能真正送到总线上,从而使该芯片既有了数据的锁存能力,又有了数据的控制能力。图 6-10 给出了该芯片的引脚和真值表。从其引脚可以看出,它比 74LS273 多了一个输

出允许端$\overline{OE}$。只有当$\overline{OE}=0$时，74LS374的输出三态门才导通；当$\overline{OE}=1$时，则呈高阻状态。

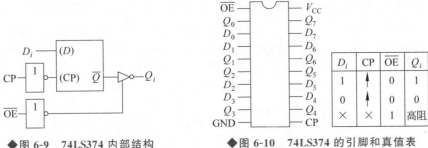

◆ 图6-9　74LS374内部结构　　　　◆ 图6-10　74LS374的引脚和真值表

74LS374在用作输入接口时，端口地址信号经译码电路接到$\overline{OE}$端，I/O设备数据由I/O设备提供的选通脉冲锁存在74LS374内部。当处理器读该接口时，译码器输出低电平，使74LS374的输出三态门导通，读出I/O设备的数据；如果用作输出接口，也可将$\overline{OE}$端接地，使其输出三态门一直处于导通状态，这样就与74LS273一样了。

还有一种常用的带有三态门的锁存器芯片74LS373，它与74LS374在结构和功能上完全一样，区别是数据锁存的时机不同，带有三态门的锁存器芯片74LS373是在CP脉冲的高电平期间将数据锁存。

无论是三态门接口还是锁存器接口，都属于简单接口芯片。这里的"简单"主要指其简单的内部构造、单一的功能以及无法通过软件改变其工作状态。它们常作为一些功能简单的I/O设备的接口电路，对较复杂的功能要求难以胜任。第7章将介绍一些功能较强的可编程I/O接口芯片。

◇6.2.3　简单接口应用举例

在基本I/O接口有初步了解之后，这里通过一个LED数码管控制的具体示例，说明三态门接口和锁存器接口在简单I/O控制上的应用方法。

1. LED数码管

LED数码管也称为七段数码管，分为共阳极和共阴极两种结构。在封装上有将一位、两位或更多位封装在一起的。限于篇幅，这里只介绍共阳极LED数码管，如图6-11所示。当某一段的发光二极管流过一定电流（例如10mA左右）时，它对应的段就发光；而无电流流过时，则不发光。不同发光段的组合就可显示出不同的数字和符号。

简单输入输出控制系统设计

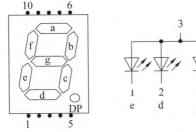

◆ 图6-11　共阳极LED数码管

2. 应用与连接

LED 数码管作为一种外围设备,与系统总线有多种接口方式,这里利用 74LS273 作为输出接口,用集电极开路门 7406 作为驱动器与 LED 数码管连接。另外,采用 74LS244 作为输入接口,输入开关的状态。其电路连接如图 6-12 所示。该电路的功能是:当开关 K 处于闭合状态时,在 LED 数码管上显示 0;当开关 K 处于断开状态时,在 LED 数码管上显示 1。与硬件电路相配合完成此功能的程序段如下:

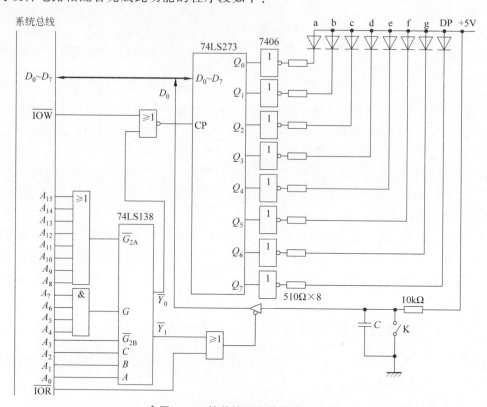

◆图 6-12 简单接口芯片的线路连接

```
FOREVER: MOV  DX,0F1H      ;输入端口地址为 0F1H
         IN   AL,DX        ;读入开关状态
         TEST AL,1         ;判断开关状态
         MOV  AL,3FH       ;显示 0
         JZ   DISP
         MOV  AL,06H       ;显示 1
DISP:    MOV  DX,0F0H      ;输出端口地址为 0F0H
         OUT  DX,AL
         JMP  FOREVER
```

6.3 基本输入输出方式

在计算机系统中,处理器与 I/O 设备之间数据的输入输出方式主要有以下 4 种:无条件传送、查询、中断控制和直接存储器访问方式。

◇6.3.1 无条件传送方式

无条件传送方式主要用于外部控制过程的各种动作是固定的、已知的，控制的对象是一些简单的、随时处于准备好状态的 I/O 设备。也就是说在这些 I/O 设备工作时，随时都可以接收处理器输出的数据，或者它们的数据随时都可以被处理器读出。即处理器可以不必查询 I/O 设备当前的状态而无条件地进行数据的输入输出。在与这样的 I/O 设备交换数据的过程中，数据交换与指令的执行是同步的，因此这种方式也可称为同步传送方式。

当处理器从 I/O 设备读入数据时，会执行一条 IN 指令（在 32 位处理器中为 INS 指令），将 $A_0 \sim A_{15}$ 的 16 位端口地址送入地址总线，经过译码，选中对应的 I/O 端口，然后在 $\overline{IOR}=0$ 期间将数据读入处理器。输出的过程与上面类似，只是必须在 $\overline{IOW}$ 有效时将数据写入 I/O 设备。

事实上，例 6-1 和例 6-2 采用的输入和输出方法就属于无条件传送。从这两个例子可以看出，对于开关、发光二极管等简单设备来说，它们在任意时刻都具有确定的状态，也可以说它总是处于准备好状态。在读 I/O 接口时，总可以读到当时开关 K 的状态。写锁存器时，发光二极管总是准备好随时接收发来的数据，从而点亮或熄灭。

对这一类总是具有固定状态的简单设备的控制，可以采用无条件传送方式。同一类型的设备还有继电器、步进电机等。

◇6.3.2 查询方式

对于那些慢速的或总是准备好的 I/O 设备，当它们与处理器同步工作时，采用无条件传送方式是适用的，也是很方便的。但在实际应用中，大多数 I/O 设备并不是总处于准备好状态，在处理器需要与它们进行数据交换时，它们或许并不一定满足可进行数据交换的条件，即并不处于准备好状态。对这类 I/O 设备，处理器在数据传送前，必须先查询一下 I/O 设备的状态，若它们准备好才传送数据，否则处理器就要等待，直到 I/O 设备准备好为止。这种利用程序不断地询问 I/O 设备的状态，根据它们所处的状态实现数据的输入和输出的方式就称为程序查询方式。为了实现这种工作方式，I/O 设备须向计算机提供一个状态信息，相应的 I/O 接口除传送数据外，还要有一个传送状态的端口。

图 6-13 其实就是单一 I/O 设备时采用查询方式进行数据传送的流程图。在图 6-13 中，I/O 接口与 I/O 设备之间有 3 类信息要传送：第一类是输入或输出的数据；第二类是 I/O 设备的状态信息；第三类是处理器通过 I/O 接口发出的控制信号。在工作中，处理器不断查询 I/O 设备的状态，判断 I/O 设备是否准备好进行数据传送，必要时还需送出控制信号。这些将在后面的章节中进一步说明。

图 6-13 中仅连接了一个 I/O 设备。对这种单一 I/O 设备采用查询方式进行数据传送的工作过程可描述如下（以处理器从 I/O 设备接收数据为例）：

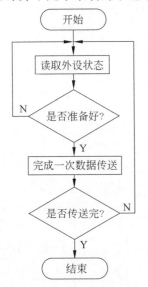

◆图 6-13　单一 I/O 设备时的查询方式流程图

（1）查询I/O设备的状态,看数据是否准备好。

（2）若没有准备好,则继续查询。

（3）否则就进行一次数据读取。

（4）数据读入后,处理器向I/O设备发响应信号,表示数据已被接收。I/O设备收到响应信号之后,即开始下一次数据传送的准备工作。

（5）处理器判断是否已读取全部数据。若没有读完,则重新进行步骤（1）;否则就结束传送。

若处理器需要向I/O设备输出一个数据,同样首先查询I/O设备的状态,看其是否空闲。若I/O设备正忙,则等待;若I/O设备准备就绪,处于空闲状态,则处理器向I/O设备送出数据和输出就绪信号。就绪信号用来通知I/O设备已送来有效数据。I/O设备接收数据后,向处理器发出数据已收到的状态信息。这样,一个数据的输出过程就告结束。

现在,可以考虑利用6.2节介绍的三态门接口和锁存器接口,采用查询工作方式完成家庭安全防盗系统的设计。

家庭安全防盗系统设计方案示例一如图6-14所示。

家庭安全防盗系统设计方案示例Ⅰ:

该设计方案基于如下假设:监测装置输出电平信号。当出现异常时,监测装置输出高电平(1);正常状态则输出低电平(0)。

基本方案: 利用三态门接口读取8个监测装置的输出信息,用锁存器接口控制报警灯闪烁和报警器发声。可以设计如图6-14所示的系统连接示意图。

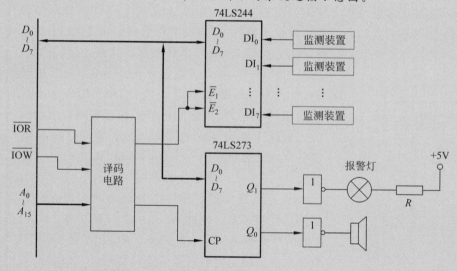

◆图6-14 家庭安全防盗系统设计方案示例一

现在,可以参照图6-13所示的控制流程和图6-14所示的硬件结构,尝试完成系统的硬件(译码电路)和软件(控制程序)设计。

事实上,一个微机系统往往要连接多个I/O设备,这种情况下处理器会对I/O设备逐个进行查询。发现哪个I/O设备准备就绪,就对该I/O设备进行数据传送。然后再查询下一 I/O 设备，依次循环。此时的流程图如图 6-15 所示。

由上述可知，在查询方式下，处理器专注于查询 I/O 设备的状态并进行输入输出查找，无法同时做其他运算，从而大大降低了处理器的工作效率。而且，假如某一 I/O 设备刚好在查询过之后就处于就绪状态，那么也必须等到处理器查询完所有 I/O 设备，再次查询此 I/O 设备时，才能发现它处于就绪状态，然后才能对它提供服务。这使得数据交换的实时性较差，对许多实时性要求较高的 I/O 设备来说，就有可能丢失数据。

因此，利用查询方式与 I/O 设备进行数据交换时需要满足以下两点：

- 连接到系统的 I/O 设备是简单、低速、对实时性要求不高的设备。
- 连接到同一系统的 I/O 设备，其工作速度是相近的。如果工作速度相差过大，可能会造成某些 I/O 设备的数据丢失。

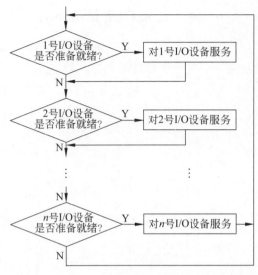

◆图 6-15　多个 I/O 设备时的查询方式流程图

◇6.3.3　中断控制方式

无条件传送和查询方式传送都仅适用于低速、简单的控制系统。无条件传送适用于任意时刻都有确定状态的低速 I/O 设备，其软件和硬件都比较简单，但适用范围较窄，且处理器与 I/O 设备不同步时容易出错。查询方式传送将大量时间耗费在读取 I/O 设备状态及进行检测上，降低了处理器的效率，并在多个 I/O 设备的情况下无法对一些外部事件进行实时响应，因此它也多用于慢速和中速 I/O 设备。

以上两种输入输出方式都由处理器管理 I/O 设备，在管理的过程中处理器不能做别的事情，这对非低速且要求有一定响应实时性的控制系统非常不适合。由此，人们又提出了中断控制方式。

在中断控制方式下，处理器并不主动介入 I/O 设备的数据传输工作，而是由 I/O 设备在需要进行数据传送时向处理器发出中断请求，处理器在接到请求后，若条件允许，则暂停（或中断）正在进行的工作，转去对该 I/O 设备提供服务，并在服务结束后回到原来被中断的地方继续原来的工作。

这种方式能够使处理器在没有 I/O 设备请求时执行原有操作，有请求时才去处理数据的输入输出，从而提高了处理器的利用率。同时，因为输入输出请求由 I/O 设备提出，故也能有效提升对 I/O 设备响应的实时性。尤其是在 I/O 设备出现故障、不立即进行处理有可能造成严重后果的情况下，利用中断控制方式，可以及时做出处理，避免不必要的损失。

需要注意的是，在中断控制方式下，处理器对 I/O 设备服务结束后要能够回到原来被中断的地方继续执行原程序，这要求在响应中断前必须将返回地址（即中断时处理器将要执行的指令的地址）和程序运行状态保存起来，以保证正确返回。这个过程称为断点保护。

有关中断的概念、工作原理及中断源分类等将在 6.4 节仔细讨论。

◇6.3.4 直接存储器访问方式

虽然中断控制方式能有效提高处理器效率,但与无条件传送方式和查询方式一样,数据输入输出仍然需要处理器通过执行程序完成。在 x86-16 指令集中,处理器通过执行 IN 和 OUT 指令将数据从内存(或外存)读到累加器,再写入 I/O 接口(或内存);在 IA-32 及以上指令集中,通过执行 INS 和 OUTS 指令,实现存储器和 I/O 设备间传送数据串。这种通过执行程序实现数据输入输出的方式统称为程序控制输入输出(Programmed Input and Output,PIO)方式,如图 6-16 所示。

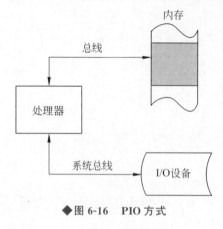

◆图 6-16　PIO 方式

另外,采用中断控制方式时,每进行一次数据传送,都需要保护断点、保护现场等。若再考虑到修改内存地址、判断数据块是否传送完等因素,8088 通常传送一个字节约需要几十到几百微秒时间。由此可大致估计出采用 PIO 方式时的数据传送速率约为每秒几十千字节。虽然现代微处理器工作频率已大幅提升,但这种传送速率仍无法满足一些高速 I/O 设备及批量数据交换(如磁盘与内存的数据交换)的需求。

对需要高速数据传送的场合,希望能够不通过处理器而直接实现 I/O 设备与存储器的信息交换,这就是直接存储器访问(Direct Memory Access,DMA)方式,即通过特殊的硬件电路控制存储器与 I/O 设备直接进行数据传送。在这种方式下,处理器放弃对总线的管理,而由硬件来控制,这个硬件称为 DMA 控制器(DMA Controller,DMAC),如 Intel 公司的 8237。下面简单介绍 DMA 控制器的功能及工作过程。

1. DMA 控制器的功能

在 PIO 方式下,系统的地址信号、数据信号和一些控制信号(如 IO/$\overline{M}$、$\overline{RD}$、$\overline{WR}$ 等)由处理器统一管理。在 DMA 方式下,由于信息的输入输出不再通过处理器,但信息传输依然需要产生地址、数据和控制信号,此时这些控制信号的管理就必须由 DMA 控制器接管,即由 DMA 控制器接收处理器的总线控制权。因此,要求 DMA 控制器具有以下功能:

(1) 收到接口发出的 DMA 请求后,DMA 控制器能够向处理器发出总线请求信号 HOLD(高电平有效),请求处理器放弃对总线的控制。

(2) 当处理器响应请求并发出响应信号 HLDA(高电平有效)后,DMA 控制器能接管总线的控制权,实现对总线的控制。

(3) 能向地址总线发出内存地址信息,找到相应单元并能够自动修改其地址计数器。

(4) 能向存储器或 I/O 设备发出读写命令。

(5) 能决定传送的字节数,并判断 DMA 方式的数据传送是否结束。

(6) 在 DMA 方式的数据过程结束后,能向处理器发出 DMA 结束信号,将总线控制权交还处理器。

2. DMA 控制器的工作过程

DMA 工作流程如图 6-17 所示。图 6-18 反映了 DMA 方式的基本工作原理。

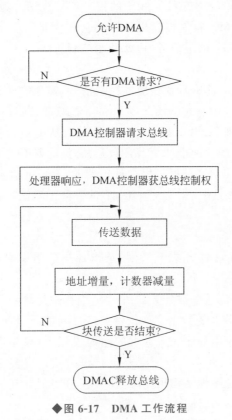

◆图 6-17　DMA 工作流程

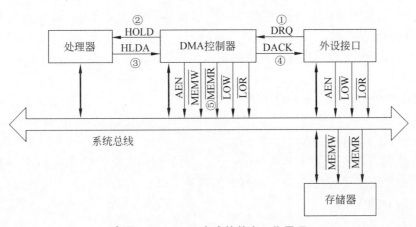

◆图 6-18　DMA 方式的基本工作原理

DMA 控制器的工作过程如下：

（1）当 I/O 设备准备好，可以进行 DMA 方式的传送时，I/O 设备向 DMA 控制器发出 DMA 传送请求信号 DRQ。

（2）DMA 控制器收到请求后，向处理器发出总线请求信号 HOLD，表示希望占用总线。

(3) 处理器在完成当前总线周期后会立即对 HOLD 信号进行响应。响应包括两个方面：一是处理器将数据总线、地址总线和相应的控制信号线均置为高阻态，由此放弃对总线的控制权；二是处理器向 DMA 控制器发出总线响应信号 HLDA。

(4) DMA 控制器收到 HLDA 信号后，就开始控制总线，并向 I/O 设备发出 DMA 响应信号 DACK。

(5) DMA 控制器送出地址信号和相应的控制信号，实现 I/O 设备与内存或外存与内存之间的直接数据传送（例如，在地址总线上发出存储器地址，向存储器发出写信号 $\overline{\text{MEMW}}$，同时向 I/O 设备发出 I/O 地址、$\overline{\text{IOR}}$ 和 AEN 信号，即可从 I/O 设备向内存传送一字节）。

(6) DMA 控制器自动修改地址和字节计数器，并据此判断是否需要重复传送操作。规定的数据传送完后，DMA 控制器就撤销发往处理器的 HOLD 信号。处理器检测到 HOLD 失效后，紧接着撤销 HLDA 信号，并在下一时钟周期重新开始控制总线，继续执行原来的程序。

DMA 方式可以分为 3 种。

(1) 周期窃取方式。在这种方式下，每一条指令执行结束时，处理器都会测试是否有 DMA 服务请求，若有，则进入一个 DMA 周期，完成图 6-17 所示的 DMA 工作流程，包括数据和内存地址的传送、数据传送个数计数器值减 1、内存地址增量及一些测试判断等。但在这种方式下 I/O 设备与存储器的数据交换依然要经过处理器，与前面介绍的 PIO 方式不同的是周期窃取方式不需要使用程序完成数据的输入或输出，只是借用了处理器的一个时钟周期完成 DMA 工作流程，因此其工作速度要比 PIO 方式快很多。

周期窃取方式的优点是硬件结构很简单，比较容易实现。其缺点是在数据输入或输出过程中实际上占用了处理器的时间。

(2) 直接存取方式，这是一种真正的 DMA 方式。DMA 控制器的数据传送申请不是发往处理器，而是直接发往内存。在得到内存的响应之后，整个 DMA 工作流程全部在 DMA 控制器中用硬件完成。

直接存取方式的优点与缺点正好与周期窃取方式相反。目前的多数计算机系统采用直接存取方式工作。

(3) 数据块传送方式。在 I/O 设备控制器中设置一个比较大的数据缓冲存储器。I/O 设备之间的数据交换在数据缓冲存储器中进行。I/O 设备控制器与内存之间的数据交换以数据块为单位，并采用程序中断方式进行。

数据块传送方式实际上并不是 DMA 方式，只是它在每次中断输入输出过程中是以数据块为单位获得或发送数据的，这一点与上面两种 DMA 方式相同，因此通常也把这种输入输出方式归入 DMA 方式。

6.4 中断技术

中断技术 01

中断技术在计算机中应用极为广泛，它不仅可用于数据传输，提高数据传输过程中处理器的利用率，而且可以用来处理一些需要实时响应的事件，例如异常、时钟、掉电、特殊状态等。在操作系统中，还使用中断进行一些系统级的特殊操作，如虚拟存储器中页面的调入调出等。

◇ **6.4.1 中断的基本概念**

中断(interruption)是指在处理器执行程序的过程中，由于某种随机事件或异常事件引起处理器暂时停止正在执行的程序，而转去执行一个用于处理该事件的程序，并在处理完后返回被暂时停止的程序断点处继续原程序执行的过程。图 6-19 给出了一次典型的中断过程。

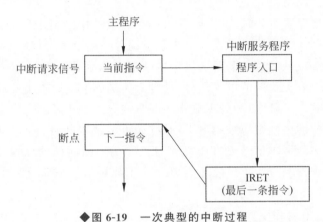

◆ 图 6-19　一次典型的中断过程

用于处理某种异常或随机事件的有针对性的程序称为**中断服务程序**或**中断处理程序**。引起中断的事件称为**中断源**。中断源可以来自处理器内部，称为内部中断源，相应的中断就称为**内部中断**；中断源也可以来自处理器外部，称为外部中断源，相应的中断就称为**外部中断**。

内部中断主要包括以下几种情况：

(1) 处理器执行指令时产生的异常中断，如被零除（除数过小）中断、溢出中断、单步中断（标志位 TF=1 且 IF=1 时，每执行一条指令会引起一次中断）等。

(2) 特殊操作引起的异常中断，如存储器越界、缺页等。

(3) 程序中的 INT n 中断指令引起的中断。

外部中断是由处理器外部硬件电路发出的电信号引起的中断，分为可屏蔽中断和非屏蔽中断两种。

非屏蔽中断请求 NMI 为上升沿有效的输入信号，对它的响应不受中断允许标志位 IF 的控制。NMI 被响应时，处理器自动产生类型码为 2 的中断，并转入中断服务程序。非屏蔽中断常用于奇偶校验错误和其他系统故障（如掉电等）。

绝大多数 I/O 设备提出的中断请求都是可屏蔽中断，可屏蔽中断的中断请求信号 INTR 从处理器的 INTR 端引入，高电平有效。可屏蔽中断的响应受到 IF 标志位的控制。当 IF=1 时，处理器在一条指令执行完后会响应可屏蔽中断；当 IF=0 时，INTR 的中断请求被屏蔽，处理器不予响应，即中断被屏蔽。

事实上，在日常生活中，中断也是很常见的。例如，当你正在看书时，门铃和电话铃同时响了，这时你必须对这两个事件做出反应，并迅速做出判断：是先接电话还是先开门。假如你认为开门比较紧急，就会暂时停止看书（你可能还会在正看的页码处夹上书签）而先去开门,然后去接听电话。这两个事件处理完后,再从原来中断的地方接着看书。

◇6.4.2 中断处理的一般过程

上述接电话和开门的例子实际上就包含了计算机处理中断的 5 个步骤,即中断请求、中断源识别(中断判优)、中断响应、中断服务和中断返回。下面以外部可屏蔽中断为例,简要介绍中断处理过程的 5 个步骤。

1. 中断请求

I/O 设备需要处理器服务时,首先要发出一个有效的中断请求信号送到处理器的中断输入端。中断请求信号分为边沿触发和电平触发两种。边沿触发指的是处理器根据中断请求端上有无从低到高或从高到低的跳变决定中断请求信号是否有效;电平触发指的是处理器根据中断请求端上有无稳定的电平信号(高电平还是低电平取决于处理器的设计)确定中断请求信号是否有效。一般来说,处理器能够即时响应的中断可以采用边沿触发(如非屏蔽中断),不能即时响应的中断则应采用电平触发(如可屏蔽中断),否则中断请求信号就会丢失。对外部可屏蔽中断请求信号 INTR,为保证产生的中断能被处理器处理,INTR 信号应保持到该请求被处理器响应为止。处理器响应后,INTR 信号还应及时撤除,以免造成多次响应。

2. 中断源识别(中断判优)

系统的外部中断请求大多通过可屏蔽中断请求端 INTR 输入。当处理器检测到 INTR 端有高电平有效的中断请求输入时,首先需要判断是哪个中断源发出的中断请求。如果仅有一个中断源提出中断请求,则可以直接识别并确定是否响应该请求(响应条件详见下文);但系统中通常具有多个中断源。由于中断产生的随机性,有可能在某一时刻有两个以上的中断源同时发出中断请求,而处理器往往只有一条中断请求输入线,且任一时刻只能响应并处理一个中断。这就要求处理器能识别出是哪些中断源提出了中断请求,并确定出当前优先级最高的中断请求,对其进行响应;在处理完该请求后,再按优先级依次响应其他中断源发出的中断请求。这种根据优先级确定响应顺序的过程称为中断判优。

图 6-20 描述了一个简单的中断判优方法。在图 6-20 中,外部中断源发出的中断请求信号 IRQ 被锁存在中断请求寄存器中,并通过或门,送到处理器的 INTR 端,同时把外部中断源的中断请求状态经并行接口输入处理器。

若某一中断源发出中断请求,中断请求信号经或门送到处理器的 INTR 端。若处理器响应该中断,则在进入中断服务程序后,用软件读取并行输入接口的值(图 6-20 中为 $IRQ_0 \sim IRQ_7$ 的状态),逐位查询输入的各位的状态,以确定是哪个中断源发出的请求。查询的次序就反映了各中断源优先级的高低:先被查询的中断源优先级最高,后被查询的优先级依次降低。这种中断判优方法的硬件电路简单,优先权安排灵活,但软件查询花费时间较长,在中断源较多的情况下会影响中断响应的实时性。

高优先级的中断可以中断低优先级的中断,形成中断嵌套(interrupt nesting)。大部分中断控制电路在解决中断优先级的同时也实现了中断嵌套。中断嵌套的层数一般不受限制,但设计中断服务程序时要注意留有足够的堆栈空间,因为每一层嵌套都要用堆栈保护断点,使得堆栈内容不断增加。若堆栈空间过小,中断嵌套层次较多时就会产生堆栈溢出现

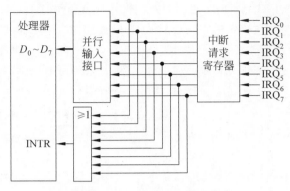

◆图 6-20　一个简单的中断判优方法

象,使程序运行失败。

在现代计算机系统中,中断源识别及其优先级顺序的判定都由中断控制器完成。本章将在 6.5 节介绍一种具体的中断控制器——8259A,以帮助读者理解中断响应的一般过程。图 6-21 给出了 Intel 微处理器的内部中断逻辑,其中标出了部分内部异常中断和非屏蔽中断的中断类型码。INT n 指令中断是用户自定义的软件中断,也称为 n 型中断,由 3.3.5 节可知,INT 指令中断的中断类型码 n 由指令指定。

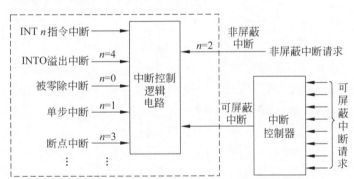

◆图 6-21　Intel 微处理器的内部中断逻辑

INT n 指令中断可以模拟任何其他类型中断。在调试各种非 INT n 指令中断的中断服务程序时,可以用 INT 指令模拟它们发出的中断请求,使原本非常难于调试的中断服务程序变得非常简单。内部中断和非屏蔽中断的类型码均为固定值。除单步中断外,其他的内部中断不受 IF 状态标志位影响。

3. 中断响应

中断优先级确定后,发出中断请求的中断源中优先级最高的请求被送到处理器的中断请求输入引脚上。处理器在每条指令执行的最后一个时钟周期检测中断请求输入引脚上有无中断请求。但处理器并不是在任何时刻、任何情况下都能对中断请求进行响应。要使处理器响应中断请求,必须满足以下条件:

(1) 一条指令执行结束。处理器在一条指令执行的最后一个时钟周期对中断请求进行检测,当满足本条件和下述 3 个条件时,指令执行一结束,处理器即可响应中断。

(2) 处理器处于开中断状态。只有在处理器的 IF=1,即处于开中断状态时,处理器才

中断技术 02

有可能响应可屏蔽中断请求(对非屏蔽中断及内部中断无此要求)。

(3) 当前没有发生复位(RESET)、保持(HOLD)、内部中断和非屏蔽中断请求。在复位或保持状态时,处理器不工作,不可能响应中断请求;而非屏蔽中断的优先级比可屏蔽中断高,当两者同时产生时,处理器会响应非屏蔽中断而不响应可屏蔽中断。

(4) 若当前执行的指令是开中断指令(STI)和中断返回指令(IRET),则它们执行完后再执行一条指令,处理器才能响应 INTR 请求。另外,对前缀指令,如 LOCK、REP 等,处理器会把它们和它们后面的指令看作一个整体,直到这个整体指令执行完,才能响应可屏蔽中断请求。

由 3.3.5 节可知,中断响应时,处理器除了要向中断源发出中断响应信号外,还需要完成以下工作:

(1) 保护硬件现场,即 FLAGS(PSW)。

(2) 保护断点。将断点的段地址(CS 值)和偏移地址(IP 值)压入堆栈,以保证中断结束后能正常返回被中断的程序。

(3) 获得中断服务程序入口。

4. 中断服务

中断服务由中断服务程序完成。中断服务程序在形式上与一般的子程序基本相同,区别在于:

- 中断服务程序只能是远过程(类型为 FAR)。
- 中断服务程序要用 IRET 指令返回被中断的程序。

在中断服务程序中通常要做以下几项工作:

(1) 保护软件现场。保护软件现场是指把中断服务程序中要用到的寄存器的原内容压入堆栈保存起来。因为中断的发生是随机性的,若不保护现场,就有可能破坏主程序被中断时的状态,从而造成中断返回后主程序无法正确执行。

(2) 开中断。处理器响应中断时会自动关闭中断(使 IF=0)。若进入中断服务程序后允许中断嵌套,则需要用指令(如 8086/8088 中的 STI 指令)开中断(使 IF=1)。

(3) 执行中断处理。中断服务程序由程序员根据中断处理的具体需要编写。但中断服务程序不宜过长和过于复杂,在中断服务程序中停留的时间越短越好,否则程序运行时既容易出乱,也影响对其他中断源的及时处理。通常的处理方法是,在中断服务程序中只执行那些必须执行的操作,而其他相关操作可放到中断服务程序外执行(例如放到主程序中)。

(4) 关中断。相应的中断处理指令执行结束后需要关中断,以确保有效地恢复被中断程序的现场。在 8086/8088 中,关中断指令为 CLI。

(5) 恢复现场。就是对先前保护的现场进行恢复,即把开中断前保存在有关寄存器中的内容按入栈的相反顺序从堆栈中弹出,使这些寄存器恢复到中断前的状态。

5. 中断返回

中断返回需执行中断返回指令 IRET,其操作正好是处理器在中断响应时自动保护硬件现场和断点的逆过程。即处理器会自动地将堆栈内保存的断点信息和 FLAGS 寄存器弹出到 IP、CS 和 FLAGS 寄存器中,保证被中断的程序从断点处继续往下执行。

◇ **6.4.3 中断处理过程的流程图描述**

根据 6.4.2 节的描述,从某个中断源发出中断请求到该中断请求全部处理完成的主要过程可以用图 6-22 所示的流程图描述。

在图 6-22 所示的中断处理过程基础上,x86 处理器对不同类型的中断的处理过程又略有区别,主要是内部中断、非屏蔽中断和可屏蔽中断之间在响应周期和类型码获取方式上存在差异。

1. 内部中断和非屏蔽中断

处理器在执行内部中断和非屏蔽中断时,**没有中断响应总线周期**。对于除法溢出、单步、断点、溢出等内部异常中断及非屏蔽中断,会自动形成相应的中断类型码(见图 6-21);对于 INT n 指令,其中断类型码由 INT n 指令中给定的 n 决定。获得中断类型码后,就可以由中断类型码获取中断向量地址(实模式下的中断向量地址=中断类型码×4)。

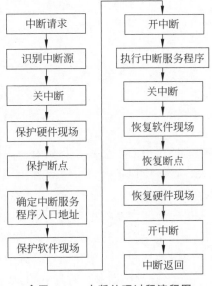

◆图 6-22 中断处理过程流程图

内部中断和非屏蔽中断具有如下一些特点:

- 内部中断由处理器内部引起,中断类型码的获得与外部无关,处理器不需要执行中断响应周期以获得中断类型码。
- 除单步中断外,内部中断和非屏蔽中断均无法用软件禁止,不受中断允许标志位 IF 的影响。

2. 可屏蔽中断响应过程

当 INTR 信号有效时,如果中断允许标志位 IF=1,则处理器就会在当前指令执行完毕后产生两个连续的中断响应总线周期。在第一个中断响应总线周期,处理器将地址/数据总线置为高阻状态,发出第一个中断响应信号 $\overline{\text{INTA}}$ 给 8259A 中断控制器,表示处理器响应此中断请求,禁止来自其他总线控制器的总线请求。在最大模式下,处理器还要启动 LOCK 信号,通知总线仲裁器 8289,使系统中其他处理器不能访问总线。在第二个中断响应总线周期,处理器送出第二个 $\overline{\text{INTA}}$ 信号,该信号通知 8259A 中断控制器将相应中断请求的中断类型码放到数据总线上供处理器读取。图 6-23 给出了 x86 处理器对 INTR 中断的响应时序。

处理器读取中断类型码 n 后的中断处理过程也和内部中断一样。

以上所述的软件中断、单步中断、断点中断、非屏蔽中断和可屏蔽中断的优先级是由 8086/8088 识别中断的先后顺序来决定的。其基本过程是:在当前指令执行完后,处理器首先查询在指令执行过程中是否有内部中断和 INT n 中断请求,然后查询是否有非屏蔽中断请求,最后查询有无可屏蔽中断和单步中断请求。

◇ **6.4.4 中断向量表**

处理器根据中断类型码获取中断向量值,即对应中断服务程序的入口地址。为了让处

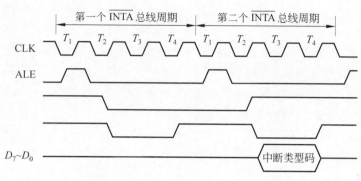

◆ 图 6-23　x86 INTR 中断的响应时序

理器能够由中断类型码查找到对应的中断向量,就需要在内存中建立一张查询表,即中断向量表(在 32 位保护模式下该表称为中断描述符表)。中断向量表位于内存的最低 1KB(即内存中 00000H～003FFH 区域)。x86 微处理器支持 256 个中断(即 256 个中断服务程序的入口地址),中断类型码为 1 字节,取值为 0～255。对应每个中断需要安排一个中断服务程序。在实模式运行方式下,每个中断向量由 4 字节组成。这 4 字节指明了一个中断服务程序的段地址和段内偏移地址。其中低位字(2 字节)存放中断服务程序入口地址的偏移地址,高位字存放中断服务程序入口地址的段地址。按照中断类型码的大小,对应的中断向量在中断向量表中有规则地按顺序存放,如图 6-24 所示。

当 x86 微机启动时,ROM BIOS 中的程序会在物理内存的起始地址 0000H:0000H 处初始化并设置中断向量表,系统内部各中断的默认中断服务程序则在 BIOS 中给出。由于中断向量表中的向量是按中断类型码顺序排列的,因此给定一个中断类型码 n,它对应的中断向量在内存中的位置就是 $0000:4n$,即的中断服务程序入口地址保存在物理内存 $0000:4n$ 位置处。处理器在响应中断时,通过得到的中断类型码就可以判断出是哪个中断源提出了中断请求,并找到对应的中断服务程序。

例如,中断类型码为 21H 的中断,其中断向量存放在从 $0000:0084H(4\times 21H=84H)$ 开始的 4 字节单元中。计算出中断向量地址后,只要取 $4n$ 和 $4n+1$ 单元的内容装入 IP,取 $4n+2$ 和 $4n+3$ 单元的内容装入 CS,即可转入中断服务程序。

◇6.4.5　现代微机中的中断技术

1. 中断和异常

80386 以上的系统在上述各种中断类型基础上进一步丰富了内部中断的功能,把许多执行指令过程中产生的错误情况也纳入异常中断范围,简称异常(exception)。现有的资料中,将 INT n 指令产生的中断也列入了异常中断范围。

总体上,异常中断分为失效(fault)、陷阱(trap)和终止(abort)3 类。这 3 类异常中断的差异主要表现在两方面:一是发生异常的报告方式,二是异常中断服务程序的返回方式。

(1) **失效**。失效是指某条指令在启动之后、真正被执行之前检测到异常,从而产生的中断。中断服务程序执行完相应的中断处理后返回该条指令并重新启动执行。例如,在读虚

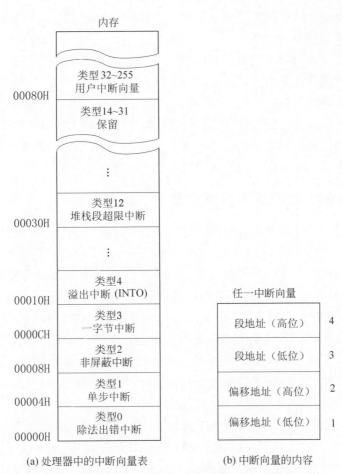

◆图 6-24 x86-16 处理器中的中断向量表及中断向量的内容

拟存储器时,先产生存储器页失效或段失效①,其中断服务程序立即按被访问的页或段将虚拟存储器的内容从磁盘上转移到物理内存中,然后再返回主程序中重新执行这条指令,从而使程序可以正常执行下去。

(2) **陷阱**。产生陷阱的指令在执行后才被报告,其中断服务程序完成相应的中断处理后会返回主程序中被中断指令的下一条指令处(见图 6-19)。例如,用户自定义的中断指令 INT n 就属于此类型。

(3) **终止**。异常发生后无法确定造成异常指令的实际位置,例如硬件错误或系统表格中的错误值造成的异常。在此情况下,原来的程序已无法继续执行,因此中断服务程序往往重新启动操作系统并重建系统表格。

2. 中断描述符表

在 32 位及以上 Intel 处理器中,由于虚拟存储器和保护模式的出现,中断向量不再固定存放在 00000H～003FFH 的中断向量表中,而是设置了中断描述符表(interrupt descriptor

---

① 虚拟存储器由内存和联机外存组成,有页式、段式和段页式虚拟存储器 3 种。由操作系统负责基于一定算法按页、段或段页将外存中的数据调入内存。页失效(或段失效)表明该页(或该段)未成功装入内存,需要重新调度。

table,IDT)。每个中断描述符表项中除了含有中断服务程序地址以外,还包含有关特权级和中断描述符类别等信息。

每个中断描述符表项占 8 字节。其中包括 2 字节的选择器和 4 字节的偏移量,这 6 字节共同决定了中断服务程序的入口地址;其余 2 字节存放类型值等说明信息。

在保护模式下,中断描述符表在内存的位置不再限于从地址 0 开始的地方,而是可以放在内存的任何地方。为此,处理器中增设了中断描述符表寄存器(IDTR),用来存放中断描述符表在内存的起始地址。中断描述符表寄存器是一个 48 位的寄存器,其低 16 位保存中断描述符表的大小,高 32 位保存中断描述符表的基地址。

◇6.4.6　ARM 处理器的异常中断

计算机通常用异常处理在执行程序时发生的意外事件,如中断、存储器故障等。从上面的叙述中已知,中断是暂时中止程序的正常执行流程,转去执行一段针对特定事件的程序(中断服务程序)的过程。可以说中断表征了一种异常,故也将中断称为异常中断。

ARM 处理器在正常的程序执行过程中,每执行一条 ARM 指令,程序计数器的值加 4 (对 Thumb 指令,则每执行一条指令该值加 2),整个过程按顺序执行。与 Intel 处理器类似,ARM 处理器在程序执行过程中可以通过控制跳转类指令使程序跳转到特定的地址标号处或者跳转到特定的子程序处继续执行。当应用程序发生异常中断时,ARM 处理器进入相应的异常模式。系统执行完当前指令后,跳转到相应的异常中断服务程序处执行异常处理,处理完成后再返回原来的程序被中断处继续执行。

异常中断改变了程序的正常执行顺序,因此在进入异常中断服务程序时,要保存被中断程序的执行现场(断点地址和硬件现场);从异常中断处理程序退出时,要恢复被中断程序的执行现场。ARM 处理器的每一种异常模式都有若干影子寄存器(记为 Rx_<mode>形式的寄存器)供相应的异常中断服务程序使用,这样可以保证进入异常模式时用户模式下的寄存器(保存了程序运行状态)不被破坏。

在 ARM 体系结构中,异常中断用来处理软件中断、未定义指令陷阱(它不是真正的意外事件)及系统复位功能(它在逻辑上发生在程序执行前而不是在程序执行中,尽管处理器在运行中可能再次复位)和外部事件,这些不正常事件都被划归异常事件,因为在 ARM 处理器的控制机制中,它们都使用同样的流程进行异常处理。

按照引起异常事件的不同,ARM 异常中断可分为 3 类:

(1) 指令执行引起的直接异常软件中断、未定义指令中断(包括所要求的协处理器不存在时的协处理器指令)和指令预取中止中断(因取指过程中的存储器故障导致的无效指令)。

(2) 指令执行引起的间接异常。因读取和存储数据时的存储器故障引起的数据终止。

(3) 外部产生的与指令流无关的异常,如复位中断、外部中断请求(IRQ)中断、快速中断请求(FIQ)中断等。

表 6-1 给出了 ARM 体系结构支持的异常中断,其中列出了异常中断类型、中断向量地址、每种中断的优先级和含义。

表 6-1　ARM 体系结构支持的异常中断

异常中断类型	中断向量地址	优先级	含　义
复位中断（Reset）	00000000H	1	当处理器复位引脚有效时产生复位中断，程序跳转到复位中断服务程序处执行。复位中断常用于系统加电时、系统复位时和软复位（跳转到复位中断向量处执行）时
数据访问中止中断	00000010H	2	若数据访问指令的目标地址不存在，或该地址不允许当前指令访问，处理器产生数据访问中止中断
外部中断请求中断	00000018H	3	当处理器外部中断请求引脚有效，且 CPSR 的 I 控制位为 0 时，处理器产生外部中断请求中断。系统各 I/O 设备常通过该异常中断类型请求中断服务
快速中断请求中断	0000001CH	4	当处理器快速中断请求引脚有效，且 CPSR F 控制位为 0 时，处理器产生外部快速中断请求中断
指令预取中止中断	0000000CH	5	若处理器预取的指令地址不存在，或该地址不允许当前指令访问，则在该被预取指令执行时，会产生指令预取中止中断
软件中断	00000008H	6	用户定义的异常中断指令引起的中断。常用于用户模式下的程序调用特权操作
未定义指令中断	00000004H	7	当处理器或系统中的协处理器认为当前指令未定义时，产生未定义指令中断。可通过该机制仿真浮点向量运算

1. ARM 的异常中断响应过程

ARM 处理器对异常中断的响应过程如下：

（1）将当前程序状态寄存器（CPSR）的内容保存到将要执行的异常中断对应的程序状态保存寄存器（SPSR）中，以实现对处理器当前状态、中断屏蔽位及各条件标志位的保存。每个异常中断模式都有自己相应的物理寄存器 SPSR。

（2）设置 CPSR 中的相应位。

- 设置 CPSR 模式控制位 CPSR[4:0]，使处理器进入相应的执行模式。
- 设置中断标志位（CPSR[6]=1），禁止 IRQ 中断。
- 当进入 Reset 或 FIQ 模式时，还要设置中断标志位（CPSR[7]=1），禁止 FIQ 中断。

（3）将引起异常指令的下一条指令的地址保存到新的异常工作模式的 R14 寄存器（即 R14_mode）中，使异常处理程序执行完后能正确返回原来的程序。

（4）给程序计数器强制赋值，使程序从表 6-1 给出的相应的中断矢量地址开始执行中断处理程序。一般来说，中断矢量地址处将包含一条指向相应程序的转移指令，从而可跳转到相应的异常中断服务程序处进行异常中断处理。

每个异常模式对应两个寄存器：R13_<mode>和 R14_<mode>，分别保存相应模式下的堆栈指针和返回地址。堆栈指针可用来定义一个用于保存其他用户寄存器内容的存储区域，这样异常中断服务程序就可使用这些寄存器。

FIQ 模式还有额外的专用寄存器：R8_fiq～R12_fiq，使用这些寄存器可加快 FIQ 中断的处理速度。

2. 中断返回

复位异常中断服务程序执行完后，不需要返回，因为系统复位后将开始整个用户程序的执行。复位异常之外的异常一旦处理完毕,必须恢复用户任务的正常执行,这就要求异常中断服务程序能精确地恢复异常发生时的用户状态。从异常中断服务程序中返回时,需要执行以下 4 个基本操作:

(1) 所有修改过的用户寄存器必须从异常中断服务程序的保护堆栈中恢复(即出栈)。

(2) 将 SPSR_mode 寄存器的内容复制到 CPSR 中,使得 CPSR 从相应的 SPSR 中恢复,即恢复被中断的程序工作状态。

(3) 根据异常中断类型将程序计数器变回到用户指令流中的相应指令处。

(4) 清除 CPSR 中的中断禁止标志位 I 和 F。

这里,第(2)、(3)步不能独立完成。这是因为,如果先恢复 CPSR,则保存返回地址的当前异常模式的 R14 就不能再访问了;如果先恢复程序计数器,异常中断服务程序将失去对指令流的控制,使 CPSR 不能恢复。

为确保指令总是按正确的操作模式读取,以保证存储器保护方案不被绕过,ARM 处理器提供了两种返回处理机制。利用这两种机制,可使上述第(2)步作为一条指令的一部分同时完成:当返回地址保存在当前异常模式的 R14 寄存器中时,使用其中一种机制;当返回地址保存在堆栈中时,使用另一种机制。

3. 中断向量表

中断向量表用于指定各异常中断与相应的异常中断服务程序的对应关系,通常位于内存地址的低地址端(参见表 6-1)。在 ARM 体系结构中,异常中断向量表的大小为 32 字节。其中,每个异常中断占据 4 字节,在这 4 字节空间中存放一条跳转指令或者一条向程序计数器中赋值的数据访问指令。当异常中断产生时,通过这两条指令,使程序跳转到相应的异常中断服务程序处执行。

4. 异常中断的优先级

当多个异常中断同时发生时,就需按照一定的顺序处理。Intel 处理器的中断响应有优先级顺序,在 ARM 中也同样如此。ARM 处理器中各类异常中断的优先级顺序如表 6-1 所示。

复位是优先级最高的异常中断,这是因为复位从确定的状态启动微处理器,使得所有其他未解决的异常都被自动清除了。

最复杂的异常莫过于 FIQ、IRQ 和第 3 个异常(不是复位)同时发生的情形,FIQ 比 IRQ 的优先级高,会将 IRQ 屏蔽,所以 IRQ 将被忽略,直到 FIQ 的异常中断服务程序明确地将 IRQ 使能或返回用户代码为止。

如果第 3 个异常是数据访问中止,则因为进入数据访问中止异常并未将 FIQ 屏蔽,所以 ARM 处理器将在进入数据访问中止的异常中断服务程序后,立即进入 FIQ 的异常中断服务程序。数据访问终止将被"记录"在返回路径中,当 FIQ 的异常中断服务程序返回时对其进行处理。

> 作为处理器家族中的一种,ARM 处理器的异常中断在总体概念和原理上与 Intel 处理器中的中断有很多类似的地方,只是由于两种处理器在内部结构和工作模式上存在一些差异,在具体的技术细节和策略上有不同。鉴于本书的定位并非嵌入式系统开发,对 ARM 处理器的中断响应和处理的具体实现方法不再详述。读者若深入理解了 Intel 处理器的中断技术,再加上本节的基础,将更容易掌握 ARM 处理器的中断系统设计。

6.5 可编程中断控制器 8259A

8259A 是 Intel 公司为其系列处理器开发的可编程中断控制器(Programmable Interrupt Controller,PIC),用于管理系统中的可屏蔽中断请求。它可以实现对 8 个中断源的优先级控制,通过多片级联还可扩展至对 64 个中断源的优先级控制,并可根据需要对中断源进行中断屏蔽。8259A 有多种工作方式,可以通过编程选择,以适应不同的应用场合。Intel 公司及其他厂商的最新芯片集中仍然采用 8259A 作为可编程中断控制器。

◇6.5.1 8259A 的引脚及内部结构

1. 引脚

8259A 采用 28 引脚双列直插式封装,其主要引脚如下:

- $D_0 \sim D_7$:双向数据线,与系统的数据总线相连,用于写入控制字、命令字以及向处理器输出中断向量码。
- $\overline{RD}$、$\overline{WR}$:读控制和写控制信号,低电平有效,分别与系统总线的 $\overline{IOR}$、$\overline{IOW}$ 相连。
- $\overline{CS}$:片选信号,低电平有效,连接到 I/O 译码器输出。
- A_0:8259A 内部寄存器选择信号。它与 $\overline{CS}$、$\overline{WR}$、$\overline{RD}$ 信号配合,对不同的内部寄存器进行读写。在使用中,它通常接地址总线的某一位,例如 A_1 或 A_0 等。
- INT:8259A 的中断请求输出信号,可直接接到处理器的 INTR 输入端。
- $\overline{INTA}$:中断响应输入信号。处理器的中断响应信号由此端进入 8259A。
- $CAS_0 \sim CAS_2$:级联控制线。当多片 8259A 级联工作时,其中一片为主控芯片,其他为从属芯片。对于主片,其 $CAS_0 \sim CAS_2$ 为输出;对于各从片,其 $CAS_0 \sim CAS_2$ 为输入。主片的 $CAS_0 \sim CAS_2$ 与从片的 $CAS_0 \sim CAS_2$ 对应相连。当某个从片提出中断请求时,主片通过 $CAS_0 \sim CAS_2$ 送出相应的编码给从片,使从片的中断被允许。
- $\overline{SP}/\overline{EN}$:双功能引脚。当 8259A 工作在缓冲模式时,该引脚为输出,用于控制缓冲器的传送方向。当数据从处理器送往 8259A 时,$\overline{SP}/\overline{EN}$ 输出为高电平;当数据从 8259A 送往处理器时,$\overline{SP}/\overline{EN}$ 输出为低电平。当 8259A 工作在非缓冲模式时,该引脚为输入,用于指定 8259A 是主片还是从片。$\overline{SP}=1$ 的 8259A 为主片,$\overline{SP}=0$ 的 8259A 为从片。只有一个 8259A 时,它应接高电平。
- $IR_0 \sim IR_7$:中断请求输入信号,与外设的中断请求线相连。当它为上升沿或高电平(可通过编程设定)时表示有中断请求到达。

2. 8259A 的内部结构

8259A 内部包括中断请求寄存器(Interrupt Request Register,IRR)、中断服务寄存器(Interrupt Service Register,ISR)、中断屏蔽寄存器(Interrupt Mask Register,IMR)、中断判优电路、数据总线缓冲器、读写控制电路、控制逻辑电路和级联缓冲/比较器等组成,如图 6-25 所示。

(1) 中断请求寄存器用于保存从 $IR_0 \sim IR_7$ 来的中断请求信号。某一位为 1 表示相应引脚上有中断请求信号。该中断请求信号至少应保持到该请求被响应为止。中断被响应

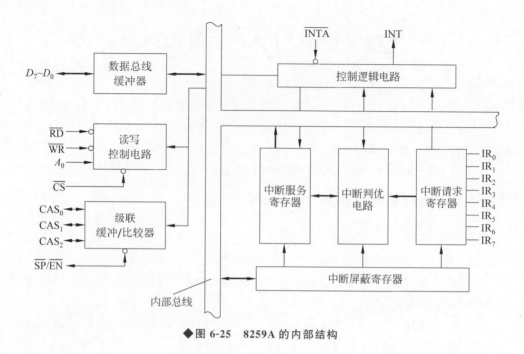

◆图 6-25 8259A 的内部结构

后,该 IR 引脚上的请求信号应撤销。否则,在中断处理完成后,该 IR 引脚上的高电平可能会引起又一次中断服务。

(2) 中断服务寄存器用于保存所有正在接受服务的中断源。它是 8 位的寄存器(IS_0~IS_7 分别对应 IR_0~IR_7)。在中断被响应时,中断判优电路把发出中断请求的中断源中优先级最高的中断源对应的位置 1,以表示该中断请求正在处理中。ISR 的某一位 IS_i 置 1 可阻止与它同级及更低优先级的请求被响应,但不阻止比它优先级高的中断请求被响应,即允许中断嵌套。所以,ISR 中可能有不止一位被置 1。当 8259A 收到中断结束(End Of Interrupt, EOI)命令时,ISR 相应位会被清除。对自动中断结束(Automatic EOI, AEOI)操作,ISR 中刚被置 1 的位在中断响应结束时自动复位。

(3) 中断屏蔽寄存器用于存放中断屏蔽字,它的每一位分别与 IR_7~IR_0 相对应。其中为 1 的位对应的中断请求输入将被屏蔽,为 0 的位对应的中断请求输入不受影响。

(4) 中断判优电路监测从 IRR、ISR 和 IMR 来的输入,并确定是否应向处理器发出中断请求。在中断被响应时,它要确定 ISR 的哪一位置 1,并将相应的中断类型码送给处理器;在收到 EOI 命令时,它要决定 ISR 哪一位应复位。

◇ **6.5.2　8259A 的工作过程**

当系统通电后,首先应对 8259A 初始化,也就是由处理器执行一段程序,向 8259A 写入若干控制字,使其处于指定的工作方式。当初始化完成后,8259A 就处于就绪状态,随时可接收外设送来的中断请求信号。当外设发出中断请求后,8259A 对外部中断请求的处理过程如下:

(1) 当有一条或若干中断请求输入线(IR_0~IR_7)上的中断请求信号有效时,IRR 的相应位置 1。

(2) 若中断请求线中至少有一条的中断未被屏蔽,则 8259A 由 INT 引脚向处理器发出中断请求信号 INTR。

(3) 若处理器处于开中断状态,则在当前指令执行完以后,处理器用 $\overline{\text{INTA}}$ 信号作为对 INTR 的响应。

(4) 8259A 在接收到处理器发出的第一个 $\overline{\text{INTA}}$ 脉冲后,使最高优先权的中断对应的 ISR 中的位置 1,并使相应的 IRR 中的位复位。

(5) 在第二个中断响应总线周期中,处理器再输出一个 $\overline{\text{INTA}}$ 脉冲,这时 8259A 就把刚才选定的中断源对应的 8 位中断类型码放到数据总线上。处理器读取该中断类型码并乘以 4,就可以从中断向量表中取出中断服务程序的入口地址并转去执行。

(6) 若 8259A 工作在自动中断结束 AEOI 方式,在第二个 $\overline{\text{INTA}}$ 脉冲结束时,就会使中断源对应的 ISR 中的位复位。对于非自动中断结束方式,则由处理器在中断服务程序结束时向 8259A 写入 EOI 命令,才能使 ISR 中的相应位复位。

◇6.5.3 8259A 的工作方式

8259A 有多种工作方式,使用非常灵活。由于 8259A 的工作方式多,学习起来不太容易,这里仅作简单介绍。

1. 中断优先级方式

中断优先级方式有以下 3 种。

(1) 一般全嵌套方式。这是最常用的工作方式,8259A 加电后就处于这种方式。在这种方式下各中断请求的优先级是固定的。在未重新设置优先级的情况下,默认 IR_0 优先级最高,IR_7 优先级最低。处理器响应中断后,将中断服务寄存器中的相应位置 1,将中断类型码送上数据总线。能够屏蔽同级和低级的中断请求。若此时处理器处于开中断(IF=1)状态,可以响应更高优先级的中断请求,即较高优先级中断可以中断较低优先级的中断处理过程,实现中断嵌套。

(2) 特殊全嵌套方式。这种方式一般用于 8259A 级联系统中。将主片初始化为特殊全嵌套方式,从片处于其他工作方式(如普通全嵌套方式)。当处理某一从片的中断请求时,主片除对本片上优先级较高的其他 IR 引脚上的中断请求开放外,还对来自该从片的较高优先级请求开放,这样可使从片上优先级更高的中断能够得到响应。

一般全嵌套方式与特殊全嵌套方式的区别如图 6-26 所示。

特殊全嵌套方式和一般全嵌套方式的差别在于:在特殊全嵌套方式下,当处理某一级中断时,如果有同级的中断请求,8259A 也会给予响应,从而实现一个中断处理过程能被另一个具有同一优先级的中断请求打断。

(3) 优先级自动旋转方式。在实际应用中,许多中断源的优先级不一定有明显区别,若采用固定优先级,则低级中断源的中断请求有可能总是得不到服务。解决的方法是使这些中断源轮流处于最高优先级,这就是自动中断优先级循环方式。

这种方式中的优先级顺序可以变化。一个中断源得到中断服务以后,它的优先级自动降为最低,原来比它低一级的中断则为最高级,依次得到处理。例如,若初始优先级从高到低依次为 IR_0,IR_1,…,IR_7,此时如果 IR_4 和 IR_6 有中断请求,则先处理 IR_4。在 IR_4 被服务

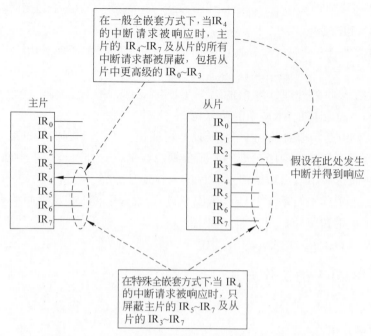

◆图 6-26 一般全嵌套方式与特殊全嵌套方式的区别

以后,IR_4 自动降为最低优先级,IR_5 成为最高优先级,这时中断源的优先级顺序变为 IR_5,IR_6,IR_7,IR_0,IR_1,IR_2,IR_3,IR_4。

2. 中断结束处理方式

不管用哪种中断优先级方式工作,当一个中断请求 IR_i 得到响应时,8259A 都会将中断服务寄存器中的相应位 IS_i 置 1。而当中断服务程序结束时,则必须将该 IS_i 位清零(复位);否则,8259A 的中断控制功能就会不正常。这个使 IS_i 位复位的动作就是中断结束处理。注意,这里的中断结束是指 8259A 结束中断的处理,而不是处理器结束执行中断服务程序。

8259A 分自动中断结束方式和非自动中断结束方式,而非自动中断结束方式又分为正常(一般)中断结束方式和特殊中断结束方式。

(1) 自动中断结束(AEOI)方式。若采用 AEOI 方式,8259A 在第二个中断响应周期 $\overline{INTA}$ 信号的后沿自动将中断服务寄存器中的相应位清除。这样,尽管系统正在为某个设备进行中断服务,但对 8259A 来说,中断服务寄存器中却没有保留正在服务的中断的状态,所以,对 8259A 来说,好像中断服务已经结束了一样。这种最简单的中断结束方式只能用于没有中断嵌套的情况。

(2) 正常中断结束(EOI)方式。这种方式配合全嵌套中断优先级工作方式使用。当处理器用输出指令向 8259A 发出正常中断结束(EOI)命令时,8259A 就会把 ISR 中已置 1 的位中的最高位复位。因为在全嵌套中断优先级方式中,置 1 的最高位对应最后一次被响应和被处理的中断,也就是当前正在处理的中断,所以,把已置 1 的位中的最高位复位相当于结束当前正在处理的中断。

(3) 特殊中断结束(Special EOI,SEOI)方式。在非全嵌套中断优先级方式下,由于中断优先级不断改变,无法确知当前正在处理的是哪一级中断,这时就要采用特殊中断结束方式。这种方式反映在程序中就是要发一条特殊中断结束命令,这个命令中指出了要清除 ISR 中的哪一位。

有一点要注意,不管是正常中断结束方式还是特殊中断结束方式,在一个中断服务程序结束时,对于级联使用的 8259A 都必须发两次中断结束命令,一次是发给主片的,另一次则是发给从片的。

3. 屏蔽中断源的方式

8259A 的 8 个中断请求都可根据需要单独屏蔽,屏蔽是通过编程使得中断屏蔽寄存器相应位置 0 或置 1,从而允许或禁止该位对应的中断。8259A 有两种屏蔽方式。

(1) 普通屏蔽方式。在该方式中,将 IMR 某位置 1,则它对应的 IR_i 就被屏蔽,从而使这个中断请求不能从 8259A 送到处理器;如果该位置 0,则允许对应的 IR_i 中断传送给处理器。

(2) 特殊屏蔽方式。在有些情况下,希望一个中断服务程序能动态地改变系统的优先权结构。例如,在执行一个中断服务程序时,可能希望优先级比正在服务的中断源低的中断能够中断当前的中断服务程序。但在全嵌套方式中,8259A 会禁止所有比当前中断服务程序优先级低的 IR_i 产生中断。所以,只要当前服务的中断的 ISR 位未被复位,较低级的中断请求在发出 EOI 命令之前仍不会得到响应。

为解决这个问题,8259A 提供了一种特殊屏蔽方式。其原理是,在 IR_i 的处理中,若希望使除 IR_i 以外的所有 IR 上的中断请求均可被响应,则首先设置特殊屏蔽方式,再编程将 IR_i 屏蔽(使 IMR 中的 IM_i 位置 1),这样就会使 ISR 的 IS_i 位复位。这时,除了正在服务的这一级中断被屏蔽(不允许产生进一步中断)外,其他各级中断全部被开放。

特殊屏蔽方式提供了允许较低优先级中断源得到响应的特殊手段。但在这种方式下,由于它打乱了正常的全嵌套结构,被处理的中断不见得是当前优先级最高的中断,所以不能用正常 EOI 命令使其 ISR 的相应位复位。但在退出特殊屏蔽方式之后,仍可用 EOI 命令结束中断服务。

4. 中断触发方式

外设的中断请求信号从 8259A 的 IR 引脚引入,根据实际需要,8259A 的 IR 引脚的中断触发方式可分成如下两种。

(1) 边沿触发方式。8259A 的引脚 IR_n 上出现上升沿表示有中断请求,高电平并不表示有中断请求。

(2) 电平触发方式。8259A 的引脚 IR_n 上出现高电平表示有中断请求。在这种方式下,应注意及时撤除高电平,否则可能引起不应该有的第二次中断。

无论是边沿触发还是电平触发,中断请求信号 IR 都应维持足够的宽度。即,在第一个中断响应信号 $\overline{INTA}$ 结束之前,IR 都必须保持高电平。如果 IR 信号提前变为低电平,8259A 就会自动假设这个中断请求来自引脚 IR_7。这种办法能够有效地防止由 IR 输入端上严重的噪声尖峰而产生的中断。为实现这一点,对应 IR_7 的中断服务程序可只执行一条返回指令,从而滤除这种中断。但如果 IR_7 另有他用,仍可通过读 ISR 状态识别非正常的 IR_7 中断,因为正常的 IR_7 中断会使 ISR 的 IS_7 位置位,而非正常的 IR_7 中断不会使 ISR 的

IS_7 位置位。

5. 8259A 的级联工作方式

当中断源超过 8 个时，可以通过 8259A 级联方式实现对多个中断源的管理。其中，一个为主控芯片（主片），它的 INT 端接到处理器；其余均作为从属芯片（从片），其 INT 端分别接到主片的 IR 输入端。由于 8259A 有 8 个 IR 输入端，故一个主片可以连接 8 个从片，最多允许有 64 个 IR 中断请求输入。

图 6-27 给出了一个主片和两个从片构成的 8259A 级联工作方式。其中 3 个 8259A 均有各自的地址，由 $\overline{CS}$ 和 A_0 决定。主片的 $CAS_0 \sim CAS_2$ 作为输出连接到从片的 $CAS_0 \sim CAS_2$ 上，而两个从片的 INT 端分别接主控芯片的 IR_3 和 IR_6。图 6-27 中省略了 $\overline{CS}$ 译码器。

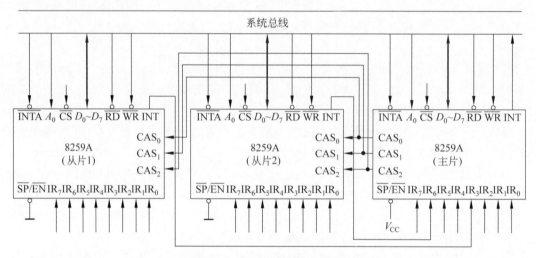

◆图 6-27 8259A 级联工作方式

在级联系统中，每一个 8259A，不管是主片还是从片，都有各自的初始化程序，以便设置各自的工作状态。在中断结束时要连发两次 EOI 命令，分别使主片和相应的从片完成中断结束操作。

在中断响应中，若中断请求来自从片，则响应时主片会通过 $CAS_0 \sim CAS_2$ 通知相应的从片，而从片即可把 IR 对应的中断向量码放到数据总线上。

在级联方式下，可采用前面提到的特殊全嵌套方式，以允许从片上优先级更高的 IR 产生中断。在将主片初始化为特殊全嵌套方式后，从片的中断响应结束时，要用软件检查中断状态寄存器的内容，看看本从片上还有无其他中断请求未被处理。如果没有，则连发两次 EOI 命令，使从片及主片结束中断；若还有其他未被处理的中断，则应只向从片发 EOI 命令，而不向主片发 EOI 命令。

◇6.5.4 8259A 的初始化

对作为可编程中断控制器的 8259A 的编程包括初始化编程和操作方式编程。

(1) 初始化编程。由处理器向 8259A 送 2～4 字节的初始化命令字（Initialization Command Word，ICW）。在 8259A 工作之前，必须写入初始化命令字，使其处于准备就绪状态。

(2) 操作方式编程。由处理器向8259A送3字节的操作命令字(Operation Command Word, OCW),以规定8259A的操作方式。OCW可在8259A初始化以后的任何时刻写入。

1. 8259A的初始化顺序

当I/O地址为奇数($A_0=1$)时,8259A初始化写操作的对象包括4个寄存器(ICW_1、ICW_2、ICW_3和ICW_4),即一个I/O地址对应4个寄存器。为了区分到底写入的是哪个寄存器,8259A初始化必须严格按照图6-28所示的顺序依次写入(顺序不可颠倒),即根据写入顺序区分不同的寄存器。

2. 8259A的初始化命令字ICW

1) ICW_1——初始化字

写ICW_1意味着重新初始化8259A。写条件为:$A_0=0$, $D_4=1$。此时写入的数据被当成ICW_1。写ICW_1的同时,8259A还做以下几项工作:

(1) 清除ISR和IMR。

(2) 将中断优先级设成初始状态:IR_0最高, IR_7最低。

(3) 设定为普通屏蔽方式。

(4) 采用非自动中断结束方式。

(5) 将状态读出电路预置为读IRR。

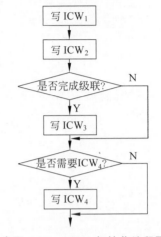

◆图6-28 8259A初始化流程图

ICW_1的格式如图6-29所示(标为×的位不用,可置为0)。

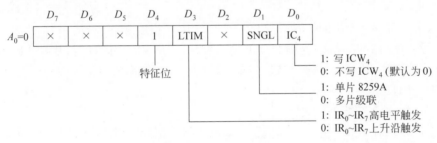

◆图6-29 ICW_1的格式

例如,要求上升沿触发、单片8259A、写ICW_4,则$ICW_1=00010011B=13H$。

2) ICW_2——中断向量码

ICW_2为中断向量码寄存器,用于存放中断向量码。当$A_0=1$时,表示写ICW_2,其格式如图6-30所示。处理器响应中断时,8259A将该寄存器内容放到数据总线上供处理器读取。

初始化时只需确定$T_6 \sim T_3$。而最低3位可以是任意值(可置为0),它们最终由8259A在中断响应时根据中断源的序号自动填入。

例如,在IBM PC中,ICW_2被初始化为08H,即IR_0的中断向量码为08H, IR_7的中断向量码为0FH,以此类推。

3) ICW_3——级联控制字

ICW_3仅在多片8259A级联时需要写入。主片的ICW_3与从片的ICW_3在格式上不同。

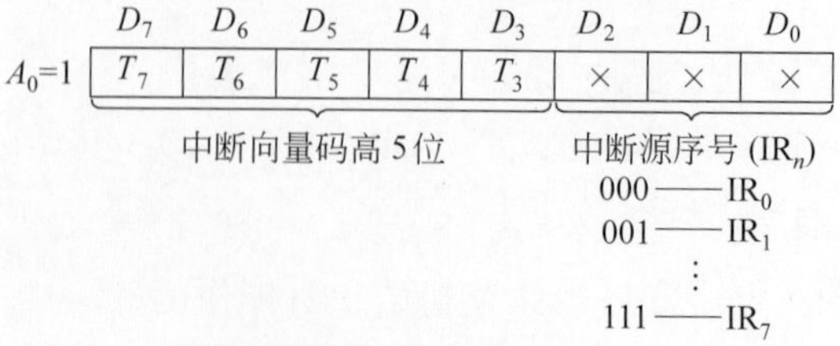

$A_0=1$ | D_7 T_7 | D_6 T_6 | D_5 T_5 | D_4 T_4 | D_3 T_3 | D_2 × | D_1 × | D_0 × |

中断向量码高5位　　中断源序号(IR_n)
　　　　　　　　　　000——IR_0
　　　　　　　　　　001——IR_1
　　　　　　　　　　⋮
　　　　　　　　　　111——IR_7

◆图 6-30　ICW_2 的格式

ICW_3 应紧接着 ICW_2 写入同一 I/O 地址中。其格式如图 6-31 所示。

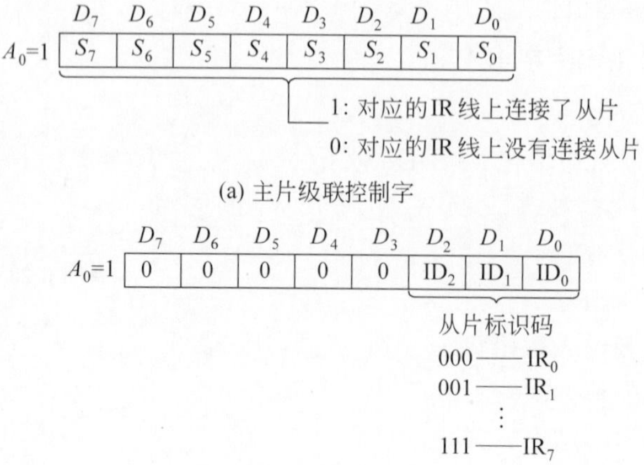

$A_0=1$ | D_7 S_7 | D_6 S_6 | D_5 S_5 | D_4 S_4 | D_3 S_3 | D_2 S_2 | D_1 S_1 | D_0 S_0 |

1: 对应的 IR 线上连接了从片
0: 对应的 IR 线上没有连接从片

(a) 主片级联控制字

$A_0=1$ | D_7 0 | D_6 0 | D_5 0 | D_4 0 | D_3 0 | D_2 ID_2 | D_1 ID_1 | D_0 ID_0 |

从片标识码
000——IR_0
001——IR_1
⋮
111——IR_7

(b) 从片级联控制字

◆图 6-31　ICW_3 的格式

这里,主片 ICW_3 各位的设置必须与本主片与从片相连之 IR 线的序号一致。例如,主片的 IR_4 与从片的 INT 端连接,则主片 ICW_3 的 S_4 位应为 1。同理,从片标识码也必须与本从片连接的主片 IR 端的序号一致。例如,某从片的 INT 端与主片的 IR_4 端连接,则该从片的 ICW_3 = 04H。

4) ICW_4——中断结束方式字

ICW_4 应紧跟在 ICW_3 之后写入同一 I/O 地址中。ICW_4 的格式如图 6-32 所示。

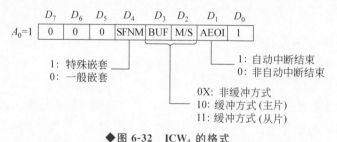

◆图 6-32　ICW_4 的格式

图 6-32 中的缓冲方式是指当 8259A 工作于级联方式时,其数据线与系统总线之间增加一个缓冲器,以增大驱动能力。此时 8259A 把 $\overline{SP}/\overline{EN}$ 作为输出端,输出一个允许信号,用来控制缓冲器的打开与关闭。而主片与从片只能用 D_2(M/S 位)区分(主片为 0,从片为 1)。

在非缓冲方式时,若8259A工作在级联方式,$\overline{SP/EN}$引脚为输入端,用来区分主片(高电平)和从片(低电平)。

3. 8259A 的操作命令字 OCW

操作命令字可用来改变8259A的中断控制方式、屏蔽某几个中断源以及读出8259A的工作状态信息(IRR、ISR、IMR)。操作命令字在初始化完成后任意时刻均可写入,写的顺序也没有严格要求。但它们对应的端口地址有严格规定,OCW_1 必须写入奇地址端口($A_0=1$),OCW_2 和 OCW_3 必须写入偶地址端口($A_0=0$)。

1) OCW_1——中断屏蔽字

OCW_1 用于决定中断请求线 IR_i 被屏蔽否。初始时为全0(全部允许中断)。写入时要求地址线 $A_0=1$。OCW_1 的格式如图 6-33 所示。

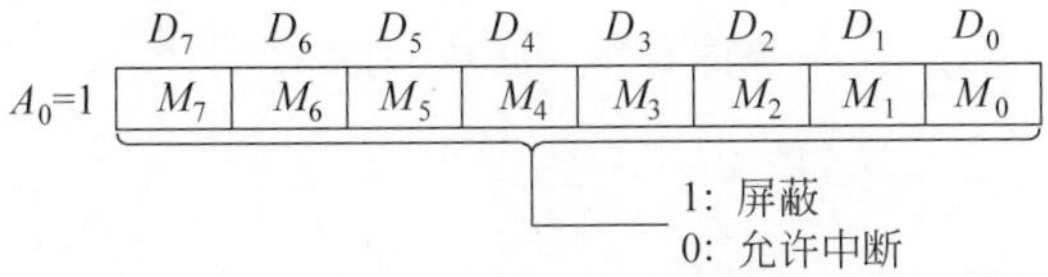

```
         D₇  D₆  D₅  D₄  D₃  D₂  D₁  D₀
A₀=1 |  M₇  M₆  M₅  M₄  M₃  M₂  M₁  M₀ |
                              1: 屏蔽
                              0: 允许中断
```

◆图 6-33　OCW_1 的格式

2) OCW_2——中断结束和优先级循环

OCW_2 的作用是对 8259A 发出中断结束命令 EOI,并用于控制中断优先级的循环。OCW_2 的格式如图 6-34 所示。

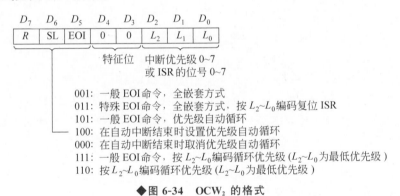

◆图 6-34　OCW_2 的格式

图 6-34 中给出了各位的含义以及 R、SL、EOI 三者组合所代表的含义。其中:

- 当 $R=0$ 时表示使用固定优先级,IR_7 最低,IR_0 最高;当 $R=1$ 时,表示使用循环优先级。一个优先级的中断服务结束后,它的优先级就变为最低级,而下一个优先级变为最高级。
- 当 $SL=1$ 时,使 $L_2 \sim L_0$ 对应的 IR_i 为最低优先级;当 $SL=0$ 时,$L_2 \sim L_0$ 的编码无效。
- EOI 是中断结束命令。该位为 1 时,则复位现行中断的 ISR 中的相应位,以便允许 8259A 再为其他中断源服务。在 ICW_4 的 AEOI=0(非自动中断结束)的情况下,需要用 OCW_2 复位现行中断的 ISR 中的相应位。
- $L_2 \sim L_0$ 有两个作用:一是设定哪个 IR_i 优先级最低,用来改变 8259A 复位后设置的默认优先级；二是在特殊中断结束命令中指明 ISR 的哪一位要被复位。

OCW_2 与 OCW_3 共用一个端口地址，但其特征位 $D_4D_3=00$，因此不会发生混淆。OCW_2 写入时要求地址线 $A_0=0$。

3) OCW_3——屏蔽方式和状态读出控制字

OCW_3 的格式如图 6-35 所示。

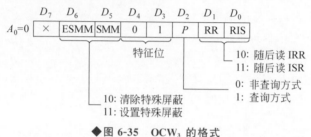

◆图 6-35 OCW_3 的格式

OCW_3 有 3 个功能：

（1）设置中断屏蔽方式。

（2）查询中断请求。当处理器禁止 8259A 发出中断请求时，可以采用 8259A 的查询工作方式。处理器先写一个 $P=1$ 的 OCW_3 到 8259A，再对同一地址读入，即可得到如下格式的状态字：

| I | × | × | × | × | R_2 | R_1 | R_0 |

若 $I=1$，表示本片的 $IR_0 \sim IR_7$ 中有中断请求产生，其中最高优先级的 IR 端的编码由 $R_2 \sim R_0$ 给出；若 $I=0$，表示无中断请求产生。

（3）读 8259A 状态。可用 OCW_3 命令控制读出 IRR、ISR 和 IMR 的内容。若处理器先写一个 RR 和 RIS 分别为 1 和 0 的 OCW_3 到 8259A，再对同一地址读，即可读入 IRR 的内容；若处理器先写一个 RR 和 RIS 分别为 1 和 1 的 OCW_3 到 8259A，再对同一地址读，即可读入 ISR 的内容。当 $A_0=1$（奇地址）时读 8259A，则读出的都是 IMR 的内容（不依赖于 OCW_3）。

◇6.5.5 8259A 编程示例

下面以 IBM PC/AT（80286）微机中的 8259A 为例说明其编程方法。

在 80286 以上的 PC 中，共使用了两片 8259A（新型的 PC 中已将中断控制器集成到芯片组中，但功能上与 8259A 完全兼容），两片级联使用，共可管理 15 级中断。IBM PC/AT 的各级中断如表 6-2 所示。

表 6-2 IBM PC/AT 的各级中断

中断向量地址指针	8259A 引脚	中断类型号	优 先 级	中 断 源
00020H	主片 IR_0	08H	0（最高）	定时器
00024H	主片 IR_1	09H	1	键盘

续表

中断向量地址指针	8259A 引脚	中断类型号	优 先 级	中 断 源
00028H	主片 IR_2	0AH	2	从片 8259A
001C0H	从片 IR_0	70H	3	时钟/日历钟
001C4H	从片 IR_1	71H	4	IRQ_9（保留）
001C8H	从片 IR_2	72H	5	IRQ_{10}（保留）
001CCH	从片 IR_3	73H	6	IRQ_{11}（保留）
001D0H	从片 IR_4	74H	7	IRQ_{12}（保留）
001D4H	从片 IR_5	75H	8	协处理器
001D8H	从片 IR_6	76H	9	硬盘控制器
001DCH	从片 IR_6	77H	10	IRQ_{15}（保留）
0002CH	主片 IR_3	0BH	11	异步通信口 2(COM2)
00030H	主片 IR_4	0CH	12	异步通信口 1(COM1)
00034H	主片 IR_5	0DH	13	并行打印口 2(LPT2)
00038H	主片 IR_6	0EH	14	软盘驱动器
0003CH	主片 IR_7	0FH	15（最低）	并行打印口 1(LPT1)

主片 8259A 的 IRQ_2（即 IR_2）中断请求端用于级联从片 8259A，所以相当于主片的 IRQ_2 又扩展了 8 个中断请求端 $IRQ_8 \sim IRQ_{15}$。

主片 8259A 的端口地址为 20H、21H，中断类型码为 08H～0FH；从片 8259A 的端口地址为 A0H、A1H，中断类型码为 70H～77H。主片的 8 级中断已全部被系统使用（其中 IRQ_2 被从片占用），从片尚保留 4 级中断未用。其中 IRQ_0 用于日历时钟中断(08H)，IRQ_1 用于键盘中断(09H)。扩展的 IRQ_8 用于实时时钟中断，IRQ_{13} 来自协处理器 80287。除上述中断请求信号外，所有其他的中断请求信号都来自 I/O 通道的扩展板。

1. 8259A 初始化编程

8259A 的初始化程序如下：

```
        ;主片 8259A 的初始化
        MOV   AL,11H      ;写入 ICW₁,设定边沿触发、级联方式
        OUT   20H,AL
        JMP   INTR1       ;延时,等待 8259A 操作结束,下同
INTR1:  MOV   AL,08H      ;写入 ICW₂,设定 IRQ₀ 的中断类型码为 08H
        OUT   21H,AL
        JMP   INTR2
INTR2:  MOV   AL,04H      ;写入 ICW₃,设定主片 IRQ₂ 级联从片
        OUT   21H,AL
        JMP   INTR3
INTR3:  MOV   AL,11H      ;写入 ICW₄,设定特殊全嵌套方式、正常中断结束方式
        OUT   21H,AL
```

```
            ...
            ;从片 8259A 的初始化
            MOV    AL,11H          ;写入 ICW₁,设定边沿触发、级联方式
            OUT    0A0H,AL
            JMP    INTR5
INTR5:      MOV    AL,70H          ;写入 ICW₂,设定从片 IR₀,即 IRQ₈ 的中断类型码为 70H
            OUT    0A1H,AL
            JMP    INTR6
INTR6:      MOV    AL,02H          ;写入 ICW₃,设定从片级联到主片的 IRQ₂
            OUT    0A1H,AL
            JMP    INTR7
INTR7:      MOV    AL,01H          ;写入 ICW₄,设定普通全嵌套方式、正常中断结束方式
            OUT    0A1H,AL
            ...
```

2. 级联工作编程

当来自某个从片的中断请求进入服务时,主片的优先权控制逻辑不屏蔽这个从片,从而使来自从片的更高优先级的中断请求能被主片所识别,并向处理器发出中断请求信号。因此,中断服务程序结束时必须用软件检查被服务的中断是否是该从片中唯一的中断请求。先向从片发出一个 EOI 命令,清除已完成服务的 ISR 位。然后再读出 ISR 的内容,检查它是否为 0。如果 ISR 的内容为 0,则向主片发一个 EOI 命令,清除与从片相对应的 ISR 位;否则,就不向主片发 EOI 命令,继续进行从片的中断处理,直到 ISR 的内容为 0,再向主片发出 EOI 命令。程序段如下:

```
            ;读 ISR 的内容
            MOV    AL,0BH          ;写入 OCW₃,读 ISR 命令
            OUT    0A0H,AL
            NOP                    ;延时,等待 8259A 操作结束
            IN     AL,0A0H         ;读出 ISR
            ...
            ;向从片发 EOI 命令
            MOV    AL,20H
            OUT    0A0H,AL         ;写从片 EOI 命令
            ...
            ;向主片发 EOI 命令
            MOV    AL,20H
            OUT    20H,AL          ;写主片 EOI 命令
            ...
```

3. 中断服务程序设计的一般过程

在 PC 中,8259A 的初始化已由操作系统完成,用户不需要再对 8259A 进行初始化。一般情况下,用户向 8259A 写的控制字只有 EOI 命令,偶尔可能也要重写中断屏蔽字(但程序运行结束后应恢复原值)。用户在编制中断程序时主要应注意 4 个方面的问题:中断服务程序格式、保存原中断向量、设置自己的中断向量和恢复原中断向量。

中断服务程序设计的一般过程（PC 中主片 8259A 的 I/O 地址为 20H 和 21H）如下：

（1）确定要使用的中断类型号。中断类型号不能随便用，有些中断类型号已被系统占用，若强行使用可能会使系统崩溃。可供用户使用的中断类型号为 60H～66H 和 68H～6FH。

（2）保存原中断向量。在把自己的中断服务程序的入口地址设置到中断向量表中之前，应先保存该地址中原来的内容，这可以用 INT 21H 中的 35H 号功能完成。取出的中断向量被放在 ES:BX 中，ES 为段地址，BX 为偏移地址。取出的中断向量可保存在用户程序的附加段或数据段中，以便退出前恢复。

（3）设置自己的中断向量。将自己编写的中断服务程序的入口地址存入中断向量表的相应表项中。可以用 DOS 功能调用的 25H 号功能完成。在调用 25H 号功能前，中断服务程序所在段的段地址应放在 DS 中，中断服务程序的偏移地址应放在 DX 中。

（4）设置中断屏蔽字（可选）。若编写的是硬件中断服务程序，应将使用的硬件中断对应的 8259A 的中断屏蔽位开放。具体方法请参考前面有关 8259A 的寄存器设置方法和初始化程序的内容。

（5）处理器开中断。前面的工作完成后，就可打开处理器的中断标志位，以便让处理器响应中断。

（6）恢复原中断向量。程序退出前一定要恢复原中断向量。这是因为用户的程序一旦退出，该内存区的内容将不可预料，若又产生同类型中断，处理器将转移到这个不可预料的内存区执行，其后果很可能是系统崩溃、死机。

另外，在编写中断服务程序时，要使处理器在中断服务程序中停留的时间越短越好，这就要求中断服务程序编写得短小精悍。能放在主程序中完成的任务，就不要由中断服务程序完成。

下面给出中断服务程序及其主程序的一般形式。

（1）PC 中的中断服务程序的一般形式如下（下画线处为特别要注意的地方）：

```
my_int proc far
push   <需要保护的寄存器 1>
push   <需要保护的寄存器 2>
  ⋮
push   <需要保护的寄存器 i>
sti
...
<中断服务程序主体>
...
cli
pop    <在入口处保护的寄存器 i>
  ⋮
pop    <在入口处保护的寄存器 2>
pop    <在入口处保护的寄存器 1>
mov    al,20h                         ;EOI 命令,00100000B
out    20h,al                         ;写 OCW2
iret
```

```
my_int endp
```

(2) 主程序的一般形式如下：

```
...
;保护原中断向量表内容
mov   ah,35h
mov   al,<中断类型码>          ;将要保护的中断源的中断类型码送入AL
int   21h                      ;取原中断向量(放在ES:BX中)
mov   save_ip,bx               ;把取回的中断向量保存在本程序的数据段中
mov   save_cs,es
;设置用户的中断服务程序入口
push  ds
mov   dx,offset my_int
mov   ax,seg my_int
mov   ds,ax                    ;DS:DX的内容为中断服务程序的入口地址
mov   ah,25h
mov   al,<中断类型码>          ;将用户的中断类型码送入AL
int   21h                      ;设新中断向量
pop   ds
sti                            ;开中断
...
<主程序放在这里>
...
;退出程序前恢复原中断向量内容
cli
push  ds
mov   dx,save_ip
mov   ax,save_cs
mov   ds,ax
mov   ah,25h
mov   al,<中断类型码>          ;将原中断类型码送入AL
int   21h
pop   ds
sti
<退出主程序,返回DOS>
...
```

有关中断程序设计的详细描述请参阅相关文献。

习　题

一、填空题

1. 主机与I/O设备进行数据传送时,处理器效率最高的传送方式是(　　)。
2. 中断21H的中断向量放在从地址(　　)开始的4个内存单元中。

3. 输入接口应具备的基本条件是具有（　　　）能力，输出接口应具备的基本条件则是（　　　）能力。

4. 要禁止 8086 对 INTR 中断进行响应，应该把 IF 标志位设置为（　　　）。

5. 要设置中断类型 60H 的中断向量，应该把中断向量的段地址放入内存地址为（　　　）的字单元中，偏移地址放入内存地址为（　　　）的字单元中。

6. ARM 中断向量表通常位于内存的（　　　）。

二、简答题

1. 输入输出系统主要由哪几部分组成？它主要有哪些特点？
2. 试比较 4 种基本输入输出方式的特点。
3. 8086/8088 系统如何确定硬件中断服务程序的入口地址？
4. 简述可屏蔽中断和非屏蔽中断的区别。
5. 说明 8088 可屏蔽中断的处理过程。
6. CPU 满足什么条件时能够响应可屏蔽中断？
7. 8259A 有哪几种优先级控制方式？一个外中断服务程序的第一条指令通常为 STI，其目的是什么？
8. 单片 8259A 能够管理多少级可屏蔽中断？若用 3 片 8259A 级联，能管理多少级可屏蔽中断？
9. 分析 ARM 处理器的异常中断与 Intel 处理器的中断在处理过程上的异同。
10. ARM 处理器中主要有哪几类异常中断？试说明它们各自的优先级。
11. 已知 SP=0100H，SS=3500H，在 CS=9000H，IP=0200H，[00020H]=7FH，[00021H]=1AH，[00022H]=07H，[00023H]=6CH，在地址从 90200H 开始的连续两个单元中存放着一条两字节指令 INT 8。在执行该指令并进入相应的中断服务程序时，SP、SS、IP、CS 寄存器的内容以及 SP 指向的字单元的内容是什么？

三、设计题

1. 设输入接口的地址为 0E54H，输出接口的地址为 01FBH，分别利用 74LS244 和 74LS273 作为输入接口和输出接口。画出其与 8088 系统总线的连接图，并编写程序，当输入接口的 bit1、bit4 和 bit7 这 3 位同时为 1 时，CPU 将内存中以 DATA 为首地址的 20 个单元的数据从输出接口输出，若不满足上述条件则等待。

2. 利用 74LS244 作为输入接口（端口地址为 01F2H）连接 8 个开关，利用 74LS273 作为输出接口（端口地址为 01F3H）连接 8 个发光二极管。

(1) 画出芯片与 8088 系统总线的连接图，并利用 74LS138 设计地址译码电路。

(2) 编写实现下述功能的程序段：
- 若 8 个开关 $K_7 \sim K_0$ 全部闭合，则使 8 个发光二极管亮。
- 若开关高 4 位（$K_7 \sim K_4$）全部闭合，则使连接到 74LS273 高 4 位的发光二极管亮。
- 若开关低 4 位（$K_3 \sim K_0$）全部闭合，则使连接到 74LS273 低 4 位的发光二极管亮。
- 对其他情况不做任何处理。

3. 编写 8259A 的初始化程序。系统中仅有一片 8259A，允许 8 个中断源边沿触发，不需要缓冲，采用一般全嵌套方式工作，中断向量为 40H。

4. 一个 I/O 设备和处理器采用中断方式通信，该设备占用的中断类型号为 40H，中断服务程序的名称为 MY_INT。写出设置该中断类型的中断向量的程序段。

第 7 章

串行与并行数字接口

引言

处理器与外设之间的信息交换需要通过接口电路实现,处理器通过接口接收外设送出的信息,又将信息发送给外设。没有接口电路,计算机也就无法与外设进行通信。

在计算机内部,数据往往采用并行传输方式,当采用串行方式与外界通信时必须经过串行到并行的转换。并行传输在短距离传输中具有一定的优势。随着集成电路技术的发展,串行传输显示出明显的优势,特别是在嵌入式系统中,串行传输已成为主流的数据传输方式。本章首先介绍串行通信与并行通信的基本概念,然后具体介绍目前在嵌入式系统开发中得到广泛应用的短距离串行通信接口和长距离串行通信接口,最后通过具体型号的芯片介绍可编程并行接口的应用,并继续利用可编程并行接口实现简易家庭安全防盗系统设计。对串行通信技术的应用示例将在 9.4 节的嵌入式可穿戴健康监测系统设计中介绍。

教学目的

- 清楚什么是串行通信,什么是并行通信。
- 清楚串行通信中的基本概念。
- 清楚嵌入式系统中常用的部分短距离串行通信接口和长距离串行通信接口。
- 掌握两种可编程并行接口芯片的应用。

接口是输入输出系统中一个重要的组成部分,处理器与外设之间的信息交换需要通过接口实现。接口担当的这种角色决定了它需要完成信息缓冲、信息变换、电平转换、数据存取和传送以及联络控制等工作,这些工作分别由接口电路的两大部分——计算机连接的总线接口和与外设连接的外设接口实现。总线接口一般包括内部寄存器、存取逻辑和传送控制逻辑电路等,主要负责数据缓冲、传输管理等工作;而外设接口则负责与外设通信时的联络和控制以及电平和信息变换等。本章讨论的接口电路都指外设接口。

从总的功能上,接口可以分为输入接口和输出接口,分别完成信息的输入和输出;从传送信息的类型上,接口还可分为数字量的输入输出接口及模拟量的输入输出接口;而从传送方式上,接口又可分为并行接口和串行接口。本章主要介绍用于数字信息传送的串行和并行数字接口。

一般来讲,接口芯片的内部都包括两部分:一部分负责和计算机系统总线的连接;另一部分负责和外设的连接。负责与系统总线连接的部分主要包括数据信号线、控制信号线和地址信号线。数据信号线除实现数据的接收和发送外,还负责传送处理器发给接口的编程命令及接口送出的状态信息。控制信号主要是读写控制信号。由于多数系统中对外设的读写和对内存的读写是相互独立的,因此接口的读写信号$\overline{RD}$和$\overline{WR}$应分别与系统读写外设的信号$\overline{IOR}$和$\overline{IOW}$相连。地址信号一般通过译码电路连接到接口的片选端,从而确定接口所占的地址或地址范围。

7.1 串行通信与并行通信

计算机之间或计算机与外设之间的信息交换称为通信。有两种基本通信方式:串行通信和并行通信。

如果数据是逐位顺序传送,称为串行通信。所谓并行通信,可以简单地描述为:通信过程中能够同时传送数据的所有位,传送的位数由计算机的字长决定。串行通信与并行通信的数据传输方式如图 7-1 所示。

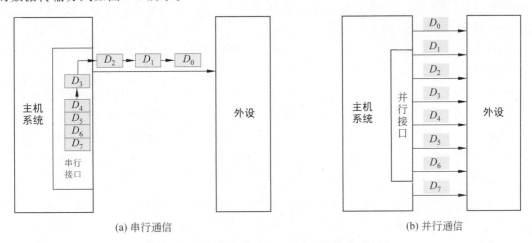

◆图 7-1 串行通信与并行通信的数据传输方式

计算机与外设间的接口按照通信方式的不同相应地分为串行接口和并行接口。由于接口与处理器之间的通信均为并行通信,因此这里说的串行通信和并行通信都特指接口与外设一侧的通信方式。

◇7.1.1 串行通信

串行通信是指两个功能模块只通过一条或两条数据线进行数据交换。发送方将数据分解为二进制位,一位接一位按顺序通过单条数据线发送;接收方则一位一位地从单条数据线上接收,并将其重新组装成一个数据。

串行通信工作方式有多种,且随着技术的发展,其应用也越来越广泛。

1. 串行通信工作方式

按照数据流的传送方向,串行通信可分为半双工、全双工和单工 3 种基本工作方式。

如果串行通信的数据线只有一条,此时发送信息和接收信息就不能同时进行,只能采用分时使用数据线的方法。即,当 A 发送信息时,B 只能接收;而当 B 发送信息时,A 只能接收。这种串行通信的工作方式称为半双工通信方式,如图 7-2(a)所示。

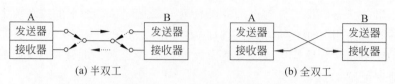

◆图7-2 串行通信工作方式

如果有两条数据线,则发送信息和接收信息就可以同时进行。即,当A向B发送信息时,B也能够同时利用另一条数据线向A发送信息。这种工作方式称为全双工通信方式,如图7-2(b)所示。

除了半双工和全双工两种通信方式外,还有单工通信方式,它只允许在一个方向上传送信息,而不允许反向传送信息。这种串行通信方式在实际应用中比较少见。

2. 非平衡式传输与平衡式传输

串行通信的信号传输方式有非平衡式传输(unbalanced transmission)和平衡式传输(balanced transmission)两种。

非平衡式传输又叫单端通信,是指信号传输线有一个输入端和一个地线。此传输方式易受共模干扰影响,常用于近距离通信的场景。

平衡式传输又叫差分传输,是指信号传输线有两个输入端和一个地线。当有共模干扰存在时,由于平衡传输的两个端子上收到的干扰信号差不多,且极性相同,干扰信号在平衡传输的负载上可以相互抵消。因此,平衡电路具有较好的抗干扰能力,适合远距离通信(详见7.2.2节)。

3. 调制与解调

计算机通信时发送和接收的信息均是数字信号,其占用的频带很宽,约为几兆赫兹(MHz)甚至更高;但目前远距离通信时采用的传统电话线路频带很窄,仅有4kHz左右。直接传送必然会造成信号的严重畸变,大大降低了通信的可靠性。所以,在远距离通信时,为了确保数据的正常传送,一般都要在传送前把信号转换成适合传送的形式,传送到目的地后再恢复成原始信号。这个转换工作可利用调制解调器(modem)实现。

在发送站,调制解调器把1和0的数字脉冲信号调制在载波信号上,承载了数字信息的载波信号在普通电话网络系统中传送;在接收站,调制解调器把承载了载波信号中的数字信息再恢复成原来的1和0数字脉冲信号。

信号的调制方法主要有3种:调频、调幅和调相。当调制信号为数字信号时,这3种调制方法又分别称为频移键控法(Frequency Shift Keying,FSK)、幅移键控法(Amplitude Shift Keying,ASK)和相移键控法(Phase Shift Keying,PSK)。

调频就是把数字信号的1和0调制成不同频率的模拟信号,例如,用2400Hz的信号表示1,用1200Hz的信号表示0。接收方根据载波信号的频率就可知道传输的信息是1还是0。

调幅就是把数字信号的1和0调制成不同幅度的模拟信号,但频率保持不变。例如,载波信号的幅度小于3V时表示1,载波信号的幅度大于8V时表示0。

调相就是把数字信号的1和0调制成不同相位的模拟信号,但频率和幅度均保持不变。例如,载波信号的相位为180°时表示1,载波信号的相位为0°时表示0。

4. 同步通信和异步通信

串行通信的数据是逐位传送的,发送方发送的每一位都具有固定的时间间隔,这就要求接收方也要按照与发送方同样的时间间隔接收每一位。不仅如此,接收方还要确定一个信息组的开始和结束。为此,串行通信对传送数据的格式做了严格的规定。不同的串行通信方式具有不同的数据格式。同步通信和异步通信是常用的两种基本串行通信方式,其主要区别如下:

(1) 同步通信要求接收端时钟和发送端时钟同步,发送端发送连续的比特流;异步通信时不要求接收端时钟和发送端时钟同步,发送端发送完一个字节后,可经过任意长的时间间隔再发送下一个字节。

(2) 同步通信效率高,但通信较复杂,双方时钟的允许误差较小;异步通信效率较低,但通信简单,双方时钟可允许有一定误差。

1) 同步通信

所谓同步通信是指在约定的通信速率下,发送端和接收端的时钟信号频率和相位始终保持一致(同步),这就保证了通信双方在发送和接收数据时具有完全一致的定时关系。

同步通信把许多字符组成一个信息组,或称为信息帧,每帧的开始用同步字符指示。由于发送方和接收方采用同一时钟,所以在传送数据的同时还要传送时钟信号,以便接收方可以用时钟信号确定每个信息位。

同步通信要求在传输线路上始终保持连续的字符位流。若计算机没有数据传输,则线路上要用专用的空闲字符或同步字符填充。

同步通信传送信息的位数几乎不受限制,通常一次通信传送的数据有几十字节到几千字节,通信效率较高。但它要求在通信中保持精确的时钟同步,所以其发送器和接收器比较复杂,成本也较高,一般用于传送速率要求较高的场合。

用于同步通信的数据格式有许多种,图7-3是常见的几种同步通信数据格式。在图7-3中,除数据部分的长度可变外,其他均为8位。图7-3(a)为单同步格式,传送一帧数据仅使用一个同步字符。当接收端收到并识别出一个完整的同步字符后,就连续接收数据。在一帧数据结束时进行循环冗余校验(Cyclic Redundancy Check,CRC)。图7-3(b)为双同步格式,这时利用两个同步字符进行同步。图7-3(c)为同步数据链路控制(Synchronous Data Link Control,SDLC)规程规定的数据格式,图7-3(e)为高级数据链路控制(High-level Data Link Control,HDLC)规程规定的数据格式,它们均用于同步通信。对这两种规程的细节本书不做详细说明。图7-3(d)则是外同步方式采用的数据格式。这种格式在发送的一帧数据中不包含同步字符。同步信号SYNC通过专门的控制线加到串行接口上。SYNC一到达,就表明数据部分的开始,接口就连续接收数据和循环冗余校验码。

循环冗余校验用于检验在传输过程中是否出现错误,是保证传输可靠性的重要手段之一。

2) 异步通信

异步通信是指通信中两个字符之间的时间间隔是不固定的,而在一个字符内各位的时间间隔是固定的。

异步通信规定字符由起始位(start bit)、数据位(data bit)、奇偶校验位(parity)和停止位(stop bit)组成。起始位表示一个字符的开始,接收方可用起始位使自己的接收时钟与数

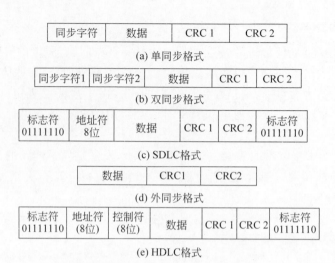

◆图 7-3 常见的几种同步通信数据格式

据同步。停止位则表示一个字符的结束。这种从起始位开始、到停止位结束的一串信息称为帧(frame)①。异步通信的数据格式如图 7-4 所示。在传送一个字符时,由一位低电平的起始位开始,接着传送数据位,数据位的位数为 5~8 位。在传送时,按低位在前、高位在后的顺序传送。奇偶校验位用于检验数据传送的正确性(可选),可由程序指定。最后传送的是高电平的停止位,停止位可以是 1 位、1.5 位或 2 位。上一个字符的停止位到下一个字符的起始位之间的空闲位要由高电平 1 填充(只要不发送下一个字符,线路上就始终为空闲位)。异步通信中典型的帧格式是:1 位起始位、5~8 位数据位、1 位奇偶校验位、2 位停止位。

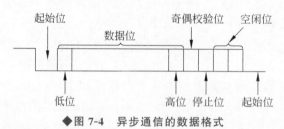

◆图 7-4 异步通信的数据格式

从以上叙述可以看出,在异步通信中,每接收一个字符,接收方都要重新与发送方同步一次,所以接收端的时钟信号并不需要严格地与发送方同步,只要它们在一个字符的传输时间范围内能保持同步即可。这意味着异步通信对时钟信号漂移的要求要比同步通信低得多,硬件成本也要低得多。但是,异步通信每传送一个字符,要增加大约 20% 的附加信息位,所以传送效率比较低。异步通信方式简单可靠,也容易实现,故广泛地应用于各种微机系统中。

5. 串行通信的数据校验

数字通信中一项很重要的技术是差错控制技术,包括对传送的数据自动地进行校验,并

---

① 异步通信中的帧与同步通信中帧是不同的,异步通信中的帧只包含一个字符,而同步通信中的帧可包含几十个到上千个字符。

在检测出错误时自动校正。对远距离的串行通信,由于信号畸变、线路干扰以及设备质量等问题,有可能会出现传输错误,此时就要求能够自动检测和纠正错误。目前常用的校验方法有奇偶校验、循环冗余校验等。

奇偶校验是一种简单的校验方法,用于对一个字符的传送过程进行校验。采用奇偶校验时,要先规定好校验的性质,即采用奇校验还是偶校验。发送时,在每个字符编码的后边增加一个奇偶校验位,其目的是使整个编码(字符编码加上奇偶校验位)中1的个数为奇数或者偶数。若编码中1的个数为奇数,则为奇校验;否则为偶校验。

接收设备在接收时,检查接收到的整个字符编码中1的个数是否符合事先的规定,如果出错,则置错误标志位。

奇偶校验只能检查出传送的字符的一位错误,对两位以上同时出错检查不出来。在实际的传送过程中,一位错的概率是最大的,同时奇偶校验又比较容易实现,因此,奇偶校验在实际应用中仍非常广泛。目前常用的可编程串行通信接口芯片中都包含硬件的奇偶校验电路,也可以通过软件编程实现奇偶校验。

循环冗余校验是以数据块为对象进行校验。循环冗余校验比奇偶校验的误码率低几个数量级,它可以把99.997%以上的各种错误都检查出来。

◇**7.1.2 并行通信**

并行通信的速度较高,但当传送距离较长时会产生较大干扰,也容易引起数据传送错误。因此,并行通信更适合近距离传送(通常不超过30m)。现代计算机系统内部大多采用并行通信方式。并行通信具有以下主要特点:

(1)数据以字节或字为单位进行传送,两个功能模块间可以同时传送多位数据,传送速度快,效率高,多用在实时、快速的场合。

(2)适合近距离传送。由于并行通信需要的数据线路较多,造价高,且易产生干扰,因此并行通信通常都用于近距离、高速数据交换的场合。

(3)在并行通信方式中,8位、16位或4字节的数据是同时传送的,因此在并行接口与外设进行数据交换时,即使只需要传送一位,也是一次输入或输出8位、16位或4字节。

(4)串行传送的信息有固定格式要求,但并行传送的信息不要求固定格式。

(5)并行通信抗干扰能力差。

实现并行通信的接口就是并行接口。第6章已通过两种简单接口电路描述了并行接口的基本应用。并行接口除了从传送信息的方向上可以分为输入和输出接口之外,还可以有以下分类方法。

(1)从传送数据的形式上,并行接口可以分为单向传送接口和双向传送接口。单向传送接口的传送方向是确定的,即在系统中只能作为输入接口或者输出接口;而双向传送接口则既可以作为输入接口也可以作为输出接口。

(2)从接口的电路结构上,并行接口可以分为简单接口(或硬接线接口)和可编程接口。简单接口的工作方式和功能比较单一,只能进行数据的传送,不能产生系统需要的各种控制和状态信息。例如,第6章介绍的三态门接口和锁存器接口就是典型的简单接口电路。这类接口主要用于连接不需要任何联络信号就可实现并行数据传送的简单、低速的外设。可编程接口能够通过软件编程的方法改变接口的工作方式及功能,具有较好的适应性和灵活性，在微机系统中得到了广泛的应用。这类接口的工作原理将在 7.3 节和 7.4 节中介绍。

（3）从传送信息的类型上分，并行接口又可分为数字接口和模拟接口。本章和第 6 章中介绍的接口电路都是用于传输数字信息的数字接口。第 8 章将介绍用于进行模拟量传送的模拟接口。

7.2 常用串行通信技术

串行通信作为数字通信方式之一，主要起到主机与外设之间、主机之间以及芯片之间的数据传输作用。根据传输距离的不同可分为近距离串行通信和远距离串行通信。

◇7.2.1 近距离串行通信接口

SPI、I^2C 和 UART 是嵌入式系统中常用的 3 种串行接口，它们都用于近距离数据通信。SPI 用于板上通信，一般用于芯片之间或者其他元器件（如传感器）和芯片之间通信。I^2C 有时也会用于板间通信，不过距离不会超过 1m，常用于触摸屏、手机液晶屏等的通信排线。UART 主要用于两个设备之间的通信，如嵌入式设备和计算机之间的通信。UART 的优点是支持面广，程序设计结构简单。此外，将在 7.2.2 节介绍的远距离串行通信技术也是为了扩展 UART 传输距离而发展起来的。

1. SPI

SPI(Serial Peripheral Interface，串行外设接口)是 Motorola 公司提出的一种同步串行数据传输标准，在很多器件中被广泛应用。

1) SPI 简介

SPI 经常被称为 4 线串行总线，以主从方式工作，数据传输过程由主机初始化。其使用的 4 条信号线如图 7-5 所示，分别如下：

（1）SCLK：串行时钟，用于同步数据传输，由主机输出。

（2）MOSI：主机输出/从机输入数据线。

（3）MISO：主机输入/从机输出数据线。

（4）$\overline{CS}$：片选线，低电平有效，由主机输出。

当采用 SPI 时，某一时刻可以有多个从机，但只能有一个主机，主机通过片选线确定要通信的从机。这就要求从机的 MISO 具有三态特性，使得该信号线在器件未被选通时表现为高阻状态。

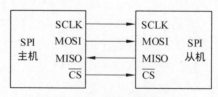

◆图 7-5 SPI 的 4 条信号线

2) 数据传输

SPI 在一个时钟周期内完成如下操作：

(1) 主机通过 MOSI 线发送一位数据,从机通过该线读取这一位数据。

(2) 从机通过 MISO 线发送一位数据,主机通过该线读取这一位数据。

这些操作通过移位寄存器实现。如图 7-6 所示,主机和从机各有一个移位寄存器,且二者连接成环。随着时钟脉冲,数据按照从高位到低位的方式依次移出主机的移位寄存器和从机的移位寄存器,并且依次移入从机的移位寄存器和主机的移位寄存器。当移位寄存器中的内容全部移出时,相当于完成了两个移位寄存器内容的交换。

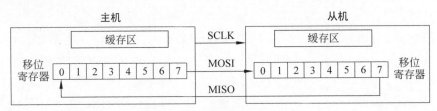

◆图 7-6　SPI 数据传输的实现

3) 时钟极性和时钟相位

在 SPI 操作中,最重要的两项设置就是时钟极性(Clock POLar,CPOL)和时钟相位(Clock PHAse,CPHA)。时钟极性设置时钟空闲时的电平,时钟相位设置读取数据和发送数据的时钟沿。

主机和从机同时完成数据发送,也同时完成数据接收。所以,为了保证主机和从机能够正确通信,应使它们的 SPI 具有相同的时钟极性和时钟相位。

图 7-7 是 CPOL 和 CPHA 均为高电平的 SPI 时序图。当数据未发送时以及发送完毕后,SCLK 都是高电平,因此 CPOL=1。可以看出,在 SCLK 第一个时钟沿处,MOSI 和 MISO 会发生变化;在 SCLK 第二个时钟沿处,数据是稳定的,此刻采样数据是合适的,也就是上升沿(即一个时钟周期的后沿)锁存并读取数据,即 CPHA=1。$\overline{CS}$ 片选端通常用来决定哪个从机和主机进行通信。

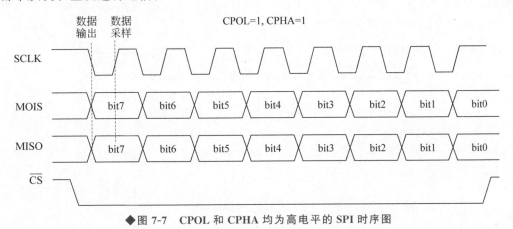

◆图 7-7　CPOL 和 CPHA 均为高电平的 SPI 时序图

SPI 支持全双工通信方式,操作简单,数据传输速率较高。但需要占用主机较多的片选线(每个从机都需要一根片选线),并只支持单个主机。

2. I²C

I²C(Inter-Integrated Circuit,集成电路总线)是 Philips 公司设计的一种简单的双向二线制同步串行通信总线,它只需要两根线即可在连接于总线上的器件之间传送信息,方便了主板、嵌入式系统或手机与周边设备组件之间的通信。由于其引脚少,硬件实现简单,可扩展性强,被广泛用于系统内多个集成电路之间以及微控制器与传感器阵列、显示器、IoT 设备、EEPROM 等之间的近距离通信。

1) I²C 简介

I²C 的信号线包括串行时钟线(SCL)和串行数据线(SDA),如图 7-8 所示。这两条信号线都是漏极开路或者集电极开路结构,使用时需要外加上拉电阻(R_p)。总线上可以挂载多个设备,每个设备都有自己的地址,主机通过不同地址选中不同的设备。可以将多个从机连接到单个主机上(一对多通信),也可以用多个主机控制一个或多个从机(多对多通信)。主机用于启动总线传送数据,并产生时钟以开放传送数据的器件。

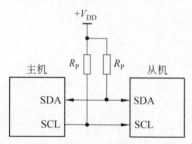

◆图 7-8 I²C 的物理连接

2) 数据传输协议

I²C 上的每一个设备都可以作为主机或者从机,而且每一个设备都会对应一个唯一的设备地址。通常将处理器模块作为主机,而将挂接在总线上的其他设备作为从机。I²C 通过一条 SDA 信号线在主机和从机之间传输 0 和 1 的串行数据。在开始信号 S 之后必须传送一个 7 位的从机地址,第 8 位 R/W 是数据的传送方向位,用 0 表示主机发送数据(W),用 1 表示主机接收数据(R)。主机与从机之间以 8 字节为单位进行双向数据传输,每个单位后必须跟着一个应答位(ACK 表示应答,NACK 表示非应答)。数据在 SCL 处于低电平时被放到 SDA 信号线上,在 SCL 信号线处于高电平时进行数据的采样。每次数据传输总是由主机产生的停止信号 P 结束。

图 7-9 是 I²C 的数据传输协议格式。

◆图 7-9 I²C 的数据传输协议格式

3) 工作过程

I²C 完成一次数据传输的通信过程如图 7-10 所示。主机和从机在此过程中完成以下操作:

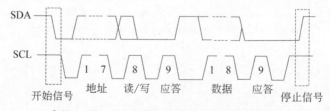

◆图 7-10 I²C 完成一次数据传输的通信过程

（1）**主机发送开始信号**。当主机决定开始通信时，首先发送开始信号。需执行以下两个动作：首先在 SCL 高电平时将 SDA 信号线从高电平切换到低电平，然后将 SCL 信号线从高电平切换到低电平。

主机通过将 SDA 信号线从高电平切换到低电平，再将 SCL 信号线从高电平切换到低电平，向每个连接的从机发送开始信号。

在主机发送开始信号之后，所有从机即使处于睡眠状态也将变为活动状态，并等待接收地址。

（2）**主机发送从机地址**。主机如果需要向从机发送数据或接收来自从机的数据，首先要发送对应从机的地址（通常从机地址用 7 位表示）。

（3）**主机置读写位**。该位指定数据传输的方向。如果主机需要将数据发送到从机，则该位置为 0；如果主机需要接收来自从机的数据，则将其置为 1。

（4）**主机接收 ACK/NACK**。主机每次发送完数据之后会等待从机的应答信号 ACK/NACK。

每个从机将主机发送的地址与自己的地址进行比较。如果地址匹配，则从机返回一个 ACK 位；如果来自主机的地址与从机自身的地址不匹配，则从机返回一个 NACK 位。

在第 9 个时钟信号，如果从机发送应答信号 ACK，则 SDA 信号线的电平会被拉低；若没有应答信号 NACK，则 SDA 数据线会输出高电平，此时会引起主机发生重启或停止操作。

（5）**发送方发送数据**。由发送方传输 8 位数据，发送之后会紧跟一个 ACK/NACK 位，以确认数据传送是否被接收方收到。ACK/NACK 位由接收方产生，如果接收方成功接收到数据，此位置为 0；否则，此位保持 1。

当数据包含多个字节时，此过程重复执行，直到数据传输完为止。

（6）**信号停止主机发送**。当主机决定结束通信时，需要发送停止信号，即在 SCL 信号线为高电平时，将 SDA 信号线从低电平切换到高电平。

> 特别注意，除开始信号和停止信号外，在整个工作过程中，只有当 SCL 信号线为低电平时，才允许改变 SDA 信号线的状态。

I^2C 的主要优点是：只使用两条信号线，支持多主机/多从机，有应答机制。其主要缺点是：传输速率比较慢，不适合要求数据快速传送的场合；只支持半双工模式，不支持全双工模式。

3. UART

UART（Universal Asynchronous Receiver/Transmitter，通用异步接收发送设备）是一种通用串行数据总线，采用异步通信方式，将要传输的数据在串行通信与并行通信之间加以转换，实现设备间的全双工数据通信。作为把并行输入信号转成串行输出信号的芯片，UART 通常被集成于其他通信接口上。在嵌入式系统中，UART 用于主设备与辅助设备通信，负责处理数据总线和串行接口之间的串并转换和并串转换，并规定了帧格式。

1）UART 简介

与 SPI 和 I^2C 不同，UART 不需要时钟线，仅使用 Tx 和 Rx 两条数据线和一条地线实现数据的发送和接收，通过开始位和停止位及波特率进行数据识别。它使用的 3 条信号线分别如下：

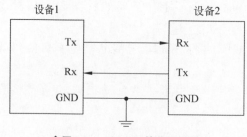

◆图 7-11　UART 的物理连接

（1）Tx：发送数据端，接另一设备的 Rx 端。
（2）Rx：接收数据端，接另一设备的 Tx 端。
（3）GND：保证两个设备共地，有统一的参考电位。

UART 的物理连接如图 7-11 所示。

2）通信协议

UART 传输的数据被组织成数据包。每个数据包由 1 个开始位、5~8 个数据位、可选的奇偶校验位以及 1 或 2 个停止位组成。UART 通信协议格式如图 7-12 所示。

◆图 7-12　UART 通信协议格式

（1）**空闲位**。UART 通信协议规定，当总线处于空闲状态时，信号线的状态为 1，即高电平。

（2）**开始位**。开始进行数据传输时发送方要先发出一个低电平 0 表示传输字符的开始。因为空闲位一直是高电平，故第一次通信时需要先发送一个明显区别于空闲状态的低电平信号。

（3）**数据位**。开始位之后就是要传输的数据，数据可以是 5~8 位，构成一个字符，一般都是 8 位，按从最低位到最高位的顺序发送。

（4）**奇偶校验位**。用于奇偶校验，保证包括奇偶校验位和数据位在内的所有位中 1 的个数为奇数或偶数，以便判断数据传输是否成功。奇偶校验位是可选的。若无该位，表示无校验（no parity）；若有该位，表示奇校验或偶校验。

（5）**停止位**。它是数据结束标志，表示数据包的结束，可以是 1 位、1.5 位、2 位的高电平。由于数据是在传输线上定时传送的，并且每个设备有自己的时钟，很可能在通信时两台设备间会出现微小的不同步。因此，停止位不仅用于表示传输过程的结束，而且可提供设备校正时钟同步的机会。用于停止位的位数越多，对时钟不同步的容忍程度越高，但是数据传输率也越低。

UART 通信最重要的参数是波特率、数据位、停止位和奇偶校验位。对于两个进行 UART 通行的端口，这些参数必须匹配。

3）工作过程

微机中一般没有 UART 接口。在嵌入式系统中，通常已内置了 UART 接口，开发人员可直接使用。UART 传输数据依靠 UART 总线，微控制器等其他设备通过数据总线以并行方式将数据发送到 UART，UART 再以串行方式实现数据传输。传输过程如下：

（1）发送方的 UART 从数据总线并行接收数据。

（2）发送方的 UART 将开始位、奇偶校验位和停止位添加到数据帧，形成图 7-12 所示格式的数据包。

（3）整个数据包从发送方的 UART 的 Tx 引脚上逐位串行发送到接收方的 UART。接收方的 UART 以预先配置的波特率对数据线进行采样。

（4）接收方的 UART 丢弃数据包中的开始位、奇偶校验位和停止位。

（5）接收方的 UART 将串行数据转换为并行模式，并将其传输到接收方的数据总线。

UART 数据传输方式如图 7-13 所示。

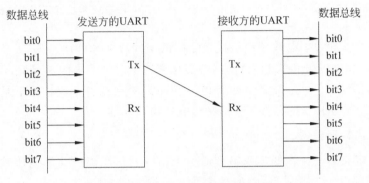

◆图 7-13　UART 数据传输方式

UART 信号线上共有两种状态，分别为逻辑 1（高电平）和逻辑 0（低电平）。异步串行数据的一般格式为起始位＋数据位＋停止位。其中，起始位 1 位，对于正逻辑的 TTL 电平，起始位是低电平（逻辑 0）；数据位可以是 5~8 位逻辑 0 或 1；停止位可以是 1 位、1.5 位或 2 位的高电平。

例如，对于十六进制数据 55AAH，当采用 8 位数据位、1 位停止位传输时，它在信号线上的波形如图 7-14 所示。即，先传第一字节 AA，再传第二字节 55，每字节都是从低位向高位逐位传输。

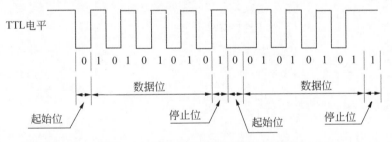

◆图 7-14　55AAH 在信号线上的波形

UART 的主要优点是：只使用两条信号线；全双工操作；不需要时钟信号；有校验位进行错误检测；传输距离较远（1m 左右，与数据传输速率有关）。它的主要缺点是：传输速率比较低；只能进行点对点通信，不支持点对多点通信。

◇7.2.2　远距离串行通信接口

虽然 UART 可以方便地实现设备间通信，但由于其采用单端 TTL 电平方式，通信距离一般不超过 1m。如果要实现更远距离设备之间的串行通信，就需要在 UART 的基础上，借助 RS-232、RS-422、RS-485 等串行通信接口标准，延长串行通信距离。图 7-15 是微控制器与远距离设备通过 UART 和 RS-232 实现远距离数据传输的示意图[①]。

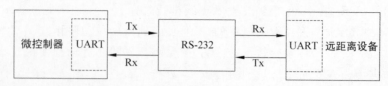

◆图 7-15　微控制器与远距离设备通过 UART 和 RS-232 实现远距离数据传输

UART 负责处理数据总线和串行接口之间的串并转换和并串转换,并规定帧格式。通信双方只要采用相同的帧格式和波特率,就能在未共享时钟信号的情况下,仅用两根信号线(Rx 和 Tx)进行数据传输。需要注意的是,RS-232、RS-422、RS-485 并不是完整的通信协议,它们仅是关于 UART 通信的一个机械和电气接口标准。

1. RS-232 串行通信接口

RS-232 被定义为一种在低速率串行通信中增加通信距离的非平衡传输标准,是 20 世纪 60 年代由美国电子工业协会(EIA)联合贝尔系统公司、调制解调器厂商及计算机终端厂商共同制定的用于串行通信的 EIA-232-E 标准,又称为 RS-232 标准,以保证不同厂商产品之间的兼容。RS 是英文 recommended standard(推荐标准)的缩写,232 为标识号。它的全名是《数据终端设备(Data Terminal Equipment,DTE)和数据通信设备(Data Communication Equipment,DCE)之间串行二进制数据交换接口技术标准》[②]。RS-232 标准最初规定采用一个 25 个引脚的 DB-25 连接器,后来 IBM PC 将其简化为 9 个引脚的 DB-9 连接器,并成为事实标准,其引脚如表 7-1 所示。

表 7-1　DB-9 连接器的引脚

引脚编号	引脚定义	说明
1	DCD(Data Carrier Detect)	数据载波检测
2	RxD(Received Data)	接收数据
3	TxD(Transmitted Data)	发送数据
4	DTR(Data Terminal Ready)	数据终端就绪
5	GND(Ground)	地线
6	DSR(Data Send Ready)	数据发送就绪
7	RTS(Request To Send)	发送请求
8	CTS(Clear To Send)	清除发送
9	RI(Ring Indicator)	振铃指示

目前,RS-232 接口主要用于仪器仪表设备、PLC(Programmable Logic Controller,可编程逻辑控制器)以及嵌入式领域中的串行通信设备。

---

① 嵌入式微控制器中通常集成了 UART 接口。
② DTE 是数据终端设备,如计算机;DCE 是数据通信设备,如调制解调器。

1) 接口定义

这里,DTR/DSR 和 RTS/CTS 用于硬件流控。DTR/DSR 是就绪信号,设备上电这两个信号有效,表明数据终端设备和数据通信设备处于可用状态。要开始进行数据传输通信时,则需要 RTS/CTS 流控信号。

当数据终端设备要发送数据时,RTS 信号有效,向数据通信设备请求发送数据;CTS 是对发送请求信号 RTS 的响应,当数据通信设备已经准备好接收数据时,该信号有效,通知数据终端设备可以使用 TXD 发送数据了。

例如,A 向 B 发送数据的基本逻辑如下:

(1) A 先设置 RTS 为 1,表示要发数据给 B。

(2) B 检测到 RTS 为 1,先看看自己是否准备好。若准备好,设置 CTS 为 1,表示 A 可以发送数据给 B;否则,继续处理自己的数据,结束后再将 CTS 置 1,让 A 发送数据。

(3) 当 A 发现 CTS 置 1 后,将数据通过 TxD 信号线发送出去。

(4) A 每发送一次数据给 B 之前,都会继续上面的逻辑。直到发送完数据,将 RTS 置 0,表示数据发送完毕。

2) 硬件连接

RS-232 接口有 9 线连接、5 线连接、3 线连接共 3 种方式,在工业控制中一般使用最简单的 3 线连接方式。3 线连接时仅使用 TxD、RxD 两根数据线和一根地线,无法实现硬件流控功能。在进行大量数据传输时,为提高传输可靠性,建议使用 5 线或 9 线连接方式。图 7-16 是 RS-232 接口 5 线连接方式。在 5 线连接中,TxD、RxD 用于传输数据,RTS、CTS 实现硬件流量控制。

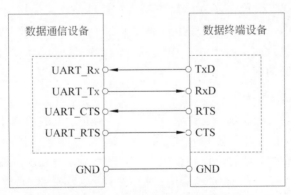

◆图 7-16 RS-232 接口 5 线连接方式

3) 接口的电气特性

RS-232 采用负逻辑电平,其定义如表 7-2 所示。

表 7-2 RS-232 的逻辑电平定义

逻辑电平状态	电压
0(space)	+3~+15V
1(mark)	-15~-3V
非法状态	-3~+3V

该规定说明了 RS-232C 标准对逻辑电平的定义。对于数据，逻辑 1 的电平低于 −3V，逻辑 0 的电平高于 +3V；对于控制信号，接通状态(ON)即信号有效的电平高于 +3V，断开状态(OFF)即信号无效的电平低于 −3V，也就是说，当传输电平的绝对值大于 3V 时，电路可以有效地检查出来，而 −3V～3V 的电压无意义，低于 −15V 或高于 +15V 的电压也无意义，因此，实际工作时，应保证电平为 −15V～−3V 和 +3V～+15V。RS-232 通过较高的电压及较大的噪声容限传输数据，实现了比 UART 更强的抗干扰能力。

RS-232 标准采取非平衡传输方式，即单端通信，所以共模抑制能力较差，从而也使其最大传输距离只有 15m。

RS-232 标准规定最大传输速率 20kb/s[①]，这个传输速率目前已难以满足要求。为此，一些芯片厂商已经生产出高传输速率的驱动芯片，具体参数可查阅相关器件手册。

4) RS-232 的主要缺点

作为早期的串行接口标准，RS-232 主要存在以下缺点：

(1) 接口的信号电平值较高，易损坏接口电路芯片，且与 TTL 电平不兼容，需使用电平转换电路方能与 TTL 电路连接。

(2) 传输速率较低，在异步传输时，波特率为 20kb/s。现在由于采用了新的 UART 芯片，波特率达到 115.2kb/s。

(3) 接口使用一根信号线和一根信号返回线构成共地的传输形式，这种共地传输容易产生共模干扰，所以抗噪声干扰能力弱。

(4) 传输距离有限，最大传输距离的标准值为 50m，实际上只能达到 10m 左右。

(5) 仅能实现点对点通信，不能实现联网。

RS-232 应用范围广泛，价格便宜，编程容易，并且可以比其他接口使用更长的导线。虽然目前 USB(universal serial bus,通用串行总线)已广泛应用于 PC 与外设的串行通信，但是 USB 的传输距离较短(通常在 5m 以内)。因此，RS-232 和类似的接口仍在监视和控制系统等应用中得到普遍的应用。

2. RS-422 串行通信接口

RS-422 由 RS-232 发展而来，是一种单机发送、多机接收的单向平衡传输规范，被命名为 TIA/EIA-422-A 标准。为克服 RS-232 通信距离短、传输速率低的缺点，RS-422 定义了一种全双工、差分平衡传输通信接口，将传输速率提高到 10Mb/s，传输距离延长到 4000ft (约 1219m)。由于 RS-422 的接收器采用高输入阻抗和发送驱动器，具有比 RS-232 更强的驱动能力，故允许在相同传输线上连接多个接收节点，即一个主设备可以连接多个从设备，可支持 10 个接收节点。从设备之间不能通信，所以 RS-422 支持点对多点的双向通信。

RS-422 有 4 根信号线：两根用于发送，两根用于接收。由于其接收与发送是完全分开的，所以可以同时接收和发送(全双工)。也正因为全双工要求接收和发送都要有单独的信道，所以 RS-422 适用于两个站之间通信，以及星状网和环状网，而不可用于总线网。

1) 接口定义

RS-232 接口各引脚由标准文档进行定义，故也可以称为"标准引脚定义"。而 RS-422

[①] kb/s(kilobit per second)，即千比特每秒，是数字信号传输速率的单位。

和下面将要介绍的 RS-485 接口则没有"标准引脚定义"的说法,因为 RS-422 和 RS-485 连通常的标准接口也没有,具体采用什么接口,接口中使用哪些引脚,完全取决于设备厂商自己的定义。

表 7-3 给出了 RS-422 的引脚定义,其中的序号并不是引脚编号,在实际连线中,各引脚的顺序需要根据具体设备定义确定。

表 7-3 RS-422 接口引脚定义

序 号	引 脚 定 义	说 明	备 注
1	GND(Ground)	地线	
2	TxA(T+)	接收数据正	必连
3	TxB(T−)	接收数据负	必连
4	RxA(R+)	发送数据正	必连
5	RxB(R−)	发送数据负	必连

2) 硬件连接

图 7-17 是一个主设备与两个从设备通过 RS-422 接口实现数据传输的连接示意图。在图 7-17 中,一对双绞线连接主设备的发送数据正、负端和从设备的接收数据正、负端,另一对双绞线连接主设备的接收数据正、负端和从设备的发送数据正、负端。

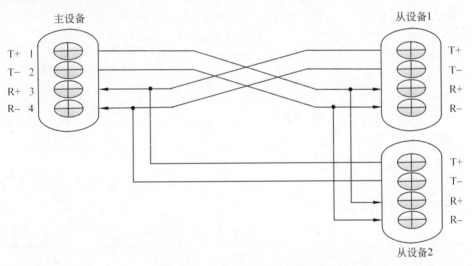

◆图 7-17 RS-422 接口连接

在传输高频信号时,信号波长相对于传输线比较短,信号在传输线末端会形成反射波,干扰原信号,所以需要在传输线末端加末端电阻,使信号到达传输线末端后不反射。在长线传输时,有两种原因会产生信号反射和回波:阻抗不连续和阻抗不匹配。为了消除通信电缆中的信号反射和回波,也需要在接收端接入末端电阻。

RS-422 标准规定在接收端一对正、负线之间需要外接末端电阻,以便降低在接收端产生的反射和回波,其阻值要求等于传输电缆的特性阻抗。一般在 300m 以下的近距离传输时可省略末端电阻。

3) 接口的电气特性

RS-422 采用差分传输方式,所以使用正、负线的电压差定义逻辑电平,并且发送端和接收端的定义方法也不同,具体如表 7-4 所示。

表 7-4 RS-422 的逻辑电平定义

逻辑电平状态	正、负线的电压差
发送端为 0	$-2 \sim -6\text{V}$
发送端为 1	$+2 \sim +6\text{V}$
接收端为 0	小于 -200mV
接收端为 1	大于 $+200\text{mV}$

RS-422 接口信号电压比 RS-232 明显降低,所以不易损坏接口电路的芯片。

RS-422 的最大传输距离为 4000ft(1ft=0.3048m),最大传输速率为 10Mb/s。平衡双绞线的长度与传输速率成反比,在 100kb/s 速率以下,才可能使用规定的最长电缆长度。只有在很短的距离下才能获得最高传输速率。一般 100m 长的双绞线的最大传输速率仅为 1Mb/s。

3. RS-485 串行通信接口

为扩展应用范围,EIA 又于 1983 年在 RS-422 基础上制定了 RS-485 标准,增加了多点、双向通信能力,即允许多个发送器连接到同一条总线上,同时增加了发送器的驱动能力和冲突保护特性,扩展了总线共模范围。该标准被命名为 TIA/EIA-485-A 标准。

由于 RS-485 是在 RS-422 的基础上发展而来的,故 RS-485 的许多电气规定与 RS-422 相仿。例如,都采用平衡传输方式,都需要在传输线上连接末端电阻,等等。RS-485 可以采用 2 线与 4 线两种连接方式。2 线连接方式可实现真正的多点双向通信;而采用 4 线连接方式时,与 RS-422 一样只能实现点对多点的通信,即只能有一个主设备,其余均为从设备,但比 RS-422 有改进。无论 2 线还是 4 线连接方式,总线上最多可连接 32 个设备。

1) 接口定义

表 7-5 是 2 线式 RS-485 接口定义,其中的序号并不是引脚编号,在实际连线中,各引脚的顺序需要根据具体设备定义确定。

表 7-5 2 线式 RS-485 接口定义

序 号	引脚定义	说 明	备 注
1	GND(Ground)	地线	
2	DataA(485+)	数据正	必连
3	DataB(485−)	数据负	必连

2) 硬件连接

图 7-18 是一个主设备与两个从设备通过一对双绞线实现数据传输的 RS-485 接口连接示意图,双绞线分别连接到主设备和从设备,采用半双工工作方式,任何时候只能有一方处于发送状态,因此,发送电路必须由使能信号加以控制。RS-485 用于多点互连时非常方便,

可以省去许多信号线。

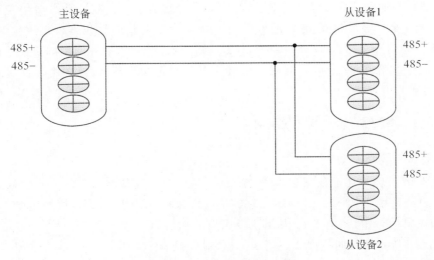

◆图 7-18　RS-485 接口连接

由于 RS-485 的每根数据线既可以用于数据发送又可以用于数据接收,所以与 RS-422 标准规定仅在接收端一对正、负线之间外接末端电阻不同,RS-485 的双绞线两端都要外接电阻。

RS-485 与 RS-422 的共模输出电压不同。RS-485 为 $-7\sim+12\text{V}$,而 RS-422 为 $-7\sim+7\text{V}$。RS-485 满足所有 RS-422 的规范,所以 RS-485 的驱动器可以应用在 RS-422 网络中。

与 RS-422 一样,RS-485 的最大传输距离约为 4000ft,最大传输速率为 10Mb/s。

7.3　可编程定时/计数器 8253

在数字电路、计算机系统以及实时控制系统中常需要用到定时信号。例如,函数发生器、计算机中的系统日历时钟、DRAM 的定时刷新、实时采样和控制系统等都要用到定时信号。

定时信号可以利用软件编程或硬件的方法得到。

所谓软件定时的方法就是设计一个延时子程序,子程序中全部指令执行时间的总和就是该子程序的延时时间。这种方法比较简单,较易实现,在特定条件下延迟时间是固定的。但由于现代微机系统均为多任务系统,程序的每次执行(进程)都受到操作系统对任务调度的影响。因此,软件定时的延时时间并不精确,仅适用于特定条件下、延时时间较短、重复次数有限的场合,在对时间要求严格的实时控制系统和多任务系统中很少采用。

硬件定时就是利用专用的硬件定时/计数器,在简单软件控制下产生准确的延时时间。其基本原理是:通过软件确定定时/计数器的工作方式、设置计数初值并启动计数器工作,当计数到给定值时,便自动产生定时信号。这种方法的成本不高,程序上也很简单,而且大大提高了处理器的效率,既适合长时间、多次重复的定时,也可用于延时时间较短的场合,因此得到了广泛的应用。

定时/计数器在计数方式上分为加法计数器和减法计数器。加法计数器是每有一个计数脉冲就加1,当加到预先设定的计数值时,产生一个定时信号。减法计数器是在送入计数初值后,每来一个计数脉冲就减1,减到0时产生一个定时信号输出。可编程定时器 8253 是一个减法计数器,它是 Intel 公司专为 80x86 系列处理器配置的外围接口芯片。这里仍然从外部引线入手,介绍 8253 的外部特性和与应用有关的内部结构,最终使读者掌握芯片与系统的连接和使用方法。

可编程定时计数器 825302

◇7.3.1　8253 的引脚和结构

1. 引脚及其功能

8253 是 Intel 公司生产的三通道 16 位可编程定时/计数器,是具有 24 个引脚的双列直插式器件,其外部引脚如图 7-19 所示。它的最高计数频率可达 2MHz,使用单电源 +5V 供电,输入和输出均与 TTL 电平兼容,其主要引脚的功能如下:

- $D_0 \sim D_7$: 8 位双向数据线。用来传送数据、控制字和计数器的计数初值。

- $\overline{CS}$: 片选信号,输入,低电平有效。由系统高位 I/O 地址译码产生。当它有效时,此 8253 芯片被选中。

- $\overline{RD}$: 读控制信号,输入,低电平有效。当它有效时表示处理器要对此 8253 芯片进行读操作。

- $\overline{WR}$: 写控制信号,输入,低电平有效。当它有效时表示处理器要对此 8253 芯片进行写操作。

- A_0, A_1: 地址信号线。高位地址信号经译码产生片选信号 $\overline{CS}$,决定了此 8253 芯片的地址范围。而 A_0 和 A_1 地址信号则经片内译码产生 4 个有效地址,分别对应此 8253 芯片内部 3 个独立的计数器(通道)和一个控制寄存器。具体规定如下:

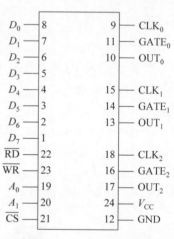

◆图 7-19　8253 外部引脚

A_1	A_0	
0	0	选择计数器 0
0	1	选择计数器 1
1	0	选择计数器 2
1	1	选择控制寄存器

- $CLK_0 \sim CLK_2$: 每个计数器的时钟信号输入端。计数器对此时钟信号进行计数。CLK 信号是计数器工作的计时基准,因此其频率要求很精确。

- $GATE_0 \sim GATE_2$: 门控信号,用于控制计数的启动和停止。多数情况下,GATE=1 时允许计数,GATE=0 时停止计数。但有时仅用 GATE 的上升沿启动计数,启动后则 GATE 的状态不再影响计数过程。这在 7.3.2 节将会详细介绍。

- $OUT_0 \sim OUT_2$: 计数器输出信号。在不同的工作方式下将产生不同的输出波形。

2. 8253 的内部结构和工作原理

图 7-20 为 8253 的内部结构。8253 主要包括 3 个计数器通道,控制寄存器、数据总线缓

冲器和读写控制逻辑电路。

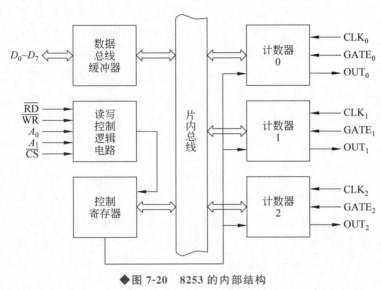

◆图 7-20　8253 的内部结构

1）计数器

由图 7-20 可知，8253 内部包含 3 个相同的 16 位计数器：计数器 0（CNT_0）、计数器 1（CNT_1）和计数器 2（CNT_2），它们相互独立，可以分别按各自的方式工作，每个计数器都包括一个 16 位的初值寄存器、一个计数执行单元和一个输出锁存器。

当置入初值后，计数执行单元开始对输入脉冲 CLK 进行减 1 计数，在减到 0 时，从 OUT 端输出一个信号。整个过程可以重复进行。计数器既可按二进制计数，也可按十进制计数。另外，在计数过程中，计数器还受到门控信号 GATE 的控制。在不同的工作方式下，计数器的输入 CLK、输出 OUT 和门控信号 GATE 之间的关系将会不同。

2）控制寄存器

8253 是可编程接口芯片，可以通过软件编程写入控制字的方法控制其工作方式。8253 内部的控制寄存器就是用来存放控制字的。控制字在 8253 初始化时通过输出指令写入控制寄存器。该寄存器为 8 位，只能写入，不能读出。

3）数据总线缓冲器

数据总线缓冲器是一个 8 位的双向三态缓冲器，用于 8253 和处理器数据总线之间连接的接口。处理器通过该数据缓冲器对 8253 进行读写。

4）读写控制逻辑电路

在片选信号$\overline{CS}$有效的情况下，读写控制逻辑电路从系统总线接收输入信号，经过逻辑组合，产生对各部分的控制信号。当片选信号$\overline{CS}$无效，即$\overline{CS}$为高电平时，数据总线缓冲器处于三态，读写信号得不到确认，处理器则无法对其进行读写操作。

3. 计数启动方法

8253 的计数过程可以由程序指令启动，称为软件启动；其计数也可由外部电路信号启动，称为硬件启动。

1) 软件启动

软件启动要求 GATE 在计数过程中始终为高电平,当处理器用输出指令向计数器写入初值后就启动计数。但事实上,处理器写入的计数初值只写到计数器内部的初值寄存器中,计数过程并未真正开始。写入初值后的第一个 CLK 信号将初值寄存器中的内容送到计数器中,而从第二个 CLK 脉冲的下降沿开始,计数器才真正进行减 1 计数。此后,每来一个 CLK 脉冲都会使计数器减 1,直到减到 0 时在 OUT 端输出一个信号。因此,从处理器执行输出指令写入计数初值到计数结束,实际的 CLK 脉冲个数比编程写入的计数初值 N 要多一个,即 $N+1$ 个。只要是用软件启动计数,这种误差就是不可避免的。

2) 硬件启动

硬件启动是写入计数初值后并不启动计数,而是在门控信号 GATE 由低电平变高后,再经 CLK 信号的上升沿采样,然后在该 CLK 的下降沿才开始计数。由于 GATE 信号与 CLK 信号不一定同步,在极端情况下,从 GATE 变高到 CLK 采样之间的延时可能会经历一个 CLK 脉冲宽度,因此在计数初值与实际的 CLK 脉冲个数之间也会有误差。

在多数工作方式下,计数器每启动一次只工作一个周期(即从初值减到 0),要想重复计数过程则必须重新启动,这种计数方式称为不自动重复的计数方式。除此之外,8253 还有另一种计数方式,即一旦计数启动,只要门控信号 GATE 保持高电平,计数过程就会自动周而复始地重复下去,这时 OUT 端可以产生连续的波形输出,这种计数方式称为自动重复的计数方式。在这种计数方式下,在达到稳定状态后,上面讲到的因启动造成的实际计数值和计数初值之间的误差就不再存在。

◇7.3.2 8253 的工作方式

8253 共有 6 种工作方式,不同工作方式下的计数启动方式和 OUT 端的输出波形都不一样,自动重复功能和 GATE 的控制作用以及写入新的计数初值对计数过程产生的影响也不相同。但无论哪一种工作方式,处理器都需要发出两次写允许信号 $\overline{WR}$。下面借助工作波形分别说明这 6 种工作方式的计数过程。

1. 方式 0

方式 0 为软件启动、不自动重复计数的工作方式。方式 0 下的工作时序如图 7-21 所示。在图 7-21 中设 GATE 端始终为高电平(GATE=1)。

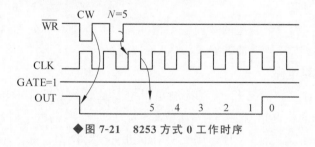

◆图 7-21　8253 方式 0 工作时序

从图 7-21 可以看出,在方式 0 下,在第一个写信号 $\overline{WR}$ 有效时向计数器写入控制字 CW,然后其输出端 OUT 就变为低电平。在第二个写信号 $\overline{WR}$ 有效时装入计数初值,如果此时 GATE 为高电平,则经过一个 CLK 信号的上升沿和下降沿,初值进入计数器,开始计数。当计数值减到 0 时,计数结束,OUT 变为高电平。该输出信号可作为外部可屏蔽中断请求(INTR)信号使用。

不自动重复计数的特点是：每写入一次计数初值只计数一个周期。若要重新计数,需要处理器再次写入计数初值。

关于方式 0 有几点需要注意：

(1) 整个计数过程中,GATE 端应始终保持高电平。若 GATE 变低,则暂停计数,直到 GATE 变高后再接着计数。

(2) 计数过程中可随时修改计数初值,即使原来的计数过程没有结束,计数器也用新的计数初值重新计数。但如果新的计数初值是 16 位的,则在写入第一字节后停止原来的计数过程,写入第二字节后才开始以新的计数值重新计数。

2. 方式 1

方式 1 是一种硬件启动、不自动重复的工作方式,其工作时序如图 7-22 所示。

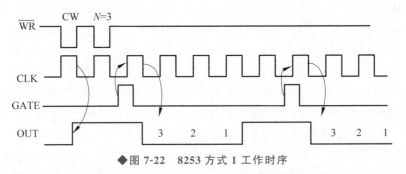

◆图 7-22　8253 方式 1 工作时序

当写入方式 1 的控制字后,OUT 端输出高电平。在处理器写入计数初值后,计数器并不开始计数,而是要等门控信号 GATE 出现由低到高的跳变(触发)后,在下一个 CLK 脉冲的下降沿才开始计数,此时 OUT 端立刻变为低电平,当计数结束后,OUT 端输出高电平,这样就可以从计数器的 OUT 端得到一个负脉冲,负脉冲宽度为计数初值 N 乘以 CLK 的周期 T_{CLK}。

方式 1 的特点如下：

- 计数过程一旦启动,GATE 端即使变低也不会影响计数。
- 可重复触发。当计数到 0 后,不用再次写入计数初值,只要用 GATE 的上升沿重新触发计数器,即可产生一个同样宽度的负脉冲。
- 在计数过程中,若写入新的计数值,则本次计数过程的输出不受影响。本次计数结束后再次触发,计数器才开始按新的计数初值进行计数,并按新的计数初值输出脉冲宽度。
- 若在形成单个负脉冲的计数过程中,外部的 GATE 上升沿提前到来,则下一个 CLK 脉冲的上升沿使计数器重新装入计数初值,并紧接着在 CLK 的下降沿重新开始计数。这时的负脉冲宽度将会加宽,变为重新触发前的已有宽度与新一轮计数过程的宽度之和。

3. 方式 2

在方式 2 下,计数器既可以用软件启动,也可以用硬件启动。其工作时序如图 7-23 所示(在图 7-23 中假设 GATE 为高电平,为软件启动)。

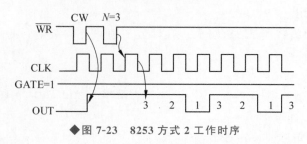

◆图 7-23　8253 方式 2 工作时序

若写入控制字和计数初值期间 GATE 一直为高电平,则在写入计数初值后的下一个 CLK 开始计数(即软件启动);若送计数初值时 GATE 为低电平,则要等到 GATE 信号由低变高时才启动(即硬件启动)。一旦计数启动,计数器就可以自动重复工作。

在写入方式 2 控制字后,OUT 端变为高电平。假设此时 GATE=1,则装入计数初值 N 后计数器从下一个 CLK 的下降沿开始计数,经过 $N-1$ 个 CLK 周期后(此时计数值减为 1),OUT 端变为低电平,再经过一个 CLK 周期,计数值减到 0,OUT 又恢复为高电平。由于方式 2 下计数器可自动重复计数,因此在计数减到 0 后,计数器又自动装入计数初值,并开始新的一轮计数过程。这样,在 OUT 端就会连续输出宽度为 T_{CLK} 的负脉冲,其周期为 $N \times T_{CLK}$,即 OUT 端输出的脉冲频率为 CLK 的 $1/N$。所以方式 2 也称为分频器,分频系数就是计数初值 N。可以利用不同的计数初值实现对 CLK 时钟脉冲进行 1～65 536 分频。

在方式 2 中,门控信号 GATE 可被用作控制信号。当 GATE 为低电平时,计数停止,强迫 OUT 输出高电平。当 GATE 变高后的下一个时钟下降沿,计数器又被置入初值,开始重新计数,其后的过程就和软件启动相同。这个特点可用于实现计数器的硬件同步。

在计数过程中,若重新写入新的计数初值,则不影响当前的计数过程,而是在下一轮计数过程开始时才按新的计数值进行计数。

在方式 2 中,一个计数周期应包括 OUT 端输出的负脉冲所占的一个时钟周期。

4. 方式 3

方式 3 和方式 2 类似,也可以用软件启动或用硬件启动,也能够自动重复计数。只是计数到 $N/2$ 时,OUT 端输出变为低电平,再接着计数到 0 时,OUT 又变为高电平,并开始新一轮计数,即 OUT 端输出的是方波信号,所以方式 3 也称为方波发生器。图 7-24 给出了方式 3 的工作时序。

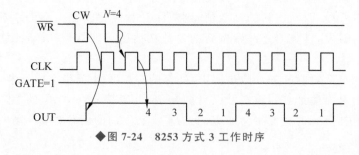

◆图 7-24　8253 方式 3 工作时序

由图 7-24 可以看出,在写入方式 3 的控制字 CW 后,OUT 端立刻变高电平。若此时

GATE=1,则装入计数初值 N 后开始计数。如果装入的计数值 N 为偶数,则计数到 $N/2$ 时 OUT 变低,计完其余的 $N/2$ 后 OUT 又回到高电平。如此这般自动重复下去,OUT 端输出周期为 $N \times T_{CLK}$ 的对称方波;如果 N 为奇数,则输出波形不对称,其中 $(N+1)/2$ 个时钟周期 OUT 为高电平,而另外 $(N-1)/2$ 个时钟周期 OUT 为低电平。

写入计数初值时,若 GATE 信号为低电平,则并不开始计数,OUT 端强迫输出高电平。直到 GATE 变为高电平后,才启动计数,输出对称方波。若计数过程中 GATE 变低,会立刻终止计数,且 OUT 端马上变高。当 GATE 恢复高电平后,计数器将重新装入计数初值,从头开始计数。在计数过程中,若装入新的计数值,会在当前半周期结束时启用新的计数初值。当然,如果在改变计数初值后接着又发生硬件启动,则会立即以新计数值开始计数。

5. 方式 4

方式 4 为软件启动、不自动重复计数的方式。这一特点与方式 0 相同。其工作时序如图 7-25 所示。

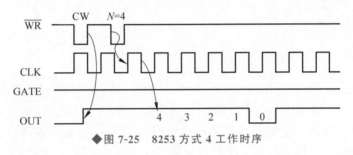

◆图 7-25　8253 方式 4 工作时序

写入方式 4 的控制字后,OUT 端输出立即变高电平。若 GATE=1,则装入计数初值后计数立即开始。计数结束时,由 OUT 端输出一个 CLK 周期宽的负脉冲。方式 4 也称为软件触发选通。

该方式下计数器工作的特点与方式 0 相似。如果在计数过程中装入新的计数值,则计数器从下一时钟周期开始按新的计数值重新计数。

请注意方式 4 与方式 2 下 OUT 端输出波形的不同。

6. 方式 5

方式 5 为硬件启动、不自动重复计数的计数方式。这一特点与方式 1 相同。图 7-26 为 8253 工作于方式 5 时的工作时序。

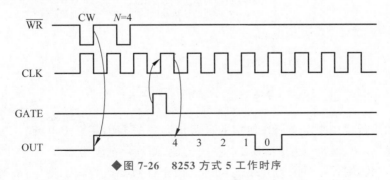

◆图 7-26　8253 方式 5 工作时序

写入方式 5 控制字后，输出 OUT 变高电平。当 GATE 端出现一个上升沿跳变时，启动计数。计数结束时 OUT 端送出一个宽度为 T_{CLK} 的负脉冲。然后，OUT 又变高且一直保持到下一次计数结束。可以看出，方式 5 除启动方式与方式 4 不同之外，其余信号脉冲波形与方式 4 完全相同。方式 5 也称为硬件触发选通。

方式 4 和方式 5 都是在定时时间到时输出一个宽度为 T_{CLK} 的负脉冲，可用于对要求负脉冲触发启动的外部设备的定时控制。具体应用时可以根据具体情况，选择软件启动（方式 4）或硬件启动（方式 5）。

根据上述 6 种工作方式的工作时序，可以对 8253 计数器的工作方式给出如下总结：

(1) 均需要两个写脉冲，第一个写脉冲有效时写入控制命令字，第二个写脉冲有效时写入计数初值。

(2) 软件启动时，写入计数初值之前 GATE 端必须为高电平，且在整个计数过程中应始终保持高电平（若计数过程中 GATE 变低，则会暂停计数）。硬件启动则在写入计数初值之后需要在 GATE 端出现一个由低电平到高电平的跳变（脉冲上升沿）。

(3) 在不同的工作方式下，其 OUT 端会输出不同的脉冲波形。

◇7.3.3　8253 的控制字

可编程定时计数器
825303

作为可编程器件，正常工作的前提除了必要的硬件线路连接外，还需要发出相应的控制命令（初始化）。各种可编程器件的控制命令通常都具有一定的格式，这种具有规定格式的控制命令也称为控制字。8253 的控制字格式如图 7-27 所示。处理器通过指令将控制字写入 8253 的控制寄存器，以确定 3 个计数器分别工作于何种工作方式下。

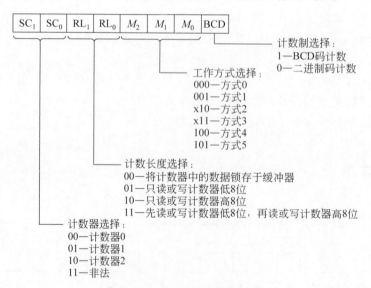

◆图 7-27　8253 的控制字格式

控制字的最低位用来定义用户使用的计数值是二进制码还是 BCD 码。因为每个计数器的字长都是 16 位，所以，如果采用二进制码计数，则计数范围为 0000H～FFFFH；而如果采用 BCD 码计数，则计数范围为 0000～9999。由于计数器执行减 1 操作，故当计数初值为 0000 时，对应的是最大计数值（二进制码计数时为 65 536，BCD 码计数时为 10 000）。

在 8253 计数过程中,处理器可随时读出其当前的计数值,而且不会影响计数器的工作。实现这种操作只需写入相应的控制字,此时控制字的 RL_1 和 RL_2 选择 0 和 0,即控制字格式为 $SC_1SC_0 0 0 \times \times \times \times$。

控制字其他各位的功能见图 7-27,这里不再说明。

◇7.3.4 8253 的应用

8253 的应用涉及硬件设计和软件两个方面。硬件设计指 8253 芯片与系统的硬件连接设计。作为一个非通道型的接口,8253 主要用于实现对外设的定时控制或作为计数器。从芯片的工作原理可知,对定时/计数器芯片,当写入相应的工作命令字和计数初值之后,满足启动条件,芯片即开始独立工作。因此,8253 的软件设计主要指初始化程序设计。每个使用的计数通道都需要单独进行初始化。

1. 8253 与系统的连接

8253 共占用了 4 个端口地址,地址范围由高位地址信号决定,高位地址的译码输出接到片选端 $\overline{CS}$,A_0 和 A_1 分别接到系统总线的 A_0、A_1 地址信号线上,用来寻址芯片内部的 3 个计数器及控制寄存器。信号 $\overline{CS}$、A_0、A_1 与读信号 $\overline{RD}$、写信号 $\overline{WR}$ 配合,可以实现对 8253 的各种读写操作。这 5 个信号组合的功能如表 7-6 所示。

表 7-6 各信号组合的功能

$\overline{CS}$	A_1	A_0	$\overline{RD}$	$\overline{WR}$	功　　能
0	0	0	1	0	写计数器 0
0	0	1	1	0	写计数器 1
0	1	0	1	0	写计数器 2
0	1	1	1	0	写控制寄存器
0	0	0	0	1	读计数器 0
0	0	1	0	1	读计数器 1
0	1	0	0	1	读计数器 2
0	1	1	0	1	无效

在 IBM-PC 系统板上使用了一片 8253 定时/计数器,图 7-28 是简化了的 IBM-PC 中的 8253 的连接简图,给出了 8253 定时/计数器芯片与系统的连接方式。图 7-28 中没有给出具体的译码电路,但给出了以下信息:其接口地址采用部分译码方式,占用的设备端口地址为 40H~5FH。芯片内部的计数通道 0(CNT_0)用于为系统的电子钟提供时间基准,工作于方式 3,产生周期的方波信号,计数初值选为最大计数值,即十六进制的 0000H(65 536)。OUT_0 输出的频率约为 18.2Hz 的连续方波信号作为系统中断源,接到 8259A 的 IR_0 端;计数通道 1(CNT_1)用于 DRAM 的定时刷新,工作于方式 2,每 15μs 动态刷新一次 DRAM;计数通道 2(CNT_2)主要用作机内扬声器的音频信号源,工作于方式 3,控制扬声器发出频率为 1kHz 的声音。在 PC 中,要使扬声器发声,还必须使 8255 的 PB_1 和 PB_0 输出高电平(设 8255 的 B 口地址为 61H)。

8253 可直接连接到系统总线上。图 7-29 是 8253 与 8088 系统总线的连接示例。在图 7-29 中,系统地址总线信号 $A_{15} \sim A_2$ 经译码电路译码产生片选信号,选中 8253。8253 占

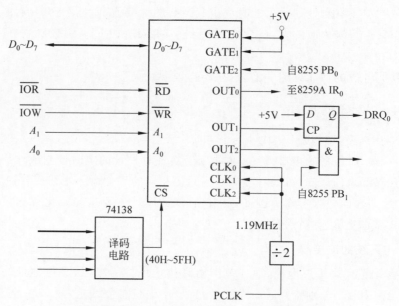

◆图 7-28　IBM-PC 中的 8253 的连接

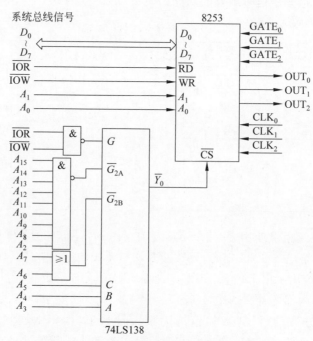

◆图 7-29　8253 与 8088 系统总线的连接示例

用的 4 个端口地址为 FF04H～FF07H。

2. 8253 初始化

8253 的初始化程序包括两部分：一是写各计数器的方式控制字；二是设置计数初值。由于 8253 每个内部计数器都有自己的地址，控制字中又有两位专门用来指定计数器，这使

得对计数器的初始化可按任何顺序进行。初始化的方法可以有两种:

(1) 对计数器逐一进行初始化。由各种工作方式的时序可知,对每个要使用的计数器,都需要先写入方式控制字,再写入计数初值。先初始化哪一个计数器无关紧要,但对某个计数器来说,根据其工作方式的时序,必须按照方式控制字→计数初值低字节→计数初值高字节的顺序进行初始化,如图7-30(a)所示。

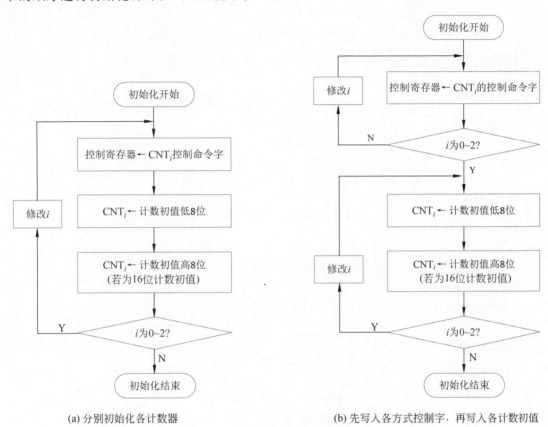

(a) 分别初始化各计数器　　　　　　　　(b) 先写入各方式控制字,再写入各计数初值

◆图7-30　8253的两种初始化方法

(2) 先写所有计数器的方式控制字,再装入各计数器的计数初值,这种方法的过程如图7-30(b)所示。从图7-30(b)可以看出,这种初始化方法先分别写入各计数器的方式控制字,再分别写入计数初值,计数初值仍要按先低字节再高字节的顺序写入。

在x86-16指令集中,输入输出指令要求的累加器只能是AL或AX。写入计数初值时,若计数初值小于或等于255,设定的计数初值必须在累加器AL中。当计数初值大于255,即双字节计数时,虽然输入输出指令允许使用AX传送计数初值,但由于8253是8位接口芯片,其数据总线宽度只有8位,16位计数初值必须分别传送。为此,8253规定了必须先写入高8位,要将AH内容送AL,然后再写入控制寄存器。

对以上两种初始化方法,用户可根据自己的习惯采用任意一种。

针对8253在IBM-PC中的应用(见图7-28),可以编写该芯片的初始化程序。由图7-28可知,3个内部计数器的输入时钟频率均为1.19MHz,接口地址范围为40H～5FH,属于部分地址译码。具体编程中可以选择40H～43H。

根据上面对系统内 8253 芯片各内部计数器的作用和工作方式要求的描述,可以得出各计数器的计数初值:

- CNT_0:计数初值选为最大计数值,即十六进制的 0000H(65 536)。OUT_0 输出方波信号的频率为 $1.19MHz/65\ 536 \approx 18.2Hz$,表示每秒会向 8259A 的 IR_0 端产生约 18.2 次中断请求,该中断请求用于维护系统的日历钟。
- CNT_1:计数初值为 $15/(1/1.19) \approx 18$。
- CNT_2:若要求控制扬声器发出频率为 1kHz 的声音,可取时间常数 1190。

按照图 7-30(a)的方案,编写 IBM-PC 中 8253 的初始化程序,代码如下:

```
;CNT₀ 初始化
    MOV   AL,36H         ;选择计数器 0,双字节计数值,方式 3,二进制码计数
    OUT   43H,AL         ;控制字写入控制寄存器
    MOV   AL,0           ;选最大计数值(65 536)
    OUT   40H,AL         ;写计数初值低 8 位
    OUT   40H,AL         ;写计数初值高 8 位
;CNT₁ 初始化
    MOV   AL,54H         ;选择计数器 1,单字节计数值,方式 2,二进制码计数
    OUT   43H,AL
    MOV   AL,18
    OUT   41H,AL         ;计数初值写入计数器 1
;CNT₂ 初始化
    MOV   AL,0B6H        ;选择计数器 2,双字节计数值,方式 3,二进制码计数
    OUT   43H,AL
    MOV   AX,1190
    OUT   42H,AL         ;送计数初值低 8 位到计数器 2
    MOV   AL,AH          ;(AL)←计数初值高 8 位
    OUT   42H,AL         ;计数初值高 8 位写入计数器 2
    IN    AL,61H         ;读 8255 的 B 口
    MOV   AH,AL          ;将 B 口内容保存
    OR    AL,03          ;使 PB₀=PB₁=1
    OUT   61H,AL         ;使扬声器发声
    ⋮
    MOV   AL,AH          ;恢复 8255 的 B 口状态
    OUT   61H,AL
```

【例 7-1】 写出图 7-29 中 8253 的初始化程序。其中,3 个 CLK 信号频率均为 2MHz。计数器 0 在定时 $100\mu s$ 后产生中断请求,计数器 1 用于产生周期为 $10\mu s$ 的对称方波,计数器 2 每 1ms 产生一个负脉冲。

题目解析:根据题目要求可知,该 8253 的 3 个内部计数器全部工作。其中,计数器 0 应工作于方式 0,计数初值为 $100\mu s/0.5\mu s=200$(CLK 的周期为 $0.5\mu s$);计数器 1 应工作于方式 3,计数初值为 $10\mu s/0.5\mu s=20$;计数器 2 应工作于方式 2,计数初值为 $1ms/0.5\mu s=2000$。

解:按照图 7-30(a)所示的初始化流程,编写 8253 各计数器的初始化程序如下。

```
START: MOV   DX,0FF07H
```

```
        MOV   AL,10H         ;计数器0,只写计数初值低8位,方式0,二进制码计数
        OUT   DX,AL
        MOV   AL,56H         ;计数器1,只写计数初值低8位,方式3,二进制码计数
        OUT   DX,AL
        MOV   AL,0B4H        ;计数器2,先写计数初值低8位,再写高8位,方式2,二进制码计数
        OUT   DX,AL
        MOV   DX,0FF04H
        MOV   AL,200         ;计数器0的计数初值
        OUT   DX,AL
        MOV   DX,0FF05H
        MOV   AL,20          ;计数器1的计数初值
        OUT   DX,AL
        MOV   DX,0FF06H
        MOV   AX,2000        ;计数器2的计数初值
        OUT   DX,AL
        MOV   AL,AH
        OUT   DX,AL
```

从以上的叙述中可以看到,8253在应用上具有很高的灵活性。通过对外部输入时钟信号的计数,可以达到计数和定时两种应用目的。门控信号GATE提供了从外部控制计数器的能力。同时,当一个计数器计数或定时长度不够时,还可以把两个、三个计数器串联起来使用,即一个计数器的OUT端输出作为下一个计数器的外部时钟CLK输入。对于这些方面的问题,只要读者熟悉了8253的基本功能,就不难举一反三,更巧妙地使用它。

【例7-2】 8253的主要引脚及输出端连线如图7-31所示,CLK_0端的输入时钟频率为2MHz。要求:在OUT_0端输出1kHz的连续方波,同时该方波信号还作为计数器1的时钟信号接到CLK_1端,使OUT_1端产生频率为1Hz的连续方波。根据图7-31中所示的条件,编写相应的初始化程序(8253的地址范围为260H~263H)。

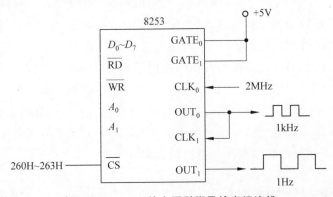

◆图7-31 8253的主要引脚及输出端连线

题目解析:由题意知,计数器0和计数器1都要求输出连续方波,故它们都工作于方式3。OUT_0端输出1kHz方波,故计数初值为2MHz/1kHz=2000。同理可以得出计数器1的计数初值为1000。

解:计数器0(CNT_0)和计数器1(CNT_1)的初始化程序如下。

```
CNT0:
    MOV  DX,263H
    MOV  AL,36H
    OUT  DX,AL
    MOV  DX,260H
    MOV  AX,2000
    OUT  DX,AL
    MOV  AL,AH
    OUT  DX,AL
CNT1:
    MOV  DX,263H
    MOV  AL,76H
    OUT  DX,AL
    MOV  DX,261H
    MOV  AX,1000
    OUT  DX,AL
    MOV  AL,AH
    OUT  DX,AL
```

对8253的读写操作及初始化需注意以下两点：

(1) 在向某一计数器写入计数初值时，应与控制字中 RL_1 和 RL_0 的编码相对应。当编码为01或10时，只可写入一字节的计数初值，另一字节默认为0。当编码为11时，一定要装入两字节的计数初值，且先写入低字节再写入高字节。若此时只写了一字节就去写别的计数器的计数初值，则写入的一字节将被解释为计数初值的高8位，从而产生错误。

(2) 在计数器的计数过程中，可读出其当前计数值。读出的方法有两种。一种方法是前面讲到的在计数过程中读计数值的方法，即写入 RL_1 和 RL_0 为00的控制字，将选中的计数器的当前计数值锁存到相应的锁存器中，然后利用读计数器操作——用两条输入指令即可把16位计数值读出；另一种方法是控制门控信号GATE使计数器停止计数，先写入控制字，规定好 RL_1 和 RL_0 的状态，也就是规定读一字节还是读两字节。若其编码为11，则一定要读两次，先读出计数值低8位，再读出高8位。此时若读一次，同样会出错。

接下来继续讨论家庭安全防盗系统。由于8253定时/计数器在工作于方式3时可以输出连续方波信号，因此可以利用其作为报警控制信号。

家庭安全防盗系统设计方案示例Ⅱ

设计同样基于设计方案示例Ⅰ给出的假设，即监测装置输出电平信号。当出现异常时，监测装置输出高电平(1)，正常状态则输出低电平(0)。

基本方案：利用三态门接口读取8个监测装置的输出信息，利用8253计数器0控制报警器发声，利用锁存器接口控制报警灯闪烁以及8253的计数器0的启动。可以设计如图7-32所示的系统连接示意图。

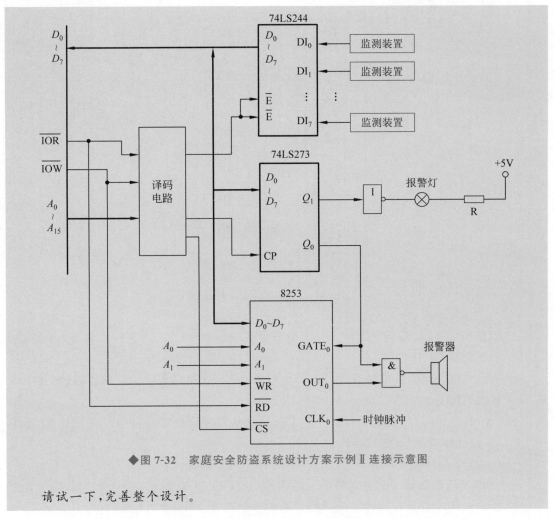

◆图 7-32　家庭安全防盗系统设计方案示例Ⅱ连接示意图

请试一下，完善整个设计。

7.4　可编程并行接口 8255

可编程并行接口 8255 01

并行接口是实现并行通信的接口。其数据传送方向有两种：一种是单向传送（只作为输入接口或输出接口），另一种是双向传送（既可作为输入接口，也可作为输出接口）。并行接口可以很简单，如锁存器或三态门；也可以很复杂，如可编程并行接口。本节介绍的 8255 是 Intel 公司为 x86 系列处理器配套的可编程并行接口芯片。所谓可编程，就是可以通过软件的方式设定芯片的工作方式。8255 的通用性较强，使用灵活，是一种典型的可编程并行接口。

◇7.4.1　8255 的引脚及结构

1. 外部引脚及结构

8255 的外部引脚如图 7-33 所示。8255 共有 40 个引脚，其功能如下：

- $D_0 \sim D_7$：双向数据信号线，用来传送数据和控制字。

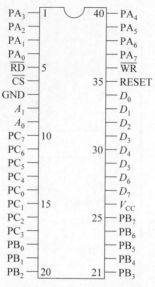

◆ 图 7-33　8255 的外部引脚

- $\overline{RD}$：读信号线，低电平有效。与其他信号线一起实现对 8255 接口的读操作，通常接系统总线的 $\overline{IOR}$。
- $\overline{WR}$：写信号线，低电平有效。与其他信号一起实现对 8255 的写操作，通常接系统总线的 $\overline{IOW}$。
- $\overline{CS}$：片选信号线，低电平有效。当系统地址信号经译码产生低电平时选中 8255 芯片，使能够对 8255 进行操作。
- A_0，A_1：端口地址选择信号线。

8255 的内部包括 3 个独立的输入输出端口（A 口、B 口和 C 口）以及一个控制寄存器。A_0、A_1 地址信号经片内译码可产生 4 个有效地址，分别对应 A 口、B 口、C 口和内部控制寄存器。具体规定如下：

```
A₁  A₀   选择
0   0    A 口
0   1    B 口
1   0    C 口
1   1    控制寄存器
```

在实际使用中，A_0 和 A_1 通常接系统总线的 A_0 和 A_1，它们与 $\overline{CS}$ 一起决定 8255 的接口地址。

- RESET：复位输入信号。通常接系统的 RESET 端。当它为高电平时使 8255 复位。复位后，8255 的 A 口、B 口和 C 口均被预设为输入状态。
- $PA_0 \sim PA_7$：A 口的 8 条输入输出信号线。这 8 条线是工作于输入、输出还是双向（同时为输入或输出）方式可由软件编程决定。
- $PB_0 \sim PB_7$：B 口的 8 条输入输出信号线。利用软件编程可指定这 8 条线是作为输入线还是作为输出线。

- $PC_0 \sim PC_7$：C 口的 8 条输入输出信号线，根据其工作方式可作为数据的输入线或输出线，也可以用作控制信号的输出线或状态信号的输入线，具体使用方法将在本节后面介绍。

2. 内部结构

图 7-34 为 8255 的内部结构。8255 由以下几部分组成：

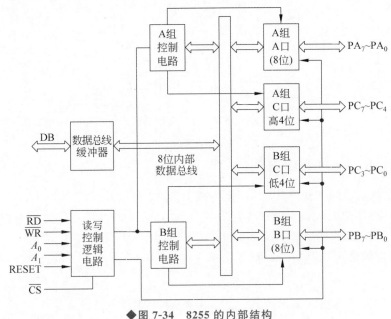

◆图 7-34　8255 的内部结构

1）数据端口

8255 有 A、B、C 3 个 8 位数据端口，可以通过编程把它们分别指定为输入端口或输出端口。A 口和 B 口的输入输出都具有数据锁存能力。C 口的输出有锁存能力，而输入没有锁存能力。A、B、C 3 个口作为输出端口时，其输出锁存器的内容可以由处理器用输入指令读回。在使用中，A、B、C 3 个口可作为 3 个独立的 8 位数据输入输出端口；也可只将 A、B 口作为数据输入输出端口，而使 C 口的各位作为它们与外设联络用的状态或选通控制信号的输入输出。C 口的主要特点是可以对其按位进行操作。

2）A 组和 B 组控制电路

从图 7-34 可以看到，这两组控制电路一方面接收读写控制逻辑电路的读写命令，另一方面接收由数据总线输入的控制字，分别控制 A 组和 B 组的读写操作和工作方式。A 组包括 A 口的 8 位和 C 口的高 4 位（$PC_7 \sim PC_4$），B 组包括 B 端口的 8 位和 C 端口的低 4 位（$PC_3 \sim PC_0$）。编程写入的控制字输入到内部控制寄存器，控制 A 组和 B 组的工作方式。

3）读写控制逻辑电路

读写控制逻辑电路负责管理 8255 的数据传送。它接收来自系统总线的 A_0、A_1 和 $\overline{CS}$ 以及读（$\overline{RD}$）、写（$\overline{WR}$）和复位信号（RESET），并将这些信号进行逻辑组合，形成相应的控制命令，发送到 A 组和 B 组控制电路，以控制信息的传送。

4）数据总线缓冲器

数据总线缓冲器是一个三态双向 8 位数据缓冲器，8255 通过它和系统的数据总线相连，传递控制字、数据和状态信息。

图 7-35 给出了 8255 与系统总线的连接示意图。

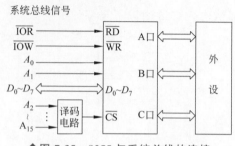

◆图 7-35　8255 与系统总线的连接

◇7.4.2　8255 的工作方式

8255 有 3 种基本的工作方式，分别是方式 0、方式 1 和方式 2。其中，A 口可以工作于方式 0、方式 1 和方式 2；B 口只能工作于方式 0 和方式 1；而 C 口在作为数据输入输出端口时，只能工作于方式 0。当 A 口和 B 口工作于方式 1 或 A 口工作于方式 2 时，C 口的某些位被用作连接相应的选通控制信号。这 3 个口工作于哪一种方式下，可通过软件编程设定。

1. 方式 0

方式 0 又称为基本输入输出方式。方式 0 的端口如图 7-36 所示。

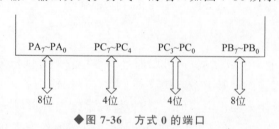

◆图 7-36　方式 0 的端口

在这种方式下：

- A 口、C 口的高 4 位、B 口以及 C 口的低 4 位可分别定义为输入端口或输出端口，各端口互相独立，故共有 16 种不同的组合。例如，可定义 A 口和 C 口高 4 位为输入端口，B 口和 C 口低 4 位为输出端口；或 A 口为输入端口，B 口、C 口高 4 位、C 口低 4 位为输出端口；等等。
- 在方式 0 下，C 口有按位进行置位和复位的能力。有关 C 口的按位操作见 7.4.3 节的内容。

方式 0 作为基本输入输出方式，适用于无条件传送和查询工作方式。由于没有规定固定的应答信号，这时常将 C 口的高 4 位（或低 4 位）定义为输入端口，用来接收外设的状态信号；此时的 A、B 口和 C 口的另外 4 位可用来传送数据。

2. 方式 1

方式 1 也称为选通输入输出方式。在这种方式下，A 口和 B 口仍作为数据的输入输出端口或输入端口,但数据的输入输出要在选通信号控制下完成,这些选通信号利用 C 口的某些位提供。A 口和 B 口可独立地由程序任意指定为数据的输入端口或输出端口。为方便起见,下面分别以 A 口、B 口均作为输入端口或均作为输出端口加以说明。

1) 方式 1 下 A 口、B 口均为输出端口

此时固定地利用 C 口的 6 条线作为选通控制信号线,其定义如图 7-37 所示。A 口使用 C 口的 PC_3、PC_6 和 PC_7,而 B 口使用 C 口的 PC_0、PC_1 和 PC_2。方式 1 下数据的输出过程如下:

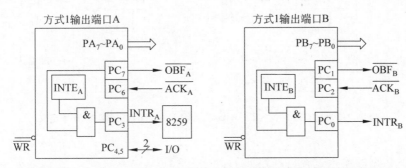

◆图 7-37　方式 1 下 A 口、B 口均为输出端口的选通控制信号定义

- 系统在 $\overline{IOW}$ 信号有效期间将数据输入到 A 口或 B 口。
- 接口输出缓冲器满信号 $\overline{OBF}$(低电平有效)通知外设,在规定的端口上已有一个有效数据,外设可以从该端口取走数据。
- 外设从该端口取走数据后,发出响应信号 $\overline{ACK}$(低电平有效),同时使 $\overline{OBF}=1$。
- 外设取走一个数据后,其 $\overline{ACK}$ 信号的上升沿产生有效的 INTR 信号,该信号用于通知处理器可以再输出下一个数据。INTR 的有效条件为 $\overline{OBF}=1$、$\overline{ACK}=1$、INTE=1。
- 8255 内部有一个内部中断触发器,当中断允许状态 INTE 为高电平,且 $\overline{OBF}$ 也变高时,产生有效的 INTR 信号。INTE 由 PC_6(A 口使用)或 PC_2(B 口使用)的置位/复位控制。

INTE 是否输出高电平由 $\overline{ACK}$ 信号决定。以 A 口为例,当处理器向接口写数据时(执行一条 OUT 指令),在 $\overline{IOW}$ 有效期间将数据锁存于芯片的数据缓冲器中,然后在 $\overline{IOW}$ 的上升沿使 $\overline{OBF}=0$(PC_7 端输出负脉冲),通知外部设备 A 口已有数据准备好。一旦外设将数据接收,就送出一个有效的 $\overline{ACK}$ 脉冲,该脉冲使 $\overline{OBF}=1$,同时使 INTE 也为高电平,从而在 PC_3 端产生一个有效的 INTR 信号。该信号可接到中断控制器 8259 的 IR 端,进而向处理器提出中断请求。处理器响应中断后,向接口写入下一个数据,同样由 $\overline{IOW}$ 将数据锁存。当数据被锁存并由信号线输出后,8255 就去掉 INTR 信号并使 $\overline{IOW}$ 有效,重复上述过程。方式 1 下的整个输出过程也可参考图 7-38 所示的简单时序。

当 A 口和 B 口同时工作于方式 1 工作的输出端口时,仅使用了 C 口的 6 条线,剩余的两位可以工作于方式 0,实现数据的输入或输出,其数据的传送方向可由程序指定,也可通过位操作方式对它们进行置位或复位。当 A、B 两个端口中仅有一个

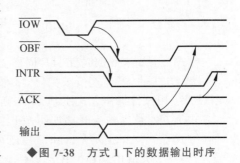

◆图 7-38　方式 1 下的数据输出时序

端口工作在方式1时,只用去C口的3条线,则剩下的5条线也可按照上面所说的方式工作。

2) 方式1下A口、B口均为输入端口

与方式1下两个端口均为输出类似,要实现选通输入,同样要利用C口的信号线。其定义如图7-39所示。A口使用了C口的PC_3、PC_4和PC_5,B口使用了C口的PC_0、PC_1和PC_2。

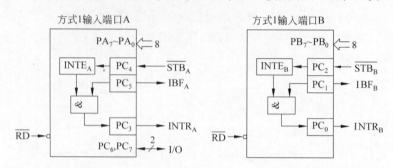

◆图7-39 方式1下A口、B口均为输入端口的选通控制信号定义

方式1下数据的输入过程可描述如下:

(1) 外设发出低电平有效的$\overline{STB}$信号,并在$\overline{STB}$有效期间将数据锁存于8255的输入数据缓冲器中。

(2) 当输入缓冲器满后,接口发出高电平有效的IBF信号。它作为$\overline{STB}$的应答信号,表示8255的缓冲器中有一个数据尚未被处理器读走。外设可使用此信号决定是否能送下一个数据。

(3) 当$\overline{STB}=1$时,会使内部中断触发器INTE和IBF均为高电平,产生有效的INTR信号,向处理器提出中断请求。

(4) INTR信号可用于通过8259向处理器提出中断请求,要求处理器从8255的端口上读取数据。处理器响应中断并读取数据后使IBF和INTR变为无效。图7-40为上述过程时序图。

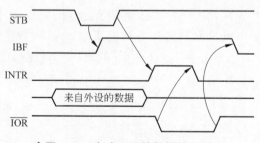

◆图7-40 方式1下的数据输入时序

在方式1下输入数据时,INTR同样受中断允许状态INTE的控制。INTE的状态可利用C口位操作方式的置位/复位来控制。例如,用按位操作方式使$PC_4=1$,则A口的$INTE_A$为1,允许中断;用按位操作方式使$PC_4=0$则禁止中断。B口的$INTE_B$是由PC_2控制的。

方式1下的数据输入时序如图7-40所示。

在方式1下,8255的A口和B口既可以同时为输入端口或输出端口,也可以一个为输入端口,另一个为输出端口。还可以使这两个端口一个工作于方式1,而另一个工作于方式

0。这种灵活的工作特点是由其可编程的功能决定的。

3. 方式 2

方式 2 又称为双向传输方式。只有 A 口可以工作在这种方式下。双向传输方式使外设能利用 8 位数据线与处理器进行双向通信,既能发送数据,也能接收数据。即此时 A 口既作为输入端口又作为输出端口。与方式 1 类似,方式 2 要利用 C 口的 5 条线提供双向传输所需的控制信号。当 A 口工作于方式 2 时,B 口可以工作于方式 0 或方式 1,而 C 口剩下的 3 条线可作为输入输出线使用或用作 B 口方式 1 下的控制线。

A 口工作于方式 2 下的信号定义如图 7-41 所示。图 7-40 中省略了 B 口和 C 口的其他引脚。当 A 口工作于方式 2 时,其控制信号 $\overline{OBF}$、$\overline{ACK}$、$\overline{STB}$、IBF 及 INTR 的含义与方式 1 时相同,但在工作时序上有一些不同,主要有以下 3 点:

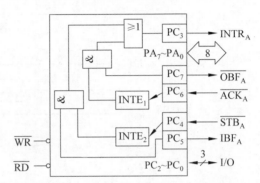

◆图 7-41　A 口工作于方式 2 下的信号定义

(1) 在方式 2 下,A 口既作为输出端口又作为输入端口,因此,只有当 $\overline{ACK}$ 有效时,才能打开 A 口输出数据三态门,使数据由 $PA_0 \sim PA_7$ 输出;当 $\overline{ACK}$ 无效时,A 口的输出数据三态门呈高阻状态。

(2) 此时 A 口输入和输出均有数据的锁存能力。

(3) 在方式 2 下,A 口的数据输入或数据输出均可引起中断。由图 7-41 可见,输入或输出中断还受到中断允许状态 $INTE_2$ 和 $INTE_1$ 的影响。$INTE_2$ 是由 PC_4 控制的,而 $INTE_1$ 是由 PC_6 控制的。利用 C 口的按位操作使 PC_4 或 PC_6 置位或复位,可以允许或禁止相应的中断请求。

方式 2 下的工作时序如图 7-42 所示。此时的 A 口可以认为是方式 1 的输入和输出相结合而分时工作的。实际传输过程中,输入和输出的顺序以及各自的操作次数是任意的,只要 $\overline{IOW}$ 在 $\overline{ACK}$ 之前发出、$\overline{STB}$ 在 $\overline{IOR}$ 之前发出即可。

在输出时,处理器发出写脉冲 $\overline{IOW}$,向 A 口写入数据。$\overline{IOW}$ 信号使 INTR 变低电平,同时使 $\overline{OBF}$ 有效。外设接到 $\overline{OBF}$ 信号后发出 $\overline{ACK}$ 信号,从 A 口读出数据。同时,$\overline{ACK}$ 使 $\overline{OBF}$ 无效,并使 INTR 变高,产生中断请求,准备输出下一个数据。

输入时,外设向 8255 送来数据,同时发 $\overline{STB}$ 信号给 8255,该信号将数据锁存到 8255 的 A 口,从而使 IBF 有效。$\overline{STB}$ 信号结束使 INTR 有效,向处理器请求中断。处理器响应中断后,发出读信号 $\overline{IOR}$,从 A 口中将数据取走。同时,$\overline{IOR}$ 信号会使 INTR 和 IBF 信号无效,从而开始下一个数据的读入过程。

在方式 2 下,8255 的 $PA_0 \sim PA_7$ 引脚上随时可能出现输出到外设的数据,也可能出现外设发送给 8255 的数据,因此在方式 2 下需要防止处理器和外设同时竞争 $PA_0 \sim PA_7$ 数据线的问题。

◇7.4.3　8255 的方式控制字及状态字

由前面的叙述已知,8255 具有 3 种工作方式,可以利用软件编程指定 8255 的 3 个端口

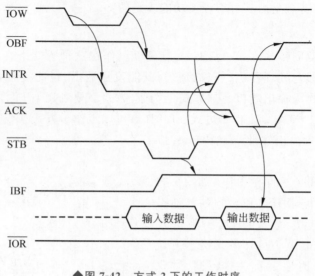

◆图 7-42 方式 2 下的工作时序

当前工作于何种方式。这里所谓的软件编程就是向芯片中的控制寄存器送入不同的控制字,从而确定 8255 的工作方式。这种通过软件确定 8255 工作方式的过程称为 8255 的初始化。在实际应用中,可根据不同的需要,通过初始化使 8255 的 3 个端口工作于不同的方式(当然,B 口只能工作于方式 0 和方式 1,而 C 口只能工作于方式 0)。

1. 控制字

8255 的控制字包括用于设定 3 个端口工作方式的方式控制字[如图 7-43(a)所示],以及用于将 C 口某一位初始化为某个确定状态(0 或 1)的按位操作控制字[如图 7-43(b)所示]。这两个控制字均由 8 位二进制数组成。虽然它们是功能不同的两个控制字,但它们之间存在一定联系,也就是最高位(D_7)的状态。

由图 7-43 可知,当 $D_7=1$ 时,该控制字为方式控制字,用于确定各端口的工作状态。$D_6 \sim D_3$ 用来控制 A 组,即 A 口的 8 位和 C 口的高 4 位;$D_2 \sim D_0$ 用来控制 B 组,包括 B 口的 8 位和 C 口的低 4 位。

当 $D_7=0$ 时,该控制字为对 C 口的按位操作控制字,即按位置位或复位。在必要时,可利用该控制字使 C 口的某一位输出 0 或 1。

2. 状态字

状态字反映了 C 口各位当前的状态。当 8255 的 A 口、B 口工作在方式 1 或 A 口工作在方式 2 时,通过读 C 口的状态,可以检测 A 口和 B 口当前的工作情况。A 口、B 口工作在不同方式下的状态字如图 7-44 所示。其中低 3 位 $D_2 \sim D_0$ 由 B 口的工作方式决定。当 A 口、B 口为方式 1 输入端口时,状态字如图 7-44(a)所示;当 A 口、B 口为方式 1 输出端口时,状态字如图 7-44(b)所示。

需要说明的是,图 7-44(a)和图 7-44(b)分别表示在方式 1 下,A 口、B 口同为输入端口或同为输出端口的情况。若在方式 1 下,A 口、B 口分别为输入端口和输出端口时,状态字为上述两个状态字的组合。

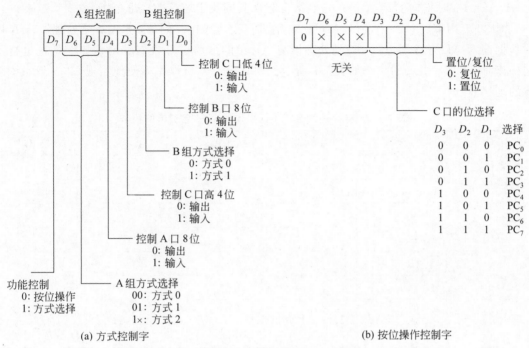

◆图 7-43　8255 的控制字

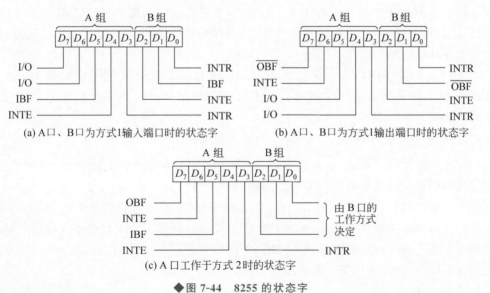

◆图 7-44　8255 的状态字

◇**7.4.4　8255 的应用**

1. 8255 与系统的连接

8255 内部包括 A、B、C 3 个端口和一个控制寄存器，共占 4 个地址。由高位地址通过译码产生片选信号，决定芯片在整个接口地址空间中的位置；A_1、A_0 决定片内的 4 个端口（例如，$A_1A_0=00$ 时指向的是 A 口），它们结合起来共同决定芯片的地址范围。

对 8255 内部的每一个端口，都可以分别进行读写操作。例如，读 A 口是处理器将 A 口的数据读入 AL 寄存器，写 A 口是处理器将 AL 中的数据写入 A 口。对这 4 个地址进行不同操作时 8255 各引脚的状态如表 7-7 所示。根据表 7-7，可以很方便地实现 8255 与系统总线的连接。

表 7-7 对 4 个地址进行不同操作时 8255 各引脚的状态

$\overline{CS}$	A_1	A_0	$\overline{IOR}$	$\overline{IOW}$	操 作
0	0	0	0	1	读 A 口
0	0	1	0	1	读 B 口
0	1	0	0	1	读 C 口
0	0	0	1	0	写 A 口
0	0	1	1	0	写 B 口
0	1	0	1	0	写 C 口
0	1	1	1	0	写控制寄存器
1	×	×	1	1	$D_0 \sim D_7$ 三态

7.4.1 节的图 7-34 给出了 8255 与系统总线的连接示意图。在图 7-34 中，数据信号线、读写控制信号线以及片内地址信号 A_0、A_1 都与系统总线的相应信号线直接相连，3 个端口的位数据线根据具体的应用连接到相应外设。因此，8255 芯片与系统总线连接线路设计的主要工作是译码电路的设计。

图 7-45 是利用全译码方式将 8255 连接到系统总线上的示例。图 7-44 中 8255 所占的地址范围由 $A_{15} \sim A_2$ 决定，为 0FF00H~0FF03H；而 A_1 和 A_0 的状态则决定寻址 8255 的哪个端口或控制寄存器。

2. 软件设计

在硬件线路设计完成后，需要进行相应的软件设计。对 8255 可编程接口的软件设计包括初始化程序设计和实现数据传输的控制程序设计两部分。

作为可编程接口，8255 在使用时首先需要初始化，即将适当的控制字写入 8255 的控制寄存器中。只有在初始化结束后，才能够进行正常的数据传送。在数据传送过程中，处理器还要通过 8255 向外设发出控制信号并接收外设的状态信息。数据传送的方式可根据外设的性质及具体的应用，采用第 6 章介绍的各种输入输出方法。

3. 应用示例

下面通过示例进一步说明 8255 的应用。

【例 7-3】 利用 8255 作为打印机的连接接口（打印机的工作时序如图 7-46 所示），并通过该接口打印字符串，字符串长度放在数据段的 COUNT 单元中，要打印的字符串存放在从 DATA 开始的数据区中。

要求 8255 芯片的地址范围为 FBC0H~FBC3H。

题目解析：由图 7-46 可知，数据锁存信号 $\overline{STROBE}$ 在初始时为高电平。当系统通过

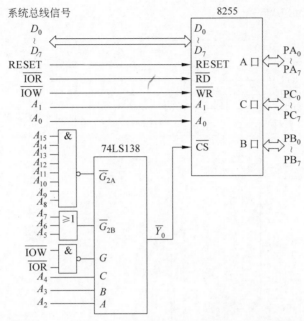

◆ 图 7-45 利用全译码方式将 8255 连接到系统总线上的示例

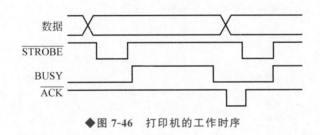

◆ 图 7-46 打印机的工作时序

8255 接口将要打印的字符送到打印机的 $D_0 \sim D_7$ 端时，应紧接着送出低电平的 $\overline{\text{STROBE}}$ 信号（宽度不小于 $1\mu s$），将数据锁存在打印机内部，以便处理。同时，打印机的 BUSY 端送出高电平信号，表示其正忙。仅当 BUSY 端信号变低后，处理器才可以将下一个数据送到打印机上。

实现数据的打印输出时，既可以采用查询工作方式，也可以采用中断控制方式。根据题目要求，采用查询工作方式，即 8255 工作于方式 0。数据输出的端口既可以选择 A 口，也可以选择 B 口。C 口可以分为两个 4 位端口，因此通常用来连接控制信号或状态信号。

解：8255 与系统总线及打印机的连接如图 7-47 所示。选用 A 口作为数据输出端口，向打印机输出数据；利用 C 口的 PC_4 输出 $\overline{\text{STROBE}}$ 锁存信号，在低 4 位中选取 PC_0 作为 BUSY 信号的输入端。B 口不使用，初始化时可任意定义为输入或输出。由于数据输出后要通过 PC_4 输出一个负脉冲，故在初始化时先要将 PC_4 初始化为高电平。

假设向该打印机输出 1000 个字符，程序代码如下：

```
DSEG SEGMENT
    DATA DB 1000 DUP(?)
    COUNT DW 1000
```

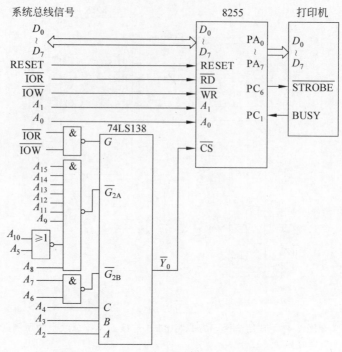

◆图 7-47　8255 与系统总线及打印机的连接

```
            DSEG ENDS
            CSEG SEGMENT
                ASSUME CS:CSEG, DS:DSEG
            MAIN PROC                        ;定义主过程
            START: MOV  AX, DSEG
                   MOV  DS, AX
                   MOV  CX, COUNT            ;将字符串长度作为循环次数
                   CALL INIT_8255            ;调用 8255 初始化子过程
                   LEA  SI, DATA             ;取字符串首地址
            GOON:  MOV  DX, 0FBC2H           ;0FBC2H 为 C 口的地址
                   IN   AL, DX               ;从 C 口读入打印机的 BUSY 信号状态
                   AND  AL, 02H
                   JNZ  GOON                 ;若 BUSY 为高电平则循环等待
                   MOV  AL, [SI]             ;否则取一个字符
                   MOV  DX, 0FBC0H           ;0FBC0H 为 A 口的地址
                   OUT  DX, AL               ;输出一个字符到 A 口
                   MOV  DX, 0FBC2H           ;准备在 PC6 上生成一个负脉冲
                   MOV  AL, 0
                   OUT  DX, AL               ;仅 PC6 接打印机，C 口输出 0 将使 PC6 变低
                   MOV  AL, 40H
                   OUT  DX, AL               ;再使 PC6 变高,生成一个 STROBE 负脉冲
                   INC  SI                   ;指向下一个字符
                   LOOP GOON                 ;若未结束则继续
                   MOV  AH, 4CH              ;若结束则返回操作系统
```

```
            INT    21H
MAIN ENDP
INIT_8255 PROC                      ;8255 初始化子过程
INIT:   MOV    DX,0FBC3H            ;8255 的控制寄存器端口地址送 DX
        MOV    AL,10000001B         ;A 组方式 0:A 口输出,C 口高 4 位输出
                                    ;B 组方式 0:B 口输出,C 口低 4 位输入
        OUT    DX,AL                ;方式控制字送控制寄存器
        MOV    AL,00001101B         ;C 口的按位操作控制字,使 $PC_6$ 初始状态置为 1
        OUT    DX,AL                ;C 口的按位操作控制字送控制寄存器
INIT_8255 ENDP
CSEG ENDS
END START
```

在上面的程序中,$\overline{\text{STROBE}}$负脉冲是通过从 C 口输出数据(先将 PC_6 初始化为 1,然后输出一个 0,再输出一个 1)形成的。当然,也可以利用 C 口的按位置位/复位操作控制字实现。例如:

```
MOV    DX,0FBC3H
MOV    AL,00001100B        ;PC_6 复位(为 0)
OUT    DX,AL
MOV    AL,00001101B        ;PC_6 置位(为 1)
OUT    DX,AL
```

【**例 7-4**】 对例 7-3,利用中断控制方式实现数据的打印输出。

题目解析:若采用中断控制方式实现数据传送,则应使 8255 工作在方式 1 下。从图 7-46 所示的打印机工作时序可知,打印机每接收一个字符后,会送出一个低电平的响应信号 $\overline{\text{ACK}}$。利用这个信号,可使工作于方式 1 的 8255 通过中断打印字符。

设置 8255 芯片的 A 口为数据输出口,此时 PC_7 自动作为$\overline{\text{OBF}}$信号的输出端,PC_6 自动作为$\overline{\text{ACK}}$信号的输入端,而 PC_3 则自动作为 INTR 信号的输出端,将其接到 8259 的 IR_2 端,所以中断类型号为 0AH。

要使 PC_3 能够产生中断请求信号 INTR,还必须使 A 口的中断请求允许状态 INTE=1。这是通过 8255 的置位/复位操作将 PC_6 置 1 来实现的(参见图 7-38),即在初始化 8255 时除了写入方式控制字外,还要写入 C 口的按位操作控制字。

输出时,先输出一个空字符,以引起中断过程。在中断中输出要打印的字符,利用$\overline{\text{OBF}}$的下降沿触发单稳触发器,产生打印机需要的$\overline{\text{STROBE}}$脉冲,将字符锁存到打印机中。打印机接收到字符后,发出$\overline{\text{ACK}}$,清除$\overline{\text{OBF}}$标志并产生有效的 INTR 输出,形成新的中断请求,处理器响应中断后再输出下一个字符。

为简单起见,在初始化 8255 时,仍使 B 口工作于方式 0 输出,C 口的其余 5 条线均定义为输出,故控制字为 10100000B,即 0A0H。

解:8255 与打印机的连接如图 7-48 所示。

以下是向打印机输出字符的程序,包括主程序和中断服务程序两部分。主程序完成以下 3 项工作:将中断服务子程序的入口地址送中断向量表,完成开中断等中断的准备工作,

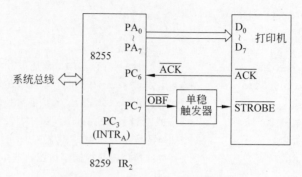

◆图7-48　8255与打印机的连接

对 8255 进行初始化。中断服务程序完成字符的输出。假设 8259 的端口地址为 0FF00H（$A_0=0$）和 0FF01H（$A_0=1$）。

主程序如下：

```
MAIN: PUSH  DS
      LEA   DX,PRINT
      MOV   AX,SEG PRINT     ;设置中断向量
      MOV   DS,AX
      MOV   AL,0AH
      MOV   AH,25H
      INT   21H
      POP   DS
      MOV   DX,0FBC3H        ;8255初始化
      MOV   AL,0A0H          ;A口方式1,输出;B口方式0,输出
      OUT   DX,AL            ;C口其余的5条线输出
      MOV   AL,0DH           ;使PC₆置1(INTE=1),允许8255产生中断
      OUT   DX,AL
      MOV   AL,00H
      MOV   DX,0FBC0H        ;从A口输出一个空字符,引发第一次中断
      OUT   DX,AL
      MOV   AX,OFFSET DATA
      MOV   STR_PTR,AX       ;设置字符串偏移地址
      MOV   AX,SEG DATA
      MOV   STR_PTR+2,AX     ;设置字符串段地址
      STI                    ;开中断
      ...
```

中断服务程序如下：

```
PRINT: PUSH  SI
       PUSH  AX
       PUSH  DS
       LDS   SI,DWORD PTR STR_PTR
```

```
NEXT:   LODSB                   ;取一个字符
        MOV  STR_PTR,SI          ;保存新的串指针
        MOV  DX,0FBC0H
        OUT  DX,AL               ;输出字符到 8255 的 A 口
        MOV  AL,20H
        MOV  DX,0FF00H           ;8259 的 OCW2
        OUT  DX,AL               ;送中断结束命令给 8259
        POP  DS
        POP  AX
        POP  SI
        IRET                     ;中断返回
```

最后介绍 8255 芯片在 IBM PC/XT 微机中的应用。在 IBM PC/XT 中,系统板上的外围接口电路主要是由可编程接口芯片 8255A 以及相关电路组成。8255A 与 IBM PC/XT 系统总线的连接如图 7-49 所示。

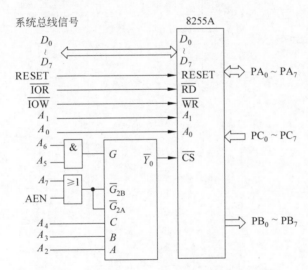

◆ 图 7-49　8255A 与 IBM PC/XT 系统总线的连接

从图 7-49 可以看出,在 IBM PC/XT 微机中,8255A 的端口译码采用部分地址译码,地址范围为 60H~63H。A、B、C 3 个口均工作于方式 0。A 口在加电自检时工作于输出状态,输出当前被检测部件的标识信号,此时的 B 口也工作于输出状态,而 C 口工作于输入状态,因此其方式控制字为 89H。

在正常工作时,A 口作为输入端口,用来读取键盘扫描码;B 口和 C 口仍分别为输出端口和输入端口。B 口用来输出系统内部的控制信号,控制系统板部分电路(如定时器、扬声器、键盘)的动作,允许 RAM 奇偶校验、I/O 通道校验以及控制系统配置开关信号的读取。C 口用来读取系统内部的状态信号,包括系统配置开关的状态、8253 的 OUT_2、RAM 通道奇偶校验和 I/O 奇偶校验的状态等。此时的方式控制字为 99H。

在学习了可编程并行接口 8255,家庭安全防盗系统设计。相对于简单接口,可编程接口有更广泛、更便利的应用。

家庭安全防盗系统设计方案示例Ⅲ

本设计方案同样基于这样的假设：监测装置输出电平信号。当出现异常时，监测装置输出高电平(1)；正常状态则输出低电平(0)。

基本方案：与设计方案示例Ⅱ一样，可以利用定时/计数器8253控制报警器发声。但是考虑到简单接口芯片功能较弱，可以选择利用可编程并行接口芯片8255的A口获取监测装置的输出，在C口的高4位中选择一位控制报警灯闪烁，选择另一位作为8253芯片的启动控制信号。

本方案的连接示意图如图7-50所示。

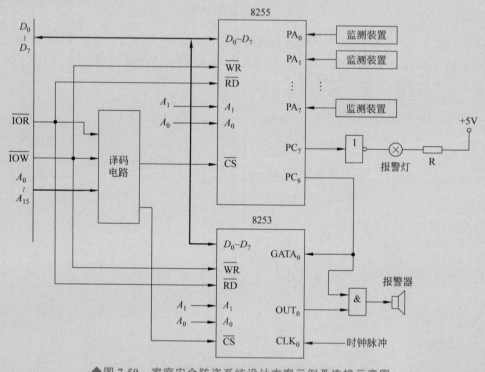

◆图7-50　家庭安全防盗系统设计方案示例Ⅲ连接示意图

这样的设计利用了2片可编程接口芯片。这个方案如何完善？读者可以尝试。

习　题

一、填空题

1. 在串行通信中，有3种数据传送方式，分别是单工方式、（　　）方式和（　　）方式。

2. 根据串行通信规程规定，收发双方的（　　）必须保持相同，才能保证数据的正确传送。

3. 在嵌入式系统中，适用于短距离通信的接口主要有（　　）、（　　）和（　　），它们的通信距离通常不超过1m。

4. 在嵌入式系统中,如果要实现距离超过1m的设备之间的串行通信,可以借助(　　)等串行通信接口。

5. 8253可编程定时/计数器有两种启动方式。在软件启动时,要使计数正常进行,GATE端必须为(　　)电平;在硬件启动时该端必须为(　　)电平。

6. 在8255并行接口中,能够工作在方式2的端口是(　　)端口。

二、简答题

1. 一般来讲,接口芯片的读写信号应与系统的哪些信号相连?
2. 说明平衡式传输和非平衡式传输的适用场合。
3. 说明8253的6种工作方式。其时钟信号CLK和门控信号GATE分别起什么作用?
4. 8255各端口可以工作在几种方式下？当端口A工作在方式2下时,端口B和C工作于什么方式下?
5. 比较并行通信与串行通信的特点。

三、设计题

1. 某8253芯片的接口地址为D0D0H～D0D3H,时钟信号频率为2MHz。现分别利用计数器0、1、2产生周期为10μs的对称方波并且每1ms和1s产生一个负脉冲,画出其与8088系统的连接图,并编写包括初始化在内的程序。

2. 某一计算机应用系统采用8253的计数器0作为频率发生器,输出频率为500Hz;用计数器1产生1000Hz的连续方波信号,输入8253的时钟频率为1.19MHz。初始化时送到计数器0和计数器1的计数初值分别为多少?计数器1工作于什么方式下?

3. 某8255芯片的接口地址为A380H～A383H,工作于方式0下,A端口、B端口为输出端口。现要将PC_4置0,PC_7置1,画出该8255芯片与8088系统的连接图,并编写初始化程序。

4. 某8255芯片的接口地址为03F8H～03FBH,A组和B组均工作于方式0下,A端口作为数据输出端口,C端口低4位作为控制信号输入端口,其他端口未使用。画出该8255芯片与8088系统的连接图,并编写初始化程序。

5. 已知某8088系统的I/O接口电路如图7-51所示。

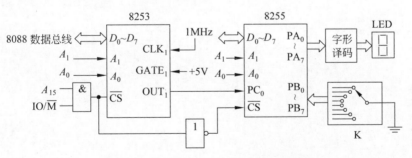

◆图7-51　某8088系统的I/O接口电路

(1) 根据图7-49中的接线,写出8255、8253各端口的地址。

(2) 编写8255和8253的初始化程序。其中,8253的OUT_1端输出100Hz方波,8255的A口为输出端口,B口和C口为输入端口。

(3) 为 8255 编写一个 I/O 控制子程序,其功能为:每调用一次,先检测 PC_0 的状态。若 $PC_0=0$,则循环等待;若 $PC_0=1$,可从 B 口读取波段开关 K 的当前位置(0~7),经转换计算从 A 口的 $PA_0 \sim PA_7$ 输出该位置的二进制码,供 LED 显示。

6. 利用可编程并行接口 8255(接口地址为 288H~28BH)实现竞赛抢答器。用逻辑电平开关 $K_0 \sim K_7$ 分别代表 0~7 号抢答按钮,当某个开关闭合(置 1)时,相当于该抢答按钮按下。利用 LED 显示当前抢答按钮的编号,同时驱动发声器发出一个响声。当在键盘上按空格键时开始下一轮抢答,按其他键时退出程序。

按照上述要求,设计相应的硬件线路,并编写完成上述功能的程序。

第8章

模拟量的输入输出

引言

在家庭安全防盗系统中,利用监测装置监控每个窗户是否有异常。这里的监测装置实际上是传感器。在第6章和第7章中,都假设传感器输出的是数字信号。但在工业自动控制系统中,因监测和控制对象常常是温度、压力、流量、位移等连续变化的物理量,使部分传感器的输出是连续变化的模拟信号。要利用计算机实现工业生产过程的自动监测和控制,首先需要将传感器输出的模拟量转换为计算机能够识别的数字量;其次要能够将计算机发出的控制命令转换为相应的模拟信号,以驱动执行机构。这里,实现模拟量与数字量相互转换的电路称为模拟接口电路。本章首先介绍模拟量输入输出通道的总体结构,然后通过具体型号的转换器,介绍模拟接口的工作原理和应用,为第9章的系统设计打下基础。

考虑到目前各类嵌入式片上系统中都已集成了数字和模拟接口,故本章的所有示例都基于微处理器。为便于理解,本章选用的模拟接口示例均为8位接口,微处理器则以8088处理器为例。

模拟量的输入输出

教学目的

- 能够描述模拟量输入输出通道及其主要部件的作用。
- 能够描述D/A转换器和A/D转换器的工作原理和主要技术指标。
- 能够利用DAC0832芯片和汇编语言程序产生常用信号波。
- 能够利用ADC0809芯片实现模拟数据采集的软硬件设计。

8.1 模拟量输入输出通道

模拟量输入输出通道是指从模拟量工业现场到控制中心之间的通道,包括从工业现场到控制中心的模拟量输入通道以及从控制中心到工业现场的模拟量输出通道,如图8-1所示。利用这两条通道形成的环路可以实现对模拟信号的采集和外部装置控制。如果这里的控制中心是以处理器为核心的计算机系统,则称为计算机控制系统[①]。

图8-1给出的是模拟量输入输出通道的概念结构,其中的控制中心主要指微型计算机。如果采用基于ARM处理器的嵌入式技术,则图8-1中的部分部件(A/D转换器、D/A转换

---

① 计算机控制系统可以分为开环控制系统和闭环控制系统。本书将在第9章对此进一步加以描述。

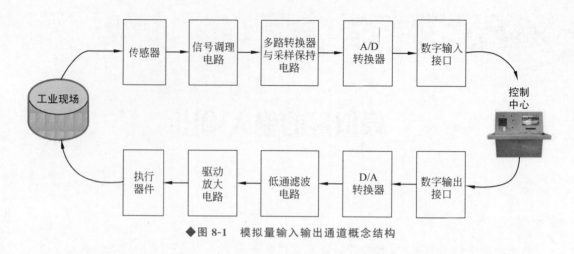

◆ 图 8-1 模拟量输入输出通道概念结构

器及数字输入输出接口等)都集成在 ARM 处理器的片上系统中。

◇8.1.1 模拟量输入通道

典型的模拟量输入通道由以下几部分组成。

1. 传感器

传感器(sensor)是一种检测装置,用于感受被测量的信息,并能将感受到的信息按一定规律变换为电信号或其他形式的信息输出,是实现自动检测和自动控制的首要环节。在现代工业控制系统中,常需要利用各种传感器监视和控制生产过程中的各个参数。许多反映工业现场信息的参数都是非电物理量,如压力、温度等。

传感器一般由敏感元件、转换元件、变换电路和辅助电源 4 部分组成,如图 8-2 所示。敏感元件直接接受被测量,并输出与被测量有确定关系的物理量信号,包括基于热、光、电、磁等物理效应的物理类,基于化学反应的化学类,基于分子识别功能的生物类等;转换元件将敏感元件输出的物理量信号(如温度、压力等)转换为电信号;变换电路负责对转换元件输出的电信号进行放大调制,形成符合工业标准的电信号输出。转换元件和变换电路一般还需要辅助电源供电。

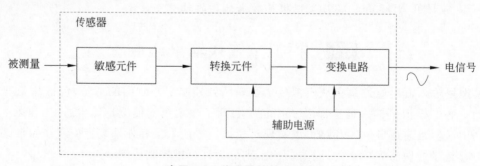

◆ 图 8-2 传感器的基本组成

传感器的类型主要取决于敏感元件的类型,但无论哪种类型,传感器的主要作用都是将非电物理量转换为电信号(电流、电压)。例如,热电偶能够将温度这个物理量转换成几毫伏或几十毫伏的电压信号,所以可用它作为温度传感器;压力传感器可以把压力这个物理量的变化转换为电信号。

不同的监测传感器,其输出信号的类型、格式等都会不同,由此也会使后续的控制方式有所不同。随着技术的发展,现代许多新型传感器的功能已越来越强大,其内部不仅集成了变送器,还包括信号处理系统,甚至包括 A/D 转换器,从而使传感器可以直接输出数字信号。

2. 信号调理电路

模拟量输入通道中的信号调理电路(signal conditioning circuit)的功能主要包括消抖、滤波、保护、电平转换、隔离等。它将传感器输出的信号进行放大或处理成与 A/D 转换器要求的输入相适应的电压水平。另外,传感器通常都安装在现场,环境比较恶劣,其输出常叠加了高频干扰信号。因此,信号调理电路通常是低通滤波电路,如 RC 滤波器,或由运算放大器构成的有源滤波电路等。

3. 多路转换器与采样保持电路

在生产过程中,要监测或控制的模拟量往往不止一个,尤其是数据采集系统中,需要采集的模拟量一般比较多,而且不少模拟量是缓慢变化的信号。对这类模拟信号的采集,可采用多路转换器(multiplexer),使多个模拟信号共用一个 A/D 转换器进行采样和转换,以降低成本。

在数据采样期间,保持输入信号不变的电路称为采样保持电路(sample and hold circuit)。由于输入模拟信号是连续变化的信号,A/D 转换器完成一次转换需要一定的转换时间。不同的 A/D 转换器,其转换时间不同。对变化较快的模拟输入信号,如果不在转换期间保持输入信号不变,就可能引起转换误差。A/D 转换器的转换时间越长,对同样频率的模拟信号的转换精度影响就越大。所以,在 A/D 转换器前面要增加一级采样保持电路,以保证在转换过程中输入信号保持其采样时的值不变。

4. A/D 转换器

A/D 转换器也称模数转换器(Analog to Digital Converter,ADC),它的作用是将输入的模拟信号转换成处理器能够识别的数字信号,以便进行分析和处理。作为模拟量输入通道中的重要器件,A/D 转换器的输出指向计算机系统,输入则是来自工业现场的模拟信号。因此,在计算机控制系统中,A/D 转换器起到了 I/O 接口的作用。从其传输信息的类型上,它属于模拟接口;从其传输信息的方向上,它属于输入接口。针对输入接口应具有的基本要求,通常要求 A/D 转换器具有数据控制能力(目前的 A/D 转换器芯片通常都具有三态控制功能),否则就需要通过数字接口实现 A/D 转换器与计算机系统的连接。

◇ **8.1.2 模拟量输出通道**

能够被处理器处理的信号都是数字信号,即由计算机输出的控制都是数字信号。在计算机控制系统中,有的控制元件或执行机构要求提供模拟输入电流或电压信号,这就需要将计算机输出的数字量转换为模拟量,这个过程的实现由模拟量的输出通道完成。输出通道的核心部件是 D/A 转换器。由于将数字量转换为模拟量同样需要一定的转换时间,也就要求在整个转换过程中待转换的数字量保持不变。而计算机的运行速度很快,其输出的数据在数据总线上稳定保持的时间很短。因此,在计算机与 D/A 转换器之间必须加一级锁存器,以保持数字量的稳定。D/A 转换器的输出端一般还要加上低通滤波电路,以平滑输出波形。另外,为了能够驱动执行器件,还需要将输出的小功率模拟量放大。

需要说明的是,嵌入式 SoC 系统除了处理器内核之外,还集成了一定的存储器、数字接口和模拟接口。同时,现代传感器技术越来越向数字化方向发展。因此,图 8-1 所示的模拟量输入输出通道仅为概念结构,在实际的计算机自动控制系统中,需要根据具体情况选择相应的部件。第 9 章将通过一些具体实例给出基于这个概念结构的计算机自动控制系统设计方案。

DA 转换器 01

8.2　D/A 转换器

◇8.2.1　D/A 转换器的工作原理

D/A 转换器也称数模转换器(Digital to Analog Converter,DAC),是一种将二进制形式的离散信号转换成以标准量(或参考量)为基准的模拟量的转换器。

1. D/A 转换器的基本工作原理

D/A 转换器用于将数字量转换为相应的模拟量。每个二进制位的权为 2^i。为了将数字量转换成模拟量,必须将每一位的数字按其权的大小转换成相应的模拟量,然后将这些模拟量相加,即可得到与数字量成正比的模拟量,从而实现数字量到模拟量的转换。

D/A 转换器的基本组成包括数据缓冲与锁存器、n 位模拟开关、电阻解码网络与求和电路、驱动放大电路以及基准电压源等,如图 8-3 所示。n 位数字量以串行或并行方式输入数据缓冲与锁存器,以确保在整个转换过程中数字量的稳定(仅在一次转换过程结束后,才允许将新的数字量存入)。数据缓冲与锁存器的输出接到 n 位模拟开关,使数据信号的高低电平转变成相应的开关状态。不同数位上的电子开关在数码电阻解码网络中获得相应的数字权值,经求和电路得到与数字量对应的模拟量,再经过驱动放大电路,形成模拟量的输出。

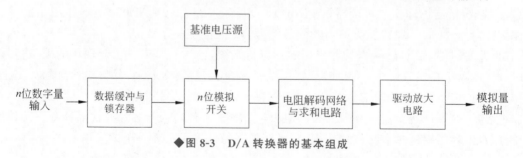
◆图 8-3　D/A 转换器的基本组成

根据电阻解码网络结构的不同,D/A 转换器可以分为 T 形电阻网络 D/A 转换器、倒 T 形电阻网络 D/A 转换器、权电流网络 D/A 转换器和权电阻网络 D/A 转换器。以下简要介绍权电阻网络 D/A 转换器的基本转换原理。

2. 权电阻网络 D/A 转换器

权电阻网络的核心是运算放大器。对图 8-4(a)所示的基本运算放大器电路,其输出电

压 V_o 与输入电压 V_i 之间有如下关系：

$$V_o = -\frac{R_f}{R_i}V_i \tag{8-1}$$

其中，R_f 为运算放大器的反馈电阻，R_i 为输入电阻。

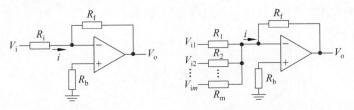

(a) 基本运算放大器电路　　(b) 输入端有 m 个支路的运算放大器电路

◆图 8-4　运算放大器电路

若输入端有 m 个支路(图 8-4(b))，则输出与输入的关系可表示为

$$V_o = -R_f \sum_{j=1}^{m} \frac{1}{R_j} V_j \tag{8-2}$$

使图 8-4(b)中各支路上的输入电阻 $R_1, R_2, \cdots, R_m$ 分别等于 $2^1 R, 2^2 R, \cdots, 2^n R$，即每一位电阻值都具有权值 2^j（j 为该电阻的编号），并由对应的开关 S_j 控制，如图 8-5 所示。

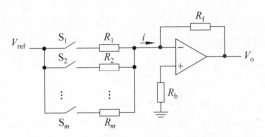

◆图 8-5　多路输入的运算放大器电路

当 S_j 闭合时，$S_j=1$；当 S_j 断开时，$S_j=0$。令 $V_{ref}=\frac{R_f}{R}V_f$，则输出电压 V_o 和输入电压的关系为

$$V_o = -\sum_{j=1}^{m} \frac{1}{2^j} S_j V_{ref} \tag{8-3}$$

由式(8-3)可得：

(1) 当所有开关 S_j 断开时，$V_o=0$。

(2) 当所有开关 S_j 闭合时，输出电压 V_o 为最大值，即

$$V_o = -\frac{2^j-1}{2^j} V_{ref}$$

如果用二进制码驱动图 8-5 中对应数位上的电子开关 S_j，当第 j 路的二进制码为 1 时，使对应的 S_j 闭合；当第 j 路的二进制码为 0 时，使对应的 S_j 断开。这样，数字量的变化就转换成了模拟量的变化。

D/A 转换器的转换精度与基准电压 V_{ref} 和权电阻的精度以及数字量的位数 j 有关。显

然,位数越多,转换精度就越高,但同时所需的权电阻的种类就越多。由于在集成电路中制造高阻值的精密电阻比较困难,故常用 R-2R 的 T 形电阻网络(或倒 T 形电阻网络)代替权电阻网络。图 8-6 给出了一个简化的 T 形电阻网络的原理。它只由两种阻值 R 和 2R 组成,用集成工艺生产较为容易,精度也容易保证,因此得到比较广泛的应用。式(8-4)为 R-2R 的 T 形电阻网络的输出和输入电压的关系表达式。式(8-4)中,D 为输入的数字量,j 为数字量的位数。

$$V_o = \frac{-D}{2^j} \times \frac{R_f}{R} \times V_{ref} \tag{8-4}$$

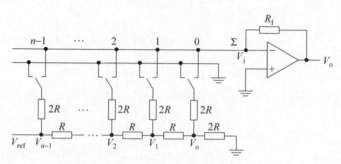

◆图 8-6 R-2R T 型电阻网络的原理

由式(8-4)可知,输出电压 V_o 正比于输入的数字量 D,而幅度大小由 V_{ref} 和 R_f/R 的比值决定。若使 $R_f/R=1$,并且输入为 8 位数字量,则式(8-4)可简化为式(8-5),即 8 位 D/A 转换器的输出电压与数字量的关系式。

$$V_o = \frac{-D}{256} \times V_{ref} \tag{8-5}$$

D/A 转换器的输出形式有电压、电流两种。电压输出型 D/A 转换器的输出电压一般为 0~5V 或 0~10V,它相当于一个电压源,内阻较小,可驱动较大的负载;而电流输出型 D/A 转换器则相当于一个电流源,内阻较大,与之匹配的负载电阻不能太大。

◇8.2.2 D/A 转换器的主要技术指标

1. 分辨率

分辨率(resolution)是 D/A 转换器对数字输入量变化的敏感程度的度量,它表示输入每变化一个最低有效位(Least Significant Bit,LSB)使输出变化的程度。例如,对一个 n 位的 D/A 转换器,若其满度电压值为 V,其最低有效位对应的电压值就为 $V/(2^n-1)$,则该 D/A 转换器的分辨率等于 $1/(2^n-1)$。如果用百分比表示,则为 $[1/(2^n-1)] \times 100\%$。

分辨率也可以用数字量的位数来表示,如 8 位、10 位等;也可以直接用一个 LSB 表示。

2. 转换精度

转换精度(conversion accuracy)表示由于 D/A 转换器的引入而使输出和输入之间产生的误差。可用绝对转换精度或相对转换精度表示。

绝对转换精度是实际的输出值与理论值之间的差距。它与 D/A 转换器参考电压的精度、权电阻的精度等有关。

相对转换精度是绝对转换精度与满量程输出之比再乘以100%，是常用的描述输出电压接近理想值程度的物理量，更具有实用性。例如，一个 D/A 转换器的绝对转换精度为 ±0.05V，若输出满刻度值为 5V，则其相对转换精度为 ±1%。

与 D/A 转换器转换精度有关的指标还有以下几个：

(1) 非线性误差。在满刻度范围内偏移理想的转换特性的最大值。

(2) 温度系数误差。在允许范围内温度每变化 1℃ 引起的输出变化。

(3) 电源波动误差。由于电源的波动引起的输出变化。

(4) 运算放大器误差。与 D/A 变化器相连的运算放大器带来的误差。

需要注意的是，由于不可能用有限位数的数字量表示连续的模拟量，所以由位数产生的转换误差是不能消除的，是系统固有的。为了尽量减小分辨率造成的转换误差，在系统设计时，应这样选择 D/A 转换器的位数：使其最低有效位的变化所引起的误差远远小于 D/A 转换器的总误差。

3. 转换时间

转换时间是指当输入数字量满刻度变化(如全 0 到全 1)时，从输入数字量到输出模拟量达到与终值相差 ±1/2 LSB(最低有效位)相当的模拟量值所需的时间。它表征了一个 D/A 转换器的转换速率。

4. 线性误差

在进行 D/A 转换时，若数据连续转换，则输出的模拟量应该是线性的，即在理想情况下 D/A 转换器的输入输出曲线是一条直线，但实际的输出特性与理想转换特性之间存在一定的误差。实际输出特性偏离理想转换特性的最大值称为线性误差，通常用这个最大差值折合成的数字量表示。

例如，一个 D/A 转换器的线性误差小于 1/2 LSB，表示用它进行 D/A 转换时，其输出模拟量与理想值之差最大不会超过 1/2 最低有效位的输入量产生的输出值。

5. 动态范围

D/A 转换器的动态范围是指最大输出值和最小输出值确定的范围，一般取决于参考电压 V_{ref} 的高低。参考电压高，动态范围就大。D/A 转换器的动态范围除与 V_{ref} 有关外，还与输出电路的运算放大器的级数及连接方法有关。适当地选择输出电路，可在一定程度上增大转换电路的动态范围。

◇8.2.3 DAC0832

D/A 转换器的种类繁多。在输入数字量位数上，有 8 位、10 位、16 位等；在输出形式上，有电流输出和电压输出；在内部结构上，有含数据输入寄存器和不含数据输入寄存器两类。内部不含数据输入寄存器(不具备数据锁存能力)的 D/A 转换器不能直接与系统总线连接。

DA 转换器 02

对 D/A 转换器，当有数字量输入时，其输出端就会有模拟电流或电压信号产生；而当输入数字量消失时，输出模拟量也随之消失。对部分控制对象，要求输出模拟量能够保持一段时间，即要求输入数字量能够保持一段时间。由于处理器的工作速度远高于 D/A 转换器，输入数字量的保持无法由处理器承担。所以，如果 D/A 转换器内部不包含数据输入寄存器，就要求在其与处理器之间加上具有数据锁存能力的数字接口，如 74LS273；内部已包含数据输入寄存器的 D/A 转换器可直接与系统总线相连,如 DAC0832、AD7524 等。

尽管 D/A 转换器的型号有很多,但它们的基本工作原理和功能都是一致的。下面就以 8 位 D/A 转换器 DAC0832 为例,说明 D/A 转换器与处理器的连接方法及应用。

DAC0832 芯片具有价格低廉、接口简单、转换控制容易等优点,在单片机应用系统中得到广泛的应用。

DAC0832 的主要技术参数如下:

- 分辨率:8 位。
- 线性误差:(0.05%~0.2%)FSR(Full Scale Range,满量程范围)。
- 转换时间:1μs。
- 功耗:20mW。

1. 外部引脚功能

DAC0832 是一个 8 位的 D/A 转换器,为 20 个引脚的双列直插式封装(Dual In-line Package,DIP),其外观如图 8-7 所示。

图 8-8 给出了 DAC0832 的外部引脚。各引脚功能如下:

◆ 图 8-7 DAC0832 芯片

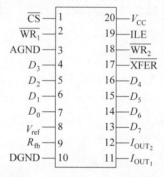

◆ 图 8-8 DAC0832 的外部引脚

- $D_0 \sim D_7$:8 位数据输入端。
- $\overline{CS}$:片选信号,低电平有效。
- ILE:输入寄存器选通信号,它与 $\overline{CS}$、$\overline{WR_1}$ 一起将要转换的数据送入数据输入寄存器。
- $\overline{WR_1}$:数据输入寄存器的写入控制信号,低电平有效。
- $\overline{WR_2}$:数据变换寄存器写入控制信号,低电平有效。
- $\overline{XFER}$:传送控制信号,低电平有效。它与 $\overline{WR_2}$ 一起把数据输入寄存器的数据装入数据变换寄存器。
- I_{OUT_1}:模拟电流输出端。当数据变换寄存器中的内容为 0FFH 时,I_{OUT_1} 最大;当数据变换寄存器中的内容为 00H 时,I_{OUT_1} 最小。
- I_{OUT_2}:模拟电流输出端。DAC0832 为差动电流输出,一般情况下 I_{OUT_1} 与 I_{OUT_2} 之和为常数。
- R_{fb}:反馈电阻引出端,接运算放大器的输出端。
- V_{ref}:参考电压输入端,要求其电压值稳定,一般为 -10V~+10V。
- V_{CC}:芯片的电源电压,可为 +5V 或 +15V。

- AGND：模拟地。
- DGND：数字地。

2. 内部结构

DAC0832 由 8 位的数据输入寄存器、8 位的数据变换寄存器、8 位的 D/A 转换器及转换控制电路构成，如图 8-9 所示。电阻网络为 T 形电阻网络，差动电流输出。故若需要得到模拟电压输出，必须外接运算放大器。

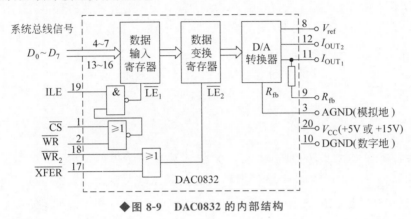

◆ 图 8-9　DAC0832 的内部结构

3. 工作方式

从图 8-9 可以看出，DAC0832 的内部包括两级寄存器：第一级是 8 位的数据输入寄存器，由控制信号 ILE、$\overline{CS}$ 和 $\overline{WR_1}$ 控制；第二级是 8 位的数据变换寄存器，由控制信号 $\overline{WR_2}$ 和 $\overline{XFER}$ 控制。根据这两个寄存器使用方法的不同，DAC0832 有 3 种工作方式。

1) 单缓冲工作方式

单缓冲工作方式是使数据输入寄存器或数据变换寄存器中的任意一个工作在直通状态，而另一个工作在受控锁存状态。例如，要想使数据输入寄存器受控，而使数据变换寄存器直通，则可将 $\overline{WR_2}$ 和 $\overline{XFER}$ 接数字地，从而使数据变换寄存器处于始终选通状态。DAC0832 在单缓冲工作方式下的电路连接如图 8-10 所示。

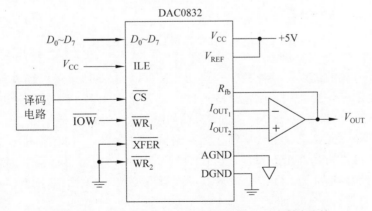

◆ 图 8-10　DAC0832 在单缓冲工作方式下的电路连接

在图 8-10 所示的单缓冲工作方式下,当处理器向数据输入寄存器的端口地址发出写命令(执行一条 OUT 指令)时,数据写入数据输入寄存器,由于此时数据变换寄存器为直通状态,因此写入数据输入寄存器的数据会直接通过数据变换寄存器进入 D/A 转换器进行 D/A 转换。

在只有单路模拟量输出通道或虽有多路模出通道但不要求同时刷新模拟输出时,可采用这种方式。

若设 DAC0832 的数据输入寄存器端口地址为 PORT,要转换的数据在 DATA 单元中,则单缓冲工作方式下完成一次 D/A 转换的基本程序段如下:

```
MOV    AL,DATA        ;要转换的数据送 AL
MOV    DX,PORT        ;DAC0832 数据输入寄存器端口地址送 DX
OUT    DX,AL          ;将数字量送 D/A 转换器进行转换
HLT
```

2) 双缓冲工作方式

在双缓冲工作方式下,处理器对 DAC0832 需要执行两步写操作:

(1) 当 ILE=1、$\overline{CS}=\overline{WR_1}=0$ 时,要转换的数据被写入数据输入寄存器。随后,$\overline{WR_1}$ 由低变高,数据出现在数据输入寄存器的输出端,并在整个 $\overline{WR_1}=1$ 期间数据输入寄存器的输出端将不再随其输入端的变化而变化,从而保证了在数模转换时数据的稳定性。

(2) 当 $\overline{XFER}=\overline{WR_2}=0$ 时,数据写入数据变换寄存器,并同时启动变换。

DAC0832 在双缓冲工作方式下的工作时序如图 8-11 所示。

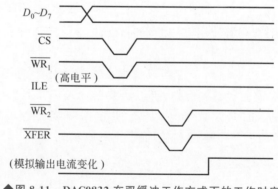

◆图 8-11 DAC0832 在双缓冲工作方式下的工作时序

双缓冲工作方式的优点是数据接收和启动转换可以异步进行,可以在进行 D/A 转换的同时接收下一个数据,提高了 D/A 转换的速度。它还可用于多个通道同时进行 D/A 转换的场合。DAC0832 在双缓冲方式下的电路连接如图 8-12 所示。

由于这种工作方式要求先将数据锁存到数据输入寄存器,再使数据进入数据变换寄存器,故此时 DAC0832 占用两个端口地址。设 DAC0832 的输入寄存器端口地址为 PORT1,数据变换寄存器端口地址为 PORT2,要转换的数据在 DATA 单元中,则双缓冲方式下完成一次数/模转换的基本程序段如下:

```
MOV    AL,DATA
MOV    DX,PORT1       ;数据输入寄存器端口地址送入 DX
```

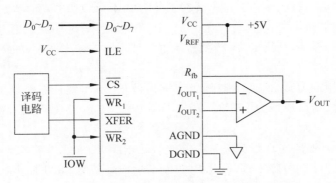

◆图 8-12　DAC0832 在双缓冲方式下的电路连接

```
OUT  DX,AL        ;数据送数据输入寄存器
MOV  DX,PORT2     ;数据变换寄存器端口地址送入 DX
OUT  DX,AL        ;数据送数据变换寄存器并启动 D/A 转换
HLT
```

3) 直通工作方式

直通工作方式就是使 DAC0832 的数据输入寄存器和数据变换寄存器始终处于直通状态。DAC0832 在直通工作方式下的电路连接如图 8-13 所示。

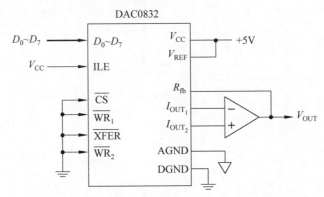

◆图 8-13　DAC0832 在直通工作方式下的电路连接

在直通工作方式下，DAC0832 一直处于 D/A 转换状态，模拟输出端始终跟踪输入端 $D_0 \sim D_7$ 的变化，不再具备对数据的锁存能力，因此这种工作方式下 DAC0832 不能直接与 8088 处理器的数据总线直接连接，必须通过数字输出接口与之连接，故在实际工程中很少采用。

◇8.2.4　D/A 转换器的应用

D/A 转换器的应用主要体现在两方面：一是作为模拟量输出通道中的关键部件，可在计算机控制系统中作为数字量转换为模拟量的接口；二是利用其电路结构特征以及输入数字量和输出电量之间的关系构成数控电流源、电压源、数字式可编程增益控制电路和波形发生器等。对前一应用，将在第 9 章中利用具体示例进行描述。这里仅介绍 D/A 转换器在波形发生器中的应用。

由前面的讨论可知,DAC0832在单缓冲工作方式下可以直接与系统总线相连,即可以将它看作一个输出端口。每向该端口送一个8位数据,其输出端就会有相应的输出电压。因此,可以通过编写程序,利用D/A转换器产生各种不同的输出波形,如锯齿波、三角波、方波、正弦波等。

【例8-1】 利用DAC0832产生连续正向锯齿波信号,周期任意。设该DAC0832芯片工作在单缓冲方式,端口地址为378H。画出DAC0832与8088系统总线的连接图,并编写相应的控制程序。

题目解析:正向锯齿波的电压从最小值开始逐渐上升,当上升到最大值时立刻跳变为最小值,如此往复。由于周期任意,因此只要从0开始向DAC0832输出数据,每次加1,直到最大值255,然后再从0开始下一个周期。循环执行该过程,即可在0832输出端得到一个正向锯齿波。

由于给定端口地址为12位,高4位没有给出,因此需要采用部分地址译码。

解:DAC0832与8088系统总线的连接如图8-14所示。产生正向锯齿波的程序段如下:

```
        MOV   DX,378H      ;将端口地址送入DX
        MOV   AL,0         ;将初始值送入AL
NEXT:   OUT   DX,AL        ;将数字量输出到D/A转换器
        DEC   AL           ;数字量减1(对8位二进制,0-1=FFH)
        JMP   NEXT         ;循环
```

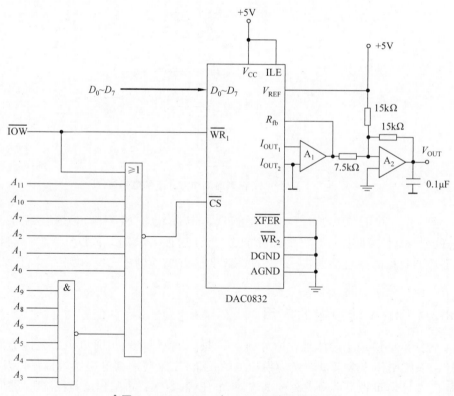

◆图8-14 DAC0832与8088系统总线的连接

上面的程序产生的锯齿波不是平滑的波形,而是有 255 个小台阶,通过加滤波电路可以得到较平滑的锯齿波输出。还可以通过软件实现对输出波形周期和幅度的调整。

【例 8-2】 已知 DAC0832 输出电压范围为 0～5V,若要求例 8-1 输出电压范围为 1～4V、周期任意的正向锯齿波,该如何修改程序?

题目解析:例 8-1 中没有考虑输出波形的周期、频率,也没有考虑输出波形的幅值范围。若要将输出波形电压范围控制在 1～4V,则首先需要取得最低电压值和最高电压值对应的数字量值。

DAC0832 是 8 位 D/A 转换器。输出 5V 时,输入数字量为最大值 255;输出电压为 0 时,对应的数字量为 0。因此:

- 1V 电压对应的数字量为 $1 \times 255/5 = 51$。
- 4V 电压对应的数字量为 $4 \times 255/5 = 204$。

考虑到输出波形应能够停止,程序中增加了在按下任意键时则停止输出的功能。

程序如下:

```
            MOV   DX,378H        ;将 DAC0832 的端口地址送入 DX
NEXT1:      MOV   AL,51          ;将最低输出电压对应的数字量送入 AL
NEXT2:      OUT   DX,AL          ;将数字量输出到 DAC0832
            INC   AL             ;数字量加 1
            CALL  DELAY          ;调用延时子程序
            CMP   AL,204         ;判断是否到最大值(输出 4V 电压)
            JNA   NEXT2          ;若没有到最大值,则继续输出
            MOV   AH,1           ;若到最大值,则判断有无任意键按下
            INT   16H
            JZ    NEXT1          ;若无任意键按下,则开始下一个周期
            HLT                  ;若有任意键按下,则退出
DELAY       PROC
            MOV   CX,100         ;延时子程序(延时常数可修改)
DELAY1:     LOOP  DELAY1
            RET
DELAY       ENDP
```

在本例中,不仅实现了波形幅度的调整,而且通过在延时子程序中设置不同的延时常数还可以实现输出信号周期的调整。

> 反向锯齿波与正向锯齿波的方向正好相反,先从最小值跳变为最大值,然后逐渐下降到最小值。若要求产生反向锯齿波,程序该如何修改?

8.3 A/D 转换器

A/D 转换器是将连续变化的模拟信号转换为数字信号的器件。它与 D/A 转换器一样,是微型机应用系统中的一种重要接口,常用于数据采集系统。

A/D 转换器的种类有很多,如计数型 A/D 转换器、双积分型 A/D 转换器、逐位反馈型

A/D 转换器 01

A/D 转换器等。考虑到精度及转换速度的折中,本节以常用的逐位反馈型(或称逐位逼近型)A/D 转换器为例,说明 A/D 转换器的一般工作原理。

◇8.3.1 A/D 转换器的工作原理

图 8-15 为逐位反馈型 A/D 转换器的结构,主要由逐次逼近寄存器、D/A 转换器、电压比较器和时序控制逻辑电路等组成。

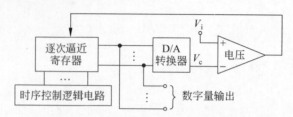

◆图 8-15 逐位反馈型 A/D 转换器的结构

逐位反馈型 A/D 转换器采用逐次逼近寄存器存放转换后的数字量结果,它的工作原理非常类似于用天平称重。在转换开始前,先将 SAR 寄存器各位清零,然后设其最高位为 1(对 8 位寄存器为 10000000B),就像用天平称重时先放上一个最重的砝码一样,逐次逼近寄存器中的数字量经 D/A 转换器转换为相应的模拟电压 V_c,并与模拟输入电压 V_i 进行比较[①]。若 $V_i \geqslant V_c$,则逐次逼近寄存器中最高位的 1 保留;否则就将最高位清零。这就相当于:若砝码比物体轻,就保留此砝码;否则去掉此砝码。然后再使次高位置 1,进行相同的过程……直到逐次逼近寄存器的所有位都被确定。转换过程结束后,逐次逼近寄存器中的二进制码就是 A/D 转换器的输出。

例如,有某个 12 位的 A/D 转换器。如果输入的模拟电压为 0~5V,则输出的对应值就为 0~FFFH,且最低有效位对应的输出电压为 $5V/(2^{12}-1)=1.22mV$。现设输入模拟电压为 4.5V,其变换过程如下:

位序号	比较表达式		二进制值
11	$4.5000V - 2^{11} \times 1.22mV$	>0	1
10	$2.0000V - 2^{10} \times 1.22mV$	>0	1
9	$0.7500V - 2^9 \times 1.22mV$	>0	1
8	$0.1250V - 2^8 \times 1.22mV$	<0	0
7	$0.1250V - 2^7 \times 1.22mV$	<0	0
6	$0.1250V - 2^6 \times 1.22mV$	>0	1
5	$0.0460V - 2^5 \times 1.22mV$	>0	1
4	$0.0069V - 2^4 \times 1.22mV$	<0	0
3	$0.0069V - 2^3 \times 1.22mV$	<0	0
2	$0.0069V - 2^2 \times 1.22mV$	>0	1
1	$0.0021V - 2^1 \times 1.22mV$	<0	0
0	$0.0021V - 2^0 \times 1.22mV$	>0	1

---

① 这里,V_x 为每次比较后的结果。第一次比较:$V_x = V_i - V_c$。

比较结束后,模拟量 4.5V 转换成的数字量 111001100101B,并保存在逐次逼近寄存器中。

◇8.3.2 A/D 转换器的主要技术指标

1. 转换精度

影响 A/D 转换器转换精度的因素主要有分辨率和非线性误差等。

1) 分辨率

A/D 转换器的分辨率说明 A/D 转换器对输入信号的分辨能力,也称为量化误差。它决定了 A/D 转换器的转换特性。图 8-16 为一个 3 位 A/D 转换器的转换特性。当模拟量的值在 0~0.5V 的范围内变化时,数字量输出为 000B;在 0.5~1.5V 的范围内变化时,数字量输出为 001B。这样在给定数字量情况下,实际模拟量与理论模拟量之差最大为 ±0.5V。这种误差是由转换特性造成的,是一种原理性误差,也就是无法消除的误差。从图 8-16 中可以发现,数字量的每个变化间隔为 1V,也就是说模拟量在 1V 内的变化不会使数字量发生变化。这个间隔称为量化间隔(也称为当量),用 Δ 表示,其定义为

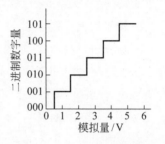

◆图 8-16 一个 3 位 A/D 转换器的转换特性曲线

$$\Delta = \frac{输入满度电压值}{A/D 转换器的最大数字量输出} \quad (8\text{-}6)$$

对逐位反馈型 A/D 转换器,逐次逼近寄存器的字长就是 A/D 转换器输出数字量的位数。对一个 n 位 A/D 转换器,其量化间隔 Δ 可表示为

$$\Delta = \frac{V_{\max}}{2^n - 1} \quad (8\text{-}7)$$

若用绝对误差表示分辨率,可以表示为:

$$分辨率 = \frac{1}{2} 量化间隔 = \frac{V_{\max}}{2(2^n - 1)} \quad (8\text{-}8)$$

由式(8-8)可以看出,分辨率也可以用 1/2 LSB 表示。因此,A/D 转换器输出的位数越多(逐次逼近寄存器的字长越长),则分辨率越高。一旦 A/D 转换器的位数确定了,其分辨率也就确定了。

【例 8-3】 假设最大输入模拟电压为 5V,分别计算 12 位 A/D 转换器和 8 位 A/D 转换器的分辨率。

题目解析:可以依据式(8-8)计算。

解:根据式(8-8),12 位 A/D 转换器的分辨率为

$$\frac{5}{2(2^n - 1)} \text{V} = \frac{5}{2 \times 4095} \text{V} \approx 0.61 \text{mV}$$

8 位 A/D 转换器的分辨率为

$$\frac{5}{2(2^n - 1)} \text{V} = \frac{5}{2 \times 255} \text{V} \approx 9.8 \text{mV}$$

结果说明,A/D 转换器的分辨率与字长相关。在本例中,输入信号最大值为 5V 时,12 位 A/D 转换器能区分最小电压为 0.61mV 的输入信号,而 8 位 A/D 转换器能区分最小电压为

9.8mV 的输入信号。

2）非线性误差

A/D 转换器的非线性误差是指在整个变换量程范围内数字量对应的模拟量输入的实际值与理论值之间的最大差值。理论上 A/D 变换曲线应该是一条直线，即模拟量输入与数字量输出之间应该是线性关系。但实际上它们两者的关系并非线性的。所谓非线性误差就是由于二者关系的非线性而偏离理论值的最大值，常用 LSB 的倍数表示。

除了分辨率和非线性误差之外，影响 A/D 转换器转换精度的因素还有电源波动引起的误差、温度漂移误差、零点漂移误差、参考电源误差等。

2. 转换时间

转换时间是指完成一次 A/D 转换需要的时间，即从发出启动转换命令信号到转换结束信号有效之间的时间间隔。转换时间的倒数称为转换速率（频率）。例如，AD574KD 的转换时间为 $35\mu s$，其转换速率为 28.57kHz。

3. 输入动态范围

输入动态范围也称量程，指能够转换的输入电压的变化范围。A/D 转换器的输入电压分为单极性和双极性两种：

- 单极性：动态范围为 $0\sim+5V$、$0\sim+10V$ 或 $0\sim+20V$。
- 双极性：动态范围为 $-5\sim+5V$ 或 $-10\sim+10V$。

◇ 8.3.3　ADC0809

ADC0809 是美国国家半导体公司（National Semiconductor Corporation，NSC）生产的逐位逼近型 8 位单片 A/D 转换器芯片。片内含 8 路模拟开关，可允许 8 路模拟量输入。片内带有三态输出缓冲器，因此 ADC0809 可直接与系统总线相连。它的转换精度和转换时间都不是很高，但其性能价格比有明显的优势，在单片机应用设计中被广泛采用。

ADC0809 的主要技术参数如表 8-1 所示。

1. 外部引脚功能

ADC0809 芯片有 28 个引脚，采用双列直插式封装，外观与 DAC0832 类似（参见图 8-7）。图 8-17 所示为 ADC0809 的外部引脚。各引脚功能如下：

AD 转换器 02

表 8-1　ADC0809 的主要技术参数

技术指标	参数
模拟量输入	8 通道（8 路）
输出	8 位字长，内置三态输出缓冲器
A/D 转换类型	逐位逼近型
转换时间	$100\mu s$
电源	单电源 $0\sim+5V$

◆ 图 8-17　ADC0809 的外部引脚

- $D_0 \sim D_7$：输出数据线。
- $IN_0 \sim IN_7$：8路模拟电压输入通道，可连接8路模拟量输入。
- ADDA，ADDB，ADDC：通道地址选择信号，用于选择8路中的一路输入。ADDA为最低位，ADDC为最高位。
- START：启动信号输入端，下降沿有效。在启动信号的下降沿，启动转换。
- ALE：通道地址锁存信号，用来锁存ADDA～ADDC端的地址输入，上升沿有效。
- EOC：转换结束状态信号。当该引脚输出低电平时表示正在转换，输出高电平则表示一次转换已结束。
- OE：读允许信号，高电平有效。在其有效期间，处理器将转换后的数字量读入。
- CLK：时钟输入端。
- REF(+)，REF(−)：参考电压输入端。
- V_{CC}：5V电源输入端。
- GND：地线。

ADC0809需要外接参考电源和时钟。外接时钟频率为$10kHz \sim 1.2MHz$。

2．内部结构

ADC0809的内部包括多个功能部件，如图8-18所示，从功能上可分为模拟输入选择、转换和转换结果输出3部分。

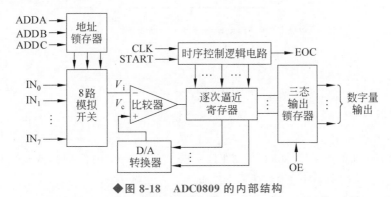

◆图8-18　ADC0809的内部结构

（1）模拟输入选择。该部分包括一个8路模拟开关和地址锁存器。输入的三位通道地址信号由地址锁存器锁存，经译码电路译码后控制8路模拟开关，选择相应的模拟输入。输入通道与地址编码的关系如表8-2所示。

表8-2　输入通道与地址编码的关系

输入通道	ADDC	ADDB	ADDA
IN_0	0	0	0
IN_1	0	0	1
IN_2	0	1	0
IN_3	0	1	1
IN_4	1	0	0

续表

输 入 通 道	ADDC	ADDB	ADDA
IN_5	1	0	1
IN_6	1	1	0
IN_7	1	1	1

(2) 转换。主要包括比较器、8 位的 D/A 转换器、逐次逼近寄存器以及时序控制逻辑电路等。

(3) 转换结果输出。包括一个 8 位的三态输出锁存器。

3. 工作过程

ADC0809 的工作时序如图 8-19 所示。外部时钟信号通过 CLK 端进入其内部控制逻辑电路,作为转换时的时间基准。

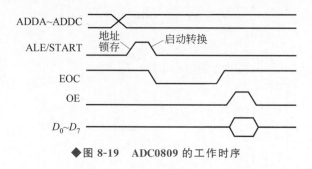

◆图 8-19 ADC0809 的工作时序

由图 8-19 可以看出,ADC0809 的工作过程如下:

(1) 处理器发出 3 位通道地址信号,从高位到低位依次为 ADDC、ADDB、ADDA,选中待转换的模拟量。

(2) 在通道地址信号有效期间,使 ALE 引脚上产生一个由低到高变化的电平,将输入的 3 位通道地址锁存到内部的地址锁存器。

(3) 在 START 引脚加上一个由高到低变化的电平,启动 A/D 转换。

(4) 转换开始后,EOC 引脚呈现低电平。一旦转换结束,EOC 又重新变为高电平。

(5) 处理器在检测到 EOC 变高后,输出一个正脉冲到 OE 端,将转换结果取走。

◇8.3.4　A/D 转换器的应用

A/D 转换器的主要作用是将传感器(经信号调理电路)采集的模拟信号转换为数字量并输入处理器,这个过程称为模拟信号采集和传输。

考虑到在嵌入式系统中 A/D 转换器已集成在片上系统中,因此,本节讨论的方案以 8088 微处理器作为控制中心,以 ADC0809 作为 A/D 转换器,介绍 A/D 转换器与系统的连接和模拟量数据采集程序设计方法。

1. ADC0809 与系统的连接

A/D 转换器 ADC0809 的功能是将来自工业现场的模拟信号转换为数字量输入系统总

线,因此,其电路设计就包含模拟量输入电路和与系统总线的连接。下面介绍电路设计需要考虑的基本原则。

1) 模拟量输入及其选通控制

ADC0809 的 $IN_0 \sim IN_7$ 可以分别连接 8 路模拟信号。但任意时刻只能有一路模拟信号被转换,要转换哪一路由处理器通过向 ADDC～ADDA 这 3 路通道地址信号端输出不同编码来选择。例如,若使 ADDC～ADDA 的编码为 011,则表示要转换 IN_3 通道输入的模拟信号。

ADC0809 内部包括有地址锁存器,处理器可通过一个输出接口(如 74LS273、74LS373、8255 等)把通道地址编码送到通道地址信号端。

2) ALE 与 START 引脚的连接

由 ADC0809 时序图(图 8-19)可以看出,在处理器输出通道地址后,需要立刻输出地址锁存信号 ALE,以确保转换过程中选择的模拟通道不被改变。

ALE 和启动转换信号 START 都采用脉冲启动方式,且分别为上升沿和下降沿有效。基于此特点,电路设计时通常将 ALE 和 START 连接在一起,作为一个端口看待。这样就可用一个正脉冲完成通道地址锁存和启动转换两项工作,如图 8-20 所示。

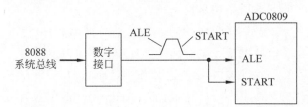

◆图 8-20　ADC0809 芯片 ALE 和 START 引脚的连接方式

初始状态下系统总线通过数字接口使该端口呈低电平。当通道地址信号输出后,处理器往该端口送出一个正脉冲,其上升沿锁存地址,其下降沿启动转换。

3) A/D 转换完成判定

ADC0809 通过 EOC 端的状态确认一次 A/D 转换是否完成。由图 8-19 的工作时序可知,当 EOC 为高电平时表示本次转换结束。判断的方法有以下 3 种:

(1) 软件定时方式。转换时间是 A/D 转换器的一项已知的技术指标。根据 ADC0809 的技术参数可知,完成一次 A/D 转换需要 $100\mu s$。据此可以编写一个延时子程序[①],A/D 转换启动后即调用此子程序,延时时间到,则读取 A/D 转换结果。一般来说,这种方式的实时性要差一些。

(2) 查询方式。在转换过程中,处理器通过程序不断地读取 EOC 端的状态,在读到其状态为 1 时,则表示一次 A/D 转换结束,可以即刻启动读取 A/D 转换结果的操作。

(3) 中断控制方式。可将 ADC0809 的 EOC 端接到中断控制器 8259 的中断请求输入端,当 EOC 端由低电平变为高电平时(A/D 转换结束),即产生中断请求。处理器在收到该中断请求信号后读取 A/D 转换结果。相对于软件定时方式和查询方式,中断控制方式的实时性和处理器效率都最高。

虽然 ADC0809 内部带有三态缓冲器,即具有对数据的控制能力,可以直接连接到系统

---

① 考虑到可靠性等因素,通常延时子程序的延时时间应大于技术参数中给定的 A/D 转换时间。

数据总线上,但是考虑到驱动及隔离的因素,ADC0809 与系统数据总线通常需要通过数字接口连接。图 8-21 给出了 ADC0809 与 8088 系统总线的连接。

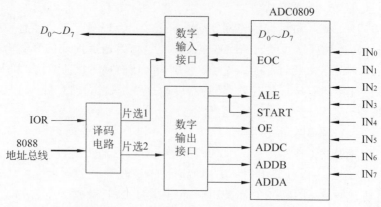

◆图 8-21　ADC0809 与 8088 系统总线的连接

2. 基于 ADC0809 的 8 通道数据采集系统设计

ADC0809 是数据采集系统中使用非常频繁的 A/D 转换芯片之一。以下通过示例说明利用 ADC0809 实现 8 通道数据采集系统的软硬件设计方法。

【例 8-4】　利用可编程并行接口 8255 芯片作为数字接口,设计基于 ADC0809 的 8 通道数据采集系统。要求 8255 芯片的端口地址为 3F0H～3F3H,转换结果存放在内存数据段以 RESULT 为首地址的内存单元中。

题目解析:数据采集系统包括硬件设计和软件设计。硬件设计包括 8255 与 ADC0809 的连接以及 8255 与 8088 总线系统的连接,前者可以参照图 8-21 完成,后者主要是译码电路设计。软件设计则是实现 8 通道数据采集。

解:首先完成硬件设计。

参照图 8-21 的连接框架,需要以下 3 个接口:一个 8 位数据输入接口,一个读取 EOC 状态信号的输入接口,以及一个发送通道地址、地址锁存、启动转换、开启三态缓冲器等信号的输出接口。可以分别选择 8255 的 A、B、C 3 个端口实现这 3 个接口。这里选择 A 口作为读取转换结果的输入接口,B 口用作各种信号的输出接口,在 C 口中选择 1 位用来读取 EOC 的状态。

题目中给出了 8255 的 12 位有效地址范围:001111110000～001111110011,因此译码电路为部分译码方式,地址高 4 位(A_{15}～A_{12})不参加译码。

8 通道数据采集系统的电路连接图如图 8-22 所示。在图 8-22 中,使 8255 工作在方式 0 下,A 口作为转换结果的输入接口,B 口和 C 口连接各控制信号。

然后完成 8 通道数据采集程序设计。

根据 ADC0809 工作时序设计数据采集控制流程,如图 8-23 所示。

8 通道数据采集程序如下:

```
DSEG SEGMENT
  RESULT DB 10 DUP(?)
DSEG ENDS
```

第8章 模拟量的输入输出

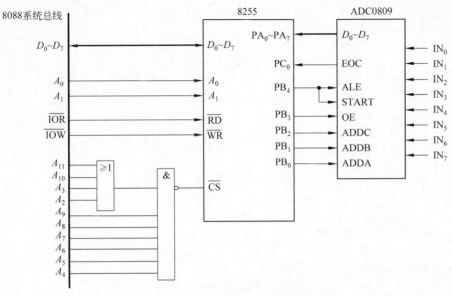

◆图 8-22　8 通道数据采集系统电路连接图

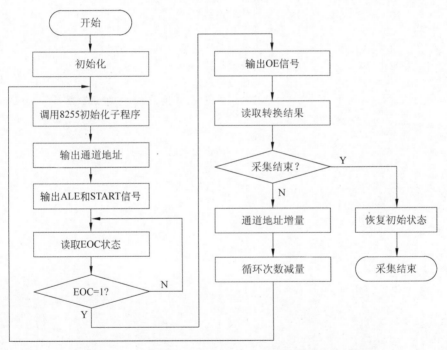

◆图 8-23　利用 ADC0809 实现的 8 通道数据采集控制流程

```
CSEG SEGMENT
    ASSUME CS:CSEG, DS:DSEG
START:  MOV AX, DSEG
        MOV DS, AX
        LEA SI, RESULT
        CALL INIT_8255          ;调用 8255 初始化子程序
        MOV BL,0                ;通道地址设置,初始指向 IN0
```

```
                MOV   CX,8              ;设置循环采集次数
        AGAIN:  MOV   AL,BL
                MOV   DX,3F1H
                OUT   DX,AL             ;送通道地址
                OR    AL,10H
                OUT   DX,AL             ;送ALE信号(上升沿)
                AND   AL,0EFH
                OUT   DX,AL             ;输出START信号(下降沿)
                NOP                     ;空操作等待转换结果
                MOV   DX,3F2H
        WAIT1:  IN    AL,DX             ;读EOC状态
                AND   AL,1
                JZ    WAIT1             ;若EOC为低电平,则等待
                MOV   DX,3F1H
                MOV   AL,BL
                OR    AL,8
                OUT   DX,AL             ;输出读允许信号(OE=1)
                MOV   DX,3F0H
                IN    AL,DX             ;读入转换结果
                MOV   [SI],AL           ;将转换结果送内存
                AND   AL,0F7H
                OUT   DX,AL             ;使读允许信号清零(OE=0)
                INC   SI                ;修改指针
                INC   BL                ;修改通道地址
                LOOP  AGAIN             ;若未采集完,则再采集下一通道数据
                MOV   DX,3F1H
                MOV   AL,0
                OUT   DX,AL             ;若8通道数据已采集完,则回到初始状态
                JMP   STOP
        INIT_8255 PROC NEAR             ;8255初始化子程序
                MOV   DX,3F3H
                MOV   AL,91H            ;8255方式控制字
                OUT   DX,AL
                RET
        INIT_8255 ENDP
        STOP:   MOV   AH,4CH
                INT   21H
        CSEG    END
        END     START
```

以上就是8通道模拟量的数据采集程序,每执行一次该程序,数据段中以RESULT为首地址的连续单元中就会存放 $IN_0 \sim IN_7$ 端模拟信号对应的8位数字量。

该程序对A/D转换是否完成的确认(EOC状态)采用了查询方式。采用软件定时方式和中断控制方式判断是否转换结束的程序留给读者自行练习。

无论是A/D转换器还是D/A转换器,除了8位分辨率之外,还有10位、12位、32位等多种规格和型号。分辨率越高,转换精度越高,但转换时间和成本也会相应增加。在实际应用中,应根据具体的需求选择相应规格的芯片。

在学习了数字接口和模拟接口之后,现在就可以设计基于模拟监测传感器的家庭安全防盗系统了。由于一个完整的家庭安全防盗系统涉及部分非本书涵盖的知识(如传感器原理、信号处理、各类执行机构工作原理、控制技术等),因此,以下设计方案中的一些电路设计依然属于原理示意图,参数为假设值,软件设计则仅涵盖核心控制程序。

家庭安全防盗系统设计方案示例 Ⅳ

本设计方案基于如下假设:监测装置采用红外传感器。当有人体进入监测区域时,假设传感器输出 3～5V 的模拟电压信号。

基本方案:选择 ADC0809 作为模拟接口,将红外传感器输出的模拟信号转换为数字信号,再通过 8255 接口输入系统。在设计方案示例 Ⅲ 的基础上,设计如图 8-24 所示的家庭安全防盗系统硬件线路。

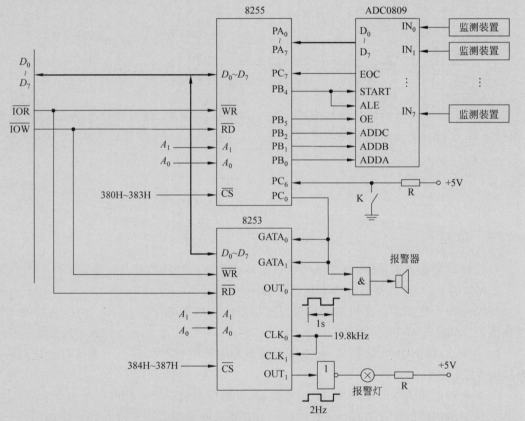

◆图 8-24 家庭安全防盗系统硬件电路

家庭安全防盗系统的主要功能是:当需要时(例如人员外出时),将开关 K 闭合,启动布防。然后,系统开始依次循环采集各监测传感器值,若传感器输出电压值为 3～5V(对应数字量为 153～255),则启动报警输出。即,在 8253 定时/计数器的 OUT_0 端输出频率为 1Hz 的连续方波信号,使报警器发声;在 OUT_1 端输出 2Hz 方波信号,控制报警灯闪烁。家庭安全防盗系统程序控制流程如图 8-25 所示。

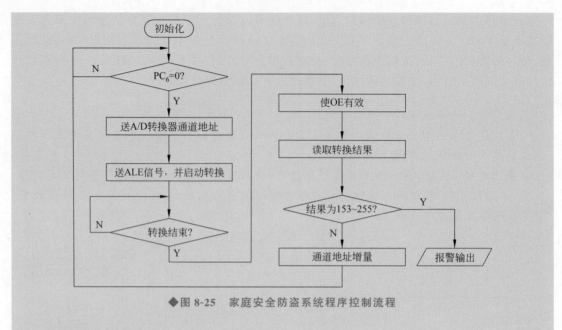

◆图 8-25　家庭安全防盗系统程序控制流程

有了图 8-24 所示的硬件线路和图 8-25 所示的控制流程,现在就可以综合第 1~8 章介绍的知识,尝试完成系统的软硬件设计了。

习　题

一、填空题

1. 在模拟量输入通道中,将非电的物理量转换为电信号的器件是(　　)。

2. 8 位的 D/A 转换器的分辨率是(　　)。

3. 某测控系统要求计算机输出模拟控制信号的分辨率必须达到 1‰,则应选用的 D/A 转换器芯片的位数至少是(　　)。

4. 一个 10 位的 D/A 转换器,如果输出满刻度电压值为 5V,则一个最低有效位对应的电压值等于(　　)。

5. 满量程电压为 10V 的 8 位 D/A 变换器,其最低有效位对应的电压值为(　　)。

6. 设被测温度的变化范围为 0℃~100℃,若要求测量误差不超过 0.1℃,应选用(　　)位的 A/D 转换器。

7. 某螺杆加工机床控制系统带有变径、变深、变距控制,其控制信号由 3 片 DAC0832 转换,其 3 路控制要求同步进行,则 3 片 DAC0832 应工作在(　　)模式下。

二、简答题

1. 说明将一个工业现场的非电物理量转换为计算机能够识别的数字信号主要需经过哪几个过程。

2. A/D 转换器和 D/A 转换器的主要技术指标有哪些?影响其转换误差的主要因素是什么?

3. DAC0832 在逻辑上由哪几部分组成？可以工作在哪几种模式下？不同工作模式在线路连接上有什么区别？

4. 如果要求同时输出 3 路模拟量，则 3 片同时工作的 DAC0832 最好采用哪一种工作模式？

5. 某 8 位 D/A 转换器的输出电压为 0～5V。当输入的数字量为 40H、80H 时，其对应的输出电压分别是多少？

三、设计题

1. 设 DAC0832 工作在单缓冲模式下，端口地址为 034BH，输出接运算放大器。画出其与 8088 系统的线路连接图，并编写输出三角波的程序段。

2. 某工业现场的 3 个不同点的压力信号经压力传感器、变送器及信号处理环节等分别送入 ADC0809 的 IN_0、IN_1 和 IN_2 端。计算机循环检测这 3 点的压力并进行控制。编写数据采集程序。

3. 某 11 位 A/D 转换器的引脚及工作时序如图 8-26 所示，利用不小于 $1\mu s$ 的后沿脉冲 (START) 启动转换。当 $\overline{BUSY}$ 端输出低电平时表示正在变换，当 $\overline{BUSY}$ 变高时则转换结束。为获得转换好的二进制数据，必须使 $\overline{OE}$ 为低电平。现将该 A/D 转换器与 8255 相连，8255 的地址范围为 03F4H～03F7H。画出线路连接图，编写包括 8255 初始化在内的、能够完成一次数据转换并将数据存放在 DATA 中的程序。

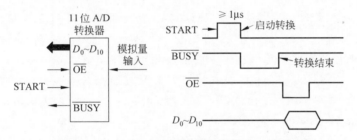

◆图 8-26 11 位 A/D 转换器的引脚及工作时序

4. 图 8-27 为一个 D/A 转换接口电路，DAC0832 输出电压范围为 0～5V，8255A 的地址为 300H～303H。编写实现如下功能的程序段：

（1）设置 8255A 的 B 口，使 DAC0832 按单缓冲方式工作。

（2）使 DAC0832 输出形如图 8-28 所示的 1～4V 的锯齿波。

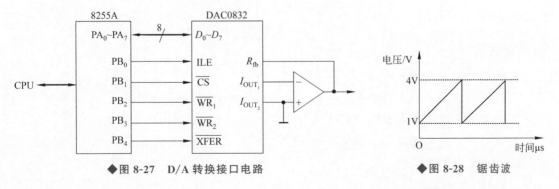

◆图 8-27 D/A 转换接口电路   ◆图 8-28 锯齿波

第 9 章

计算机在自动控制与可穿戴式健康监测系统中的应用

引言

以计算机作为控制核心,可以极大地提高系统的可控性和智能化程度。随着集成电路技术的飞速发展,将传统微型计算机的主要功能集成在一个芯片上并嵌入控制对象中,以实现对象体系的智能化控制和监测,成为自动控制领域,特别是各类可穿戴式健康监测系统发展的需求。

目前主流的嵌入式处理器都基于 ARM。各代 ARM 处理器并不具有良好的继承性和兼容性,且受到严格的知识产权保护,公开的资料有限;而 Intel 处理器虽然有良好的继承性和兼容性,但现代自动控制系统中已极少采用微机作为控制中心。因此,本章将"计算机"泛化为以各种处理器为核心的控制器,试图通过计算机在自动控制系统和可穿戴式健康监测系统中的若干应用案例,从逻辑上说明计算机在自动控制与监测系统中的应用方法。

本章按照应用领域分为两大部分,9.1 节~9.3 节介绍计算机在自动控制系统中的应用。为了帮助读者理解自动控制系统的设计方法,并结合本书主体内容,该部分的案例中采用第 7 章和第 8 章介绍的部分接口芯片,分别以无具体型号的微机和单片微控制器为主控系统。9.4 节介绍嵌入式技术在可穿戴健康监测系统中的应用,通过具体示例讲述基于 ARM 的嵌入式处理器在可穿戴式健康监测系统中的应用。

无论案例中的"计算机"是何种类型、何种型号,其基本设计思路都可以推广到任何以处理器为控制中心的系统设计中,在实际研发中,只需要根据具体型号进行修正,编写相应的软件程序即可。

教学目的

- 清楚计算机控制系统的基本组成。
- 清楚可穿戴式健康监测系统的基本架构和关键技术。
- 清楚嵌入式技术在自动控制系统和可穿戴式健康监测系统中的基本应用方法。
- 在已知具体处理器型号的情况下,能够根据需求设计简单的控制和监测系统硬件结构和软件控制流程。

9.1 计算机控制系统

计算机控制系统(Computer Control System,CCS)是由计算机参与并作为核心环节的自动控制系统,即应用计算机参与控制并借助一些辅助部件与被控对象相联系,以实现一定控制目标的系统。早期,这里的"计算机"多指单板计算机或专用计算机[①];对大型复杂系统,也可以利用通用微型计算机。随着计算机技术的发展,现代自动控制系统中的计算机主要是专用的工业控制计算机(简称工控机),也可以是各种微控制器(也称单片机)或嵌入式片上系统。而在各类可穿戴式健康监测系统中,控制中心则完全采用了微控制器、DSP、ARM 等嵌入式技术。

在计算机控制系统中,由于计算机输入和输出的是数字信号,而工业现场采集到的信号或送到执行机构的信号大多是模拟信号,因此,与常规的按偏差控制的闭环负反馈系统相比,计算机控制系统需要有模拟量到数字量的转换(A/D 转换)和数字量到模拟量的转换(D/A 转换)这两个环节。事实上,8.1 节中介绍的模拟量输入输出通道就是计算机控制系统的组成形式之一。

◇9.1.1 计算机控制系统概述

随着信息时代的到来,自动控制技术由传统的工业扩展到生物、医学、环境、经济管理和其他许多社会生活领域,成为现代社会生活中不可缺少的一部分。计算机能够同时存储并快速处理大量数据,因此在自动控制领域得到广泛应用。

在生产、科研等诸多领域中,有大量物理量需要按某种变化规律进行控制。在 20 世纪 30 年代之前,工业生产多处于手工操作状态。此后,逐渐开始采用基地式仪表控制压力、温度等,使其保持在一个恒定范围,初步有了对工业生产的机械控制实践。

计算机控制系统实现了工业生产中各种参量和过程的数字控制,也使机械、电子、计算机技术和控制技术有机结合的机电一体化技术越来越广泛地应用到各生产领域。相对于传统仪表控制,计算机控制有着明显的优势。首先,通过软件编程可以使计算机控制不存在固定的模式和规律,具有较强的多样性;其次,计算机不仅能够实现对设备的控制,还能够利用实时信息进行优化管理,进一步提高工作效率;再次,计算机控制能够节约管理成本,并且提高经济效益;最后,计算机能根据设备现场工作状态灵活调整设备工作参数,最大限度地保证设备处于最佳的工作状态。

计算机控制过程一般分为实时数据采集、实时决策和实时控制 3 个基本步骤。

(1) 实时数据采集是对被控参数的瞬时值进行检测和输入。

(2) 实时决策是对采集到的被控参数的状态量进行分析,并按给定的控制规律决定进一步的控制过程。

(3) 实时控制是根据决策适时向控制机构发出控制信号。

计算机控制系统主要有以下 5 类:

---

① 单板计算机是将计算机的主要硬件(处理器、存储器、接口等)集成在一块电路板上,而单片机则是将计算机硬件系统集成在一个芯片上。

(1) 数据采集系统(data acquisition system)。在这类系统中，计算机只承担数据采集和处理工作，而不直接参与控制。它对生产过程各种工艺变量进行巡回检测、处理、记录及变量的超限报警，同时对这些变量进行累计分析和实时分析，得出各种趋势，为操作人员提供参考。

(2) 直接数字控制系统(direct digital control system)。在这类系统中，计算机根据控制规律进行运算，然后将结果经输出通道施加于被控对象，从而使被控变量符合要求的性能指标。在模拟系统中，信号的传送不需要数字化；而数字系统必须先对输入信号进行 A/D 转换，输出控制信号也必须进行 D/A 转换，然后才能驱动执行机构。因为计算机有较强的计算能力，所以控制算法的改变很方便。这里，由于计算机直接承担控制任务，所以要求具有实时性好、可靠性高和适应性强等特点。

(3) 监督计算机控制系统(supervisory computer control system)。这类系统根据生产过程的工况和数学模型进行优化分析计算，产生最优化设定值，送给直接数字控制系统执行。监督计算机控制系统承担着高级控制与管理任务，要求具有数据处理功能强、存储容量大等特点，一般采用较高档微机。

(4) 分布式控制系统(distributed control system)。这类系统是分级分布控制的典型应用模式，近些年来发展特别迅速。它采用分布式控制原理以及集中操作、分级管理、分散控制、综合协调的设计原则，多采用分层结构或网状结构。

(5) 现场总线控制系统(fieldbus control system)。这类系统是分布式控制系统的更新换代产品，是 20 世纪 90 年代兴起的一种先进的工业控制技术。它将现今网络通信与管理的观念引入工业控制领域，是控制技术、仪表工业技术和计算机网络技术三者的结合，具有现场通信网络、现场设备互连、互操作性、分散的功能块、通信线供电和开放式互联网络等技术特点。这些特点不仅保证了它完全可以适应工业界对数字通信和自动控制的需求，而且使它与 Internet 互联以构成不同层次的复杂网络成为可能，代表了工业控制体系结构发展的一种新方向。

◇9.1.2　计算机控制系统的基本组成

计算机控制系统是利用计算机(如工业控制计算机)实现工业过程自动控制的系统。在计算机控制系统中，由于计算机的输入和输出是数字信号，而现场采集的信号或送到执行机构的信号大多是模拟信号，因此与传统的闭环负反馈控制系统相比，计算机控制系统需要有 D/A 转换和 A/D 转换这两个环节。图 9-1 给出了计算机控制系统的基本组成，包括微机系统、数字接口电路、基本 I/O 设备(显示器、键盘、外存、打印机等)以及用于连接检测传感器和被控对象的外围设备。图 9-1 中右侧的 8 路通道中，上边 4 路是输入通道，下边 4 路是输出通道(与 8.1 节介绍的模拟量输入输出通道类似)，对应于 4 种类型的检测传感器和被控对象，即模拟量(如电压、电流)、数字量(如数字式电压表或某些传感器产生的数字量)、开关量(如行程开关等)、脉冲量(如脉冲发生器产生的系列脉冲)。输入通道通过 4 种类型的传感器实现对不同信息的检测，输出通道则可以产生相应的控制量。

图 9-1 是将各种可能的输入输出都集中在了一起。而在实际工程中，并非所有系统都包含这些变量类型。图 9-2 给出了计算机控制系统的一般结构框架。

在实际的计算机控制系统中，A/D 转换器和 D/A 转换器常作为工业控制计算机或各

第9章 计算机在自动控制与可穿戴式健康监测系统中的应用

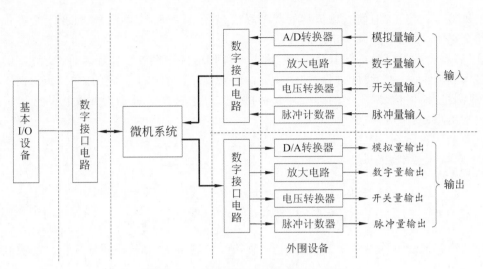

◆图 9-1 计算机控制系统的基本组成

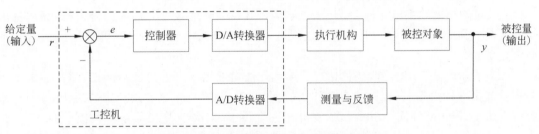

◆图 9-2 计算机控制系统的一般结构框架

种嵌入式系统的组成部件,分别实现模拟变量输入和对模拟式被控对象的控制。计算机把通过测量元件和 A/D 转换器送来的数字信号直接与给定值进行比较,然后根据一定的算法(如 PID 算法)进行运算,运算结果经过 D/A 转换器送到执行机构,对被控对象进行控制,使被控变量稳定在给定值上。这种系统称为闭环控制系统。

9.2 节和 9.3 节将分别介绍计算机在开环控制系统和闭环控制系统这两种非常典型的自动控制系统中的应用。

9.2 计算机在开环控制系统中的应用

开环控制系统是最简单的一种控制系统,由控制器和被控对象组成,输入端通过输入信号控制被控对象输出物理量的变化。所谓"开环",就是不将系统的输出再反馈到输入,以影响当前控制的系统,即没有反馈回路,不能形成一个信息闭环的系统。

◇9.2.1 开环控制系统概述

在开环控制系统中,控制装置发出一系列控制命令,使执行机构执行相应的操作,但执行的效果并不与控制命令进行核对。因此,开环系统通常需要借助人工操作或定时方式完成。例如,对衣物烘干机,用户可以根据衣物的数量或湿度设置定时时间。在时间到后,衣物烘干机将自动停止,即使衣物仍然处于潮湿状态,也不会再继续烘干。如果用户发现衣物没有完全烘干,只能手动调整定时时长。

这里,衣物烘干机是一个开环系统,其烘干过程可以用图 9-3 表示。可以看出,烘干过程从输入到输出是一个线性过程,控制装置的输入仅取决于人工设定的定时时长,而不考虑(监控或测量)输出信号(衣物的干燥程度)的状态,烘干过程的准确性或衣物的干燥程度完全取决于用户(操作员)的经验。

◆图 9-3 开环控制的衣物烘干过程

开环控制系统也称为非反馈系统,是一种连续控制系统,其输出对输入信号的控制动作不产生影响。

开环系统主要具有如下特点:

(1) 对输出的结果既不进行测量,也不会将其反馈到输入端与输入信号进行比较,输出仅遵循输入命令或设定值。例如衣物烘干机,只要定时时间到,无论衣物是否已被烘干,都会停止工作。

(2) 开环控制系统不清楚输出状况,因此无法对输出结果进行自动修正,即使输出结果与预设值出现较大偏差,也无法自动纠正。例如,对衣物烘干机,若用户定时烘干 30min,系统就会烘干 30min,即使 30min 后衣物并未完全烘干,本次烘干过程也会停止。

(3) 开环控制系统装置简单,成本较低,但因缺乏信息反馈而使其不足以应付各种干扰或变化。例如,衣物烘干机在启动后,若烘干机门没有完全关闭,会导致热量流失。但是,因为衣物烘干机缺乏信息反馈以维持恒定的温度,所以最后会影响烘干效果。这种较低的抗干扰能力使开环控制系统的控制作用受到很大限制。

任何一个开环控制系统都可以表示为由多个级联模块串行、从输入到输出信号路径没有反馈回路的线性路径。对图 9-3 所示的衣物烘干过程进行抽象,就可以得到开环控制系统的一般结构,如图 9-4 所示。若设输入为 W_i,输出为 W_o,每个模块表示为传递函数 $G(s)$ 系统,系统的开环增益可以简单表示为

$$\text{Gain}(G) = \frac{W_O(s)}{W_i(s)} \tag{9-1}$$

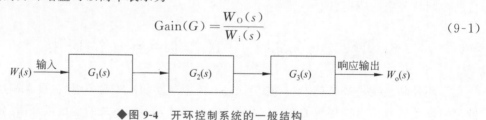

◆图 9-4 开环控制系统的一般结构

与闭环控制系统相比,开环控制系统的结构比较简单,成本较低,非常适合系统输入信号或扰动作用已知的情况。

◇**9.2.2 计算机开环控制系统设计示例**

利用计算机实现开环控制的主要优点是可以通过软件方便地改变控制程序。当硬件电

路设计好之后,若要改变工作程序,可以重新编写控制程序。这里的"计算机"可以认为是通用微型计算机、工业控制计算机(工控机)、嵌入式系统等。对包含各种微处理器的系统,虽然由于微处理器型号不同会使控制系统的软硬件设计存在区别,但总体设计思想和系统结构框架是类似的。本节以 8088 微处理器作为控制核心,利用本书介绍的可编程并行接口电路,通过具体示例描述微机开环控制系统的软硬件设计方法,以帮助读者对微机在开环控制系统中的应用有更直观的认知。

【例 9-1】 设计十字路口交通灯动态控制系统。交通灯的通断通过电子开关(继电器)控制。要求如下:

(1) 正常情况下,交通灯按照以下规律亮与灭,直到有任意键按下时退出程序:
① 南北方向的绿灯、东西方向的红灯同时亮(90s)。
② 南北方向的黄灯闪烁 4 次,同时东西方向红灯继续亮。
③ 南北方向的红灯、东西方向的绿灯同时亮(90s)。
④ 南北方向的红灯继续亮,同时东西方向的黄灯闪烁 4 次。

(2) 利用光电式检测传感器检测车辆通行情况。当某一方向的车辆在绿灯的 90s 内已全部通过路口,在随后的 5s 内再无车辆继续通过,且此时另一方向有车辆等待时,则提前将绿灯切换为黄灯并闪烁 4 次,然后变为灯色。

(3) 当有紧急车辆(如救护车等)通过时,两个方向全部红灯亮,以使其他车辆暂停行驶;在紧急车辆通过后自动恢复之前的状态。

题目解析:

(1) 这是一个开环控制系统,光电式检测传感器输出为电平信号,可以直接通过 I/O 接口输入处理器。设南北方向两个路口的检测器输出分别为 SN_1 和 SN_2(以下用 SN_x 表示),东西方向两个路口的检测器输出分别为 EW_1 和 EW_2(以下用 EW_x 表示)。当检测到有车辆通过时,相应路口的检测器输出高电平($SN_x=1$ 或 $EW_x=1$);无车辆通过时 SN_x 或 $EW_x=0$。

(2) 根据题目要求,设计两个方向交通灯的灯色配置,如表 9-1 所示。在表 9-1 中,用 G、Y 和 R 表示绿灯、黄灯和红灯;用下标 SN 和 EW 分别表示南北方向和东西方向;用 1 表示灯亮,用 0 表示不亮,用 X 表示闪烁。例如,$G_{SN}=1$ 表示南北方向绿灯亮,$R_{EW}=1$ 表示东西方向红灯亮,$Y_{SN}=X$ 则表示南北方向黄灯闪烁。

表 9-1 十字路口交通灯的灯色配置表

灯色状态	G_{SN}	Y_{SN}	R_{SN}	G_{EW}	Y_{EW}	R_{EW}	说 明
Z_1	1	0	0	0	0	1	南北方向绿灯、东西方向红灯同时亮
Z_2	0	X	0	0	0	1	南北方向的黄灯闪烁,东西方向红灯亮
Z_3	0	0	1	1	0	0	南北方向红灯、东西方向绿灯同时亮
Z_4	0	0	1	0	X	0	南北方向红灯亮,东西方向黄灯闪烁
Z_5	0	0	1	0	0	1	东西方向和南北方向全部红灯亮

(3) 正常情况下,十字路口交通灯按照题目要求的流程,从 Z_1 到 Z_4 循环变换,并在某方向通行期间(绿灯亮)持续检测该方向的车辆通行情况。仅当通行方向有连续 5s 无车辆

通行,且另一方向(当前红灯亮方向)有车辆等待时,提前切换灯色状态。

(4) 利用中断控制方式响应紧急车辆的特殊通行要求。即,当利用图像检测等方式检测到有紧急车辆需要通行时,向系统 INTR 端发出中断请求,此时微处理器发出控制命令,启动 Z_5 灯色状态。

解:十字路口交通灯动态控制系统硬件结构如图 9-5 所示。利用可编程并行接口 8255 作为 I/O 接口。利用 C 口输出不同的灯色状态,控制不同方向的交通灯。利用 A 口作为车辆检测传感器的状态输入。这里,SN_1 和 SN_2 表示南北方向两个路口的车辆检测传感器输出,EW_1 和 EW_2 表示东西方向两个路口的车辆检测传感器输出,当任意一个传感器输出为 0(无车辆通过)时,与门输出(SN 或 EW)为 0。微处理器在南北方向(或东西方向)绿灯亮期间,若连续 5s 检测到 SN=0 或 EW=0,则切换灯色状态。

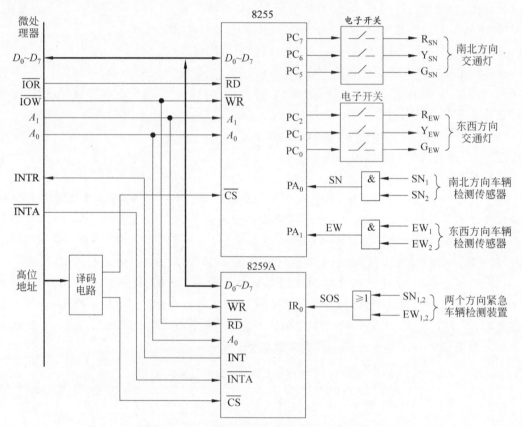

◆图 9-5 十字路口交通灯动态控制系统硬件结构

用 $SN_{1,2}$ 和 $EW_{1,2}$ 分别表示两个方向的紧急车辆检测装置。假设某方向的紧急车辆检测装置在检测到有紧急车辆时输出 1,否则输出 0。当任意一个路口检测到有紧急车辆到来时,或门输出端 SOS=1。SOS 的状态通过可编程中断控制器 8259A 的 INT 端向系统发出中断请求。微处理器在收到该中断请求信号后,若此时 IF 标志位为 1,则在当前指令执行结束后响应该中断请求,使 8255 的 C 口输出灯色状态 Z_5,使两个方向的红灯全亮。中断结束后继续恢复到正常工作状态。

在程序设计中,为便于控制,可将表 9-1 所示的交通灯的 5 种灯色状态预先定义在数据段中。其中,黄灯的闪烁可通过从相应端口不断输出 0 和 1 实现。

绿灯和红灯亮的时长以及 5s 定时等可以通过调用定时与检测子程序完成。

根据上面讨论的交通灯变换规则要求设计控制系统流程,如图 9-6 所示。

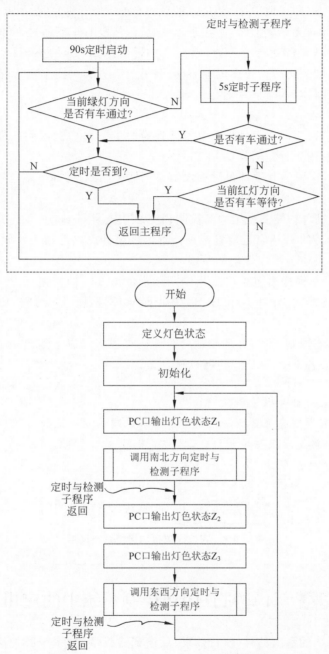

◆图 9-6　十字路口交通灯动态控制系统流程

图 9-6(上)的虚线框内为定时与检测子程序。鉴于定时子程序已在前面作了介绍,这里不再单独给出定时程序的控制流程,而是将其与检测子程序融合在一起。

图 9-6(下)为主程序流程。首先,将灯色状态定义在数据段。然后进行初始化,包括调

用8255初始化程序及对变量进行初始化等。

按照题目要求的交通灯变换流程,首先输出灯色状态 Z_1,然后调用南北方向定时与检测子程序(南北方向与东西方向的定时与检测子程序的控制流程完全相同,唯一的区别是读取不同的传感器状态,即读取 PA_0 或 PA_1 的状态值)。在当前方向(如南北方向)通行过程中,若检测到当前方向无车辆通行,并在延迟5s后依然没有车辆通过,则同时检测另一方向(东西方向)有无车辆等待通行。若有,则无论是否已达到90s延迟时间,都立刻返回主程序,切换灯色状态,即缩短当前方向的通行时间;若另一方向也无车辆等待通行,说明当前车辆稀少,可以继续保持当前方向的通行。

说明:

(1) 本例中的90s和5s定时都采用了软件定时的方法。考虑到软件定时的准确性较低,读者可以尝试利用硬件定时器(如8253)实现。

(2) 限于篇幅,这里的软硬件设计都仅给出了框架结构,并非完整电路图和详细程序控制流程。

(3) 现代计算机自动控制系统中的控制程序多用 C 语言编写。如果采用单片机控制,不同单片机厂家支持的 C 语言也略有区别。本章以设计思路介绍为主要目标,这也是本章各示例均没有给出具体源程序代码的原因之一。

(4) 事实上,对车辆检测也可以采用中断请求的方式。即当通行方向一定时间内无车辆通过时,检测传感器输出的信号可以作为中断请求信号,通过可编程中断控制器向处理器发出中断请求。

除了交通灯动态控制,采用开环控制的案例还有很多。以下给出一个典型开环控制案例的需求描述,请读者思考,并尝试进行软硬件设计。

案例:宾馆火灾自动报警系统。

设计需求:利用烟感装置检测火情。当烟雾浓度达到一定值时,烟感装置输出高电平信号,使报警电路发出报警控制信息,启动报警器输出报警信号。

系统框架如图9-7所示。

◆图 9-7 宾馆火灾自动报警系统框架

9.3 计算机在闭环控制系统中的应用

如果将控制系统的输出信号(执行效果)反馈到输入端,使系统的控制基于实际值和期望值之间的差异,这种控制方式称为闭环控制。

◇9.3.1 闭环控制系统概述

闭环控制系统是通过一定的方法和装置,将控制系统输出信号的一部分或全部反馈到系统的输入端,然后将反馈信号与原输入信号进行比较,再将比较的结果施加于系统进行控制,以避免系统偏离预定目标。闭环控制系统利用的是负反馈原理[①]。即,输出反馈信号与输入信号极性相反或变化方向相反,减小系统输出与系统目标的误差,以使系统工作状态趋于稳定。自动控制系统多数是闭环控制系统。在工程上常把在运行中使输出量和期望值保持一致的闭环控制系统称为自动调节系统。

闭环控制系统通常由控制器、受控对象和反馈通路组成。组成闭环控制系统的主要元件包括给定元件、比较元件、执行元件、被控对象以及测量与反馈校正元件等。图 9-8 给出了典型闭环控制系统的基本组成。各元件的主要功能如下:

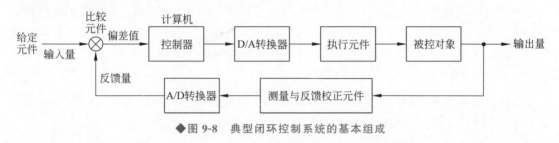

◆图 9-8 典型闭环控制系统的基本组成

(1) 给定元件:给出与期望输出对应的输入量。

(2) 比较元件:用于计算输入量与反馈量的偏差值,常采用集成运算放大器实现。

(3) 放大元件:由于偏差信号一般较小,不足以驱动负载,因此需要放大元件对信号进行放大,包括电压放大和功率放大。

(4) 执行元件:用于驱动被控对象,使输出量发生变化。常用的有电动机、调节阀、液压马达等。

(5) 测量与反馈校正元件:用于检测被控量、参数调整并转换为需要的电信号。控制系统中常用的测量元件有:用于速度检测的测速发电机、光电编码盘等,用于位置与角度检测的旋转变压器、自整机等,用于电流检测的互感器及用于温度检测的热电偶等。这些测量元件一般都将被检测的物理量转换为相应的连续或离散的电压或电流信号。

与开环控制系统相比,闭环控制系统通过使输出信号反馈量与输入量进行比较产生偏差值,利用偏差值实现对输出量的控制或者调节,从而使系统的输出量能够自动跟踪输入量,减小跟踪误差,提高控制精度,抑制扰动信号的影响。此外,负反馈构成的闭环控制系统通过引入反馈通路,使系统降低对前向通路中元件的精度要求,使整个系统对于某些非线性影响也不敏感,提高系统的稳定性。因此,闭环控制抑制干扰能力较强。

◇9.3.2 过程控制

对工业生产中连续或按一定周期进行的生产过程的自动控制称为过程控制(process control)。过程控制系统(process control system)是针对工业生产流程的特点构成的自动控制系统,广泛应用于石油、化工、冶金、电力、轻工和建材等领域。

1. 过程控制

凡是采用模拟或数字控制方式对生产过程的某个或某些物理参数进行的自动控制就称

[①] 除了负反馈,还有正反馈。其基本原理是反馈信号与系统输入信号的极性相同,以此增强系统的净输入信号,使系统偏差不断增大而产生振荡,以放大控制作用。

为过程控制。这里"过程"是指在生产装置或设备中进行的物质和能量的相互作用和转换过程,例如锅炉中蒸汽的产生、分馏塔中原油的分离等。表征过程的主要参数有温度、压力、流量、液位、成分、浓度等。因此,过程控制系统就是以温度、压力、流量、液位、成分和浓度等参数作为被控对象,使之接近给定值或保持在给定范围内的自动控制系统。这些被控对象通常具有大惯性、长纯滞后[①]的特点,即状态的变化和过程变量的反应都比较缓慢。

过程控制系统可以分为仪表过程控制系统与计算机过程控制系统两大类。早期的过程控制主要用于使生产过程中的一些参数保持不变,以保证产量和质量的稳定。随着各种组合仪表和巡回检测装置的出现,过程控制开始过渡到对生产过程的集中监视、操作和控制。

随着工业生产规模走向大型化、复杂化、精细化、批量化,仪表过程控制系统已很难达到生产和管理要求。自20世纪80年代起,计算机过程控制系统逐渐成为主流。

2. PID 控制

在模拟控制系统中,控制器最常用的控制算法是 PID(Proportional Integral Derivative Control,比例积分微分)控制,其基本输入输出关系可用微分方程表示为

$$u(t) = K_p \left(e(t) + \frac{1}{T_i} \int_0^t e(t) \mathrm{d}t + \frac{T_d \mathrm{d}e(t)}{\mathrm{d}t} \right) \quad (9\text{-}2)$$

其中,$e(t)$ 为输出和输入的误差信号,K_p 为比例系数,T_i 为积分时间常数,T_d 为微分时间常数,$u(t)$ 为 PID 控制器输出。此外,控制规律还可写成如下传递函数形式:

$$G(s) = \frac{U(s)}{E(s)} = K_p \left(1 + \frac{1}{T_i s} + T_d s \right) \quad (9\text{-}3)$$

图 9-8 给出了典型闭环控制系统的基本组成。事实上,无论控制对象是什么,一个典型闭环控制系统的基本结构都包括输入、测量与反馈(采样)、控制器、被控对象和输出。图 9-9 描述了 PID 控制系统的原理,它由 PID 控制器和被控对象组成。在图 9-9 中,K_p、K_i 和 K_d 分别为比例系数、积分系数和微分系数,由式(9-3)可知,$K_i = K_p/T_i$,$K_d = K_p T_d$。

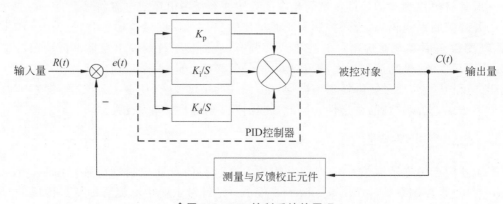

◆图 9-9 PID 控制系统的原理

图 9-9 的虚线框中为 PID 控制器,共组合了 3 种基本控制环节:比例控制环节 K_p、积

---

① 纯滞后是指因被控对象在测量、传输或其他环节出现滞后现象,从而造成系统输出一直滞后于输入一定时间的现象。

分控制环节 K_i/S 和微分控制环节 K_dS。PID 控制器工作时,将误差信号的比例(P)、积分(I)和微分(D)通过线性组合构成控制量,对被控对象进行控制,故称 PID 控制器。

比例控制按一定比例反映控制系统的误差信号,在出现偏差时产生控制作用,以减小偏差。比例控制在信号变换时只改变信号的幅值,而不改变信号的相位。采用比例控制可以提高系统的开环增益,是系统的主要控制部分。

积分控制主要用于消除静差,提高系统的无差度,但是会使系统的震荡加剧,超调增大,损害动态性能,一般不单独使用,而是与比例控制和微分控制相结合。积分控制作用的强弱取决于积分时间常数 T_i。积分时间常数越大,积分控制作用就越弱;反之则越强。

微分控制反映误差信号的变化趋势(变化速率)。可在误差信号变得太大之前,在系统中引入一个有效的早期修正信号,以加快系统的运作速度,减少调节时间。微分控制可以预测系统的变化,增大系统的阻尼系数,提高相角裕度,起到改善系统动态性能的作用。但是微分控制对干扰有很大的放大作用,过大的微分控制会使系统震荡加剧,降低系统信噪比。

在常规的仪表过程控制系统中,常采用 PID 调节器(PID regulator,比例积分微分调节器)作为系统的控制核心。由于 PID 调节器的参数设定必须与被控对象的固有特性(时间常数及滞后时间)相适应,而不同被控对象的固有特性相差甚大,使 PID 调节器参数整定范围也必须很大,这给 PID 调节器的选择及整定工作造成了困难。

随着计算机和各类微控制器进入过程控制领域,用计算机或微控制器芯片取代 PID 控制器组成过程控制系统,不仅可以用软件实现 PID 控制算法,而且可以利用计算机和微控制器芯片的逻辑功能使 PID 控制更加灵活。对 PID 控制规律进行适当变换后,以计算机或微控制器为运算核心,利用软件程序实现 PID 控制和校正,就是数字 PID 控制(也称软件 PID 控制)。

由于数字 PID 控制是一种采样控制,只能根据采样时刻的偏差值计算控制量,因此需要对连续的 PID 控制算法进行离散化处理。对于实时控制系统而言,尽管被控对象的工作状态是连续的,但是,如果在离散的瞬间对其采样进行测量和控制,就能够将其表示成离散控制模型。当采样周期足够短时,离散控制模型便能很接近连续控制模型,从而达到与 PID 控制系统相同的过程控制效果。

◇9.3.3 计算机闭环控制系统设计示例

8.1 节中描述的模拟量的输入输出通道实际上就是利用计算机实现闭环控制的典型结构。本节基于图 8-1 给出的模拟量输入输出概念结构,通过具体示例介绍计算机闭环控制系统软硬件设计方法。

【例 9-2】 利用微机控制锅炉温度,炉温用热电偶测量,要求将炉温控制在允许的范围内(其对应的上限和下限分别为 MAX 和 MIN)。若高于上限或低于下限,则调用控制子程序对炉温进行调节。

题目解析:这是一个闭环控制系统,被控对象为锅炉温度。利用本书介绍的 8088 微处理器作为控制中心。根据图 8-1 给出的模拟量输入输出概念结构,锅炉温度通过温度传感器(热电偶)将锅炉温度值转换为电信号,然后通过信号调理电路输入 A/D 转换器。处理器对读取的 A/D 转换结果(当前锅炉温度对应的数字信号)与设定值(设定的锅炉温度上限和下限)进行比较,如果输入值超出允许范围,则调用控制子程序,驱动执行元件(晶闸管控制电路)对锅炉温度进行调节。

解:锅炉温度闭环控制系统硬件结构如图 9-10 所示。这里的 A/D 转换器和 D/A 转换器可以使用第 8 章介绍的 ADC0809 和 DAC0832。利用 8255 作为并行数字接口,8255 的 A 口读取 A/D 转换结果,C 口发送地址锁存、启动变换、状态检测、缓冲器控制等控制信号。由于有数字输出接口,故 D/A 转换器可以工作在直通方式。

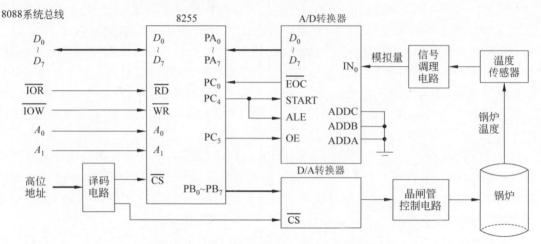

◆图 9-10　锅炉温度闭环控制系统硬件结构

结合硬件电路,设计锅炉温度闭环控制流程如图 9-11 所示。需要说明的是:

(1) 该控制流程采用了不断循环读取锅炉温度的方法,没有考虑退出机制。

(2) 对 A/D 转换结束与否的判断采用了效率不高的查询方式。更好的方法是中断请求方式。

对这两个方面的改进,留给读者考虑。

> Intel 公司生产的 51 系列单片机曾广泛应用于各类工业自动控制系统中。读者如果熟悉 51 系列单片机,可尝试用该系列某个型号的单片机实现上述控制功能。

◇9.3.4　单片机直流调速控制系统设计

单片机也称微控制器。它价格低廉,使用方便,功能可满足一般工业控制系统,特别是过程控制系统设计需求,因而广泛应用于包括直流调速在内的工业自动控制系统中。

调速系统是电力传动装置中应用非常广泛的一种控制系统。电机调速可分为直流调速和交流调速。虽然交流调速技术发展迅速,但是直流调速系统凭借调速平滑、范围宽、精度高、过载能力大、动态性能好、易于控制等诸多优点,在金属切削机床、轧钢、矿山采掘、纺织、造纸等行业获得广泛应用。

由于闭环控制系统在抗干扰性、稳定性等方面具有的优势,调速系统均采用闭环控制方式。对一般的调速控制,图 9-8 所示的单闭环控制系统(转速负反馈和 PI 调节器)就可以在保证系统稳定性的条件下实现转速无静差。但如果要求系统在启动、制动或负载突变时依

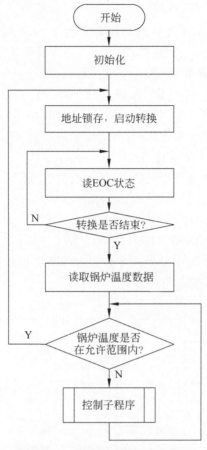

◆图 9-11 锅炉温度闭环控制流程

然保证良好的动态性能,单闭环控制系统就很难满足要求。

在单闭环调速系统中,电流截止负反馈环节只在超过临界电流值时靠强烈的负反馈作用限制电流的冲击,并不能很理想地控制电流的动态波形。当电流从最大值开始下降后,电机转矩也随之减小,使加速过程拖长,影响调速的实时性。

在实际工作中,通常希望用最大的加速度启动;到达稳定转速后,又让电流降下来,使转矩马上与负载平衡,从而转入稳态运行。由于主电路电感的作用,电流不能突变,为了实现在允许条件下最快地启动,需要获得一段使电流保持为最大值的恒流过程。按照反馈控制规律,采用某个物理量的负反馈就可以保持该物理量基本不变,那么采用电流负反馈就能得到近似的恒流过程。

问题是:在启动过程中只需要电流负反馈;而到达稳态转速后,又只要转速负反馈。即电流负反馈和转速负反馈在不同时刻控制调节器的输出。这就需要采用双闭环调速控制系统,使电流和转速两种负反馈作用在不同的阶段。

下面通过一个具体示例说明单片机在直流调速系统中的应用。考虑到单片机型号众多,且相互间缺乏兼容性,这里略去具体的芯片型号,仅介绍软硬件设计思想和基本方法。

1. 双闭环直流电机调速系统组成

图 9-12 是单片机控制的直流电机双闭环调速系统结构。这里,DM(Direct current Motor,直流电动机)由晶闸管可控整流装置供电,整流装置采用三相全控桥式整流电路[①],输出电压为 U_d。自动转速调节器(Automatic Speed Regulator,ASR)、自动电流调节器(Automatic Current Regulator,ACR)、反馈信息采样、与给定值比较等均由微控制器控制(即图 9-12 中虚线框所示的单片机主控系统)。ASR 和 ACR 采用 PI 调节算法。测速反馈传感器的输出经 A/D 转换器输入计算机,与给定值进行比较后,并调用 ASR 调节算法,算法运行结果作为电流环的输入给定信号(U_s)。

电流反馈信号的检测可采用交流互感器,其输出的电流信号经整流分压滤波后送入 A/D 转换器[②]。系统定时启动 A/D 转换,读取的转换结果经与 U_s 比较后调用 ACR 算法,运算结果经 D/A 转换器及放大后触发晶闸管。

通常情况下,A/D 转换器的输出应通过 I/O 数字接口连接到处理器。图 9-12 中没有明确画出 I/O 接口,主要是因为在目前大多数嵌入式微控制器中,A/D 转换器和 D/A 转换器都已集成在芯片内,成为系统的组成部件。

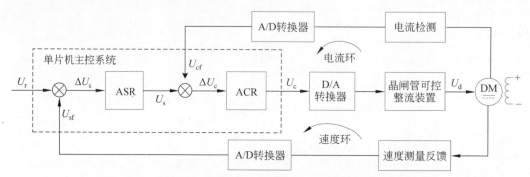

◆图 9-12 单片机控制的直流电机双闭环调速系统结构

作为内环调节器,电流环的主要作用是在外环调节过程中,使电流紧随其给定电压(外环调节器输出量)的变化,在电网电压波动时能够及时抗扰动,在电机过载甚至堵转时能够限制电枢电流的最大值,起到自动保护作用,并在故障消失时使系统能够立即自动恢复正常。

外环调节器实现速度的调节,是调速系统的主导调节器,它使电机的转速能快速跟随给定电压 U_r 的变化。采用 PI 调节,可以实现无静态误差,对负载变化起抗扰作用。

2. 直流调速系统控制流程

单片机控制的直流电机双闭环调速控制程序流程如图 9-13 所示。系统定时启动 A/D 转换器,采集速度和电流反馈值(定时控制可利用定时/计数器实现)。转换结束(采样结束)后 A/D 转换器向处理器发出中断请求。

为使控制程序能够识别是否有新的采样值,需要设置一个采样值更新标志。因此,系统

---

① 三相全控桥式整流电路是在工业中应用最广泛的一种整流电路,读者可参阅相关书籍。
② 这里,整流滤波电路可以认为在电流检测模块中。

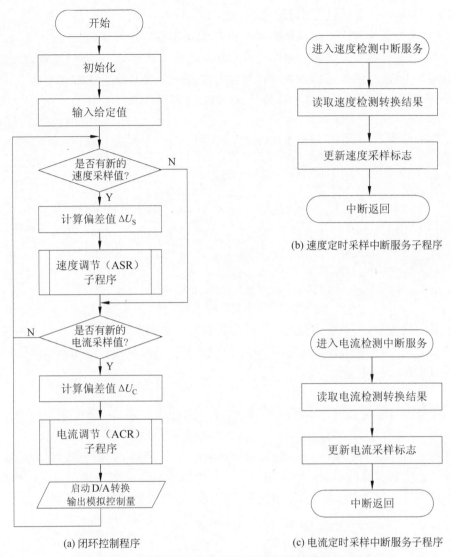

◆图 9-13 单片机控制的直流电机双闭环调速控制程序流程

在响应中断请求后,首先读取转换结果,并更新该标志的状态,然后返回控制程序。速度定时采样和电流定时采样中断服务子程序流程分别如图 9-13(b)和图 9-13(c)所示。

图 9-13(a)给出了闭环控制程序流程。闭环控制程序在检测到有采样值更新时,计算相应的偏差值(速度及电流给定值与反馈值的偏差),然后调用调节子程序,并将最后的运算结果通过 D/A 转换器输出后控制主回路。此过程循环进行,以便满足工业过程实时控制的要求。

在工业控制系统中,闭环控制的案例有很多。下面给出一个典型闭环控制案例的需求描述,请读者思考,并尝试进行软硬件设计。

案例：水库水位自动监控系统。

设计需求：水库水源来自山中溪水。利用水位传感器进行水位监测，并通过无线信号传输方式将水位数据发送到控制端。当水位到达警戒水位时，需要调用泄洪闸门调节子程序，通过 D/A 转换器控制泄洪闸门启动。在泄洪的同时持续监测水位状态，当水位回落到正常值（水位降低到最高水位的 70% 时）停止泄洪。

系统框架如图 9-14 所示。

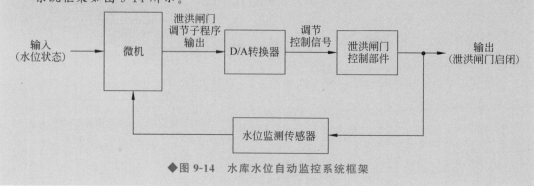

◆图 9-14　水库水位自动监控系统框架

随着技术的发展，工业自动控制正在朝着以智能控制理论为基础、以计算机和网络为主要手段的综合化、智能化方向发展，实现从原料进库到产品出厂的自动化和整个生产系统信息管理的最优化。

9.4　嵌入式技术在可穿戴式健康监测系统中的应用

可穿戴式健康监测系统（wearable health monitoring system）是利用可穿戴式设备实现对人体运动或生理状况的监测。它利用可穿戴式生物传感器采集人体运动或生理参数，以实现对人体非介入式连续监测，从而帮助用户实现对运动或生理状况的管理。

◇9.4.1　可穿戴式健康监测系统概述

大数据时代的来临对于健康医疗的影响是深远的。随着物联网、大数据、云计算和人工智能技术的飞速发展以及老龄人口的急剧增长，可穿戴式健康监测技术得到广泛应用，人们的健康理念也逐渐从疾病的治疗转变为疾病的预防。可穿戴式健康监测系统可以在不影响用户正常生活的情况下，实现对人体运动和生理数据的持续监测，并基于监测数据实现健康状况的智能指导和疾病预防。

可穿戴式设备的思想是在 20 世纪 60 年代由美国麻省理工学院媒体实验室提出的。可穿戴式设备是指采用具有先进功能、特点的技术制造的，可以穿戴在用户身上的产品和电子设备，它能够用来记录和管理用户的日常生活活动或监测用户的身体健康状况。

由于全球人口老龄化趋势明显以及慢性疾病发病率上升导致的医疗费用快速增长，给医疗保健领域带来了巨大的挑战，也带来了前所未有的机遇，极大地促进了可穿戴式健康监测系统的发展。

1. 可穿戴式健康监测系统的基本架构

可穿戴式健康监测系统通常具有生理信号检测和处理、信号特征提取和数据传输与分析等基本功能模块。通过各种可穿戴式传感器，可以实现低生理、心理负荷下的个人健康管理和对病人健康状况的实时监护，把对用户日常活动的影响降到最低。通过对监测到的各种生理信号进行特征提取和分析处理，并借助网络信道传输，为用户提供全天候、低成本的健康状态监测。

目前，可穿戴式健康监测系统的基本架构包括基于智能纺织品的可穿戴式健康监测系统、基于体域网（Body Area Network，BAN）的可穿戴式健康监测系统、基于蓝牙传感器和手机的可穿戴式健康监测系统等。不论哪一种架构的可穿戴式健康监测系统，通常都由前端的生理及运动信息采集模块、中间的通信模块以及后端的数据分析模块组成，如图 9-15 所示，与之对应的关键技术分别是传感器技术、通信技术和数据分析技术。前端的生理及运动信息采集模块主要由一系列可穿戴式传感器采集人体的生理及运动信息；然后由通信模块将采集到的生理及运动信息发送到中心节点或远程监护站点；最后由远程监护站点根据采集到的生理及运动信息利用数据分析模块获取与健康相关的信息。

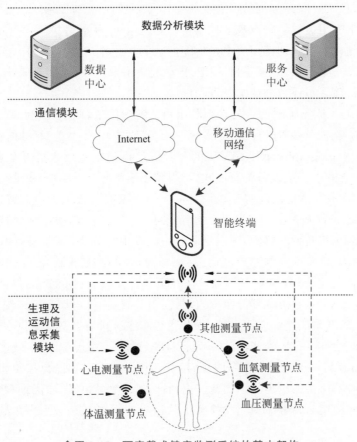

◆图 9-15 可穿戴式健康监测系统的基本架构

2. 可穿戴式健康监测系统的基本形态与分类

常见的可穿戴式健康监测设备包括智能型的头带、项链、眼镜、马甲、衣服、腰带、手表、手环、脚环等多种形态,其中以智能手表、手环最为常见。这些设备大多用于监测与健康相关的情况,如运动数据、睡眠数据、心率及周围环境参数等。此外,还有少数智能手表、手环融入了其他先进技术,实现了基于光学传感器的血压水平与血液成分的监测。可穿戴式健康监测设备采集的数据主要有:血压、心电图、心率、呼吸频率、运动步数、卡路里等生理参数,血液、尿液、泪液、血红蛋白、白细胞等生化数据,身体各部位照片与便携式B超等影像数据等。按设备功能,可穿戴式设备可分为健康监测、筛查、诊断、治疗、干预等多种;按采集模式,可穿戴式设备可分为定时采集、需要时采集、不间断连续采集3种。

以下是与医疗诊断相关的3个应用方向:

(1) 心脏监护。心脏病是当前威胁人类健康的主要疾病之一,其发作具有突发性与随机性的特点,不少患者往往错过了最佳救治时间而使病情加重甚至死亡。另据研究显示,心脏骤停大多死于医院外,主要原因就是缺乏有效的监护手段。临床上使用的动态心电图记录器虽能全天连续监测心电数据,但是它需要将7～10个电极贴在患者腹部与胸前,影响患者日常生活。而且长时间穿戴也易引起皮肤瘙痒等不良反应,难以实现7天以上的长时间监测。为此,有学者用镀银织物电极取代了传统黏性电极,从而解决了导电胶对皮肤的刺激问题,也能避免黏性电极长期使用后电极性能的减弱。此外,有人研发了端到端的远程心脏监护系统,由智能心电节点、智能手机APP、移动健康平台组成,可实现采集心电数据、对信号质量进行分析、筛查与评估心律失常等功能。

(2) 睡眠监测。监测睡眠的目的是判断用户的睡眠质量,便于发现睡眠疾病,如常见的睡眠呼吸暂停综合征等。例如,有人设计了可穿戴式呼吸感应体积描记(Respiratory Inductance Plethysmography,RIP)系统,将生命信息检测技术融入可穿戴技术中,并成功应用到睡眠医学研究中。该设备为背心式,可得到胸腹呼吸波等数据,并在呼吸用力相关性微觉醒的判断方面有着一定的优势。该设备可应用于家庭与社区的睡眠呼吸事件的监测。ActiGraph活动记录仪则是一种可穿戴的智能化电子设备,能自动识别穿戴时间与入睡时间,主要用于监测与判断睡眠错觉、睡眠中断性失眠及生物节律紊乱等疾病。

(3) 血糖、血压等指标监测。糖尿病、高血压患者需要长期监测自己的血糖或血压水平,可穿戴式设备使这个问题更简单,可操作性更强。美敦力、DexCom等公司已研发出便携的可穿戴式胰岛素泵,它由3部分组成,包括注射装置、连续血糖测定系统、计算注射量的控制系统。该胰岛素泵能连续监测血糖水平,并智能注射胰岛素。其缺点在于体积稍大,使用不够方便。有学者运用Bio-MEMS技术研发了一种手腕式胰岛素泵,微注射针仅3.8mm长,直径为$100\mu m$,刺入皮肤后不会有明显痛感。同时,它可以智能化控制胰岛素的注射速率与注射量,将血糖保持在较为稳定的范围内。此外,上臂式智能血压计可根据患者设定的时间监测血压,并利用云端备份数据,对血压数据进行分析比较,便于患者自己进行血压管理。

3. 可穿戴式健康监测系统的关键技术

由图9-14可以看出,可穿戴式健康监测系统的关键技术主要涉及传感器技术、通信技术和数据分析技术。

1) 传感器技术

生理及运动信息采集模块主要解决的问题是传感器及采集模块如何获取人体的生理与运动参数。随着微电子学、MEMS(Micro-Electro Mechanical System,微机电系统)传感器等相关技术的发展,使更多的微型惯性传感器可以用于人体生理与运动状态的监测,能够将更多的处理电路、微控制器和无线通信电路集成到一个芯片上,从而使传感器的成本与尺寸显著减小。

电子智能纺织品是一种基于电子技术,将传感器、通信、人工智能等高技术手段应用于纺织技术而开发的新型纺织品。基于电子智能纺织品的可穿戴式健康监测系统可以集成更多的生理参数传感器,不仅可以检测人体的呼吸频率、心率、心电图指标等体征参数,还可以无创检测人体的血糖、体液 pH 值等人体生化参数。

2) 通信技术

可穿戴式健康监测系统中的通信模块的主要任务是将生理及运动信息采集模块采集的生理及运动信息传输到中心节点或者远程医疗监护站点。

将信息传输到中心节点或远程医疗监护站点可以采用 WLAN、GSM、GPRS、4G、5G 等无缝接入网络完成。互联网的数据传输率高,能够有效地促进需要实时测量、收集远程的可佩戴式健康监测系统。

把传感器采集的生理信号传输到系统的中心节点可以利用现有的近程无线通信技术实现。目前可穿戴式健康监测系统利用的近程无线通信技术主要有 ZigBee、蓝牙(bluetooth)、IrDA 等①。其中,ZigBee 和蓝牙技术在可穿戴式健康监测系统中具有低功耗、低成本、理想的传输距离等应用优势。目前的智能手机都集成蓝牙模块,而且其计算和存储能力逐渐增强,使对于人体进行连续实时监测成为可能。同时,智能手机在可穿戴式健康监测系统中可以作为信息网关,将采集到的生理及运动信息发送出去,能够简化可穿戴式健康监测系统与互联网之间的通信,从而使采集的生理数据传输变得更加迅速、高效,并且可以通过智能终端实时监测病人的生理状态。另外,它集成的 GPS 追踪系统可以很快确定危急病人的位置。所以,利用蓝牙技术传输生理数据是设计人体生理信号采集系统时的首选。

3) 数据分析技术

采集到的信息需要分析与处理。在可穿戴式设备的数据信息处理中涉及信息的采集、存储以及收发等环节,涉及信号处理、模式识别、数据挖掘等人工智能方法,涉及云计算技术、大数据处理技术等诸多技术门类。所以,在实际的可穿戴式设备中,需要将数据分析的环节、方法、技术等有机地结合,以更好地满足用户对数据信息处理的要求,更好地提升用户体验。

此外,可穿戴式健康监测系统还涉及人机交互技术以及电池续航能力等相关技术。

4. 可穿戴式健康监测涉及的数据安全与隐私问题

可穿戴式健康监测设备在使用过程中会产生大量的生理与非生理数据,这些数据可以直接或间接反映用户的身体和生活状况,属于个人隐私。在互联网时代下,这些隐私数据非常容易被泄露,面临安全风险。如何将这些数据安全、有效地传输和保存是目前可穿戴式健

---

① ZigBee 是一种低速短距离传输的无线通信协议,常用于近距离无线连接。IrDA 是 Infrared Data Association(红外线数据协会)的缩写,是一种红外线无线传输协议以及基于该协议的无线传输接口。

康监测设备面临的主要问题。例如,用户产生的轨迹等物理信息一旦被非法截取,将可能对用户的人身安全产生极大风险;用户的心电图、血压、血糖等与健康相关的数据一旦泄露,很有可能产生侵犯用户隐私的问题,所以,对可穿戴式健康监测可能涉及的数据安全与隐私问题必须给予足够重视。

由于可穿戴式设备的很多功能要依托云端后台程序,为了提高可穿戴式应用程序的隐私保护性能,对云技术的辅助安全协议机制的研究成为热点。例如,有人开发了一种云辅助无线体域网的可穿戴式设备,通过云辅助技术,可以对私人信息提供更强的安全保护。该设备的协议能够确保除了预先注册的人之外,任何人都无法实现对用户真实身份的假冒。此外,还有人以区块链技术为出发点,通过私钥、公钥、区块链技术相结合,开发了以电子病历为中心的电子病历访问控制系统,能够提供有效的安全和隐私保护。

◇9.4.2 微型可穿戴式多生理参数记录装置设计示例

微型可穿戴式多生理参数记录装置用于连续采集用户的心电图、呼吸频率和体位信号并存入 SD 存储卡,记录完成后将原始数据传输到手机端或 PC 端,可进行后续的心律失常分析、房颤自动检测、睡眠自动分析等。

该记录装置的整体框架如图 9-16 所示,其功能模块包括片上系统、心电/呼吸数据采集模块、体动信号采集模块、数据存储模块、蓝牙数据传输模块、电源模块等。在图 9-16 中,右侧用虚线框标示的手机 APP 用于解释应用场景,不包括在该记录装置中。

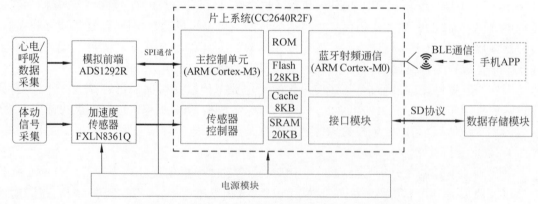

◆图 9-16 微型可穿戴式多生理参数记录装置整体框架

1. 硬件部分

系统硬件部分包括图 9-16 所示的各主要功能模块。

1) 片上系统

片上系统选用 TI(Texas Instruments)公司的低功耗芯片 CC2640R2F,该芯片内部有一个 32 位的 ARM Cortex-M3 处理器作为主控制单元,时钟频率为 48MHz;有一个 ARM Cortex-M0 射频控制器,可以独立于主控制单元运行,用于处理蓝牙通信协议,驱动射频(Radio Frequency,RF)相关电路;还有一个可以在主控制单元处于睡眠模式时工作的传感器控制器(sensor controller)模块。该芯片还有 128KB 的可编程闪存、20KB 的 SRAM、8KB 的 Cache 以及 SPI、I^2C、UART、Timer 等丰富的外设接口。该芯片待机电流仅有 $1.1\mu A$,非常适合用于可穿戴低功耗设备开发。

传感器控制器是 CC2640R2F 芯片内置的一个独特的模块，该模块可以在 CC2640R2F 的主控制单元睡眠时独立工作，拥有独立的 RAM 空间、电源域以及一个 12 位 A/D 转换模块，可以完成诸如 A/D 采样、I²C、SPI 接口控制等功能。这一特性能够使系统在运行时降低主控制单元的唤醒次数和工作时间，从而可进一步降低主机功耗。

2）心电/呼吸数据采集模块

心电/呼吸数据采集主要通过 ADS1292R 实现。ADS1292R 是 TI 公司专门为生物电信号采集设计的一款低功耗、低噪声、双通道 24 位模拟前端，该芯片还内置了两个可编程增益放大器、右腿驱动放大器和集成型呼吸阻抗测量模块。呼吸阻抗测量模块利用呼吸阻抗描记法，通过测量呼吸引起的人体胸部电阻抗变化来检测呼吸频率和呼吸幅度。该芯片具有高集成度和出色的性能，可在极大地减少尺寸、功耗和总体成本的前提下满足众多便携式健康、医疗监护设备的开发需求。

ADS1292R 和 CC2640R2F 之间通过串行外设接口（SPI）连接，CC2640R2F 工作在主机模式，ADS1292R 工作在从机模式。CC2640R2F 通过 SPI 通信协议对 ADS1292R 的寄存器进行配置和编程，使 ADS1292R 依靠内部时钟工作在连续模式。ADS1292R 的数据输出端则与传感器控制器模块相连，在数据采集过程中读取 A/D 转换后的数据。

3）体动信号采集模块

在实际应用中，利用三轴加速度信号反映用户的身体运动情况。该信号不但能用于后续心律失常分析，也可用于判断其睡眠状态。体动信号传感选用飞思卡尔（Freescale）公司生产的 FXLN8361Q 三轴加速度传感器。该芯片测量范围为 ±2g（重力加速度），输出为模拟信号。

加速度传感器的输出信号经信号调理电路处理后，通过 CC2640R2F 芯片中的传感器控制器模块自带的 12 位 A/D 转换器转换为数字信号并存入数组内，然后等预先开辟的数组存满后，通过中断唤醒主控制单元，将数据传输到主控制单元中，从而达到降低整机功耗的目的。

4）数据存储模块

SD 卡是一种基于半导体闪速存储器的新一代存储设备。由于它具有体积小、数据传输速度快、可热插拔等优良特性，被广泛应用于便携式存储装置。支持 SD 卡的通信协议有两种：SD 总线协议和 SPI 总线协议。该记录装置使用的主控制芯片 CC2640R2F 有两路 SPI 总线接口，其中一路 SPI 总线接口已用来与 ADS1292R 进行通信，因此用另一路 SPI 总线接口与 SD 卡通信。

记录过程中存储到 SD 卡的数据既可以通过蓝牙传输到手机端，又可以通过读卡器传输到 PC 端，然后进行心律失常分析、房颤自动检测、睡眠自动分析等后续分析。

5）蓝牙数据传输模块

CC2640R2F 片上系统具有一个独立于主控制单元运行、用于处理蓝牙通信协议的 ARM Cortex-M0 射频控制器，通过蓝牙方式可以向手机传输数据，可分别实现测量过程的实时数据传输和记录完成后的批量数据传输。蓝牙天线选择 Johanson Technology 公司生产的 2450AT07A0100 陶瓷天线，尺寸仅为 1mm×0.5mm×0.37mm，输入阻抗为 50Ω。为了解决 CC2640R2F 与陶瓷天线的匹配问题，采用日本 Murata 公司的 BLM18HE152SN1 三端口巴伦(balun，即平衡-不平衡变换器)，实现平衡传输电路与不平衡传输天线之间的连接。

6) 电源模块

电源模块的性能决定了该记录装置工作的可靠性和稳定性。综合考虑可穿戴和小型化的要求，记录装置选用锂电池供电。电源部分包括数字电源和模拟电源。其中，数字电源主要用于主控制单元芯片、A/D 转换电路的数字部分、三轴加速度传感器芯片和 SD 卡；模拟电源主要用于 A/D 转换模块的模拟部分。

锂电池首先经过一个由场效应管构成的防插反电路，再通过一个 DC-DC 变换器 TPS61098 获得 3.3V 电压，然后分别通过两个低压差线性稳压芯片 TPS79930 获得稳定的 3.0V 输出电压，分别作为数字电源和模拟电源，为对应的模块提供电能。

2. 软件部分

CC2640R2F 软件环境包括 3 部分：实时操作系统(TI-RTOS)、APP 和 BLE 协议栈。

TI-RTOS 是一个实时的操作系统，具备多线程操作和任务同步等功能，它免去了从头开始创建基本系统软件功能的步骤，从而加快了开发进度。TI-RTOS 可以从实时多任务的 TI-RTOS 内核扩展到完整的 RTOS 解决方案，包括其他中间件组件、设备驱动程序和电源管理。通过提供经过预先测试和预先集成的基本系统软件组件，TI-RTOS 使开发人员能够专注于差异化其应用程序。在开发低功耗产品时，将 TI-RTOS 的电源管理模块和 TI 公司开发的一系列超低功耗 MCU 结合在一起，可以使开发人员更加方便地开发出功耗管理出色、电池寿命更长的产品。

APP 包括相关的配置文件、应用程序、驱动程序、ICall 模块。

BLE(Bluetooth Low Energy)代表低功耗蓝牙，旨在用于医疗保健、运动健身、信标、家庭娱乐等领域的新兴应用。与经典蓝牙技术相比，低功耗蓝牙技术在保持同等通信范围的同时显著降低功耗和成本，让那些在功耗方面要求比较高的可穿戴式设备能够长时间保持有电状态。

GAP(Generic Access Profile)代表 BLE 协议栈中的通用访问协议层，是应用程序配置文件的接口，用于处理与设备的发现和连接相关的服务，以使本设备对其他设备可见，并决定了本设备是否可以或者怎样与其他设备进行交互。

GATT(Generic ATTribute profile)代表 BLE 协议栈中的通用属性协议层，用来规范属性配置文件中的数据内容，一旦两个设备经过 GAP 建立连接，后续所有的数据通信都需要经过 GATT。

APP 和 BLE 协议栈作为单独的任务存在于 TI-RTOS 中，BLE 协议栈具有最高优先级。间接访问(ICall)的消息框架被用于线程的同步和栈通信。BLE 是实现低功耗蓝牙协议的协议栈，包括 GAP、GATT 等，大多数 BLE 协议栈代码以库的形式提供。

该记录装置的软件部分以 TI-RTOS 操作系统为基础，主要实现信号采集、数据存储和蓝牙通信三大功能。软件在一个信号采集任务下创建三个线程，分别是主控制单元线程、传感器控制器数据采集与传输线程、SD卡存储线程。其中，主控制单元线程等待传感器控制器的中断信号，将传感器控制器缓冲区数据读取到主控制单元的数据缓冲区；传感器控制器数据采集与传输线程完成心电/呼吸数据读取以及三轴加速度信号采样，并在缓冲区写满后发出中断唤醒主控制单元；SD卡存储线程完成文件系统初始化和数据存储，建立数据传输连接，以实现手机APP和该记录装置之间的蓝牙数据传输。蓝牙连接任务和信号采集任务之间主要通过信号量进行通信，同时通过消息机制将数据批量传输到蓝牙数据传输模块。该记录装置软件部分整体开发结构如图9-17所示。

◆图9-17 该记录装置软件部分整体开发结构图

记录装置上电后，首先创建各任务和线程，初始化需要用到的外设。ICall任务主要负责应用层与BLE协议栈之间的通信调度，将栈内收到的信息通过ICall传到应用层，同时也可以将控制信息通过ICall函数接口发给BLE协议栈；GAPRole任务主要负责GATT和GAP配置文件的控制和管理；在信号采集任务中，开辟缓冲区作为SD卡数据存储的缓存；同时，配置ADS1292R，使之依靠内部时钟工作在连续采样模式，采样频率为250Hz。各任务和线程之间的通信通过信号量进行，以便更有序、高效地利用处理器资源。

初始化完成后，各任务和线程启动，然后各任务和线程挂起等待中断信号。

在信号采集任务中，ADS1292R依靠内部时钟以连续状态采样，采样频率为250Hz；每当一个采样点转换完成后，向传感器控制器模块发送硬件中断信号；传感器控制器接收到中断信号后，通过SPI读取转换的心电/呼吸信号，并启动内部A/D转换电路采样三轴加速度传感器信号；传感器控制器数据缓冲区存满后，向主控制单元发送信号量Sem1，以唤醒主控制单元读取信号；主控制单元把读取的信号存储至SD卡数据存储缓冲区，待缓冲区存满后发送信号量Sem2，向SD卡写入数据。

在蓝牙连接任务中，该记录装置启动后就进行蓝牙广播，以等待手机APP连接。当手机APP连接成功后，根据指定的协议向该记录装置发送命令。该记录装置收到命令后，等待信号量Sem3，每收到一次Sem3就开始按照协议向手机APP发送数据。该记录装置软件部分整体流程如图9-18所示。

在软件开发过程中，对TI-RTOS嵌入式实时操作系统的应用满足了数据实时采集、数据批量存储、中断实时响应、主控制单元周期性睡眠/唤醒等需求，使整个软件的多任务处理能力和软件运行效率得到显著提高。同时，TI-RTOS操作系统内的低功耗控制功能和传感器控制器模块的配合使用，使得主控制单元唤醒时间大大减少，有效降低了整机功耗。

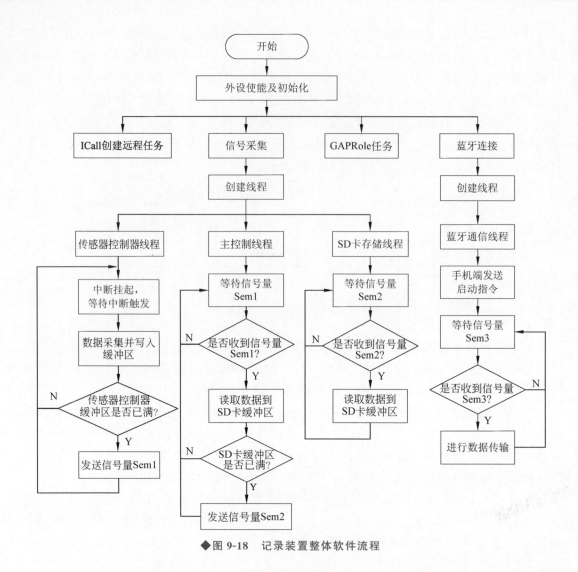

◆图 9-18 记录装置整体软件流程

习 题

一、填空题

1. 计算机控制过程一般分为(　　)、(　　)和(　　)3 个基本步骤。

2. 计算机控制系统的主要应用类型有数据采集、直接数字控制、(　　)、(　　)和现场总线控制等。其中,(　　)代表了工业控制体系结构发展的一个新方向。

3. 自动控制方式主要分为开环控制和(　　)。

4. 开环控制是不将系统的(　　)再反馈到输入的系统。

5. PID 控制的含义是比例、(　　)和(　　)控制。

6. 可穿戴式健康监测系统通常都由(　　)、(　　)和(　　)3 个模块组成。

二、简答题

1. 在计算机自动控制系统的应用中,为什么经常需要使用 A/D 转换器和 D/A 转换器?它们各有什么用途?

2. 说明在直流电机调速系统中使用微机控制和不使用微机控制的区别。

3. 说明开环控制和闭环控制的特点。

4. 说明工业过程控制的特点。

5. 谈一谈你对可穿戴式健康监测技术涉及的隐私问题的考虑。

三、设计题

1. 基于 9.2.2 节的案例描述,尝试利用本书所学知识,完成宾馆火灾自动报警系统的软硬件设计。

2. 基于 9.3.4 节的案例描述,尝试本书所学知识,完成水库水位自动监控系统的软硬件设计。

3. 对图 9-12 所示的单片机控制的直流电机双闭环调速系统,假设利用 8088 微处理器进行控制,A/D 转换器和 D/A 转换器分别使用 ADC0809 和 DAC0832,并通过可编程并行接口 8255 与 8088 微处理器相连,利用 8253 定时启动反馈采样。尝试设计系统硬件电路图,并基于图 9-13 所示的直流电机双闭环调速控制程序流程编写相应的控制程序(假设速度调节和电流调节子程序已完成,可直接调用)。

4. 了解一种具体型号的 ARM 处理器,并在此基础上完成 9.4.2 节介绍的记录装置的软硬件设计。

附录A

可显示字符的ASCII码

十进制	十六进制	二进制	字符	十进制	十六进制	二进制	字符	十进制	十六进制	二进制	字符
32	20	0010 0000	<sp>	64	40	0100 0000	@	96	60	0110 0000	`
33	21	0010 0001	!	65	41	0100 0001	A	97	61	0110 0001	a
34	22	0010 0010	"	66	42	0100 0010	B	98	62	0110 0010	b
35	23	0010 0011	#	67	43	0100 0011	C	99	63	0110 0011	c
36	24	0010 0100	$	68	44	0100 0100	D	100	64	0110 0100	d
37	25	0010 0101	%	69	45	0100 0101	E	101	65	0110 0101	e
38	26	0010 0110	&	70	46	0100 0110	F	102	66	0110 0110	f
39	27	0010 0111	'	71	47	0100 0111	G	103	67	0110 0111	g
40	28	0010 1000	(	72	48	0100 1000	H	104	68	0110 1000	h
41	29	0010 1001	)	73	49	0100 1001	I	105	69	0110 1001	i
42	2A	0010 1010	*	74	4A	0100 1010	J	106	6A	0110 1010	j
43	2B	0010 1011	+	75	4B	0100 1011	K	107	6B	0110 1011	k
44	2C	0010 1100	,	76	4C	0100 1100	L	108	6C	0110 1100	l
45	2D	0010 1101	-	77	4D	0100 1101	M	109	6D	0110 1101	m
46	2E	0010 1110	.	78	4E	0100 1110	N	110	6E	0110 1110	n
47	2F	0010 1111	/	79	4F	0100 1111	O	111	6F	0110 1111	o
48	30	0011 0000	0	80	50	0101 0000	P	112	70	0111 0000	p
49	31	0011 0001	1	81	51	0101 0001	Q	113	71	0111 0001	q
50	32	0011 0010	2	82	52	0101 0010	R	114	72	0111 0010	r
51	33	0011 0011	3	83	53	0101 0011	S	115	73	0111 0011	s
52	34	0011 0100	4	84	54	0101 0100	T	116	74	0111 0100	t
53	35	0011 0101	5	85	55	0101 0101	U	117	75	0111 0101	u
54	36	0011 0110	6	86	56	0101 0110	V	118	76	0111 0110	v
55	37	0011 0111	7	87	57	0101 0111	W	119	77	0111 0111	w
56	38	0011 1000	8	88	58	0101 1000	X	120	78	0111 1000	x
57	39	0011 1001	9	89	59	0101 1001	Y	121	79	0111 1001	y
58	3A	0011 1010	:	90	5A	0101 1010	Z	122	7A	0111 1010	z
59	3B	0011 1011	;	91	5B	0101 1011	[	123	7B	0111 1011	{
60	3C	0011 1100	<	92	5C	0101 1100	\	124	7C	0111 1100		
61	3D	0011 1101	=	93	5D	0101 1101	]	125	7D	0111 1101	}
62	3E	0011 1110	>	94	5E	0101 1110	^	126	7E	0111 1110	~
63	3F	0011 1111	?	95	5F	0101 1111	_	127	7F	0111 1111	DEL

附录B

8088部分引脚信号功能

B.1 IO/$\overline{\text{M}}$、DT/$\overline{\text{R}}$、$\overline{\text{SS}}_0$ 的组合对应的操作

IO/$\overline{\text{M}}$	DT/$\overline{\text{R}}$	$\overline{\text{SS}}_0$	操作
1	0	0	发中断响应信号
1	0	1	读 I/O 端口
1	1	0	写 I/O 端口
1	1	1	暂停
0	0	0	取指令
0	0	1	读内存
0	1	0	写内存
0	1	1	无作用

B.2 $\overline{\text{S}}_2$、$\overline{\text{S}}_1$、$\overline{\text{S}}_0$ 的组合对应的操作

$\overline{\text{S}}_2$	$\overline{\text{S}}_1$	$\overline{\text{S}}_0$	对应的操作
0	0	0	发中断响应信号
0	0	1	读 I/O 端口
0	1	0	写 I/O 端口
0	1	1	暂停
1	0	0	取指令
1	0	1	读存储器
1	1	0	写存储器
1	1	1	无作用

B.3　QS_1、QS_0 的组合对应的操作

QS_1	QS_0	操　作
0	0	无操作
0	1	队列中操作码的第一字节
1	0	队列空
1	1	队列中操作码的非第一字节

附录 C

8086/8088指令

	汇编格式	指令的操作
数据传送指令	MOV dest,source	数据传送
	CBW	字节转换成字
	CWD	字转换成双字
	LAHF	标志寄存器 FLAGS 低 8 位装入 AH 寄存器
	SAHF	AH 寄存器内容送到 FLAGS 低 8 位
	LDS dest,source	设定数据段指针
	LES dest,source	设定附加段指针
	LEA dest,source	装入有效地址
	PUSH source	将一个字压入栈顶
	POP dest	将一个字从栈顶弹出
	PUSHF	将标志寄存器 FLAGS 的内容压入栈顶
	POPF	将栈顶内容弹出到标志寄存器 FLAGS
	XCHG dest,source	交换
	XLAT source	表转换
算术运算指令	AAA	加法的 ASCII 码调整
	AAD	除法的 ASCII 码调整
	AAM	乘法的 ASCII 码调整
	AAS	减法的 ASCII 码调整
	DAA	加法的十进制码调整
	DAS	减法的十进制码调整
	MUL source	无符号数乘法
	IMUL source	整数乘法
	DIV source	无符号数除法

续表

	汇编格式	指令的操作
算术运算指令	IDIV source	整数除法
	ADD dest,source	加法
	ADC dest,source	带进位加法
	SUB dest,source	减法
	SBB dest,source	带借位减法
	CMP dest,source	比较
	INC dest	加1
	DEC dest	减1
	NEG dest	求补
逻辑运算指令	AND dest,source	逻辑与
	OR dest,source	逻辑或
	XOR dest,source	逻辑异或
	NOT dest	逻辑非
	TEST dest,source	测试（非破坏性逻辑与）
移位指令	RCL dest,count	通过进位循环左移
	RCR dest,count	通过进位循环右移
	ROL dest,count	循环左移
	ROR dest,count	循环右移
	SHL dest,count	逻辑左移
	SAL dest,count	算术左移
	SHR dest,count	逻辑右移
	SAR dest,count	算术右移
串操作指令	MOVS/MOVSB/MOVSW dest,source	字符串传送
	CMPS/CMPSB/CMPSW dest,source	字符串比较
	LODS/LODSB/LODSW source	装入字节串或字串到累加器
	STOS/STOSB/STOSW dest	存储字节串或字串
	SCAS/SCASB/SCASW dest	字符串扫描
程序控制指令	CALL dest	调用一个过程（子程序）
	RET[弹出字节数（必须为偶数）]	从过程（子程序）返回
	INT int_type	软件中断
	INTO	溢出中断
	IRET	从中断返回

续表

	汇 编 格 式	指令的操作
程序控制指令	JMP dest	无条件转移
	JG/JNLE short_label	大于转移
	JGE/JNL short_label	大于或等于转移
	JL/JNGE short_label	小于转移
	JLE/JNG short_label	小于或等于转移
	JA/JNBE short_label	高于转移
	JAE/JNB short_label	高于或等于转移
	JB/JNAE short_label	低于转移
	JBE/JNA short_label	低于或等于转移
	JO short_label	溢出标志为1转移(溢出转移)
	JNO short_label	溢出标志为0转移(无溢出转移)
	JS short_label	符号标志为1转移(结果为负转移)
	JNS short_label	符号标志为0转移(结果为正转移)
	JC short_label	进位标志为1转移(有进位转移)
	JNC short_label	进位标志为0转移(无进位转移)
	JZ/JE short_label	零标志为1转移(等于或为0转移)
	JNZ/JNE short_label	零标志为0转移(不等于或不为0转移)
	JP/JPE short_label	奇偶标志为1转移(结果中有偶数个1转移)
	JNP/JPO short_label	奇偶标志为0转移(结果中有奇数个1转移)
	JCXZ short_label	CX=0 转移
	LOOP short_label	CX≠0 循环
	LOOPE/LOOPZ short_label	CX≠0 且 ZF=1 循环
	LOOPNE/LOOPNZ short_label	CX≠0 且 ZF=0 循环
	STC	进位标志置1
	CLC	进位标志置0
	CMC	进位标志取反
	STD	方向标志置1
	CLD	方向标志置0
	STI	中断标志置1(允许可屏蔽中断)
	CLI	中断标志置0(禁止可屏蔽中断)
	ESC	CPU 交权
	HLT	停机

续表

	汇 编 格 式	指令的操作
程序 控制 指令	LOCK NOP WAIT	总线封锁 无操作 等待至$\overline{\text{TEST}}$信号有效为止
输入输出 指令	IN acc,source OUT dest,acc	从外设接口输入字节或字 向外设接口输出字节或字

注：

- dest：目的操作数（目的串）。
- source：源操作数（源串）。
- acc：累加器。
- count：计数值。
- int_type：中断类型号。
- short_label：短距离标号。

附录D

8086/8088微机的中断

D.1 中断类型分配

类　别	中断类型码(Hex)	功　能
软件自陷和 NMI 中断	0 1 2 3 4 5 6,7	除法错 单步 NMI 中断 断点 溢出 屏幕拷贝 未使用
主 8259A 管理的中断 (可屏蔽中断)	8 9 A B C D E F	系统定时器 键盘 未使用(从 8259A 与此中断级联) COM2 COM1 并口 2(打印机) 软盘驱动器 并口 1(打印机)
ROM-BIOS 软中断	10 11 12 13 14 15 16 17 18 19 1A	屏幕显示 检测系统配置 检测存储器容量 磁盘 I/O 异步通信 I/O 盒式磁带机,I/O 系统扩展 键盘 I/O 打印机 I/O ROM-BASIC 入口 系统自举(冷启动) 日时钟 I/O
供用户链接的 中断	1B 1C	键盘 Ctrl+Break 中断 定时器产生的中断(每 55ms 产生一次)
数据表指针	1D 1E 1F	显示器初始化参数 软盘参数 显示图形字符

续表

类别	中断类型码（Hex）	功能
DOS 软中断	20	程序正常结束
	21	系统功能调用
	22	程序结束退出
	23	Ctrl＋Break 退出
	24	严重错误处理
	25	绝对磁盘读功能
	26	绝对磁盘写功能
	27	程序驻留并退出
	28～2E	DOS 保留
	2F	假脱机打印
	30～3F	DOS 保留
杂类	40	软盘 I/O 重定向
	41	硬盘参数
	42～5F	系统保留
	60～6F	保留给用户使用
8259A 管理的中断（可屏蔽中断）	70	实时时钟
	71	IRQ9（INT 0AH 重定向）
	72	IRQ10（保留）
	73	IRQ11（保留）
	74	IRQ12（保留）
	75	协处理器
	76	硬盘控制器
	77	IRQ15（保留）
其他中断	78～7F	未使用
	80～F0	BASIC 占用
	F1～FF	未使用

D.2　DOS 软中断

中断	功能	入口参数	出口参数
INT 20H	程序正常退出		
INT 21H	系统功能调用	AH＝功能号 其他参数随功能而异（见 D.3）	随功能而异（见 D.3）
INT 22H	程序结束		
INT 23H	Ctrl＋Break 退出		
INT 24H	严重错误处理		
INT 25H	绝对磁盘读	AL＝盘号 CX＝读的扇区数 DX＝起始逻辑扇区号 DS:BX＝缓冲区首地址	CF＝1 出错

续表

中断	功能	入口参数	出口参数
INT 26H	绝对磁盘写	AL＝盘号 CX＝写的扇区数 DX＝起始逻辑扇区号 DS:BX＝缓冲区首地址	CF＝1 出错
INT 27H	驻留退出		

D.3 DOS 系统功能调用简表

功能号	功能	入口参数	出口参数
		1. 设备管理功能	
01H	键盘输入		AL＝输入字符
02H	显示器输出	DL＝输出字符	
03H	串行设备输入字符		AL＝输入字符
04H	串行设备输出字符	DL＝输出字符	
05H	打印机输出	DL＝输出字符	
06H	直接控制台 I/O	DL＝FFH（输入） DL＝输出字符（输出）	AL＝输入字符
07H	直接控制台输入（无回显）		AL＝输入字符
08H	键盘输入（无回显）		AL＝输入字符
09H	显示字符串	DS:DX＝字符缓冲区首地址	
0AH	带缓冲的键盘输入（字符串）	DS:DX＝键盘缓冲区首地址	
0BH	检查标准输入状态		AL＝0 无按键输入 AL＝FFH 有按键输入
0CH	清除键盘缓冲区，然后输入	AL＝功能号(1,6,7,8,A)	（与指定的功能相同）
0DH	刷新 DOS 磁盘缓冲区		
0EH	选择磁盘	DL＝盘号	AL＝系统中盘的数目
19H	取当前盘盘号		AL＝盘号
1AH	设置磁盘传送缓冲区（DTA）	DS:DX＝DTA 首地址	

续表

功能号	功 能	入口参数	出口参数
1BH	取当前盘文件分配表(FAT)信息		DS:BX=盘类型字节地址 DX=FAT表项数 AL=每簇扇区数 CX=每扇区字节数
1CH	取指定盘文件分配表(FAT)信息	DL=盘号	DS:BX=盘类型字节地址 DX=FAT表项数 AL=每簇扇区数 CX=每扇区字节数
2EH	置写校验状态	DL=0，AL=状态(0 关，1 开)	AL=0 成功 AL=FFH 失败
54H	取写校验状态		AL=状态(0 为关，1 为开)
36H	取盘剩余空间	DL=盘号	BX=可用簇数 DX=总簇数 AX=每簇扇区数 CX=每扇区字节数
2FH	取磁盘传送缓冲区(DTA)首地址		ES:BX=DTA 首地址
2. 文件管理功能			
29H	建立文件控制块(FCB)	DS:SI=文件名字符串首地址 ES:DI=FCB首地址 AL=0EH 非法字符检查	ES:DI=格式化后的FCB首地址 AL=0 标准文件 AL=1 多义文件 AL=FFH 非法盘符
16H	建立文件(FCB方式)	DS:DX=FCB首地址	AL=0 成功 AL=FFH 目录区满
0FH	打开文件(FCB方式)	DS:DX=FCB首地址	AL=0 成功 AL=FFH 未找到
10H	关闭文件(FCB方式)	DS:DX=FCB首地址	AL=0 成功 AL=FFH 已换盘
13H	删除文件(FCB方式)	DS:DX=FCB首地址	AL=0 成功 AL=FFH 未找到
14H	顺序读一个记录	DS:DX=FCB首地址	AL=0 成功 AL=1 文件结束 AL=3 缓冲不满
15H	顺序写一个记录	DS:DX=FCB首地址	AL=0 成功 AL=FFH 盘满
21H	随机读一个记录	DS:DX=FCB首地址	AL=0 成功 AL=1 文件结束 AL=3 缓冲不满
22H	随机写一个记录	DS:DX=FCB首地址	AL=0 成功 AL=FFH 盘满

续表

功能号	功　　能	入口参数	出口参数
27H	随机读多个记录	DS:DX＝FCB首地址 CX＝记录数	AL＝0 成功 AL＝1 文件结束 AL＝3 缓冲不满
28H	随机写多个记录	DS:DX＝FCB首地址 CX＝记录数	AL＝0 成功 AL＝FFH 盘满
24H	置随机记录号	DS:DX＝FCB首地址	
3CH	建立文件（文件号方式）	DS:DX＝文件名首地址 CX＝文件属性	若CF＝0，AX＝文件号 否则失败，AX＝错误代码
3DH	打开文件（文件号方式）	DS:DX＝文件名首地址 AL＝0 只读 AL＝1 只写 AL＝2 读/写	若CF＝0，AX＝文件号 否则失败，AX＝错误代码
3EH	关闭文件（文件号方式）	BX＝文件号	若CF＝0，成功 否则失败
41H	删除文件	DS:DX＝文件名首地址	若CF＝0，成功 否则失败，AX＝错误代码
3FH	读文件（文件号方式）	BX＝文件号 CX＝读的字节数 DS:DX＝缓冲区首地址	AX＝实际读的字节数
40H	写文件（文件号方式）	BX＝文件号 CX＝写的字节数 DS:DX＝缓冲区首地址	AX＝实际写的字节数
42H	移动文件读写指针	BX＝文件号 CX:DX＝位移量 AL＝0 从文件头开始移动 AL＝1 从当前位置移动 AL＝2 从文件尾倒移	若CF＝0，DX:AX＝新的指针位置 否则失败，AX＝1 无效的移动方法， AX＝6 无效的文件号
45H	复制文件号	BX＝文件号1	若CF＝0，AX＝文件号2 否则失败，AX＝错误代码
46H	强制复制文件号	BX＝文件号1 CX＝文件号2	若CF＝0，CX＝文件号1 否则失败，AX＝错误代码
4BH	装入一个程序	DS:DX＝程序路径名首地址 ES:BX＝参数区首地址 AL＝0 装入后执行 AL＝3 仅装入	若CF＝0，成功 否则失败

续表

功能号	功 能	入 口 参 数	出 口 参 数
44H	设备文件 I/O 控制	BX＝文件号 AL＝0 取状态 AL＝1 置状态 DX AL＝2 读数据 * AL＝3 写数据 * AL＝6 取输入状态 AL＝7 取输出状态 （* DS:DX＝缓冲区首地址， CX＝读写的字节数）	DX＝状态
3. 目录操作功能			
11H	查找第一个匹配文件(FCB方式)	DS:DX＝FCB 首地址	AL＝0 成功 AL＝FFH 未找到
12H	查找下一个匹配文件(FCB方式)	DS:DX＝FCB 首地址	AL＝0 成功 AL＝FFH 未找到
23H	取文件长度（结果在 FCB RR 中）	DS:DX＝FCB 首地址	AL＝0 成功 AL＝FFH 失败
17H	更改文件名(FCB 方式)	DS:DX＝FCB 首地址 (DS:DX＋17)＝新文件名	AL＝0 成功 AL＝FFH 失败
4EH	查找第一个匹配文件	DS:DX＝文件路径名首地址 CX＝文件属性	若 CF＝0,成功,DTA 中有该文件的信息 否则失败,AX＝错误代码
4FH	查找下一个匹配文件	DTA 中有 4EH 得到的信息	若 CF＝0,成功,DTA 中有该文件的信息 否则失败,AX＝错误代码
43H	置/取文件属性	DS:DX＝文件名首地址 AL＝0 取文件属性 AL＝1 置文件属性(CX)	若 CF＝0,成功,CX＝文件属性（读时） 否则失败,AX＝错误代码
57H	置/取文件日期和时间	BX＝文件号 AL＝0 取日期时间 AL＝1 置日期时间(DX:CX)	若 CF＝0,成功,DX:CX＝日期和时间 否则失败,AX＝错误代码
56H	更改文件名	DS:DX＝老文件名首地址 ES:DI＝新文件名首地址	
39H	建立一个子目录	DS:DX＝目录路径串首地址	若 CF＝0,成功 否则失败
3AH	删除一个子目录	DS:DX＝目录路径串首地址	若 CF＝0,成功 否则失败
3BH	改变当前目录	DS:DX＝目录路径串首地址	若 CF＝0,成功 否则失败
47H	取当前目录路径名	DL＝盘号 DS:SI＝字符串首地址	若 CF＝0,成功,DS:SI＝目录路径名首地址 否则失败,AX＝错误代码

续表

功能号	功 能	入口参数	出口参数
	4. 其他功能		
00H	程序结束，返回操作系统		
31H	终止程序并驻留在内存	AL=退出码 DX=程序长度	
4CH	终止当前程序，返回调用程序	AL=退出码	
4DH	取退出码		AL=退出码
33H	置取 Ctrl＋Break 检查状态	AL=0 取状态 AL=1 置状态（DL=0 关，DL=1 开）	DL=状态（AL=0 时）
25H	置中断向量	AL=中断类型号 DS:DX=中断服务程序入口	
35H	取中断向量	AL=中断类型号	ES:BX=中断服务程序入口
26H	建立一个程序段	DX=段号	
48H	分配内存空间	BX=申请内存数量 （以 16 字节为单位）	CF=0，成功，AX:0=分配内存首地址 否则失败，BX=最大可用内存空间
49H	释放内存空间	ES:0=释放内存块的首地址	CF=0，成功 否则失败，AX=错误代码
4AH	修改已分配的内存空间	ES=已分配的内存段地址 BX=新申请的数量	CF=0，成功，AX:0=分配内存首地址 否则失败，BX=最大可用内存空间
2AH	取日期		CX:DX=日期
2BH	置日期	CX:DX=日期	AL=0 成功 AL=FFH 失败
2CH	取时间		CX:DX=时间
2DH	置时间	CX:DX=时间	AL=0 成功 AL=FFH 失败
30H	取 DOS 版本号		AL=版本号 AH=发行号
38H	取国家信息	DS:DX=信息存放地址 AL=0	CF=0 成功 BX=国家码（国际电话前缀码）

D.4 BIOS 软中断简表

中　　断	功　能　简　介
INT 10H	屏幕显示(共 17 个功能) 　0 置显示模式 　1 设置光标大小 　2 置光标位置 　3 读光标位置 　4 读光笔位置 　5 置当前显示页 　6 上滚当前页 　7 下滚当前页 　8 读当前光标位置处的字符及属性 　9 写字符及属性到当前光标位置处 　10 写字符到当前光标位置处 　11 置彩色调色板 　12 在屏幕上画一个点 　13 读点 　14 写字符到当前光标位置处,且光标前进一格 　15 读当前显示状态 　19 写字符串
INT 13H	磁盘输入输出(共 6 个功能) 　0 磁盘复位 　1 读磁盘状态 　2 读指定扇区 　3 写指定扇区 　4 检查指定扇区 　5 对指定磁道格式化
INT 14H	异步通信口输入输出(共 4 个功能) 　0 初始化 　1 发送字符 　2 接收字符 　3 读通信口状态
INT 16H	键盘输入(共 3 个功能) 　0 读键盘 　1 判别有无按键 　2 读特殊键标志
INT 17H	打印机输出(共 3 个功能) 　0 读状态 　1 初始化 　2 打印字符

续表

中　　断	功 能 简 介
INT 1AH	读写时钟参数(共 8 个功能) 　　0 读时钟 　　1 设置时钟 　　2 读实时钟 　　3 设置实时钟 　　4 读日期 　　5 设置日期 　　6 设置闹钟 　　7 复位闹钟

参考文献

[1] 戴志涛,刘健培. 鲲鹏处理器架构与编程[M]. 北京:清华大学出版社,2020.
[2] BRYANT R E,O'HALLARON D R. 深入理解计算机系统[M]. 龚奕利,贺莲,译. 北京:机械工业出版社,2018.
[3] PATTERSON D A,HENNESSY J L. 计算机组成与设计——硬件/软件接口[M]. 王党辉,译. 北京:机械工业出版社,2018.
[4] 吴宁,乔亚男. 微型计算机原理与接口技术[M]. 4版. 北京:清华大学出版社,2016.
[5] IRVINE K R. Intel汇编语言程序设计[M]. 温玉杰,译. 5版. 北京:电子工业出版社,2012.
[6] BREY B B. Intel微处理器[M]. 金惠华,艾明晶,译. 北京:机械工业出版社,2010.
[7] 杨素行. 微型计算机系统原理及应用[M]. 3版. 北京:清华大学出版社,2009.
[8] 田泽. 嵌入式系统开发与应用[M]. 北京:北京航空航天大学出版社,2005.
[9] 孟靖达,冯岑. 智能可穿戴技术的发展与应用[J]. 现代丝绸科学与技术,2021,36(2):37-42.
[10] 赵君豪. 浅谈可穿戴设备在人体健康监测领域的应用与发展[J]. 电子世界,2018(1):67-69.
[11] 苌飞霸,尹军. 可穿戴式健康监测系统研究与展望[J]. 中国医疗器械杂志,2015,39(1):40-43.

图书资源支持

感谢您一直以来对清华版图书的支持和爱护。为了配合本书的使用,本书提供配套的资源,有需求的读者请扫描下方的"书圈"微信公众号二维码,在图书专区下载,也可以拨打电话或发送电子邮件咨询。

如果您在使用本书的过程中遇到了什么问题,或者有相关图书出版计划,也请您发邮件告诉我们,以便我们更好地为您服务。

我们的联系方式:

清华大学出版社计算机与信息分社网站:https://www.shuimushuhui.com/

地　　址:北京市海淀区双清路学研大厦 A 座 714

邮　　编:100084

电　　话:010-83470236　010-83470237

客服邮箱:2301891038@qq.com

QQ:2301891038(请写明您的单位和姓名)

资源下载: 关注公众号"书圈"下载配套资源。

书　圈

清华计算机学堂

观看课程直播